Theorie und Praxis der Destillation

Von

Sydney Young

M. A., D. Sc., F. R. S. Professor of Chemistry in Dublin University

und mehreren Mitarbeitern

Gekürzte deutsche und mit Anmerkungen
versehene Ausgabe
von

Dr. Walter Prahl

Mit 128 Textabbildungen

Berlin
Verlag von Julius Springer
1932

ISBN-13: 978-3-642-98127-2 e-ISBN-13: 978-3-642-98938-4
DOI: 10.1007/978-3-642-98938-4

Softcover reprint of the hardcover 1st edition 1932

Vorwort des Übersetzers.

Im Jahre 1903 schrieb Sydney Young sein Buch „Fractional Distillation“, das erste ausführliche „Lehrbuch der Destillation“. Er gab in diesem Buche die Erfahrungen, die er in 18jähriger Arbeit auf dem Gebiet der Destillation gesammelt hatte, mit dem Ziele bekannt, die Schwierigkeiten, die bei der Ausführung fraktionierter Destillationen im Laboratorium sehr häufig auftreten, überwinden zu helfen und die großen Vorteile der Verwendung hochwirksamer Destillieraufsätze weiteren Kreisen bekannt zu machen.

Eine zweite Auflage dieses Buches erschien in erweiterter Form im Jahre 1921. Die Erweiterung bestand in erster Linie in dem Zusatz eines zweiten Teiles, der, geschrieben von Fachleuten auf diesem Gebiet, sich mit der Ausführung von Destillationsverfahren in der Technik befaßte, während der erste Teil im wesentlichen unverändert blieb.

Dieser erste Teil stellt also das elementare Lehrbuch der Destillation im Laboratorium dar. Es sind seit seinem Erscheinen zahlreiche Arbeiten über Einzelfragen der Destillation erschienen, und es sind auch einige Bücher herausgekommen, in denen die Destillation vom Gesichtspunkt des Technikers aus zusammenfassend behandelt wurde. Es ist aber bisher keine Arbeit und kein Buch geschrieben worden, in dem ein Meister der Destillation seine Erfahrungen über die Destillation im Laboratorium so eingehend niedergelegt hätte, in dem der Verfasser den Leser wie ein guter Lehrer seine Schüler, ohne allzu viele Kenntnisse vorauszusetzen, liebevoll in das theoretisch und praktisch nicht immer ganz einfache Gebiet eingeführt und ihm alle die vielen kleinen Kniffe und Erfahrungen gezeigt hätte, die zusammen erst ein wirkungsvolles Destillieren im Laboratorium gestatten, deren Kenntnis aber nicht auf theoretischem Wege, sondern nur nach langjähriger praktischer Arbeit gewonnen werden kann.

Aus diesem Grunde erschien es wünschenswert, dieses Werk deutschen Lesern zugänglich zu machen.

Bei der Wahl der Form, in der das geschehen sollte, war zu berücksichtigen, daß seit dem Erscheinen des Youngschen Buches die Destillation sowohl theoretisch wie praktisch, im Laboratorium und in der Technik, große Fortschritte gemacht hat. Es lag daher nahe, das Youngsche Buch einer Neubearbeitung zu unterziehen, bei der die späteren Fortschritte hätten berücksichtigt werden können. Die Tatsache, daß die Fundamente der Destillation, wie sie von Young niedergelegt sind, bis heute unverändert in Geltung geblieben sind, und daß sich nur die Fassaden des von jenen getragenen Gebäudes verändert haben und noch dauernd weiter verändern, weiter die Tatsache, daß das Youngsche Buch als Lehrbuch aufgefaßt werden will und dementsprechend als solches die für ein Handbuch nötige Vollständigkeit weder zur Zeit seines Erscheinens besaß, noch heute besitzen kann, und drittens die Befürchtung, daß von dem ursprünglichen Stil bei einer Überarbeitung nicht viel übrig geblieben wäre, bewogen die Verlagsbuchhandlung und den Übersetzer, von einer solchen abzusehen.

Aus den gleichen Gründen wurde auf eine vollständige Wiedergabe des technischen Teiles verzichtet. Es wurden vielmehr nur zwei Kapitel übertragen, die genügen werden, um dem Benutzer des Buches an Beispielen zu zeigen, wie man die im ersten Teil gewonnenen theoretischen und laboratoriumsmäßigen Kenntnisse auf das Arbeiten im großen Maßstabe übertragen kann.

Auf Wunsch der Verlagsbuchhandlung fügte der Übersetzer aber an einigen Stellen den ursprünglichen Zitaten andere, neuere Zitate bei, deren Benutzung es dem Leser ermöglichen soll, sich über die Weiterentwicklung des in Rede stehenden Gedankens rascher zu informieren. Mit diesen zusätzlichen Zitaten wird durchaus nicht eine handbuchmäßige Vollständigkeit erstrebt. Bevorzugt wurden solche Zitate, die gleichzeitig selbst wieder weiter in die Vergangenheit zurückreichende Literaturangaben enthalten.

Für die Leser, die nach Durcharbeitung des vorliegenden Buches weitere Informationen über Spezialgebiete der Destillation wünschen, sei auf die seitdem erschienenen verschiedenen Werke, in erster Linie also den neuen Hausbrand-Hirsch: Verdampfen, Kondensieren und Kühlen, der 1931 in dem gleichen Verlag veröffentlicht wurde; Thormann, Kurt: Destillieren und Rektifizieren, Leipzig: Otto Spamer 1928; und Rechenberg, C. Fr. Frhr. v.: Theorie der Gewinnung und Trennung der ätherischen Öle und Destillation im allgemeinen. Grundzüge einer allgemeinen Destillationslehre. Miltitz b. Leipzig: Schimmel & Co., verwiesen.

St. Louis Mo. U. S. A., September 1931.

Dr. W. Prahl.

Inhaltsverzeichnis.

I. Einführung.

II. Der Siedepunkt einer reinen Flüssigkeit.

III. Dampfdrucke von Flüssigkeitsgemischen.

IV. Siedepunkte von Flüssigkeitsgemischen.

V. Experimentelle Bestimmung der Zusammensetzung von Flüssigkeits- und Dampfphase.

VI. Theoretische Betrachtungen über die Zusammensetzung der Flüssigkeits- und der Dampfphase.

VII. Richtlinien zur Ausführung einer fraktionierten Destillation.

Seite

VIII. Theoretische Beziehungen zwischen dem Gewicht und der Zusammensetzung des Destillates.

IX. Beziehung zwischen den Siedepunkten des Rückstandes und des Destillates.

X. Verschiedene Formen des Aufsatzes.

XI. Verschiedene Arten von Aufsätzen (Fortsetzung).

XVII. Methoden zur Bestimmung der Zusammensetzung konstant siedender Gemische.

XVIII. Indirektes Verfahren zur Trennung der Bestandteile einer konstant siedenden Mischung.

XIX. Allgemeine Bemerkungen. (Anwendungsmöglichkeiten der fraktionierten Destillation, Auswertung der Versuchsergebnisse, Wahl des Aufsatzes, Zahl der Fraktionen usw.)

XXIII. Herstellung von Aceton nach anderen als Gärungsverfahren.

XXIV. Wiedergewinnung von Aceton.

XXV. Die Prüfung von Aceton und Normalbutylalkohol.

Destillation von Alkohol im großen.

XXVI. Destillation von Mischungen von Äthylalkohol und Wasser.

XXVII. Destillation von Mischungen aus Wasser und Äthylalkohol in Gegenwart der anderen flüchtigen Gärungserzeugnisse.

Seite

XXVIII. Apparate und Verfahren in der Praxis.

I. Einführung.

Zweck der Destillation.

Der Zweck der Destillation ist die Trennung einer flüchtigen von einer nicht flüchtigen Substanz, oder häufiger die Trennung zweier oder mehrerer Flüssigkeiten verschiedener Flüchtigkeit.

Wenn nur ein Bestandteil der Mischung flüchtig ist, so besteht keine Schwierigkeit, diesen durch Destillation in reinem Zustand zu erhalten, und in vielen Fällen können auch die Bestandteile einer Mischung zweier oder mehrerer flüchtiger Flüssigkeiten mit Hilfe der einfachen Apparatur, die in diesem Kapitel beschrieben wird, getrennt werden, allerdings häufig nur mit einem großen Aufwand an Zeit und Material. Für die laboratoriumsmäßige fraktionierte Destillation komplizierter Mischungen wie Petroleum oder Fuselöl müssen die in den Kapiteln X bis XII beschriebenen verbesserten Fraktionieraufsätze verwendet werden. Im Großbetrieb verwendete Fraktionieraufsätze sind in den Abteilungen beschrieben, die von Aceton und Alkohol handeln.

Quantitative Analyse durch Destillation.

Die Bestimmung der prozentualen Menge zweier oder mehrerer organischer Bestandteile in einer Mischung durch die gewöhnlichen analytischen Methoden ist oft mit großen Schwierigkeiten verknüpft, dagegen kann die Zusammensetzung der Mischung in manchen Fällen angenähert — nicht selten sogar mit beträchtlicher Genauigkeit — aus den Ergebnissen einer einfachen Destillation erschlossen werden, wenn ein sehr wirksamer Fraktionieraufsatz verwendet wird. Diese Methode hat sich als recht wertvoll erwiesen.

Schwierigkeiten.

Die fraktionierte Destillation bietet infolge der vielen Schwierigkeiten, die nicht nur bei der experimentellen Arbeit, sondern ebenso auch bei der Auswertung der erhaltenen Ergebnisse auftreten, großes Interesse.

Bei der Destillation des Petroleums mit dem Ziele, reine Substanzen daraus abzutrennen, treten solche Schwierigkeiten vielfach auf. Sie lassen sich meistens auf den einen oder anderen der folgenden 3 Gründe zurückführen:

a) Es sind 2 Stoffe zugegen, deren Siedepunkte sehr nahe beieinander liegen;

b) ein oder mehrere Bestandteile sind in prozentual sehr geringer Menge im Gemisch enthalten;

c) es bilden sich konstant siedende Gemische.

Die Trennung zweier Flüssigkeiten kann, selbst wenn ihre Siedepunkte 20—30° auseinander liegen, infolge der Bildung eines Gemisches mit Minimum- oder seltener mit Maximum-Siedepunkt unmöglich werden, wie es z. B. bei Äthyl-Alkohol und Wasser, oder Benzol und Isobutyl-Alkohol der Fall ist. Die Annahme, daß die Schwierigkeit der Trennung der Bestandteile eines Gemisches mit wachsender Siedepunktsdifferenz der Bestandteile abnehme, trifft in Wirklichkeit nur unter der Voraussetzung zu, daß chemisch ähnliche Körper zu trennen sind.

In allen anderen Fällen muß man die Beziehungen, die zwischen den Siedepunkten bzw. Dampfdrucken von Stoffgemischen einerseits und ihrer Zusammensetzung andererseits bestehen, in Betracht ziehen, und solange nichts über die Form der Kurve bekannt ist, die die eine oder die andere dieser Beziehungen darstellt, ist es unmöglich zu sagen, ob die Trennung leicht, oder auch nur, ob sie überhaupt möglich ist.

Die Form dieser Kurven hängt weitgehend von dem Grade der chemischen Verwandtschaft der Bestandteile ab, und es ist neuerdings in einer beschränkten Zahl von Fällen möglich, aus der chemischen Konstitution der Stoffe auf den Grad der Abweichung der Kurven von der Normalform zu schließen und damit das Verhalten einer Mischung bei der Destillation vorauszusagen.

Die fraktionierte Destillation ist häufig ein sehr langwieriges Verfahren, und sie ist notwendigerweise mit beträchtlichem, durch die Verdunstung und durch das wiederholte Umfüllen des Destillats aus der Vorlage in den Kolben verursachtem Materialverlust verknüpft. Indessen kann viel Zeit und Material durch den Gebrauch eines gut wirkenden Destillationsaufsatzes gespart werden, und wenn die Destillation mit dem Ziel ausgeführt wird, die Zusammensetzung einer Mischung zu bestimmen, wird durch Verwendung eines solchen Aufsatzes eine viel größere Genauigkeit erreicht.

Destillationsapparate.

Alte Apparate.

Die Destillation ist offensichtlich ein sehr altes Verfahren, denn schon Aristoteles[1] erwähnt, daß durch Verdampfen von Seewasser reines Wasser erhalten werden kann; allerdings gibt er nicht an, wie die Kondensation des Dampfes ausgeführt werden kann. Ein primitives Kondensationsverfahren ist bei Dioscorides und bei Plinius beschrieben, die angeben, daß durch Erhitzen von Kolophonium in einem Gefäß, in dessen oberem Teil etwas Wolle angebracht ist, ein Öl erhalten werden kann. Das Öl kondensiert sich in der Wolle und kann daraus ausgepreßt werden.

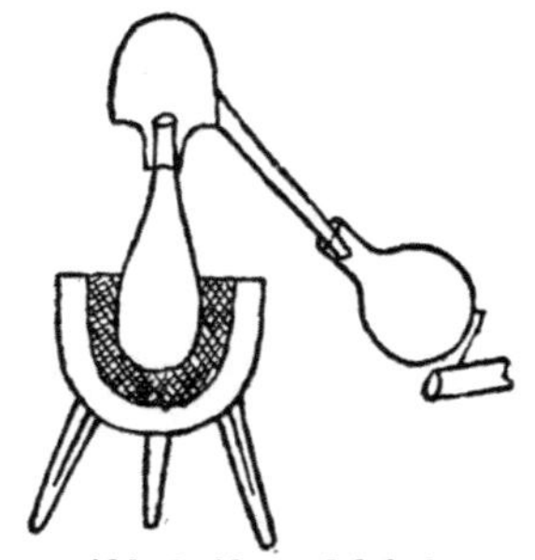

Abb. 1. Alexandrinischer Destillier-Apparat mit Aufsatz oder Alembic.

Die alexandrinischen Chemiker fügten zu dem Kocher oder der Blase ein zweites Gefäß, den Helm oder Aufsatz, von den Arabern „Alembic" genannt, hinzu. Eine einfache Form des von ihnen verwendeten Apparates ist in Abb. 1 dargestellt.

Späterhin wurde das seitliche Rohr gekühlt, indem man es durch ein mit Wasser gefülltes Gefäß führte. Die Zeichnung der Abb. 2 ist Libavius, Syntagma Alchymiae Arcanorum, 1611 entnommen.

Abb. 2. Alter Destillier-Apparat mit Wasser-Kühler.

Moderne Apparate.

Der gegenwärtig verwendete Apparat ist in den Grundzügen ähnlich, es wird aber außerdem ein Thermometer zur Bestimmung der Temperatur benutzt. In Abb. 3 ist die gewöhnliche Form des Apparates abgebildet. Man kann folgende Teile unterscheiden: Den

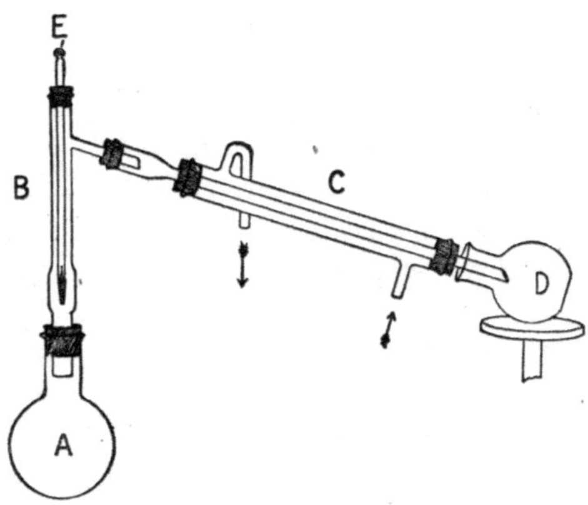

Abb. 3. Gewöhnlicher Destillierkolben mit Liebig-Kühler.

[1] Kopp: Geschichte der Chemie. Beiträge S. 217.

Kolben *A*, den Aufsatz *B*, den Liebig-Kühler *C*, in dem die Wärme des Dampfes durch einen Strom kalten Wassers abgeführt wird, die Vorlage *D* und das Thermometer *E*. Im Laboratorium wird der Kolben im allgemeinen mit einem Bunsenbrenner geheizt.

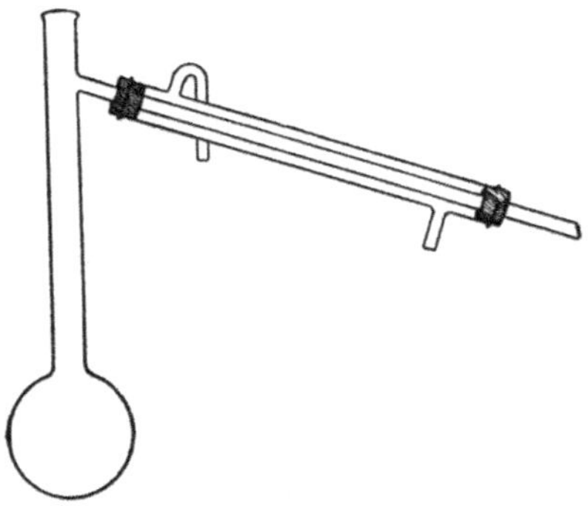

Abb. 4. Abgeänderte Kolbenform mit Kühler.

In die Blase oder den Kolben ist ein Kork eingepaßt, durch den der Destillieraufsatz geht. Das seitliche Ableitungsrohr des Aufsatzes geht durch einen zweiten Pfropfen in das Kühlerrohr. Für hochsiedende, oder chemisch aggressive Flüssigkeiten ist es bequemer, den Kolben und den Aufsatz in einem Stück auszuführen, und das Ableitungsrohr, wenn nötig, soweit zu verlängern, daß es durch den Liebig-Kühler hindurch reicht (Abb. 4).

Der Kolben. Wenn ein Glaskolben verwendet wird, soll er kugelförmig sein, weil ein Kolben mit flachem Boden beim Heizen mit direkter Flamme leicht springt. Der Kolben soll nicht größer sein, als es für die zu destillierende Flüssigkeitsmenge nötig ist.

Der Destillieraufsatz. Der Destillieraufsatz soll nicht sehr eng sein, da sonst das Thermometer eine etwas geringere als die Dampftemperatur anzeigt. Es ist vorteilhaft, am unteren Ende des Destillieraufsatzes ein kurzes Stück eines weiteren Rohres einzuschmelzen, wobei darunter so viel von dem engeren Rohr stehen bleiben muß, wie nötig ist, um den Aufsatz durch den Propfen in den Kolben zu stecken (siehe Abb. 3).

Der Aufsatz ist, so wie er von Händlern geliefert wird, oft zu kurz. Er soll, wenn möglich, lang genug sein, um das Thermometer so anbringen zu können, daß nicht nur das Quecksilber in der Kugel, sondern auch das in der Capillare vollständig vom Dampf der siedenden Flüssigkeit erwärmt wird; andernfalls muß eine lästige und ziemlich unsichere Korrektur angebracht werden (S. 11), und wenn die Destillation nicht völlig stetig verläuft, kann hin und wieder etwas Luft bis an die Thermometerkugel zurücktreten. Die vom Thermometer angezeigte Temperatur schwankt alsdann und liegt im ganzen zu niedrig.

Je länger und weiter der Aufsatz ist, und je höher der Siedepunkt der destillierten Flüssigkeit liegt, um so größer ist die in den Kolben zurückfließende, durch Kondensation gebildete Flüssigkeitsmenge. Das untere Ende des Destillieraufsatzes muß so weit sein, daß Stauungen zuverlässig vermieden werden. Wenn das Rohr unten schräg ist (Abb. 6), kann es viel enger gehalten werden, als wenn das Ende horizontal abgeschnitten wird.

Der Kühler. Wenn der Siedepunkt der zu destillierenden Flüssigkeit über 170^0 liegt, soll das Kühlerrohr nicht mit fließendem Wasser gekühlt werden, da es sonst springen könnte. Man verwendet dann als Kühler ein langes Rohr, wobei die Kühlwirkung der Außenluft ausreicht.

Wenn ein Liebig-Kühler angewendet wird, ist ein zu großer Durchmesser weder beim inneren noch beim äußeren Rohr vorteilhaft. Für das innere Rohr genügt eine lichte Weite von 7—8 mm, für das äußere von 15 mm. Wenn das äußere Rohr viel weiter ist, so ist es plump, und, mit Wasser gefüllt, unbequem schwer. Ein Fehler, der oft gemacht wird, sei hier erwähnt: Es ist üblich, ein kurzes weites Glasrohr an das lange, enge Kühlrohr anzuschmelzen, um darin das Ableitungsrohr des Aufsatzes einführen zu können. Die Rohre sind häufig so miteinander verschmolzen, daß bei Ausführung der Destillation sich eine kleine Flüssigkeitsmenge an der Verbindungsstelle ansammelt (Abb. 5, a). Bei der fraktionierten Destillation einer kleinen Flüssigkeitsmenge kann der dadurch verursachte Fehler erheblich sein. Dieser Mangel ist leicht dadurch zu beheben, daß man das weite Rohr in der Nähe der Verbindung mit dem engen erhitzt, bis das Glas weich geworden ist, und es dann sehr vorsichtig auszieht, bis es die in Abb. 5, b gezeigte Form hat.

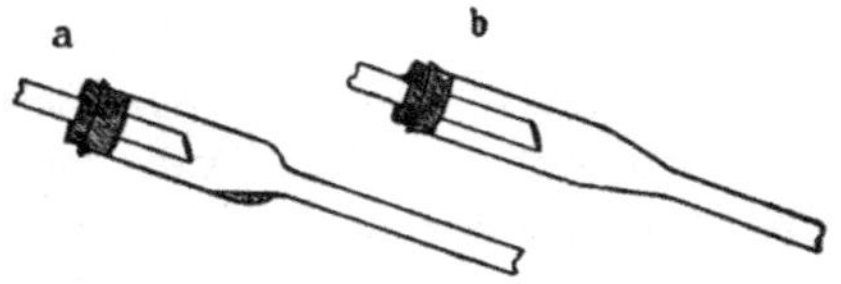

Abb. 5. Kühler-Rohr, a) falsche, b) richtige Form.

Wenn ein langer Destillieraufsatz verwendet wird, ist es ratsam, das engere Rohr gleich hinter seiner Verbindung mit dem weiteren so abwärts zu biegen, daß der Kühler anstatt schwach geneigt senkrecht steht. In dieser Form nimmt der Apparat viel weniger Platz auf dem Laboratoriumstisch in Anspruch, und man kann ferner die Vorlagen etwas bequemer handhaben.

Wärmequelle. Für Laboratoriumszwecke wird allgemein ein gewöhnlicher Bunsenbrenner verwendet. Drahtnetze, Asbestpappe, Sand-, Wasser- oder Ölbäder sind im allgemeinen nicht zu empfehlen, weil die Wärmezufuhr ohne diese viel bequemer geregelt werden kann. Ein sauber geblasener Rundkolben hat so dünne Wandungen, daß keine Gefahr eines Bruches bei Berührung mit der direkten Flamme besteht. Der Kolben soll so aufgestellt sein, daß die Flamme wirklich mit seinem Boden in Berührung kommt. Dies ist besonders dann notwendig, wenn die zu destillierende Flüssigkeit Neigung hat „zu stoßen". Manche Flüssigkeiten, wie z. B. Schwefelkohlenstoff, die unter gewöhnlichem Atmosphärendruck ganz regelmäßig sieden, stoßen mehr oder weniger heftig, wenn der Druck ohne besondere Vorsichtsmaßregeln erheblich erniedrigt wird. Unter einem Druck von 361 mm siedet Schwefelkohlenstoff bei 25°. Wenn er unter diesem Druck mit einer Flamme destilliert wird, die vom Boden des Kolbens einen gewissen Abstand hat, so kann es vorkommen, daß der ganze Schwefelkohlenstoff übergeht, ohne daß irgendwelche Siedeerscheinungen auftreten. Die Flüssigkeit wird dabei aber erheblich überhitzt, und wenn sich eine Blase bildet, so kann unter Umständen ein plötzliches, sehr heftiges Aufsieden der äußerst entzündlichen Flüssigkeit eintreten. Wenn dagegen die Spitze des Brenners nur etwa 2 mm vom Boden des Kolbens entfernt ist, so daß die Sparflamme das Glas berührt, so tritt ruhiges und gleichmäßiges Sieden ein.

Es gibt Flüssigkeiten, bei denen man auf diesem Wege das Stoßen nicht verhindern kann. Am besten hilft man sich dann damit, einige kleine Bruchstücke porösen Porzellans (eine in kleine Stückchen zerbrochene Tonpfeife eignet sich sehr gut dazu) oder Bimsstein, auch eventuell beide zusammen, oder einige kleine Tetraeder aus Silber oder Platin zuzusetzen. Eine häufig verwendete Methode ist die, einen sehr langsamen Luftstrom durch die Flüssigkeit strömen zu lassen. Es wird dadurch aber eine kleine Unsicherheit in bezug auf den Siedepunkt verursacht. Die Erklärung dafür wird auf S. 27 gegeben. Ein geeigneter Kolben, den Wade und Merriman[1] angegeben haben, ist in Abb. 6 dargestellt. Ein Wasser- oder Ölbad braucht nur dann verwendet zu werden, wenn ein fester Stoff sich in dem Kolben befindet, wie z. B. wenn eine Flüssigkeit über Kalk oder Phosphorpentoxyd destilliert wird, oder wenn die Flüssigkeit bei Heizung mit direkter Flamme Neigung zur Zersetzung zeigt.

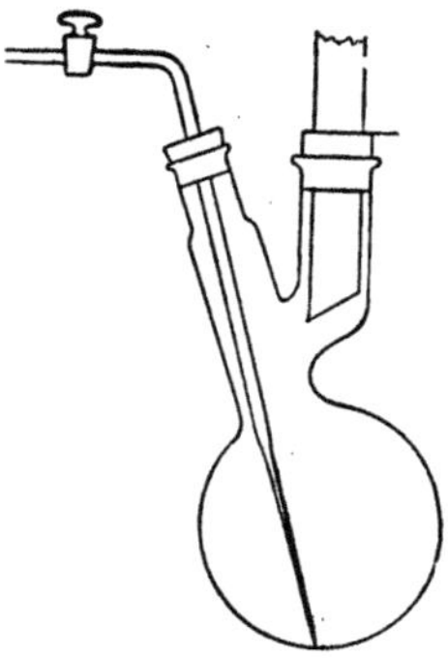
Abb. 6.

Es ist gebräuchlich, ein Wasserbad zur Destillation von Äther zu verwenden, aber es ist zweifelhaft, ob dies nötig oder auch nur ratsam ist, außer in den Fällen, in denen eine ätherische Lösung einer festen Substanz, oder einer solchen, die eine Erwärmung über 100° nicht verträgt, vorliegt. Wenn ein Unfall eintritt, so geschieht dies fast stets dadurch, daß infolge Stoßens oder zu großer Destillationsgeschwindigkeit ein Teil des Dampfes der Kondensation entgeht und mit einer Flamme in der Nachbarschaft, im allgemeinen der unter dem Wasserbad in Berührung kommt. Wenn eine direkte Flamme benützt würde, könnte die Destillation viel leichter reguliert werden und wäre in Wirk-

[1] Apparatus for Fractional Distillation at Pressures other than the Atmospheric Pressure. Trans. Chem. Soc. **99**, 994 (1911).

lichkeit wahrscheinlich gefahrloser als bei Benützung eines Wasserbades.

Schutz der Flamme vor Zug. Um zufriedenstellende Ergebnisse zu erhalten, muß die Destillation mit großer Gleichmäßigkeit vor sich gehen, und die Wärmezufuhr darf keinen Schwankungen unterworfen sein. Das wichtigste Erfordernis ist das, die Flamme gegen Zug zu schützen. Zu dem Zweck kann der gewöhnliche, kegelförmige Brenneraufsatz verwendet werden, oder es kann ein einfacher, wirksamer Flammenschutz aus einem großen Becherglas mit abgesprengtem Boden und einer Aussprengung an der Seitenwand hergestellt werden (Abb. 7).

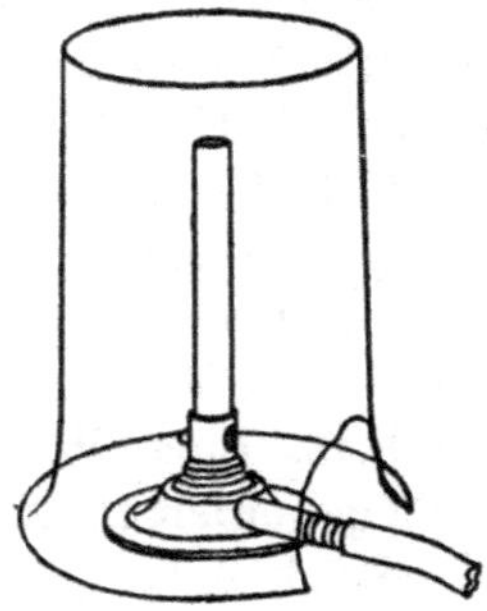

Abb. 7.
Einfacher Brennerschutz.

Elektrische Heizung. Für viele Zwecke, besonders für Destillation unter verringertem Druck, ist es zweckmäßig, eine elektrisch geheizte Platindrahtspirale als Wärmequelle zu verwenden. T. W. Richards und J. H. Matthews[1] empfehlen dieses Heizverfahren sehr. Sie finden, daß elektrische Heizung etwas bessere Trennung und weit geringere Überhitzung als die gewöhnliche Flammenheizung ergibt.

Damit der dünne Platindraht auch dann noch vollständig in die Flüssigkeit eintaucht, wenn deren Menge im Kolben sehr klein geworden ist, empfehlen Richards und Matthews ein Gefäß von der in Abb. 8 gezeigten Form. Die von ihnen verwendete Drahtwicklung bestand aus etwa 40 cm Platindraht und hatte einen Widerstand von 0,7 Ohm. Es wurde ein Strom von 10—15 Amp. durch die Spirale geschickt. Ihre Enden waren in 2 Glasrohre eingeschmolzen, in denen starke Kupferdrähte steckten. Die leitende Verbindung zwischen den Platin- und Kupferdrähten wurde durch etwas Quecksilber hergestellt.

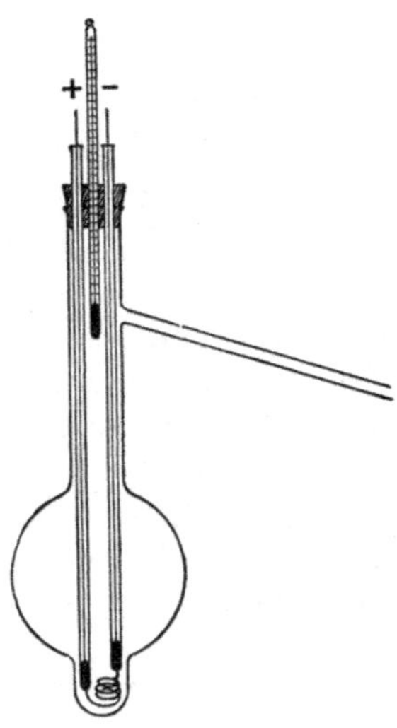

Abb. 8.

Eine ähnliche Methode wurde von Beckmann[2] empfohlen.

[1] Richards and Matthews: Electrical Heating in Fractional Distillation. Journ. Amer. Chem. Soc. **30**, 1282 (1908); **31**, 1200 (1909); Zeitschr. f. physik. Ch. **64**, 120 (1908).

[2] Beckmann: Erfahrungen über elektrisches Heizen bei ebullioskopischen

S. H. Bailey[1] bediente sich eines Gefäßes, das am Boden so eng ist, daß 90% der Flüssigkeit mit voll eingetauchter Spirale destilliert werden können. Bailey empfiehlt eine Spirale aus Neusilber oder Chromnickeldraht an Stelle von Platin.

Rosanoff und Easley[2] wickelten den Heizdraht auf einen Glasstab, der zu einer kegelförmigen Spirale gebogen ist, deren Spitze fast bis zum Boden des Kolbens reicht.

W. R. G. Atkins findet es in vielen Fällen zweckmäßig, eine in geringem Abstand unter dem Kolben angebrachte, elektrisch geheizte Metallplatte zu verwenden. Die dem Kolben zuzuführende Wärmemenge wird durch Verschieben eines Stückes Asbestpappe auf der Heizplatte reguliert. Eine Überhitzung des Dampfes, wenn die Flüssigkeitsmenge klein geworden ist, kann verhindert werden, indem man den Kolben auf ein Stück Asbestpappe mit einem kreisförmig geschnittenen Loch in der Mitte setzt, so daß die Hitze nur eine kleine Fläche am Boden des Kolbens erreichen kann.

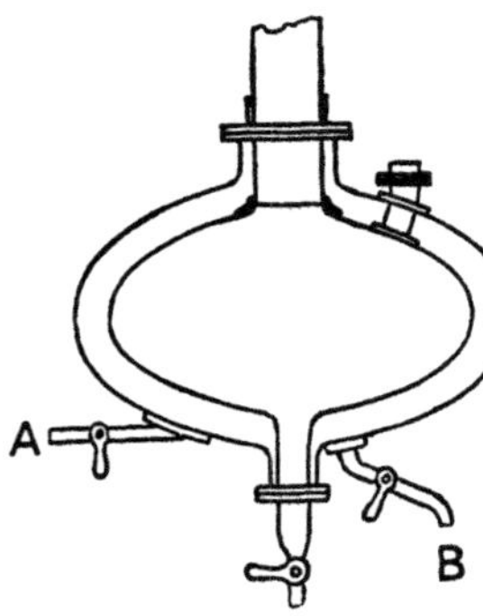

Abb. 9. Blase mit Dampfmantel.

Allen und Jacobs[3] umgeben den Destillationskolben mit 2 Hälften eines birnförmigen Mantels, an dessen Innenseite Widerstandsdraht für elektrische Heizung aufgewickelt ist.

Dampf als Wärmequelle. Im Großbetrieb wird die Blase häufig durch Dampf von normalem oder höherem Druck geheizt (Abb. 9). Der Dampf kann durch das Rohr *A* eingeleitet werden, und das Kondenswasser fließt aus *B* ab.

Das Thermometer. Bei der Ausführung einer fraktionierten Destillation muß man imstande sein, nicht nur eine konstante oder angenähert konstante Temperatur mit großer Genauigkeit innezuhalten, sondern auch Ablesungen bei rasch steigenden Temperaturen auszuführen. Diesen Anforderungen entspricht am besten das gewöhnliche Quecksilberthermometer, das daher trotz seiner großen Nachteile dem Luft- oder Platinwiderstands-Thermometer vorgezogen wird. Zur Erlangung genauer Daten müssen folgende Punkte beachtet werden:

Bestimmungen und bei der fraktionierten Destillation. Ztschr. f. physik. Ch. **64**, 506 (1908).

[1] Bailey: An Electrically Heated Vacuum Fractionation Apparatus. Journ. Amer. Chem. Soc. **33**, 447 (1911).

[2] Rosanoff and Easley: Partial Pressures of Binary Mixtures (Apparatus). ebenda **31**, 964, (1909).

[3] Allen and Jacobs: Electrically Heated Still for Fractional Distillation. Dept. of Inter., Bur. of Mines, U. S. A., Bull. **19**, 1; Journ. Soc. Chem. Ind. **31**, 18 (1912).

1. Kalibrierung. Das Thermometer muß sorgfältig kalibriert werden, und es wäre von großem Vorteil, wenn alle Thermometer mit einem Luftthermometer verglichen würden, denn 2 Quecksilberthermometer, die aus verschiedenen Glassorten hergestellt sind, ergeben, selbst wenn sie bei 0^0 und bei 100^0 richtige Werte anzeigen, bei anderen Temperaturen, besonders bei höheren, verschiedene und unrichtige Ablesungen und zwar aus folgenden Gründen:

a) In erster Linie ist es unmöglich, eine absolut zylindrische Capillare herzustellen; daher kann das einem Skalenteil entsprechende Volumen nicht in allen Teilen der Capillare das gleiche sein. Es sind verschiedene Methoden zur Kalibrierung des Rohres ausgearbeitet worden[1 2], indessen bleiben, auch wenn die Kalibrierung ausgeführt worden ist, noch andere Fehlerquellen übrig.

b) Die Stellung des Quecksilbers in der Röhre bei einer gegebenen Temperatur hängt von der Ausdehnung sowohl des Quecksilbers als auch des Glases ab, und für beide Substanzen wächst der Ausdehnungskoeffizient mit steigender Temperatur.

c) Verschiedene Glassorten haben verschiedene Ausdehnungskoeffizienten, daher geben 2 Thermometer, die aus verschiedenem Material angefertigt worden sind, selbst wenn die Capillarrohre vollkommen zylindrisch wären, verschiedene Ablesungen bei der gleichen Temperatur. Deswegen müssen die Angaben eines Quecksilberthermometers mit denen eines Luftthermometers, oder eines anderen, vorher mit einem Luftthermometer geeichten Quecksilberthermometer verglichen werden; oder statt dessen kann eine Anzahl von Fixpunkten dadurch festgelegt werden, daß man das Thermometer mit den Dämpfen einer Reihe reiner unter bekanntem Druck siedender Flüssigkeiten erhitzt.

Tabelle 1 enthält ein Verzeichnis der dazu geeigneten Stoffe mit ihren Siedepunkten und die Änderung der Temperatur für eine Abweichung von 10 mm vom Normaldruck.

Auf diesem Wege kann eine Tabelle oder Kurve der Korrekturen aufgestellt und der Fehler an einer beliebigen Stelle der Thermometerskala leicht bestimmt werden.

Man kann auch ,,Normal"-Thermometer kaufen. Sie sind vor der Einteilung mit einem geprüften Thermometer verglichen worden und sollen richtige Temperaturen anzeigen.

2. Nachbestimmung des Nullpunktes. Der Nullpunkt eines Thermometers sollte von Zeit zu Zeit erneut bestimmt werden, weil er Veränderungen unterworfen ist, die bei den gewöhnlichen Natronglas-

[1] Methods employed in Calibration of Mercurial Thermometers. British Association Report for **1882**, 145.

[2] Guillaume: Traité pratique de la thermométrie de précision. S. 112.

Tabelle 1.

Stoff	Siedepunkt unter normalem Druck	Temperaturänderung für 10 mm Druckdifferenz
	Grad	Grad
Schwefelkohlenstoff	46,25	0,40
Äthyl-Alkohol	78,3	0,33
Wasser	100,0	0,37
Chlorbenzol	132,0	0,50
Brombenzol	156,0	0,51
Anilin	184,4	0,51
Naphthalin	218,05	0,58
Chinolin	237,45	0,59
Bromnaphthalin	280,45	0,64
Benzophenon	305,8	0,63
Quecksilber	356,75	0,75
Schwefel	444,55	0,87

Thermometern beträchtlich sein können. Es treten 2 Arten von Veränderungen auf:

a) Wenn ein Thermometer eingeteilt wird, kurz nachdem die Kugel geblasen worden ist, so steigt der Nullpunkt zuerst verhältnismäßig schnell, dann immer langsamer und die Erhöhung des Nullpunktes kann viele Jahre andauern. Wenn das Thermometer höheren Temperaturen ausgesetzt wird so tritt — wie Marchis gezeigt hat, besonders dann, wenn damit leichte, periodische Schwankungen der Temperatur verbunden sind — das Ansteigen des Nullpunktes mit viel größerer Geschwindigkeit ein, und bis 360^0 bestimmt, wahrscheinlich bis 450^0 entspricht jeder höheren Temperatur ein schnelleres Ansteigen und dementsprechend eine höhere Endlage des Nullpunktes. Ein Anstieg von mehr als 20^0 ist verschiedene Male bei der Verwendung von Thermometern aus weichem Glas beobachtet worden, wenn sie längere Zeit Temperaturen von 360^0 ausgesetzt worden waren. In allen Fällen wird das zuerst rasch verlaufende Ansteigen immer langsamer und es erscheint zweifelhaft, ob bei einer gegebenen Temperatur eine wirkliche Konstanz des Nullpunktes wirklich jemals erreicht wird. Wenn dagegen ein Thermometer viele Stunden lang auf eine gegebene hohe Temperatur erhitzt und dann langsam abgekühlt worden ist, so hat eine nachfolgende Erwärmung auf niederere Temperatur nur sehr wenig Einfluß auf den Nullpunkt. Die besten Thermometer werden, wie es zuerst von Crafts empfohlen wurde, lange Zeit auf hoher Temperatur gehalten, ehe sie eingeteilt werden.

b) Wenn ein Thermometer, selbst nachdem sein Nullpunkt so konstant wie möglich gemacht worden ist, erhitzt und dann rasch abgekühlt wird, so ist ein leichtes Fallen des Nullpunktes zu beobachten. Nach einem oder zwei Tagen ist indessen der größte Teil dieses Abfalles wieder zurückgegangen; der Rest verschwindet erst nach längerer Zeit.

3. Verflüchtigung des Quecksilbers im Thermometerrohr. In den gewöhnlichen Thermometern befindet sich über dem Quecksilber ein luftleerer Raum und es tritt, wenn das Quecksilber in dem Rohr stark erhitzt wird, eine Verflüchtigung ein, wobei sich der Quecksilberdampf in dem kalten oberen Teil des Rohres wieder verdichtet. Infolgedessen scheint eine Temperatur, die in Wirklichkeit konstant ist, allmählich abzufallen. Die besseren Thermometer, deren Gradteilung bis zu hohen Temperaturen reicht, enthalten Stickstoff über dem Quecksilber, wobei am oberen Ende der Capillare eine Aufweitung eingeblasen ist, um ein zu starkes Steigen des Druckes infolge der Kompression des Gases zu verhindern. Thermometer, die nur für mäßige Temperaturen, das heißt für Temperaturen nicht über 100 oder höchstens 150^0 bestimmt sind, werden aber im allgemeinen nicht mit Stickstoff gefüllt. Wenn ein solches Thermometer zur Destillation von Flüssigkeiten, die bei 100 oder selbst 80^0 sieden, benutzt wird, so kann sich eine ganz merkliche Menge Quecksilber verflüchtigen, und es können bei längerem Heizen Fehler im Betrage von 0,2—$0{,}3^0$ auftreten. Es wäre besser, wenn alle Thermometer, die zum Messen von Temperaturen über 60^0 bestimmt sind, mit Stickstoff gefüllt würden.

4. Korrektur für die nicht miterwärmte Quecksilbersäule. Wie schon erwähnt, sollte das Thermometer möglichst so in dem Apparat angebracht werden, daß nicht nur das Quecksilber in der Kugel, sondern auch das in der Capillare vom Dampf der siedenden Flüssigkeit erwärmt werden kann, andernfalls müßte folgende Korrektur, die allerdings auch im günstigsten Falle noch ungenau ist, angebracht werden:

Zu der abgelesenen Temperatur werden $0{,}000143\ (T - t)\ N^0$ zugefügt, worin T der beobachtete Siedepunkt, t die mittlere Temperatur des aus dem Dampf herausragenden Fadens und N dessen Länge, ausgedrückt in Skalenteilen, ist.

Der Koeffizient 0,00016 — die Differenz zwischen der cubischen Ausdehnung des Quecksilbers und der des Glases — wird sehr häufig verwendet, ist aber in der Praxis als zu groß befunden worden. Thorpe hat gezeigt, daß der Wert 0,000143 bessere Werte gibt.

Die folgende, von Thorpe[1] angegebene Tabelle 2 erleichtert die Berechnung.

---

[1] Thorpe: On the Relation between the Molecular Weights of Substances and their Specific Gravities when in the Liquid State. Trans. Chem. Soc. **37**, 159 (1880).

Tabelle 2.

T — t	N									
	10.	20.	30.	40.	50.	60.	70.	80.	90.	100.
10 . .	0,01	0,03	0,04	0,06	0,07	0,09	0,10	0,11	0,13	0,14
20 . .	0,02	0,06	0,09	0,11	0,14	0,17	0,20	0,22	0,26	0,29
30 . .	0,04	0,09	0,13	0,17	0,21	0,26	0,30	0,34	0,39	0,43
40 . .	0,05	0,11	0,17	0,23	0,28	0,34	0,40	0,47	0,52	0,57
50 . .	0,07	0,14	0,21	0,29	0,36	0,43	0,50	0,60	0,64	0,71
60 . .	0,08	0,17	0,25	0,35	0,43	0,51	0,60	0,70	0,77	0,86
70 . .	0,10	0,20	0,30	0,40	0,50	0,60	0,70	0,80	0,90	1,00
80 . .	0,11	0,23	0,34	0,45	0,57	0,68	0,80	0,91	1,03	1,14
90 . .	0,13	0,26	0,39	0,51	0,64	0,77	0,90	1,03	1,16	1,30
100 . .	0,14	0,28	0,43	0,57	0,71	0,85	1,00	1,14	1,29	1,43
110 . .	0,16	0,31	0,47	0,63	0,79	0,94	1,10	1,26	1,42	1,58
120 . .	0,17	0,34	0,51	0,69	0,86	1,03	1,20	1,37	1,54	1,71

Tabelle 2 (Fortsetzung).

T — t	N									
	110.	120.	130.	140.	150.	160.	170.	180.	190.	200.
10 . .	0,16	0,17	0,19	0,20	0,21	0,22	0,24	0,26	0,27	0,29
20 . .	0,31	0,34	0,37	0,40	0,43	0,46	0,49	0,51	0,54	0,57
30 . .	0,47	0,51	0,56	0,60	0,64	0,68	0,73	0,77	0,82	0,86
40 . .	0,63	0,69	0,74	0,80	0,86	0,91	0,97	1,03	1,09	1,14
50 . .	0,79	0,86	0,93	1,00	1,07	1,14	1,22	1,29	1,36	1,43
60 . .	0,94	1,03	1,12	1,20	1,29	1,37	1,46	1,54	1,63	1,72
70 . .	1,10	1,20	1,30	1,40	1,50	1,60	1,70	1,80	1,90	2,00
80 . .	1,26	1,37	1,49	1,60	1,72	1,83	1,94	2,05	2,17	2,29
90 . .	1,42	1,54	1,66	1,80	1,93	2,05	2,17	2,31	2,45	2,54
100 . .	1,58	1,71	1,84	2,00	2,15	2,29	2,43	2,57	2,72	2,86
110 . .	1,73	1,89	2,04	2,20	2,36	2,51	2,67	2,83	2,99	3,15
120 . .	1,89	2,06	2,23	2,40	2,57	2,74	2,92	3,09	3,26	3,43

5. Überhitzung des Dampfes. Wenn die in dem Kolben befindliche Flüssigkeitsmenge sehr klein ist, so tritt leicht eine Überhitzung des Dampfes durch die Flamme ein, und falls die Kugel des Thermometers nicht völlig mit kondensierter Flüssigkeit befeuchtet ist, wird eine zu hohe Temperatur abgelesen. Wenn ein kleines Stück Watte, oder für Temperaturen über 230° ein kleines Stück Asbestwolle um die Kugel des Thermometers gewickelt wird, so bleibt es regelmäßig feucht, und das Thermometer zeigt, wenn eine reine Flüssigkeit mit direkter Flamme geheizt wird, eine vollkommen konstante Temperatur an, bis die letzte Spur Flüssigkeit aus dem Kolben verschwunden ist.

Bei Verwendung eines Wasser- oder Ölbades ist die Gefahr der Überhitzung größer, und der Wattebausch kann gegen Ende der Destillation trocken werden. In diesem Falle kann es vorkommen, daß die Temperatur zu hoch abgelesen wird, indessen ist der Fehler regelmäßig nicht so groß, wie er bei ungeschützter Kugel wäre.

Wenn es besonders darauf ankommt, den Siedepunkt einer Flüssigkeit während des ganzen Verlaufes einer Destillation mit großer Genauigkeit zu bestimmen, so kann vorteilhaft eine der beiden von Richards und Barry[1] angegebenen Formen des Destillationskolbens verwendet werden.

6. Reduktion des Siedepunktes auf Normaldruck. Das Barometer muß immer abgelesen und auf 0° (S. 254) umgerechnet werden. Bei langer Dauer der Destillation, oder bei unbeständigem Wetter muß es wiederholt abgelesen werden, denn der Siedepunkt einer Flüssigkeit ist stark vom Druck abhängig.

Es ist unmöglich, eine genaue und allgemein anwendbare Formel zur Reduktion des beobachteten Siedepunktes auf den unter Normaldruck (760 mm) anzugeben, aber die folgende kann als angenähert richtig angenommen werden:

$$\Theta = 0{,}00012\,(760 - p)\,(273 + t),$$

in der Θ die zu der beobachteten Siedetemperatur t zu addierende Korrektur in Celsiusgraden und p der Barometerstand ist[2].

Diese Korrektur ist ohne größeren Fehler bei den meisten Flüssigkeiten anwendbar, für Wasser und Alkohole gibt aber die Formel

$$\Theta = 0{,}00010\,(760 - p)\,(273 + t)$$

bessere Resultate.

Crafts[3] hat für eine Reihe von Stoffen Daten zusammengestellt, aus denen die Werte von c in der Formel $\Theta = c\,(760 - p)\,(273 + t)$ leicht errechnet werden können[4]. Tabelle 3 (S. 14) enthält für einige der von Crafts angeführten Stoffe und außerdem noch für eine Reihe anderer die Siedepunkte in absoluter Temperatur T, die Werte von c und von dp/dt[5].

Die mit einem Sternchen versehenen Werte sind indirekt ermittelt worden. Sie sind als nicht so sicher anzusehen wie die anderen.

---

[1] Richards and Barry; An Advantageous Form of Still for the Exact Measurement of Boiling Point during Fractional Distillation. Journ. Amer. Chem. Soc. **36,** 1787 (1914).

[2] Ramsay and Young: Some Thermodynamical Relations. Philos. Magazine (V) **20,** 515 (1885).

[3] Crafts: Über die Korrektionen der Siedepunktstemperaturen bei wechselndem Barometerstand. Berl. Berichte **1887,** 20, 709.

[4] Es waren einige Druckfehler in der von Crafts angegebenen Tabelle und seit ihrer Veröffentlichung sind außerdem von manchen anderen Stoffen genaue Bestimmungen des Siedepunktes und Dampfdruckes gemacht worden.

[5] Young: Correction of the Boiling Points of Liquids from Observed to Normal Pressure. Trans. Chem. Soc. **1902,** 777.

Tabelle 3.

Stoff	T	dp/dt	c
Sauerstoff	90,5 ^{0}	75,9*	0,000146*
Stickstoff	77,5	89,0*	0,000145*
Argon	86,9	83,2*	0,000138*
Chlor	239,4	33,2	0,000126
Brom	331,75	25,2	0,000120
Jod	458,3	18,75	0,000116
Quecksilber	629,75	13,4	0,000118
Schwefel	717,55	12,2	0,000114
Ammoniak	240,1	37,7	0,000110
Schwefeldioxyd	262,9	33,7	0,000113
Schwefelkohlenstoff	319,25	24,7	0,000127
Bor-Trichlorid	291,25	26,8	0,000128
Phosphor-Trichlorid	346,85	23,45	0,000123
Tetrachlor-Kohlenstoff	349,75	23,25	0,000123
Silicium-Tetrachlorid	329,9	24,0	0,000126
Zinn-Chlorid	387,1	21,4	0,000121
Methan	108,3	68,2*	0,000135
n-Pentan	309,3	25,8	0,000125*
n-Hexan	341,95	23,9	0,000122
n-Heptan	371,4	22,3	0,000121
n-Octan	398,8	21,1	0,000119
Isopentan	300,95	26,2	0,000127
Di-Isobutyl	382,1	20,9	0,000125
Hexamethylen	353,9	22,7	0,000124
Benzol	353,2	23,45	0,000121
Toluol	383,7	21,75	0,000120
Äthyl-Benzol	409,15	20,3	0,000120
Naphthalin	491,05	17,1	0,000119
Anthracen	616,0	15,0	0,000108
m-Xylol	412,0	21,1	0,000115
Triphenyl-Methan	626,0	14,8	0,000108
Methyl-Chlorid	249,35	31,9	0,000126
Äthylen-Dibromid	405,0	20,8	0,000119
Fluorbenzol	358,2	23,3	0,000120
Chlorbenzol	405,0	20,5	0,000120
Brombenzol	429,0	19,3	0,000120
Jodbenzol	461,45 ^{0}	18,0	0,000120

Stoff	T	dp/dt	c
Bromnaphthalin	553,45	15,75	0,000115
Methyl-Äther	249,4	32,0	0,000125
Äthyl-Äther	307,6	26,9	0,000121
Aceton	330,0	26,4	0,000115
Benzophenon	578,8	15,8	0,000109
Anthrachinon	650,0	13,6	0,000113
Anilin	457,4	19,6	0,000112
Chinolin	510,45	17,0	0,000115
Methyl-Formiat	304,9	28,8	0,000114
Äthyl-Formiat	327,3	26,6	0,000115
Propyl-Formiat	353,9	24,5	0,000115
Methyl-Acetat	330,1	26,8	0,000113
Äthyl-Acetat	350,15	25,1	0,000114
Propyl-Acetat	374,55	23,5	0,000114
Isobutyl-Acetat	389,2	22,5	0,000114
Methyl-Propionat	352,7	24,9	0,000114
Äthyl-Propionat	372,0	23,7	0,000113
Propyl-Propionat	395,15	22,3	0,000114
Isobutyl-Propionat	409,8	21,4	0,000114
Amyl-Propionat	433,2	20,4	0,000113
Methyl-Butyrat	375,75	23,3	0,000114
Äthyl-Butyrat	392,9	22,3	0,000114
Propyl-Butyrat	415,7	20,9	0,000115
Amyl-Butyrat	451,6	19,5	0,000113
Methyl-Isobutyrat	365,3	23,8	0,000115
Isobutyl-Isobutyrat	419,6	20,6	0,000116
Methyl-Alkohol	337,7	29,6	0,000100
Äthyl-Alkohol	351,3	30,35	0,000094
Propyl-Alkohol	370,2	28,8	0,000094
Amyl-Alkohol	403,0	25,3	0,000098
Phenol	456,0	20,5	0,000107
Essigsäure	391,5	23,9	0,000107
Phtalsäure-Anhydrid	559,0	16,0	0,000112
Wasser	373,0	27,2	0,000099

Wenn der Siedepunkt einer Flüssigkeit korrigiert werden soll, kann die Konstante c für den Stoff im allgemeinen durch Benutzung der

Tabelle 3 bestimmt werden. Entweder kann unter Anwendung der nötigen Kritik die Konstante desjenigen in der Tabelle aufgeführten Stoffes verwendet werden, der dem gesuchten chemisch am meisten ähnelt, oder die Konstante kann in Übereinstimmung mit der einen oder anderen der folgenden allgemeinen Beziehungen abgeändert werden.

Beziehungen der Konstante *c* zum Molekulargewicht und zur Konstitution. 1. In jeder homologen Reihe oder jeder Reihe chemisch ähnlicher Stoffe mit Ausnahme der Alkohole, Säuren, Phenole, der niederen Ester und vielleicht einiger anderer, gilt das Gesetz, daß je höher das Molekulargewicht, um so niedriger die Konstante ist.

Beispiel: Die Normal-Paraffine, Methyl- und Äthyläther; Toluol und m-Xylol; Aceton und Benzophenon; Benzol, Naphthalin und Anthracen.

2. Körper mit verzweigter Kette haben höhere Werte, als ihre Isomeren mit normaler Kette. Bei Körpern mit 2 Verzweigungen sind die Werte noch höher.

Beispiele: Isopentan und n-Pentan; Di-Isobutyl und n-Octan; Methyl-Isobutyrat und Methyl-Butyrat.

3. Wenn Wasserstoff durch ein Halogen ersetzt wird, wird *c* niedriger.

Beispiele: Benzol und eines seiner Monoderivate, Naphthalin und Brom-Naphthalin.

4. Durch Ersatz eines Halogens durch ein anderes wird im allgemeinen keine Änderung hervorgerufen.

Beispiele: Die 4 Halogenderivate des Benzols.

5. Alle Stoffe, die ein Hydroxyl enthalten, — Alkohole, Phenole, Wasser, Säuren — haben sehr kleine Werte, indessen vermindert sich der erniedrigende Einfluß des Hydroxyls auf die Konstante in dem Maße, wie die Größe des übrigen Moleküls wächst. Daher ist bei Methyl-, Äthyl- und Propyl-Alkohol die Konstante um 0,000035 niedriger als die der entsprechenden Kohlenwasserstoffe, während sie bei Amyl-Alkohol nur 0,000029 und bei Phenol sogar nur 0,000015 niedriger ist. Andererseits strebt die Konstante im allgemeinen bei wachsender Größe des Moleküls niederen Werten zu, und diese beiden in entgegengesetzter Richtung wirkenden Faktoren heben einander mehr oder weniger vollständig auf. Daher besteht jedenfalls bei den Alkoholen offenbar keine Beziehung zwischen dem Wert der Konstanten und dem Molekulargewicht.

6. Die Ester — entstanden aus Alkoholen und Säuren — haben ziemlich niedere Werte, und bei ihnen ist die Konstante wieder nahezu unabhängig vom Molekulargewicht.

Formen des Destilliergefäßes. Für die gewöhnlichen Zwecke des Laboratoriums ist ein Glaskolben mit kugelförmigem Boden die geeignetste Form des Destillationsgefäßes. Wenn aber eine größere Menge Flüssigkeit destilliert werden soll, besonders wenn sie leicht entzündlich ist, ist es sicherer, ein Metallgefäß zu verwenden. Beim Arbeiten im Großen werden im allgemeinen Metallgefäße verwendet.

Abänderungen in der Form des Kolbens dienen meistens nur der Anpassung an einen bestimmten Zweck und bedürfen keiner besonderen Erwähnung.

Abänderungen des Aufsatzes dagegen sind von großer Wichtigkeit und werden später in den Kapiteln X bis XIII behandelt.

Formen des Kühlers. Für Flüssigkeiten, die über Zimmertemperatur, aber unter 170° sieden, wird der gerade Liebig-Kühler allgemein angewandt, es sind aber auch verschiedene gedrängtere, wirksamere Kühlerformen erdacht worden, die im Handel erhältlich sind. Wenn eine Flüssigkeit bei einer höheren Temperatur als 170° siedet, so bestände die Gefahr eines Bruches, wenn das gläserne Ableitungsrohr mit Wasser gekühlt würde. In diesem Falle reicht der Kühleffekt der umgebenden Luft aus, wenn ein langes Rohr verwendet wird. Für sehr flüchtige Flüssigkeiten muß das Ableitungsrohr mit Eis oder einer Kältemischung gekühlt werden (gestoßenes Eis und Kochsalz, oder Eis und konzentriete Salzsäure sind für mäßig tief liegende Temperaturen brauchbar). In diesem Falle sollte ein Spiral- oder „Schlangen"-Rohr verwendet werden (Abb. 10). Durch das Trockenrohr *A* wird der Niederschlag von Feuchtigkeit in der Vorlage verhindert.

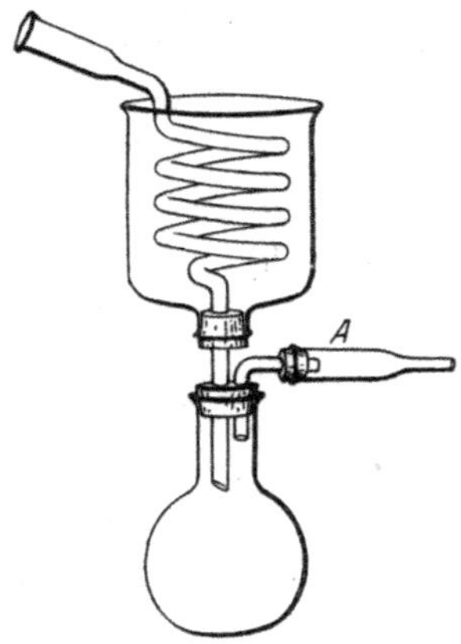

Abb. 10. Kühler für flüchtige Flüssigkeiten.

Formen der Vorlage. Wenn eine Flüssigkeit bei sehr hoher Temperatur siedet, oder wenn sie bei ihrem Siedepunkt unter Normaldruck Zersetzung erleidet, so kann es nötig werden, sie unter verringertem Druck zu destillieren. Für eine einfache Destillation kann der in Abb. 11 gezeigte Apparat verwendet werden, wenn aber das Destillat in einzelnen Fraktionen aufgefangen werden soll, würde das Abnehmen der Vorlage ein Eindringen von Luft in den Apparat verursachen und damit ein erneutes Evakuieren nach jedem Wechsel der Vorlage nötig machen. Um nacheinander einzelne Flüssigkeitsmengen in den Kolben einführen zu können, ohne das Vakuum zu stören, schmelzen Noyes und Skinner[1] einen Scheidetrichter und den Aufsatz auf den Hals eines Claisen-

[1] Noyes and Skinner: An Efficient Apparatus for Fractional Distillation under Diminished Pressure. Journ. Amer. Chem. Soc. **39**, 2718 (1917).

Kolbens. Die große Kugel in Abb. 11 dient dazu, den Druck gleichmäßig zu halten und Schwankungen des Quecksilbers im Manometer zu verhindern. Es sind viele Methoden erdacht worden, die Vorlage zu wechseln, ohne das Vakuum zu stören, von welchen die folgenden erwähnt werden mögen:

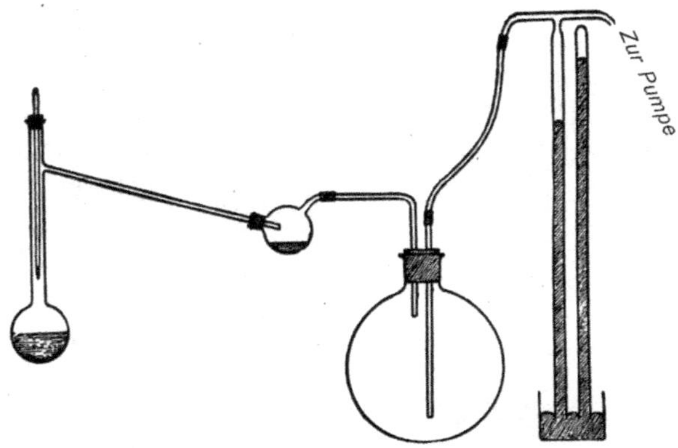

Abb. 11. Einfacher Apparat zur Destillation unter verringertem Druck.

1. Thornes Apparat. Mehrere Hähne werden so geschaltet, daß Luft in die Vorlage gelassen, und eine frische Vorlage an deren Stelle gesetzt werden kann, während der Destillationskolben unter Vakuum bleibt (Abb. 12). Der Hahn *b* wird geschlossen, der Dreiweghahn *c* wird so gedreht, daß er Luft in die Vorlage strömen läßt, welche dann abgenommen und durch eine frische ersetzt wird. Alsdann wird der Hahn *a* geschlossen, um den Kolben von der Pumpe zu trennen, und *c* wird so gedreht, daß die Pumpe mit der neuen Vorlage in Verbindung tritt, diese wird dann evakuiert, bis der Druck auf den gewünschten Betrag gefallen ist, worauf *a* und *b* wieder geöffnet werden.

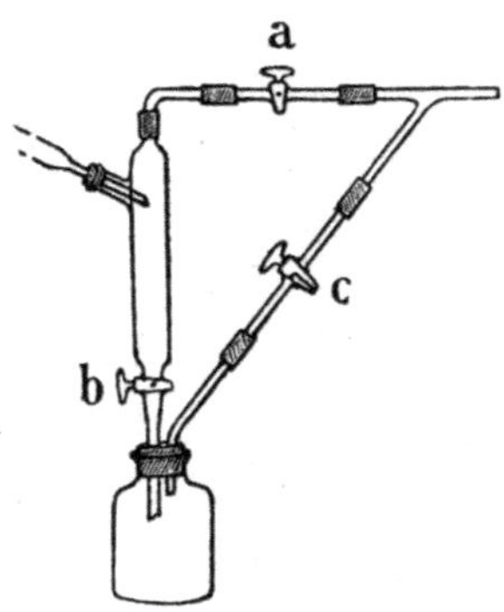

Abb. 12. Thornes Apparat zur Destillation unter verringertem Druck.

Diese verhältnismäßig einfache Methode hat erhebliche Nachteile aufzuweisen. Diese liegen hauptsächlich in der Gefahr der Undichtigkeit beim Gebrauch so vieler Hähne, — selbst wenn ein Dreiweghahn (wie in Abb. 12) an Stelle zweier einfacher verwendet wird, — und das ist besonders der Fall, weil die gewöhnlichen Schmiermittel für den Hahn *b*, durch den die kondensierte Flüssigkeit fließt, in der Regel nicht verwendet werden können. Außerdem nimmt das Wechseln der Vorlage, die Handhabung der Hähne und das Evakuieren der frischen Vorlage einige Zeit in Anspruch, während der der Fortschritt der Destillation nicht zusammenhängend beobachtet werden kann.

2. Bredts Apparat. Das Ende des Ableitungsrohres des Aufsatzes ragt in einen Rundkolben mit langem Hals hinein, an welchem

nahezu rechtwinkelig 3 enge Rohre *a*, *b* und *c* und ein 4. Rohr *d* angeschmolzen sind, welch letzteres zum Einlassen der Luft nach beendeter Destillation dient (Abb. 13). Die Kugel des Kolbens bildet die eine Vorlage. Jedes der engen Rohre wird mit einem zylindrischen Gefäß mittels eines durchbohrten Pfropfens verbunden. Der Langhalskolben wird zuerst mit den 3 Vorlagen nach oben in solche Stellung gebracht, daß sich die erste Fraktion im Kolben sammelt. Beim Wechseln wird der Hals des Kolbens gedreht, bis das abtropfende Destillat in eine der zylindrischen Vorlagen fällt, und jede von diesen kann der Reihe nach senkrecht unter das Ende des Ableitungsrohres gebracht werden.

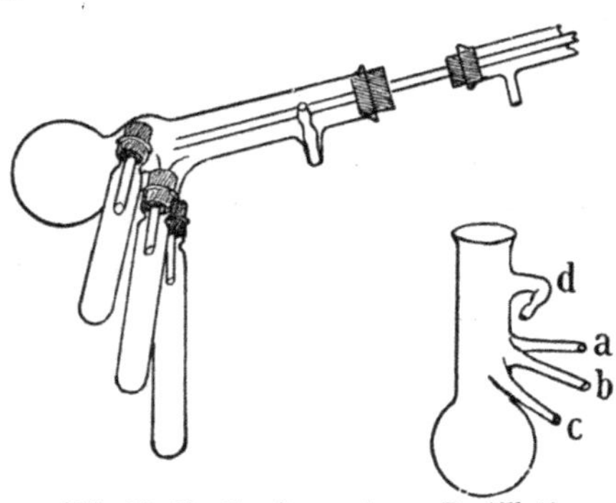

Abb. 13. Bredts Apparat zur Destillation unter verringertem Druck.

3. Brühls Apparat. Mehrere Reagenzgläser befinden sich in einem runden Halter, der innerhalb eines evakuierten Gefäßes (Abb. 14) drehbar angebracht ist, so daß jedes einzelne Rohr leicht unter das Ende des Ableitungsrohres gebracht werden kann. Diese Anordnung ist bequem, weil der Wechsel der Vorlage mit der größten Leichtigkeit und Schnelligkeit vorgenommen werden kann.

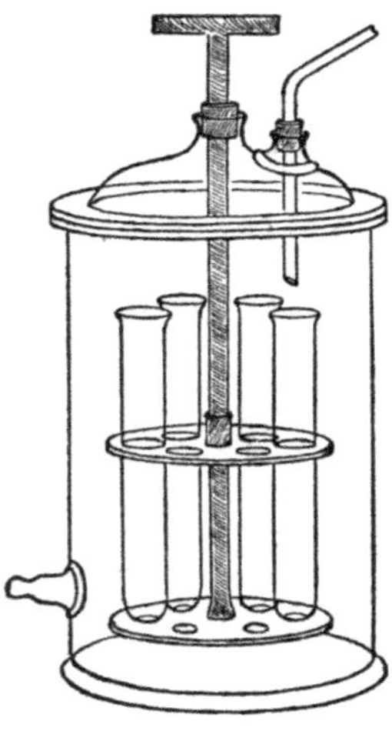
Abb. 14. Brühls Apparat zur Destillation unter verringertem Druck.

4. Wade und Merrimanns Apparat zur Destillation unter konstantem, niederem oder hohem Druck. Um den Druck konstant zu halten, wurde ein Druckregulator oder „Manostat", nach ähnlichen Grundsätzen wie ein Thermostat, erdacht. Der Einlaßweg für die Luft wird automatisch vom Quecksilber eines Manometers freigegeben, wenn der Druck unter die Grenze, auf die der Manostat eingestellt ist, fällt. Die Konstruktion und Handhabung dieser Vorrichtung ist in der Originalarbeit einzusehen[1]. Bei der Anwendung der Vorrichtung zur fraktionierten Destillation

[1] Made and Merriman: Apparatus for the Maintenance of Constant Pressures above and below the Atmospheric Pressure. Application to Fractional Distillation. Trans. Chem. Soc. **99**, 984 (1911).

wird ein Luftbehälter von etwa 10 l Inhalt zwischen den Manostaten und die Vakuumpumpe, bzw. den Luftkompressor geschaltet. Zwischen den Manostaten und den Destillationsapparat mit dem Manometer wird ein zweiter Luftbehälter von ungefähr dem doppelten Inhalt geschaltet. Ein geeigneter Quecksilberluftverdichter ist in der Arbeit beschrieben.

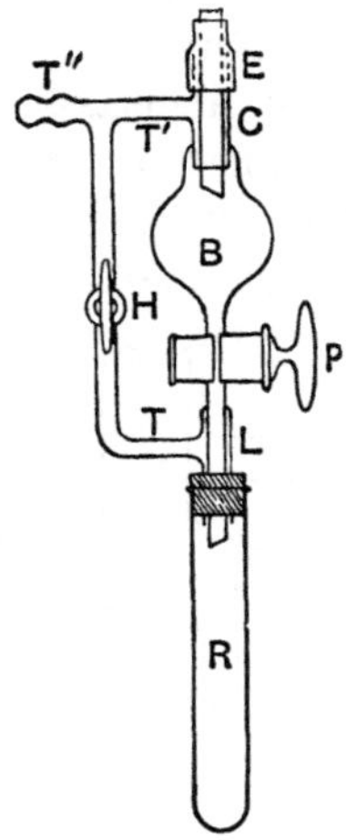

Abb. 15.

Um die Fraktionen ohne Störung der Destillation sammeln zu können, wurde die in Abb. 15 abgebildete Abart von F. D. Browns Apparat verwendet. Die Vorrichtung besteht im wesentlichen aus dem Tropftrichter B, in dessen weiten Hals eine Muffe C eingeschmolzen ist. Sie ist so weit, daß das Kühlerrohr hindurchgesteckt werden kann. Das letztere, welches bis unter den Rand der Muffe reichen soll, wird mit einem kurzen Stück eines starken Gummischlauches abgedichtet.

Als Hahn P ist ein solcher mit weiter Bohrung von 3—4 mm zu verwenden. Das Rohr des Tropftrichters ist am unteren Ende mit einer zweiten Muffe L verschmolzen, deren unteres Ende den Gummistopfen trägt, an den als Vorlage das Reagenzglas oder der Kolben R angesetzt wird. Die zwei Muffen sind mit den T-Rohren TT' versehen, deren Enden mit den entgegengesetzten Öffnungen eines Dreiweghahnes H verschmolzen sind, dessen dritte Bohrung mit der Luft in Verbindung steht. Die Verbindung mit der Vakuumpumpe wird durch eine Abzweigung T'' des oberen Rohres T' hergestellt. Der Hahn P kann im allgemeinen nicht geschmiert werden, aber da bei jeder Undichtigkeit ein Durchtritt nur nach innenzu möglich ist, ist kein Verlust damit verknüpft.

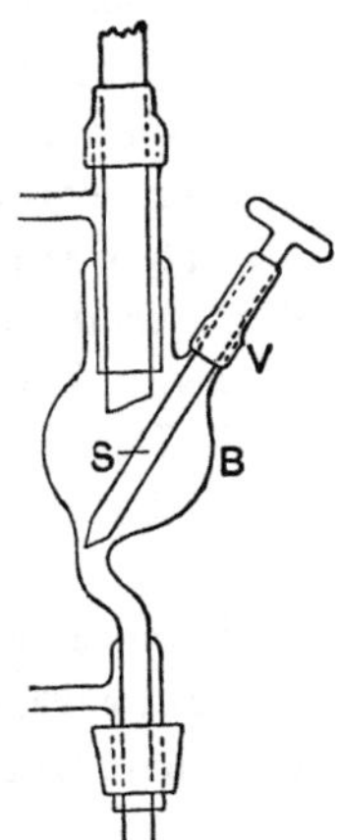

Abb. 16 a.

Bei erhöhtem Druck dagegen ist ein Hahn nicht anwendbar, denn der durch Undichtigkeiten ermöglichte Durchtritt würde nach außen gehen, wobei der Druck den Hahn zu lockern strebte. Für Flüssigkeiten, die Gummi nicht angreifen, bildet ein kurzes Stück mit einer Schraubklemme versehenen Druckschlauches einen ausgezeichneten Ersatz. Für andere Flüssigkeiten ist der Trichter B mit einem Innenverschluß S (Abb. 16a) zu versehen, der von außen betätigt werden kann. Dieser Verschluß besteht aus einem starken Glasstab, der durch eine gut passende gläserne Muffe V hindurchgeht, an welcher er durch ein kurzes Stück Druckschlauch sicher befestigt ist. Dieser Schlauch, der am Stab und der Muffe mit Ligaturen versehen ist, wirkt als Feder, die in normaler Lage den Verschluß von seinem Sitz fern im oberen schon aufgeweiteten Teil des Trichterhalses festhält. Beim Wechseln der Vorlage wird der Stab gegen die Elastizität des Gummischlauches einwärts gedrückt, bis er das Mundstück verschließt. Wenn nun der Druck durch den Dreiweghahn abgelassen wird, so wird der Stab durch den Druck der komprimierten Luft im Trichter in seiner Lage festgehalten. Etwaige Undichtigkeiten lassen die Flüssigkeit nach unten oder innen austreten, und die Vorlage kann so rasch gewechselt werden, daß keine Gefahr eines Verlustes besteht. Bei einer Destillation unter erhöhtem Druck müssen alle Gummiverbindungen und Pfropfen an den betreffenden Rohren und Glasgefäßen befestigt werden. Eine bequeme Befestigung für die Vorlage besteht aus einem starken Metallring *M* (Abb. 16 b), der um das Reagenzglas gut anschließend herumgelegt und mit zwei starken, senkrechten Haken *mm'* versehen ist, deren einer senkrecht, deren anderer parallel zum Ringumfang steht. Eine Schleife von recht starkem, elastischem Stahldraht wird durch den ersten Haken geführt. Die beiden Enden werden, nachdem sie den Pfropfen beiderseits der Muffe überkreuzt haben, unter den zweiten Haken gebogen, wobei die Elastizität den Draht sicher in seiner Lage hält.

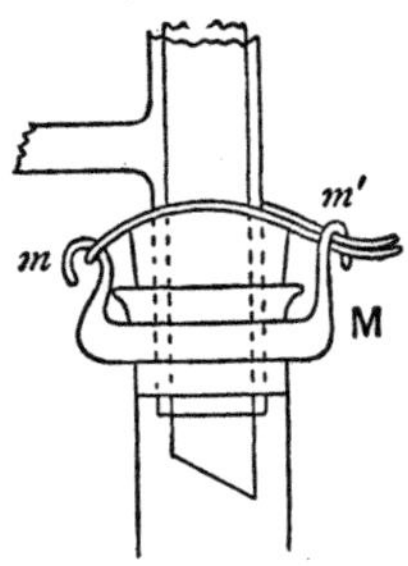

Abb. 16 b.

Bequeme Vakuumvorlagen sind auch von Rosanoff und Easley[1] (siehe auch Rosanoff, Bacon und White[2], und von Hahn[3] beschrieben worden.

Verhinderung von Undichtigkeiten. Wenn eine Flüssigkeit unter vermindertem Druck destilliert wird, müssen alle Verbindungsstellen am Apparat luftdicht sein. Gummistopfen können nicht überall für die Destillation verwendet werden, weil deren Substanz von vielen organischen Flüssigkeiten angegriffen oder gelöst wird, und gewöhnliche Korke sind selten ganz luftdicht. Page[4] findet indessen, daß alle Undichtigkeiten wirksam vermieden werden können, wenn man erst den Apparat evakuiert, und den Kork dann mit der gewöhnlichen, in Flaschen käuflichen Gummilösung bestreicht (Gummiarabicum ist unbrauchbar,

[1] A. a. O.

[2] Rosanoff, Bacon and White: A Rapid Laboratory Method of Measuring the Partial Pressures of Liquids Mixtures (Apparatus). Journ. Amer. Chem. Soc. **36**, 1806 (1914).

[3] Hahn: Fraktioniervorrichtung. Ber. **43**, 1725 (1910); Journ. Soc. Chem. Ind. **29**, 842 (1910).

[4] Page: Cork versus Rubber. Chem. News **86**, 162 (1902).

da es nach dem Trocknen brüchig wird). Das Gummi kann zweckmäßig mit einer Bürste aufgetragen werden. Wenn nötig, kann die Behandlung mehrere Male wiederholt werden.

Apparate zur fraktionierten Destillation unter vermindertem Druck sind außerdem beschrieben worden von:

Lothar Meyer: Berichte **20**, 1834 (1887);
H. Gautier: Bull. Soc. Chim. **2**, 675 (1889);
H. Wislicenus: Berichte **23**, 3292 (1890);
H. Schulz: ebenda **23**, 3568 (1890);
G. W. A. Kahlbaum: ebenda, **28**, 393, (1895);
R. Steinlen: Chem. Ztschr. **22**, 157 (1898).

II. Der Siedepunkt einer reinen Flüssigkeit.

Die Statische Methode.

Es gibt zwei Methoden, mit denen der „Siedepunkt" einer Flüssigkeit bei einem gegebenen Druck bestimmt werden kann: Die statische und die dynamische. Nach der 1. Methode werden die von dem Dampf der Flüssigkeit ausgeübten Drucke bei einer Reihe von Temperaturen bestimmt und gegen die Temperaturen aufgetragen. Die durch diese Punkte gezogene Kurve heißt „Dampfdruckkurve" (Abb. 17).

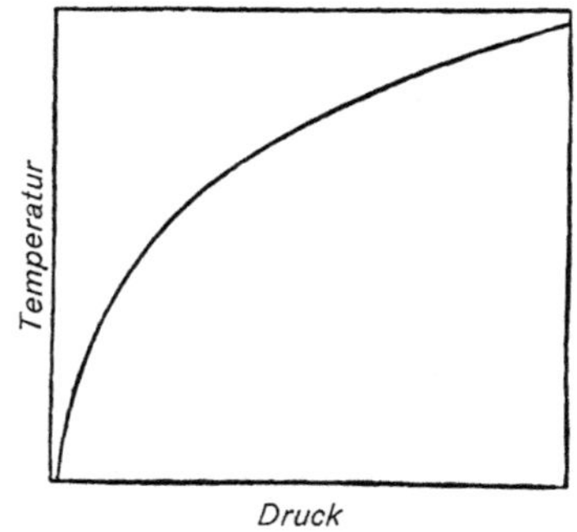

Abb. 17. Dampfdruckkurve.

Sie hat eine doppelte Bedeutung Sie steht nicht nur die Dampfdrucke der Flüssigkeit bei verschiedenen Temperaturen dar, sondern auch die Siedepunkte der Flüssigkeit unter verschiedenen Drucken. So ist z. B. einerseits der Dampfdruck des Wassers bei 50° 91,98 mm und andererseits siedet Wasser unter einem Druck von 91,98 mm bei 50°.

Verdampfung in Abwesenheit von Luft.

Die Dampfdrucke einer Flüssigkeit können für Temperaturen unterhalb ihres Siedepunktes bei Atmosphärendruck bestimmt werden, indem ein Teil der Flüssigkeit in einem Barometerrohr über das Quecksilber gebracht und das Rohr auf verschiedene Temperaturen erwärmt wird. Die Differenz zwischen der Höhe des Barometerstandes und der

der Quecksilbersäule im Rohr gibt, nachdem Korrekturen für die Ausdehnung des Quecksilbers, und wenn nötig, für dessen Dampfdruck, eingerechnet worden sind, den Dampfdruck der Flüssigkeit an.

Man muß sorgfältig darauf achten, daß die ins Barometerrohr eingeführte Flüssigkeit vollständig frei von gelöster Luft ist, da anderenfalls infolge des verringerten Druckes und der erhöhten Temperatur ein Teil dieser Luft ausgetrieben werden und der gemessene Druck die Summe der Drucke des Dampfes und der Luft darstellen würde. Wenn die Flüssigkeit rein und frei von Luft war, ist der Druck nur eine Funktion der Temperatur und hängt nicht von dem Verhältnis des Flüssigkeits- zum Dampfvolumen ab, solange beide vorhanden sind. Diese Konstanz des Dampfdruckes ist in der Tat ein sehr empfindliches Kennzeichen für die Reinheit der Flüssigkeit. (Wie man später sehen wird, gibt es gewisse Flüssigkeitsgemische, die sich in mancher Hinsicht wie eine einheitliche Flüssigkeit verhalten; bei einer bestimmten Temperatur hängt der Dampfdruck einer solchen Mischung nicht vom Verhältnis des Flüssigkeitsvolumens zum Dampfvolumen ab, indessen bleibt der Dampfdruck bei anderen Temperaturen nicht länger vollständig unabhängig vom Verhältnis der Volumina.)

Verdampfung in Gegenwart von Luft.

Andererseits tritt, wie Regnault gezeigt hat, in einem Raum, der irgendein chemisch auf die Flüssigkeit nicht einwirkendes und nur sehr wenig darin lösliches Gas enthält, die Verdampfung in demselben Betrage ein, wie in dem gleichen, aber luftleeren Raum. Der einzige Unterschied ist der, daß die Verdampfung ins Vakuum im allgemeinen fast augenblicklich eintritt, während in Gegenwart eines Gases die Verdampfung langsamer verläuft, infolge der zur Diffusion zwischen Dampf und Gas nötigen Zeit.

Wenn daher das Barometerrohr Luft enthielte, deren Druck wir messen könnten, so könnten wir den wirklichen Dampfdruck errechnen, indem wir den Druck der Luft von dem Gesamtdruck abzögen.

Auf diesen Fall läßt sich Daltons Gesetz der Partialdrucke anwenden, und wenn man auf Grund solcher Messungen die Dampfdruckkurve konstruieren will, so müssen die Partialdrucke des Dampfes, nicht die Gesamtdrucke, gegen die Temperaturen aufgetragen werden.

Die dynamische Methode.

Die kochende, wallende Bewegung einer Flüssigkeit wird als „Sieden“ bezeichnet, aber der wissenschaftliche Ausdruck „Siedepunkt“ bezieht sich nicht auf die Temperatur einer siedenden Flüssigkeit. Die Temperatur, bei der das Aufwallen einer Flüssigkeit eintritt, hängt zum Teil von dem auf ihre Oberfläche wirkenden Druck, der von einem Gase oder von etwas anderem herrühren kann, zum Teil von der Höhe der Flüssigkeitssäule, und zum Teil von den Kohäsionskräften zwischen ihren Molekülen und der Adhäsion der Flüssigkeit an der Oberfläche des Gefäßes ab. Es wäre sehr schwierig, wenn nicht unmöglich, eine passende Definition zu geben, die alle diese Faktoren umfaßt.

Das Kochen.

Wenn wir eine Flüssigkeit in einem gewöhnlichen Glaskolben durch einen darunter gestellten Bunsenbrenner heizen, so wird die Bildung von Dampfblasen an der unteren Fläche der Flüssigkeit, da wo die Wärme durch die Berührung mit dem Glas aufgenommen wird, erleichtert durch die Gegenwart von in der Flüssigkeit gelöster oder als Haut dem Glas anhaftender Luft, und durch Spitzen oder Rauhheiten an der Oberfläche des Glases.

Wenn sich eine kleine Luftblase gebildet hat, so dient sie als Kern für eine größere Dampfblase. Da aber die Blase nur durch Einströmen von Dampf aus der umgebenden Flüssigkeit an Größe zunehmen kann, ist es klar, daß der Dampf den Druck sowohl der überstehenden Flüssigkeitssäule, als auch den der Atmosphäre überwinden muß. Nun hängt der von dem Dampf einer Flüssigkeit ausgeübte Druck in Berührung mit dieser Flüssigkeit nur von der Temperatur ab, und daher muß unter den günstigsten Umständen die Temperatur der die Blase umgebenden Flüssigkeit so hoch sein, daß der Dampfdruck gleich der Summe der Drucke der Atmosphäre und der Flüssigkeitssäule ist.

Ursache des „Stoßens“.

Wenn aber eine Flüssigkeit ganz frei von Luft ist, und wenn die Innenseite des Gefäßes sehr glatt und rein ist, so können sich die Blasen nur unter viel größeren Schwierigkeiten bilden, und die Temperatur der Flüssigkeit kann viel höher steigen. Man sagt dann, sie wäre „überhitzt“. Wenn sich dann eine Blase bildet, so ist der Dampfdruck der Flüssigkeit, entsprechend der höheren Temperatur, viel größer als die Summe der Drucke der Atmosphäre und der Flüssigkeitssäule. Dementsprechend entwickelt sich der Dampf mit großer Geschwindigkeit, und die Blase vergrößert sich sehr rasch, zur gleichen Zeit fällt die Temperatur der Flüssigkeit beträchtlich. Unter diesen Umständen siedet die Flüssigkeit unregelmäßig. Diese Erscheinung bezeichnet man als „Stoßen“.

Die Neigung zu unregelmäßigem Kochen ist noch größer, wenn die Flüssigkeit mit einer Schicht einer anderen, leichteren, aber weniger flüchtigen Flüssigkeit bedeckt ist, z. B. wenn auf Wasser eine Ölschicht schwimmt. Wenn ein Tropfen gut ausgekochten Wassers in ein Bad mit Öl vom gleichen spez. Gewicht gebracht wird, so daß das Wasser nur in Berührung mit Öl ist, so ist die Bildung von Dampfblasen sehr erschwert, und die Temperatur kann weit über 100° erhöht werden; wenn sich schließlich ein Bläschen bildet, so kann sich das ganze Wasser plötzlich mit explosiver Heftigkeit in Dampf verwandeln.

Definition des Begriffes „Siedepunkt".

Unter dem Ausdruck „Siedepunkt" ist die höchste Temperatur zu verstehen, die eine unter einem bestimmten Druck ihres eigenen Dampfes stehende Flüssigkeit erreichen kann, wenn sie mit vollständig freier Oberfläche verdampft, und wenn die Wärme von außen an die Oberfläche gelangt. Wenn wir also die Kugel eines Thermometers mit Watte oder einem anderen porösen Stoff umhüllen, die Watte sorgfältig mit der Flüssigkeit tränken, und das Thermometer in einem Reagenzglas aufhängen, das in einem Bade auf eine mindestens 20° über dem Siedepunkt liegende Temperatur erhitzt ist, so steigt die Temperatur, es tritt Verdampfung ein, und die Luft im Reagenzglas wird vom Dampf verdrängt. Unter diesen Umständen kann die Temperatur, solange die Watte vollständig von der Flüssigkeit durchfeuchtet bleibt, nicht über einen höchsten Punkt steigen, der unbeeinflußt von der Temperatur des Bades nur von dem Dampfdruck und damit vom Luftdruck, der ja in diesem Falle gleich dem Dampfdruck ist, abhängt.

Der höchste unter diesen Umständen erreichbare Temperaturgrad ist der wirkliche „Siedepunkt" der Flüssigkeit unter dem Druck ihres eigenen Dampfes, wobei dieser gleich dem Luftdruck ist. Im folgenden wird sich zeigen, daß der Siedepunkt einer Flüssigkeit nur dadurch richtig bestimmt werden kann, daß die Temperatur der Flüssigkeit selbst, und zwar unter solchen Bedingungen beobachtet wird, daß ein Kochen nicht eintreten kann.

Bestimmung des Siedepunktes.

Der wahre Siedepunkt einer Flüssigkeit ist identisch mit dem Verdichtungspunkt ihres Dampfes unter dem gleichen Druck, vorausgesetzt, daß eine gewisse Flüssigkeitsmenge vorhanden ist, und daß der Dampf nicht mit einem indifferenten Gas oder Dampf gemischt ist. Es ist im allgemeinen bequemer, den Verdichtungspunkt des Dampfes zu bestimmen, als den Siedepunkt der Flüssigkeit. Zu diesem Zweck wird im allgemeinen ein gewöhnlicher Destillierkolben (Abb. 3) verwendet. Die Wände des senkrechten Rohres geben Wärme an die umgebende Luft ab, wodurch sich ein Teil des Dampfes kondensiert. Der Rest des Dampfes ist daher in Berührung mit kondensierter Flüssigkeit. Wenn die Flüssigkeitsmenge im Kolben nicht sehr klein ist, tritt ebenso am

Thermometer in geringem Maße Verdichtung ein, andernfalls wird der Dampf leicht durch die Flamme oder ihre, die trockenen Wandungen des Gefäßes umspülenden Gase überhitzt, und das Thermometer wird unter Umständen, da es die Wärme nur langsam abstrahlen kann, so heiß, daß sich kein Dampf mehr an ihm kondensieren kann. Die Neigung zur Überhitzung des Dampfes ist besonders groß, wenn ein Wasser- oder Ölbad als Wärmequelle verwendet wird.

Die Kondensation am Thermometer wird dadurch gefördert, daß man es in einen kleinen Wattebausch, oder, bei höheren Temperaturen, in Asbestwolle einhüllt[1]. Bei der Bestimmung eines Siedepunktes, oder bei Ausführung einer Destillation mit dem gewöhnlichen Apparat, ist es auf jeden Fall ratsam, die Thermometerkugel derart einzuhüllen. Andererseits soll das Thermometer vor Wärmeverlusten durch Strahlung und dadurch verursachtem Temperaturabfall geschützt werden. Für genaue Bestimmungen ist es deswegen ratsam, das senkrechte Rohr mit einem vom Dampf der siedenden Flüssigkeit durchströmten Mantel zu umgeben. Ein passender Apparat ist von A. Edwards[2] beschrieben worden und in Abb. 18 abgebildet. In den Kolben *A* ist ein Kork eingepaßt, durch den das weitere von zwei konzentrischen, senkrechten Rohren *B* und *C* geht. Das innere Rohr *B* geht durch einen Korken am oberen Ende von *C* und ist selbst mit einem Korken verschlossen, der das (nicht abgebildete) Thermometer trägt. Das Rohr *B* kann nahe am unteren Ende etwas erweitert, oder das Rohr *C* etwas verengt werden, um die beiden Rohre einander so nahe zu bringen, daß der enge Zwischenraum zwischen ihnen sich mit kondensierter Flüssigkeit füllt. Der Dampf der in *A* kochenden Flüssigkeit steigt infolgedessen im inneren Rohr auf, geht durch das in dessen oberem Ende eingeblasene Loch hindurch, steigt zwischen den beiden konzentrischen Rohren abwärts und geht schließlich in das enge Seitenrohr *D*, das als Rückflußkühler dient. Die kondensierte Flüssigkeit fließt glatt durch den engen Zwischenraum zwischen den Rohren in den Kolben zurück.

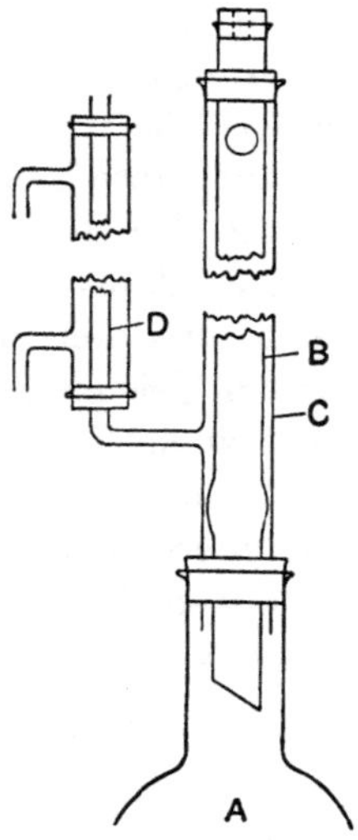

Abb. 18.

Wenn man nicht weiß, ob die Flüssigkeit, deren Siedepunkt bestimmt werden soll, völlig rein ist, ist es ratsam, einen passenden Teil von ihr zu destillieren; wenn sie rein ist, muß der Siedepunkt während

[1] Ramsay und Young: On a New Method of Determining the Vapour Pressures of Solids and Liquids. Trans. Chem. Soc. **47**, 42 (1885).

[2] Journ. Soc. Chem. Ind. **37**, 38 T (1918).

der ganzen Dauer der Destillation konstant bleiben, andernfalls steigt die Temperatur (wenn man es nicht gerade mit einer Mischung von konstantem Siedepunkt zu tun hat). Durch die Beobachtung, wie groß der Aufstieg ist und ob er zu Anfang oder gegen Ende der Destillation eintritt, oder ob er während der ganzen Dauer gleichmäßig ist, kann man schon gewisse Anschauungen über die Natur und die Menge der Verunreinigung gewinnen.

Einfluß von Beimischungen auf den Siedepunkt.

Wenn zu Anfang der Destillation die Temperatur plötzlich steigt, weiterhin aber ganz oder nahezu konstant bleibt, so kann man annehmen, daß eine viel flüchtigere Flüssigkeit zugegen ist. Wenn die Temperatur anfangs konstant ist, aber plötzlich steigt, nachdem die Destillation nahezu beendet ist, so darf man auf die Anwesenheit einer viel weniger flüchtigen Flüssigkeit schließen. In beiden Fällen entspricht die konstante Temperatur ziemlich genau dem wirklichen Siedepunkt, es wäre aber, besonders im zweiten Falle, befriedigender, den besten Teil des Destillates getrennt aufzufangen, ihn zum zweiten Male zu destillieren, und den Siedepunkt wieder abzulesen. Wenn andererseits ein nahezu gleichmäßiger Temperaturanstieg während der ganzen Destillation zu beobachten ist, so ist die Gegenwart eines oder mehrerer Stoffe, die sich in ihrer Flüchtigkeit von der reinen Substanz selbst nicht erheblich unterscheiden, wahrscheinlich, und es ist unmöglich, den Siedepunkt der reinen Flüssigkeit zu bestimmen, solange nicht zur Entfernung der Verunreinigungen eine fraktionierte Destillation ausgeführt worden ist.

Reduktion des Siedepunktes auf Normaldruck.

Unter der Voraussetzung, daß die Flüssigkeit rein war, daß das Thermometer mit einem Luftthermometer verglichen worden ist, und daß die im letzten Kapitel erwähnten Vorsichtsmaßregeln angewandt worden sind, gibt die korrigierte Temperatur den wahren Siedepunkt der Flüssigkeit unter dem derzeitigen Atmosphärendruck an. Es ist aber außerdem häufig nötig, den Siedepunkt der Flüssigkeit mit dem von einem anderen Forscher gefundenen, oder mit dem Siedepunkt einer anderen Flüssigkeit zu vergleichen. Mit Rücksicht darauf ist es zweckmäßig, den gefundenen Siedepunkt auf Normaldruck umzurechnen und diesen reduzierten Siedepunkt als Versuchsergebnis für spätere Vergleiche anzugeben.

Das Verfahren zur Reduktion des Siedepunktes einer Flüssigkeit auf Normaldruck ist auf S. 13 angegeben.

Maßnahmen gegen das „Stoßen“.

Besonders beim Destillieren unter stark verringertem Druck zeigen Flüssigkeiten häufig Neigung, beim Kochen zu stoßen. Um das zu verhindern, sind zwei Methoden vorgeschlagen worden:

1. Wie schon erwähnt, können kleine Silber- oder Platintedraeder, oder Bruchstücke porösen Materials, wie unglasiertes Porzellan oder Bimsstein zugesetzt werden, um die Bildung von Blasen zu erleichtern, oder

2. es kann ein schwacher Luftstrom durch ein Capillarrohr eingelassen werden, das nahezu bis zum Boden des Gefäßes reicht (Abb. 6, S. 6).

Die letztere Methode erfüllt ihren Zweck, das Stoßen zu verhindern, sehr gut, man muß dabei aber im Auge behalten, daß durch die Gegenwart der einströmenden Luft ein Fehler verursacht wird. Der wahre Siedepunkt der Flüssigkeit und der Verdichtungspunkt des Dampfes hängen ab vom Druck des Dampfes selbst, aber nicht vom gesamten über der Flüssigkeit liegenden Gasdruck. Wenn daher Luft dem Dampf beigemischt wird, so bleibt der Gesamtdruck unverändert, der Teildruck des Dampfes dagegen verringert sich, und die beobachtete Temperatur ist niedriger als der Siedepunkt unter dem abgelesenen Druck. Daß dem so ist, kann man leicht durch Veränderung der durch das Capillarrohr eintretenden Luftmenge nachweisen; je schneller die Luft eintritt, um so niedriger wird die abgelesene Temperatur, und wenn die Luftmenge nicht ausnahmsweise klein ist, liegt der beobachtete Siedepunkt merklich zu tief.

Gesetz der Partialdrucke.

Daltons Gesetz der Partialdrucke läßt sich auf den Siedepunkt einer Flüssigkeit anwenden, wie deutlich daraus hervorgeht, daß bei der Bestimmung des Siedepunktes nach der statischen Methode, wenn dem Dampf Luft beigemengt ist, der Partialdruck des Dampfes und nicht der Gesamtdruck in Rechnung gesetzt werden muß (S. 22). Viele Versuche sind angestellt worden, um die Richtigkeit dieses Gesetzes zu beweisen; es möge genügen, die folgenden anzuführen:

Experimenteller Beweis. Wenn Wasser auf die gewöhnliche Art unter einem Druck von 15 mm destilliert wird, siedet es bei ungefähr 18°, aber Schrötter[1] beobachtete schon 1853, als er Wasser in einem flachen Uhrglas auf einem kurzen Dreifuß über ein zweites Uhrglas mit konzentrierter Schwefelsäure brachte, und das ganze unter eine mit der Luftpumpe verbundene Glasglocke stellte, daß die Temperatur auf —3° fiel, als der Druck auf 15 mm erniedrigt wurde. Hierbei wurde der Wasserdampf von der konzentrierten Schwefelsäure rasch absorbiert, so daß der Partialdruck des in Berührung mit dem Wasser stehenden Dampfes nur ungefähr 4 mm gewesen sein kann, während der Gesamt-

[1] Über das Gefrieren des Wassers in verdünnter Luft. Liebigs Ann. **98**, 188 (1853).

druck 15 mm war. Der „Siedepunkt" des Wassers fiel hierbei unter den Gefrierpunkt; unter diesen Umständen können sich aber keine Blasen (ausgenommen vielleicht Luftblasen) bilden, denn der Dampfdruck des Wassers bleibt weit unter dem Gesamtgasdruck.

Schnellere Diffussion und Entfernung des Dampfes und damit raschere Verdampfung wurde dadurch erreicht, daß ein Thermometer, dessen Kugel mit einem Stück feuchten Schwammes bedeckt war, in dem Rezipienten aufgehängt wurde. In diesem Falle fiel die Temperatur bei einem Druck von 40 mm, bei welchem der Siedepunkt des Wassers unter normalen Umständen 34° beträgt, in Wirklichkeit auf —10°. Hierbei kann der Partialdruck des Dampfes nur ein sehr geringer Bruchteil des Gesamtdruckes gewesen sein.

Der folgende Versuch[1] bietet einen etwas strengeren Beweis für die Richtigkeit der Behauptung, daß der „Siedepunkt" nicht notwendig vom Atmosphärendruck abhängt. Ein Kupferluftbad, durch das ein Luftstrom frei hindurchströmen konnte, wurde auf 205° geheizt. Ein Thermometer, dessen Kugel mit Watte umwickelt war, die mit kochendem Wasser durchfeuchtet wurde, wurde durch eine Öffnung im Deckel in das Bad eingehängt. Der Luftdruck betrug 748 mm, und das Wasser auf der Watte befand sich in einem stark erhitzten Raum, trotzdem fiel dessen Temperatur, statt auf nahezu 100° zu bleiben, rasch auf 66° und blieb an dieser Stelle nahezu konstant. Als dagegen der Luftstrom durch Schließen des seitlichen Schiebers gehemmt wurde, stieg die Temperatur des Wassers auf ungefähr 80°, und als Dampf in das Bad eingeleitet wurde, so daß die Luft möglichst vollständig durch Wasserdampf verdrängt wurde, stieg die Temperatur des Wassers auf 99°, obgleich die des Bades etwas gefallen war. Als schließlich ein Teil des Dampfes entweichen und statt seiner Luft eintreten konnte, fiel die Temperatur des Wassers wieder auf 80°.

Es ist klar, daß bei diesem Versuch die Temperatur des Wassers nicht von der des Luftbades oder vom Luftdruck abhing, da beide nahezu konstant blieben. Durch das Abstellen der Luftzufuhr und durch das Einführen des Dampfes wurde nur das gegenseitige Verhältnis der Drucke des Wasserdampfes und der das Wasser umgebenden Luft verändert. Je größer der Partialdruck des Dampfes war, um so höher lag die vom Wasser erreichte Temperatur, und als die Luft fast ganz durch Wasserdampf ersetzt wurde, stieg die Temperatur sehr nahezu auf den gewöhnlichen Siedepunkt des Wassers.

Sphäroider Zustand. Bekanntlich berührt ein Wassertropfen, der auf ein rotglühendes Metallblech, z. B. aus Platin fällt, das Metall nicht, noch siedet er, obgleich eine sehr rasche Verdampfung eintritt, sondern

[1] Young: Sublimation. Thorpe's Dictionary of Applied Chemistry.

er nimmt den sphäroiden Zustand an, indem er sich auf der heißen Oberfläche, etwa wie ein Quecksilbertropfen auf dem Tisch bewegt. Sorgfältige Versuche[1] haben ergeben, daß die Temperatur des Wassers unter diesen Umständen nicht bis auf 100° steigt. Die Erklärung für diese Tatsache liegt wahrscheinlich darin, daß der den sphäroiden Tropfen umgebende Wasserdampf mit Luft verdünnt ist, so daß sein Partialdruck niedriger als der Gesamtdruck ist. Aus folgenden zwei Gründen, von denen jeder einzelne ausreichend wäre, kann kein Sieden von innen heraus eintreten:

1. Die Wärme wird ausschließlich aus der Richtung von der Oberfläche her aufgenommen, von der aus in ihrer ganzen Ausdehnung freie Verdampfung stattfinden kann, weil der Wassertropfen das heiße Platin nirgends berührt.

2. Der der Temperatur des Wassers entsprechende Dampfdruck ist geringer als der Atmosphärendruck, so daß jede Blase, eben gebildet, sofort wieder in sich zusammenfallen müßte.

Psychrometer. Auch der Unterschied in der Temperatur, der im allgemeinen zwischen der feuchten und der trockenen Kugel eines gewöhnlichen Psychrometers zu beobachten ist, hängt ab von der Differenz zwischen dem Partialdruck des Wasserdampfes in der Luft und dem Wasserdampfdruck bei der Temperatur der trockenen Kugel.

Nichtmischbare Flüssigkeiten. Zum Schluß sei noch angeführt, daß die später genauer zu behandelnde Erscheinung, daß wenn zwei nicht mischbare Flüssigkeiten zusammen destilliert werden, ihr Siedepunkt niedriger liegt, als der jedes einzelnen Bestandteils, wenn er für sich allein destilliert wird, auf ähnliche Weise durch das Gesetz der Partialdrucke erklärt werden kann, indem der Dampf jeder Flüssigkeit auf die andere wie ein indifferentes Gas einwirkt.

III. Dampfdrucke von Flüssigkeitsgemischen.

Einfluß der Molekülanziehung auf die Mischbarkeit von Flüssigkeiten und auf die Temperatur- und Volumänderung während des Mischens.

Bei der Untersuchung des Verhaltens zweier Flüssigkeiten A und B bei der Mischung miteinander muß

1. die Anziehung zwischen den gleichen Molekülen — also die Anziehung eines jeden Moleküls A auf jedes andere Molekül A und jedes Moleküls B auf jedes andere Molekül B — und

[1] Balfour Stewarts Treatise on Heat (6th edition), 129.

2. die gegenseitige Anziehung zwischen den Molekülen A und B in Betracht gezogen werden.

Wenn die Anziehung zwischen den ungleichen Molekülen verhältnismäßig so gering ist, daß sie vernachlässigt werden kann, so kann man die Flüssigkeiten als ganz oder nahezu unmischbar ansehen. Bei einer etwas größeren gegenseitigen Anziehung zwischen den ungleichen Molekülen ergibt sich eine Mischbarkeit in engen Grenzen und man wird vernunftsgemäß annehmen können, daß bei dem Mischungsvorgang nur geringe Wärmeabsorption und geringe Ausdehnung eintreten wird.

Wenn man verschiedene Flüssigkeitspaare in der Reihenfolge anordnet, daß die gegenseitige Anziehung zwischen den ungleichen Molekülen im Verhältnis zu der zwischen den gleichen wächst, so findet man im allgemeinen zunächst eine anwachsende, und schließlich unbegrenzte Mischbarkeit; man findet in dieser Reihenfolge weiter zunächst Wärmeverbrauch, der dann auf Null abfällt und in wachsende Wärmeentwicklung umschlägt, und man findet drittens abfallende Ausdehnung, gefolgt von zunehmender Zusammenziehung. Diese verschiedenen Vorgänge halten in vielen Fällen nicht streng Schritt miteinander, und es kommt häufig vor, daß bei der Mischung zweier Flüssigkeiten, die in allen Verhältnissen miteinander mischbar sind, eine geringe Kontraktion, begleitet von einem geringen Wärmeverbrauch, gefunden wird, wie es z. B. bei Zusatz einer kleinen Menge Wasser zu Normal-Propylalkohol der Fall ist; dagegen tritt bei gewissen chemisch nahe verwandten Stoffen, wie z. B. Chlorbenzol und Brombenzol weder eine meßbare Veränderung des Volumens noch ein merkliches Entstehen oder Verschwinden von Wärme bei der Mischung der Flüssigkeiten ein. Bei diesen Stoffen sind die verschiedenen molekularen Anziehungskräfte, nämlich die von A zu A, von B zu B und von A zu B wahrscheinlich sehr nahe gleich. In diesen Fällen ist die von D. Berthelot[1] und Galitzine[2] angegebene Beziehung $a_{1 \cdot 2} = \sqrt{a_1 \cdot a_2}$ anwendbar. ($a_{1 \cdot 2}$ stellt die Anziehung zwischen den ungleichen Molekülen, a_1 und a_2 die Anziehung zwischen den gleichen Molekülen dar.) Es gibt demnach zwei einfache Grenzfälle:

1. Die durch $a_{1 \cdot 2}$ ausgedrückte Anziehung ist verhältnismäßig so gering, daß die Flüssigkeiten praktisch nicht mischbar sind.

2. Zwei nahe verwandte und unbegrenzt mischbare Flüssigkeiten zeigen bei der Mischung miteinander weder Wärme- noch Volumänderung.

Die Dampfdrucke von einigen Flüssigkeitsgemischen und nichtmischbaren Flüssigkeitspaaren sind von Regnault, Magnus, Gernez, Konowaloff und anderen Beobachtern bestimmt worden.

---

[1] Berthelot, D.: Über Gasmischungen. C. r. de l'Acad. des sciences **126**, 1703 (1898).

[2] Galitzine: Über Daltons Gesetz. Wied. Ann. **41**, 770 (1890).

Nicht-mischbare Flüssigkeiten.

Regnault zeigte im Jahre 1853, daß wenn zwei nicht-mischbare Flüssigkeiten zusammen über das Quecksilber in ein Barometerrohr gebracht werden, der beobachtete Dampfdruck gleich der Summe der Dampfdrucke der beiden Flüssigkeiten ist, wenn sie getrennt voneinander auf die gleiche Temperatur erwärmt werden. Jede Flüssigkeit ist in ihrem Verhalten in der Tat völlig unabhängig von der anderen, und solange beide in ausreichender Menge vorhanden sind, und die eine nicht von einer zu dicken Schicht der anderen bedeckt ist, spielt das Verhältnis ihrer Mengen, oder das Verhältnis der Flüssigkeit zum Dampf keine Rolle. Wenn dagegen die obere Schicht dick ist, kann die Einstellung des Druckes beträchtliche Zeit in Anspruch nehmen, wenn nicht die schwerere Flüssigkeit durch Schütteln oder Rühren an die Oberfläche gebracht wird, um ihre Verdampfung zu erleichtern.

Teilweise mischbare Flüssigkeiten.

Man hat gefunden, daß der Dampfdruck zweier teilweise mischbarer Flüssigkeiten niedriger als die Summe der Drucke der Mischungsbestandteile, aber höher als der Dampfdruck jeder einzelnen Flüssigkeit bei der gleichen Temperatur ist.

Unbegrenzt mischbare Flüssigkeiten.

Die Dampfdrucke mancher unbegrenzt mischbarer Flüssigkeitspaare sind von verschiedenen Forschern bestimmt worden, und es sind sowohl hinsichtlich der Volum- und Temperaturänderungen bei der Mischung der Flüssigkeiten, als auch hinsichtlich der Dampfdrucke der Mischungen in verschiedenen Fällen recht verschiedene Resultate erhalten worden. Zweifellos hängt das Verhalten von Mischungen hinsichtlich ihrer Dampfdrucke von der gegenseitigen Anziehung der gleichen und der ungleichen Moleküle ab. Wenn die gegenseitige Anziehung der ungleichen Moleküle nicht viel größer ist, als zur Hervorbringung von unbegrenzter Mischbarkeit nötig ist (wie es z. B. bei Normal-Propylalkohol und Wasser der Fall ist), so kann der Dampfdruck wie bei teilweise mischbaren Flüssigkeiten größer als der jedes einzelnen Mischungsbestandteiles bei der gleichen Temperatur sein. Andererseits kann, wenn die Molekularattraktion verhältnismäßig sehr groß ist (Ameisensäure und Wasser) der Dampfdruck der Mischung niedriger als der jedes Bestandteiles sein. Vernunftsgemäß sollte man annehmen, daß, wenn die Anziehungskräfte zwischen den gleichen und ungleichen Molekülen ganz oder nahezu gleich sind, eine einfache Beziehung zwischen Dampfdruck und Zusammensetzung der Mischung bestehen müßte.

Die Frage nach den dem Verhalten von Mischungen zugrundeliegenden Gesetzmäßigkeiten ist von verschiedenen Forschern untersucht worden.

Gesetzmäßigkeiten im Verhalten von Mischungen.

Guthrie[1] hat 1884 geschlossen, daß wenn man zwei Flüssigkeiten finden könnte, die beim Mischen weder Ausdehnung oder Zusammenziehung, noch Wärmeänderung zeigen, ihre Dampfdrucke sich durch eine Formel ausdrücken lassen müßten, die man $P = \frac{mP_A + (100 - m)\, P_B}{100}$ schreiben kann, worin P, P_A und P_B die Dampfdrucke der Mischung bzw. diejenigen der beiden Komponenten A und B bei der gleichen Temperatur und m der Gehalt der Mischung an der Flüssigkeit A in Gewichtsprozenten bedeuten. Mit anderen Worten: Die Beziehung zwischen Dampfdruck und der in Gewichtsprozent ausgedrückten Zusammensetzung sollte durch eine gerade Linie dargestellt werden.

Speyers. Speyers[2] schloß, daß die Beziehung zwischen Dampfdruck und der in Molekül-Prozenten ausgedrückten Zusammensetzung stets durch eine gerade Linie dargestellt wird, wenn das Molekulargewicht jeder einzelnen Substanz sowohl in flüssigem wie in gasförmigem Zustand normal ist. Es sollte dann die Gleichung $P = \frac{MP_A + (100 - M)\, P_B}{100}$, in der M die in Mol-Prozenten ausgedrückte Konzentration an A bedeutet, gelten.

Van der Waals. Van der Waals[3] kommt zu dem Ergebnis, daß die letztgenannte Beziehung richtig ist, wenn die kritischen Drucke der beiden Flüssigkeiten gleich sind, und wenn die Molekularattraktionen mit der von Galitzine und Berthelot vorgeschlagenen Formel $a_{1 \cdot 2} = \sqrt{a_1 \cdot a_2}$ übereinstimmen.

Offenbar machte Guthrie mit der Einführung des Gehaltes an Gewichtsprozenten einen Fehler, und Speyers hat sicher seine Behauptung zu allgemein gehalten, denn es sind sehr viele Fälle bekannt, in denen die Beziehung nicht zutrifft, obgleich beide Flüssigkeiten normale Molekulargewichte haben (z. B. n-Hexan und Benzol, oder Tetrachlorkohlenstoff und Benzol).

---

[1] Guthrie: On some Thermal and Volume Changes attending Admixture. Philos. Magazine **1884** (V), 18 495.

[2] Speyers: Some Boiling Point Curves. Amer. Journ. Science. **1900** (IV), 9, 341.

[3] Van der Waals: Eigenschaften der Druckkurven für koexistierende Phasen von Mischungen. Proc. Royal Acad., Amsterdam **3**, 170 (1900).

Kohnstamms Versuche. Um die von Van der Waals ausgeführten Überlegungen auf ihre Richtigkeit zu prüfen, hat Kohnstamm[1] den Dampfdruck von verschiedenen Mischungen von Tetrachlorkohlenstoff und Chlorbenzol geprüft, deren kritische Drucke, 34180 mm und 33910 mm, nahezu gleich sind. Er fand, daß die Abweichung der Kurve von einer Geraden nicht sehr groß ist.

Bei der Versuchstemperatur betrug die größte Abweichung von der geraden Linie bei einem Gesamtdruck, der durch 76 mm dargestellt wurde, ungefähr 6 mm, entsprechend ungefähr 7,9%. Wahrscheinlich entspricht in diesem Falle die Formel $a_{1\,.\,2} = \sqrt{a_1 \,.\, a_2}$ nicht genau den Tatsachen.

Nahe verwandte Mischungsbestandteile.

Auf Grund einer Untersuchung über die durch Mischung verschiedener Flüssigkeitspaare hervorgerufenen Volumenänderungen schloß F. D. Brown[2], daß diese Veränderungen wahrscheinlich dann am kleinsten sind, wenn die Mischungsbestandteile chemisch ähnlich sind, und er fand einen indirekten Beweis zugunsten dieser Ansicht. Man scheint mit Recht annehmen zu dürfen, daß bei solchen Mischungen diese und andere physikalischen Beziehungen verhältnismäßig einfacher Art sind.

Experimentelle Bestimmungen nach der statischen Methode. Direkte Messungen von Dampfdrucken nach der statischen Methode sind allerdings in fast allen Fällen mit Flüssigkeitsmischungen ausgeführt worden, deren Bestandteile keine chemische Ähnlichkeit aufweisen. Nur Guthrie hat solche Bestimmungen mit Mischungen von Äthylbromid und Äthyliodid gemacht, und seine Ergebnisse machen es, wenn auch nicht sicher, so doch wahrscheinlich, daß die Gleichung $P = \frac{MP_A + (100 - M)\, P_B}{100}$ für diese Mischung zutrifft. Es ist allerdings nicht bekannt, ob die kritischen Drucke von Äthylbromid und Äthyliodid gleich sind, es ist aber sehr wahrscheinlich, daß dies der Fall ist.

Linebarger[3] hat die Dampfdrucke der folgenden Flüssigkeitspaare in einigen Mischungsverhältnissen untersucht, indem er einen Luftstrom durchströmen ließ (S. 82): Benzol und Chlorbenzol, Benzol und Brombenzol, Toluol und Chlorbenzol, Toluol und Brombenzol. Seine Ergebnisse sind in guter Übereinstimmung mit der angegebenen Formel, in-

[1] Kohnstamm: Experimental-Untersuchungen auf Grund der van der Waalschen Theorie. Inaugural-Dissertation. Amsterdam 1921.

[2] Brown, F. D.: On the Volume of Mixed Liquids. Trans. chem. Soc. **39**, 202 (1881).

[3] Linebarger: On the Vapour Tensions of Mixtures of Volatile Liquids. Journ. Amer. Chem. Soc. **17**, 615 und 690 (1895).

dessen gab leider seine Methode wenigstens in einem Falle (Tetrachlorkohlenstoff und Benzol) ungenaue Ergebnisse. Man kann daher den Versuchsdaten kein volles Vertrauen schenken. Die kritischen Drucke dieser Substanzen sind bekannt. Sie sind für die Mischungsbestandteile in keinem Falle gleich.

Bestimmungen nach der dynamischen Methode. Die Dampfdrucke von Mischungen können nach der dynamischen Methode bestimmt werden. Der Kolben wird mittels eines geeigneten Bades auf gleichbleibender Temperatur gehalten, und es werden die Drucke beobachtet, unter denen das Sieden eintritt. Diese Methode wurde von Lehfeldt (S. 76) und Zawidski (S. 77) angewandt. Letzterer findet, daß die an Mischungen von Äthylendibromid mit Propylendibromid erhaltenen Daten mit der Formel $P = \frac{MP_A + (100 - M) P_B}{100}$ in Übereinstimmung stehen. Die kritischen Drucke dieser Substanzen sind allerdings nicht bekannt.

Außerdem können die Dampfdrucke von Mischungen indirekt aus ihren Siedepunkten bei einer Reihe von verschiedenen Drucken bestimmt werden. Die Siedepunkte einer jeden Mischung werden gegen die Drucke, oder besser gegen die Logarithmen der Drucke aufgetragen und aus den so erhaltenen Kurven kann der Druck bei jeder gewünschten Temperatur abgelesen werden. Um die vollständige Dampfdruckkurve für zwei Flüssigkeiten bei einer gegebenen Temperatur zu erhalten, müßten bei einer beträchtlichen Anzahl von Mischungen und in weitem Druckbereich Siedepunktbestimmungen ausgeführt werden, indessen genügt eine kurz durchgeführte Untersuchung, um zu bestimmen, ob die obige Formel anwendbar ist oder nicht.

Man kann z.B. die Siedepunkte von Mischungen, die beispielsweise 25,50 und 75 Mol-Prozent der weniger flüchtigen Substanz A enthalten, bei einigen Drucken ober- und unterhalb von 760 mm bestimmen. Daraus ergeben sich die genauen Siedepunkte unter Normaldruck. Wenn man dann die Dampfdrucke der beiden Mischungsbestandteile für sich bei den drei Temperaturen kennt, kann man den theoretischen Dampfdruck einer jeden Mischung aus der Formel ausrechnen.

Chlorbenzol und Brombenzol. Die Siedepunkte von drei Mischungen aus Chlorbenzol und Brombenzol wurden einerseits auf diesem Wege bestimmt[1], andererseits wurden deren Dampfdrucke bei diesen Temperaturen theoretisch berechnet. Die Ergebnisse sind in Tabelle 4 dargestellt.

Die Differenzen liegen innerhalb der Fehlergrenzen.

---

[1] Young: The Vapour Pressures and Boiling Points of Mixed Liquids, Part. I. Trans. Chem. Soc. **81**, 768 (1902).

Tabelle 4.

Mol-Prozente C_6H_5Br	Beobachteter Siedepunkt	Dampfdrucke bei t^0			Wirklicher Druck P'	Δ $P'-P$
		P_A C_6H_5Br	P_B C_6H_5Cl	P Mischung (berechnet)		
	Grad					
25,01	136,75	452,85	862,95	760,4	760,0	— 0,4
50,00	142,16	526,25	992,30	759,3	760,0	+ 0,7
73,64	148,16	618,40	1153,00	759,3	760,0	+ 0,7
			Mittel	759,7	Mittel	+ 0,3

Die kritischen Drucke von Chlorbenzol und Brombenzol sind nahezu gleich[1], und man hat gefunden, daß, wenn die beiden Flüssigkeiten im Verhältnis gleicher Moleküle gemischt werden, keine merkliche Änderung der Temperatur oder des Volumens eintritt. Man kann daraus schließen, daß $a_{1\cdot 2} = \sqrt{a_1 \cdot a_2}$ ist. Die von Van der Waals aufgestellten Bedingungen sind daher erfüllt, und in diesem Falle gibt auch die Formel $P = \frac{M P_A + (100 - M) P_B}{100}$ die Dampfdrucke unter allen Umständen genau an.

Tabelle 5.

Stoff	kritischer Druck	Δ
Äthylacetat	38,00 Atm.	4,83
Äthylpropionat	33,17 „	
Toluol	41,6* „	3,5
Äthylbenzol	38,1* „	
n-Hexan	29,62 „	4,98
n-Octan	24,64 „	
Toluol	41,6* „	8,5
Benzol	50,1* „	
Benzol	47,88 „	2,91
Tetrachlorkohlenstoff	44,97 „	
Methylalkohol	78,63 „	15,67
Äthylalkohol	62,96 „	

* Da die kritischen Drucke von Toluol und Äthylbenzol beide von Altschul[2] bestimmt worden sind, so scheint es am zweckmäßigsten, zwecks Vergleichsmöglichkeit mit Toluol auch für das Benzol Altschuls Wert anzugeben.

Andere Mischungen nahe verwandter Substanzen. Man darf indessen nicht daraus folgern, daß die Formel nur dann anwendbar ist, wenn die kritischen Drucke gleich sind. Man erkennt viel-

[1] Young: On the Vapour Pressures and Specific Volumes of similar Compounds of Elements in Relation to the Position of those Elements in the Periodic Table. Trans. Chem. Soc. **55**, 486 (1889).

[2] Altschul: Über die kritischen Größen einiger organischer Verbindungen. Ztschr. f. physik. Ch. **11**, 577 (1893).

mehr aus Tabelle 6, daß die Abweichungen von der Theorie auch dann äußerst gering sein können, wenn die Flüssigkeiten chemisch ähnlich, ihre kritischen Drucke dagegen erheblich verschieden sind (Tabelle 5)[1].

Tabelle 6.

Mischung	Konzentration von A in Mol-Proz.	Druck wirklich P'	Druck berechnet P	Druck Δ $P'-P$	Änderung beim Mischen in molekularem Verhältnis Vol.-Proz.	Änderung beim Mischen in molekularem Verhältnis Temperatur
		mm	mm	mm		
A. Äthyl-propionat	25,01	760	756,5	+ 3,5		*
	50,00	,,	755,7	+ 4,3	+ 0,015	— 0,02°
B. Äthylacetat	74,62	,,	754,6	+ 5,4		
		Mittel	755,6	+ 4,4		
A. Äthylbenzol	25,02	760	762,8	— 2,8		
	49,97	,,	763,5	— 3,5	— 0,034	+ 0,05°
B. Toluol	75,00	,,	765,5	— 5,5		
		Mittel	763,9	— 3,9		
A. n-Octan	23,31	760	752,0	+8,0		
	50,00	,,	760,2	— 0,2	— 0,053	+ 0,06°
B. n-Hexan	74,99	,,	781,6	— 21,6		
		Mittel	764,6	— 4,6		
A. Toluol	24,94	760	760,6	— 0,6		
	50,00	,,	762,9	— 2,9	+ 0,161	— 0,45°
B. Benzol	72,46	,,	764,5	— 4,5		
		Mittel	762,7	— 2,7		
A. Äthylalkohol B. Methylalkohol	50,13	760	759,4	+ 0,6	+ 0,004	— 0,10°

* Die hier angegebenen Temperaturänderungen sind nur vergleichsweise richtig; sie wurden gefunden, indem äquimolekulare Mengen der beiden Substanzen (im ganzen 22 ccm) in einem Rundkolben miteinander gemischt wurden. Die angegebene Temperatur ist die Differenz zwischen der Temperatur der Mischung und dem Mittel der Temperatur der Bestandteile, die sich nie um mehr als 0,2° unterschieden. Die Temperaturänderungen zeigen die Richtung und geben einen angenäherten Überblick über die Größe der entsprechenden Wärmeänderungen.

Einfluß chemischer Ähnlichkeit. Bei den ersten drei Stoffpaaren der Tabelle 6 sind ebenso wie bei dem letzten die Volum- und Temperaturänderungen außerordentlich klein, viel merklicher ist dagegen die Ausdehnung und der Temperaturabfall bei Mischungen von Benzol und

[1] Young und Fortey: The Vapour Pressures and Boiling Points of Mixed Liquids, Part. II. Trans. Chem. Soc. 83, 45 (1903).

Toluol, und es ist bemerkenswert, daß auch die chemische Ähnlichkeit in diesem Falle nicht ganz so groß ist, da das Benzolmolekül ganz aromatisch, das Toluolmolekül dagegen teils aromatisch und teils aliphatisch ist.

Dieses Flüssigkeitspaar wurde von Rosanoff, Bacon und Schulze[1] sehr sorgfältig untersucht. Ihre Ergebnisse bestätigen die in Tabelle 6 angegebenen. Sie werden in Kapitel VI ausführlich behandelt.

Die Differenzen $P'-P$ kann man als sehr klein bezeichnen, da die entsprechenden Temperaturdifferenzen nur 0,17 bzw. 0,18, 0,20, 0,12 und 0,02° und die Werte von 100 $(P'-P)/P$ 0,58, 0,57, 0,60, 0,35 und 0,08 (vgl. Tabelle 7 S. 39) betragen. Aus diesen Ergebnissen kann der Schluß gezogen werden, daß bei Mischungen chemisch ähnlicher Bestandteile die Beziehung zwischen Dampfdruck und molekularer Zusammensetzung von einer Kurve dargestellt wird, die sehr angenähert, wenn nicht ganz, eine Gerade bildet.

Fehlerquellen. Je größer der Unterschied zwischen den Siedepunkten zweier Flüssigkeiten ist, um so schwerer ist es, den Siedepunkt ihrer Mischung genau zu bestimmen, und um so größer ist auch innerhalb gewisser Grenzen die Wahrscheinlichkeit von Fehlern in dem Wert für P. Die unregelmäßigen Ergebnisse mit n-Hexan und n-Octan lassen sich vielleicht zum Teil darauf zurückführen.

Vergleich von Wärmeänderung, Volumänderung und Dampfdruck. Eine beim Mischen der Flüssigkeiten eintretende Änderung des Volumens oder der Temperatur kann anscheinend nicht zur sicheren Kennzeichnung des Verhaltens der Mischung hinsichtlich ihres Dampfdruckes benutzt werden, denn man sollte erwarten, daß, wenn Kontraktion und Temperaturanstieg erfolgt, regelmäßig der wirkliche Druck niedriger sein sollte als der berechnete, wie es in der Tat beim 2. und 3. Flüssigkeitspaar beobachtet wurde. Man sollte andererseits erwarten, daß der beobachtete Druck höher als der berechnete ist, wenn Ausdehnung und Temperaturabfall eintritt, wie es beim 1. Paar der Fall ist. Beim Benzol und Toluol dagegen wird diese Regel nicht befolgt, denn der wirkliche Druck ist niedriger, obgleich hier Ausdehnung und Temperaturabfall beim Mischen erfolgt.

T. W. Price[2] hat kürzlich gefunden, daß die Dampfdrucke von Mischungen aus Aceton und Methyläthylketon ziemlich gut mit den nach der Formel $P = M P_A + (100 - M)\ P_B$ berechneten übereinstimmen. Diese zwei Flüssigkeiten zeigen bei der Mischung keine Vo-

---

[1] A Method of finding the Partial from the Total Vapour Pressures of Binary Mixtures, and a Theory of Fractional Distillation, Journ. Amer. Chem. Soc. **36**, 1993 (1914).

[2] Vapour Pressures and Densities of Mixtures of Acetone and Methylethyl Ketone. Trans. Chem. Soc. **115**, 1116 (1919).

lumänderung; ihre kritischen Drucke unterscheiden sich um wenigstens 4,7 Atm.

Chemisch unähnliche Mischungsbestandteile.

Wenn man das Verhalten der Flüssigkeiten ansieht, die nicht so enge chemische Verwandtschaft aufweisen, so findet man in manchen Fällen, wie man aus Tabelle 7, S. 39 ersieht, viel größere Volum- und Temperaturänderungen beim Mischen, und ebenso viel größere Werte für 100 $(P'-P)/P$.

Man erkennt, daß Kontraktion häufig von Wärmeverbrauch begleitet ist, und daß $P'-P$ einen positiven Wert haben kann, wenn Kontraktion, und selbst wenn neben der Kontraktion auch noch Wärmeentwicklung beim Mischen der Komponenten eintritt. Es ist bemerkenswert, daß beim Mischen der Alkohole mit Benzol der Temperaturabfall von Methyl- zu Isobutylalkohol hin größer wird, wobei die sehr geringen Volumänderungen von negativen zu positiven Werten übergehen, obgleich der Wert von $(P'-P)/P$ sich mit wachsendem Molekulargewicht der Alkohole vermindert.

Die Dampfdrucke entstammen Beobachtungen von Zawidski, Konowaloff, Lehfeldt, Kohnstamm, Jackson & Young, Fortey & Young, oder sind besonders bestimmt worden.

Allgemeine Folgerungen. Aus den bisher gemachten Angaben können folgende Schlüsse gezogen werden:

1. Wenn die zwei Bestandteile sehr nahe chemische Verwandtschaft aufweisen, so sind die beim Mischen der Flüssigkeiten eintretenden Volum- und Temperaturänderungen ausnahmslos gering.

2. Wenn nicht nur die chemische Ähnlichkeit sehr groß ist, sondern auch die kritischen Drucke gleich sind, und nach Van der Waals $a_{1 \cdot 2} = \sqrt{a_1 \cdot a_2}$ ist, so wird der Dampfdruck der Mischung durch die Formel

$$P \frac{MP_A + (100 - M) P_B}{100}$$

genau wiedergegeben.

3. Wenn die Komponenten chemisch sehr ähnlich, ihre kritischen Drucke aber nicht gleich sind, so ist der prozentuale Unterschied zwischen den beobachteten und berechneten Drucken — 100 $(P'-P)/P$ — sehr gering, in manchen Fällen selbst dann, wenn in flüssigem Zustand Molekularassoziation, wie z. B. bei Methyl- und Äthylalkohol, vorliegt.

4. Wenn die zwei Flüssigkeiten nicht in enger chemischer Verwandtschaft zueinander stehen, so sind die prozentualen Unterschiede, selbst wenn bei keiner der beiden Flüssigkeiten Molekularassoziation eintritt, regelmäßig viel größer.

Tabelle 7.

Mischung	Konzentration von A in Mol.-Proz.	Drucke wirkl. P'	Drucke berechnet P	$\frac{100(P'-P)}{P}$	Änderung beim Mischen M	Vol.-Proz.	M	Temperatur
A. Äthylenchlorid B. Benzol . . .	50,0	252,4	252,1	+ 0,1	50,0	+ 0,34	50	— 0,35
A. Benzol . . . B. Tetrachlorkohlenstoff .	50,0	760,0	739,85	+ 2,7	50,0	— 0,13	50	— 0,69
A. Toluol . . . . B. Tetrachlorkohlenstoff .	50,0	196,0	201,6	— 2,8	50,0	— 0,07	50	+ 0,25
A. Äthylacetat . B. Tetrachlorkohlenstoff .	50,0	314,6	293,2	+ 7,3	50,0	+ 0,03	50	+ 0,55
A. Chlorbenzol . B. Tetrachlorkohlenstoff .	50,0	82,0	76,0	+ 7,9	50,0	— 0,12	50	— 0,4
A. Benzol . . . B. n-Hexan . . .	50,0	760,0	684,2	+ 11,1	50,0	+ 0,52	50	— 4,7
A. Schwefelkohlenstoff . B. Methylal . .	50,0	702,0	551,1	+ 27,4	49,7	+ 1,22	50	— 6,5
A. Aceton . . . B. Schwefelkohlenstoff .	50,0	646,75	428,05	+ 51,1	49,9	+ 1,21	50	— 9,85
A. Chloroform . B. Aceton . . .	50,0	254,0	318,8	— 20,3	50,0	— 0,23	50	+ 12,4
A. Wasser . . . B. Methylalkohol	50,0	282,0	247,0	+ 14,2	40,0	— 2,98	40	+ 7,85
A. Wasser . . . B. Äthylalkohol .	50,0	372,0	285,7	+ 30,2	40,0	— 2,56	40	+ 2,95
A. Wasser . . . B. Propylalkohol	50,0	576,0	387,0	+ 48,8	40,0	— 1,42	40	— 1,15
A. Isobutylalkohol . . . . . B. Wasser . . .	50,0	792,0	476,5	+ 66,2	60,0	— 0,90	60	— 3,15
A. Benzol . . . B. Methylalkohol	50,0	760,0	475,0	+ 60,0	50,0	— 0,01	50	— 3,8
A. Benzol . . . B. Äthylalkohol .	50,1	760,0	507,3	+ 49,8	55,0	0,00	50	— 4,2
A. Propylalkohol B. Benzol . . .	49,0	760,0	535,4	+ 41,95	50,0	+ 0,05	50	— 4,65
A. Isobutylalkohol . . . . . B. Benzol . . .	50,0	760,0	562,2	+ 35,2	50,0	+ 0,16	50	— 6,35
A. Isoamylalkohol . . . . . B. Benzol . . .	50,0	760,0	579,6	+ 31,1	50,2	+ 0,23	50	— 5,25

5. Wenn die Bestandteile nicht in enger chemischer Verwandtschaft zueinander stehen, und die Moleküle einer oder beider im flüssigen Zustand assoziiert sind, so sind die Werte von $100\,(P'-P)/P$ im allgemeinen sehr groß.

Bedeutung der chemischen Ähnlichkeit und der Molekularassoziation. Wenn man sich also das wahrscheinliche Verhalten zweier Flüssigkeiten hinsichtlich ihres Dampfdruckes überlegt, so wird man zu dem Ergebnis kommen, daß die chemische Ähnlichkeit der Punkt ist, der in erster Linie in Betracht gezogen werden muß, und daß, wenn die beiden Flüssigkeiten nicht chemisch ähnlich sind, die Frage, ob die Moleküle der einen oder anderen Flüssigkeit assoziiert sind, von großer Wichtigkeit ist.

Alkohole, Wasser, Paraffine. Der Einfluß der chemischen Ähnlichkeit ist beim Vergleich der Eigenschaften von Mischungen der einwertigen aliphatischen Alkohole mit Wasser einerseits und mit den entsprechenden Paraffinen andererseits gut zu erkennen[1].

Man kann sich diese Alkohole als aus Wasser durch Ersatz eines Wasserstoffatomes durch eine Alkylgruppe gebildet, also als $(C_nH_{2n+1})-O-H$ vorstellen, oder man kann sie als Hydroxylderivate der Paraffine, also als $C_nH_{2n+1}(OH)$ ansehen.

Die Alkohole haben demnach chemische Verwandtschaft sowohl zum Wasser wie zu den Paraffinen und ihre Eigenschaften liegen zwischen denen dieser Körper. Man hat dementsprechend gefunden, daß in homologen Reihen mit wachsender Größe der Alkylgruppe sich die Eigenschaften der Alkohole von denen des Wassers entfernen und denen der entsprechenden Paraffine nähern. Dies ist aus Tabelle 8 zu ersehen.

Tabelle 8.

Zahl der Kohlenstoff-Atome	Siedepunkte				
	Paraffin	Δ	Alkohol	Δ	Wasser
	Grad	Grad	Grad	Grad	Grad
1	— 164,7	+ 229,4	+ 64,7	— 35,3	100,0
2	— 93	171,3	78,3	— 21,7	„
3	— 44	141,4	97,4	— 2,6	„
4	— 0,2	117,2	117,0	+ 17,0	„
5	36,2	101,8	138,0	38,0	„
6	69,0	88,0	157,0	57,0	„
7	98,4	77,6	176,0	76,0	„
8	125,6	70,4	196,0	96,0	„
16	287,5	56,5	344,0	244,0	„

[1] Young und Fortey: The Properties of Mixtures of the Lower Alcohols (1) with Water, (2) with Benzene, and with Benzene and Water. Trans. Chem. Soc. **81**, 717 und 739 (1902).

Methylalkohol siedet demnach nur 35,3° niedriger als Wasser, aber 229,4° höher als Methan, während Cetylalkohol 244° höher als Wasser, aber nur 56,5° höher als das entsprechende Paraffin siedet.

Wasser und Alkohole — Einwirkung dehydratisierender Mittel. Ferner reagieren die meisten dehydratisierenden Stoffe, also solche Stoffe, die mit Wasser reagieren oder sich verbinden, der Art nach ebenso — wenn auch in schwächerem Maße — mit den Alkoholen, wobei die Reaktionsfähigkeit mit wachsendem Molekulargewicht abnimmt. Diese Tatsache erklärt die mit solchen Stoffen erhaltenen unbefriedigenden Ergebnisse bei der Entwässerung der Alkohole. So gibt Phosphorsäure-Anhydrid mit Wasser Phosphorsäure, mit Äthylalkohol eine Mischung von Äthylphosphorsäureestern, Wasser bildet mit Bariumoxyd Bariumhydroxyd, während Äthylalkohol nach Forcrand eine Verbindung 3 BaO, 4 C_2H_6O bildet. Natrium reagiert mit den Alkoholen auf ganz die gleiche Art wie mit Wasser, nur die Heftigkeit der Einwirkung verringert sich schnell mit steigender Größe der Alkylgruppe. Calciumchlorid bildet mit Wasser ein kristallisiertes Hexahydrat, mit Methyl- oder Äthylalkohol ein kristallisiertes Tetraalkoholat; wasserfreies Kupfersulfat löst sich rasch in Wasser und scheidet beim Eindampfen Kristalle von $CuSO_4$, $5H_2O$ ab. In Methylalkohol löst sich das Sulfat langsam, aber in beträchtlicher Menge und gibt eine blaue Lösung, aus der nach Forcrand grünblaue Kristalle von $CuSO_4$, CH_4O erhalten werden können. In Äthylalkohol ist wasserfreies Kupfersulfat dagegen ganz unlöslich. Es entzieht starkem Alkohol einen Teil des Wassers, es ist aber kein genügend kräftiges Entwässerungsmittel, um alles Wasser daraus zu entfernen.

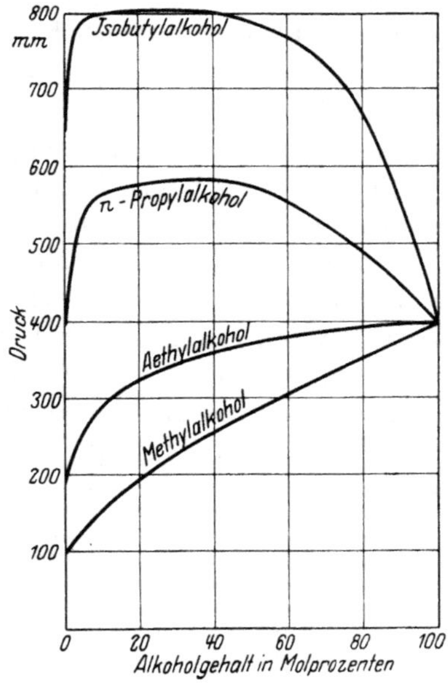

Abb. 19. Dampfdrucke von Alkoholgemischen mit Wasser.

Mischbarkeit. Die schrittweise Änderung in den Eigenschaften der Alkohole ist ebensogut daraus zu erkennen, daß die niederen Alkohole in allen Verhältnissen mit Wasser mischbar sind, die dann folgenden nur innerhalb gewisser Grenzen, während die höheren Alkohole praktisch wasserunlöslich sind.

Volum- und Wärmeänderung. Schließlich vermindert sich auch

die bei der Mischung der Alkohole mit Wasser eintretende Kontraktion und Wärmeentwicklung beim Anwachsen des Molekulargewichtes, bei den höheren Alkoholen tritt sogar wachsende Wärmeabsorption auf.

Dampfdrucke. Das niederste Glied der Reihe, Methylalkohol, hat die größte Ähnlichkeit mit Wasser. Die Dampfdrucke von Mischungen dieser beiden Stoffe liegen — wie Konowaloff gezeigt hat — in allen Fällen zwischen denen der reinen Bestandteile, und die Kurve, die die Beziehung zwischen Dampfdruck und molekularer Zusammensetzung darstellt, weicht nicht sehr erheblich von der geraden Linie ab, wie man es in Abb. 19 erkennen kann, in welcher die Dampfdrucke von Mischungen von vier Alkoholen mit Wasser bei den Siedepunkten der Alkohole unter einem Druck von 400 mm angegeben sind.

Bei Mischungen von Äthylalkohol und Wasser ist die Abweichung beträchtlich, und neuere und genauere Beobachtungen haben ergeben, daß eine bestimmte Mischung einen maximalen Dampfdruck ausübt, indessen sind die Versuche von Konowaloff nicht zahlreich genug, diese Tatsache zum Ausdruck zu bringen.

Wenn wir weiter zu Mischungen von n-Propylalkohol und Wasser übergehen, so finden wir, daß bei diesen ein wohl definierter Maximaldampfdruck auftritt, obgleich die Flüssigkeiten in allen Verhältnissen mischbar sind. Ihre Kurve zeigt beträchtliche Ähnlichkeit mit derjenigen, die das Verhalten von teilweise mischbaren Flüssigkeiten, wie Isobutylalkohol und Wasser darstellt.

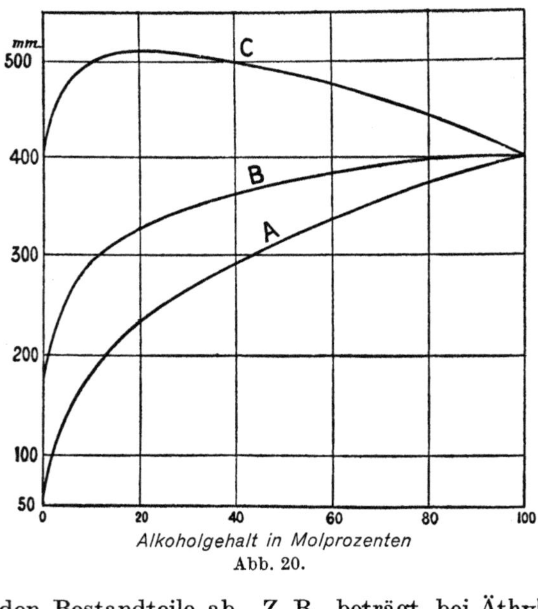

Abb. 20.

Mischungen mit Maximaldampfdruck. Die Frage, ob in irgendeinem bestimmten Falle eine Mischung mit Maximaldampfdruck auftritt, hängt zum Teil von der Abweichung der Dampfdruck-Zusammensetzungskurve von der geraden Linie und zum Teil von dem Unterschied zwischen den Dampfdrucken der beiden Bestandteile ab. Z. B. beträgt bei Äthylalkohol und Wasser die Differenz zwischen den Dampfdrucken bei 63° 229 mm. Dabei tritt bei einer Mischung mit 89,4 Mol-Prozent Alkohol (Kurve *B*, Abb. 20) ein

Maximaldampfdruck auf, der nur sehr wenig höher liegt als der Dampfdruck des reinen Äthylalkohols bei der gleichen Temperatur. Wenn die Differenz zwischen den Dampfdrucken der reinen Substanzen bei der gleichen Temperatur 350 mm betrüge, und die Abweichung der Kurve von der Geraden die gleiche wäre, würde ein Maximaldampfdruck nicht auftreten (Kurve *A*, Abb. 20). Wenn dagegen die Dampfdrucke von Alkohol und Wasser gleich wären, und die Abweichung von der Geraden dieselbe wäre, so würde der Maximaldampfdruck viel deutlicher erkennbar sein. Der Gehalt an Alkohol in der Mischung, die diesen Maximaldampfdruck ausübt, wäre anstatt 89,4 Mol-Prozent etwa 20 Mol-Prozent (Abb. 20, *C*).

Der mit wachsendem Molekulargewicht schrittweise anwachsende Unterschied zwischen den Eigenschaften der Alkohole und denen des Wassers wird durch die zunehmende Krümmung der Druck-Zusammensetzungskurve (Abb. 19) gekennzeichnet. Die größten Differenzen zwischen den durch die wirklichen Kurven dargestellten Drucken und den theoretischen geraden Linien sind angenähert etwa folgende:

Methylalkohol	und Wasser	. . . .	43 mm
Äthylalkohol	,, ,,	. . . .	112 ,,
n-Propylalkohol	,, ,,	. . . .	203 ,,
Isobutylalkohol	,, ,,	. . . .	315 ,,

Mischungen von n-Hexan mit Alkoholen. Man kann die Mischbarkeit der Alkohole mit den entsprechenden Paraffinen nur schwer untersuchen, weil die ersten vier Kohlenwasserstoffe bei gewöhnlicher Temperatur gasförmig sind, und die meisten überhaupt sehr schwer in reinem Zustand darstellbar sind. n-Hexan dagegen kann durch Einwirkung von Natrium auf Propyljodid bequem dargestellt und leicht gereinigt werden. Dieser Kohlenwasserstoff ist bei gewöhnlicher Temperatur mit Methylalkohol nur teilweise mischbar, mischt sich dagegen mit den höheren Alkoholen, soweit sie untersucht wurden, — Äthyl-, Propyl-, Isobutyl- und Isoamylalkohol — in allen Verhältnissen. Ferner bildet n-Hexan mit den niederen Alkoholen Mischungen mit Maximaldampfdruck, nicht dagegen mit Isoamylalkohol, oder einem anderen der höher siedenden. Schließlich verringert sich der beim Mischen von Hexan mit denAlkoholen in äquimolekularem Verhältnis eintretende Temperaturabfall ein wenig mit wachsendem Molekulargewicht des Alkohols. (Äthylalkohol —2,55°; n-Propylalkohol —2,40°; Isobutylalkohol —2,35°; Isoamylalkohol —1,85°). Im Hinblick auf alle diese Tatsachen kann man daher sagen, daß die Eigenschaften der Alkohole sich mit wachsenden Molekulargewichten denen des n-Hexans nähern, von denen des Wassers dagegen sich entfernen.

Mischung von Benzol mit Alkoholen. Benzol ist viel leichter in größeren Mengen zugänglich als Hexan und ist diesem in seinem Verhalten ziemlich ähnlich. Die niederen Alkohole sind mit Benzol in allen Verhältnissen mischbar, aber während Methyl-, Äthyl-, Isopropyl-, n-Propyl-, Tertiär-Butyl- und Isobutylalkohol mit Benzol Mischungen mit Maximaldampfdruck bilden, tut Isoamylalkohol das nicht, und es ist als praktisch sicher anzunehmen, daß kein Alkohol von höherem Siedepunkt mehr eine solche Mischung bildet.

Aus Tabelle 7, S. 39 geht hervor, daß während bei Mischungen der Alkohole mit Wasser die Werte von 100 $(P' - P)/P$ bei wachsendem Molekulargewicht der Alkohole gleichmäßig steigen, die entsprechenden Werte bei Mischungen mit Benzol regelmäßig fallen. Ebenso möge erwähnt werden, daß die Löslichkeit der Alkohole in Benzol im Verhältnis zu der in Wasser mit wachsendem Molekulargewicht größer wird, denn während Methylalkohol aus seiner Lösung in Benzol durch Behandlung mit Wasser mit der größten Leichtigkeit und Äthylalkohol ohne Schwierigkeit abgetrennt werden kann, ist die Extraktion von Propylalkohol nach diesem Verfahren schwieriger, und die von Isobutyl- oder Amylalkohol außergewöhnlich mühsam. Andererseits liegen die Änderungen der Temperatur und des Volumens, die bei der Mischung auftreten, bei Benzol und Wasser im allgemeinen in der gleichen Richtung, sind indessen bei Benzol viel geringer. Man muß dabei bedenken, daß die chemische Ähnlichkeit der Alkohole mit Benzol, einem aromatischen Kohlenwasserstoff, keineswegs so eng ist wie z. B. die mit dem n-Hexan, einem Paraffin. In der Tat tritt Ausdehnung und Wärmeverbrauch beim Mischen von Benzol und Hexan ein, und die beiden Stoffe bilden aller Wahrscheinlichkeit nach eine Mischung mit Maximaldampfdruck.

Eine erschöpfende Berechnung und Diskussion aller möglichen Typen von Dampfdruckkurven binärer Gemische ist von A. Marshall[1] aufgestellt worden.

IV. Siedepunkte von Flüssigkeitsgemischen.

Bestimmung nach der statischen und dynamischen Methode.

Es ist schon gesagt worden, daß der Siedepunkt einer reinen Flüssigkeit unter einem gegebenen Druck entweder nach der statischen oder nach der dynamischen Methode bestimmt werden kann, da die Kurve, die die Beziehung zwischen Temperatur und Druck angibt, nicht nur den Dampfdruck der Flüssigkeit bei verschiedenen Temperaturen, sondern auch ihre Siedepunkte unter verschiedenen Drucken angibt. Diese

[1] The Vapour Pressures of Binary Mixtures. Trans. Chem. Soc. **89**, 1350 (1906).

Feststellung gilt gleicherweise für die Siedepunkte irgendeiner gegebenen Mischung unter verschiedenen Drucken.

Hinsichtlich der Dampfdrucke von Mischungen ist gezeigt worden, daß es zwei einfache Fälle gibt:

a) nicht mischbare Flüssigkeiten, für die der Dampfdruck zweier oder mehrerer Flüssigkeiten zusammen gleich der Summe der Dampfdrucke der Bestandteile bei der gleichen Temperatur ist;

b) Mischungen aus nahe verwandten Bestandteilen, die in allen Verhältnissen mischbar sind, sowie einige andere Paare unbegrenzt mischbarer Flüssigkeiten, für die die Formel

$$P = \frac{MP_A + (100 - M)\,P_B}{100}$$

zutrifft. Nur in diesen beiden Fällen können die Siedepunkte aus den Dampfdrucken der Bestandteile berechnet werden.

Nicht mischbare Flüssigkeiten.

Liebig hat 1832 beobachtet, daß wenn Dichloräthan und Wasser zusammen destilliert wurden, der Siedepunkt der Mischung beträchtlich tiefer lag, als der eines jeden der unvermischten Bestandteile, und Gay Lussac zeigte im gleichen Jahre, daß, weil die beiden Flüssigkeiten nicht mischbar sind, der Gesamtdruck gleich der Summe der Dampfdrucke der reinen Bestandteile beim beobachteten Siedepunkte sein müsse.

Wirklich läßt sich Daltons Gesetz der Partialdrucke auf nicht mischbare Flüssigkeiten anwenden, da jeder Dampf sich gegen die anderen als indifferentes Gas verhält und der Siedepunkt einer jeden Flüssigkeit vom Partialdruck ihres eigenen Dampfes abhängt. Die Temperatur ist notwendigerweise für alle in der Mischung vorhandenen Flüssigkeiten die gleiche, und der gesamte Druck ist, wenn die Destillation auf die gewöhnliche Art ausgeführt wird, gleich dem Atmosphärendruck. Der Siedepunkt ist daher die Temperatur, bei der die Summe der Dampfdrucke der Bestandteile gleich dem Atmosphärendruck ist.

Berechnung des Siedepunktes aus den Dampfdrucken (Chlorbenzol und Wasser).

In Tabelle 9 sind die Dampfdrucke des Chlorbenzols und des Wassers[1], zweier praktisch nicht mischbarer Flüssigkeiten, zwischen 89 und 93°, von Grad zu Grad fortschreitend, und ebenso die Summe der Drucke bei den gleichen Temperaturen angegeben.

[1] Young: Distillation. Thorpes Dictionary of Applied Chemistry.

Tabelle 9.

Temperatur	Dampfdrucke in mm		
	Chlorbenzol	Wasser	Summe
Grad			
89	201,15	505,75	706,9
90	208,35	525,45	733,8
91	215,8	545,8	761,6
92	223,45	566,75	790,2
93	231,3	588,4	819,7

Wenn also Chlorbenzol und Wasser miteinander erhitzt werden, z.B. in einem Barometerrohr, so sollte der beobachtete Druck bei 90° 733,8 mm, bei 91° 761,6 mm betragen. Wenn andererseits Chlorbenzol und Wasser zusammen in einem gewöhnlichen Destillationskolben destilliert werden, so daß sich die Dämpfe nicht mit Luft mischen können, so sollte der beobachtete Siedepunkt 91° betragen, wenn der Atmosphärendruck 761,6 mm ist.

Experimentelle Bestätigung. In einem wirklich ausgeführten Versuch wurden 100 ccm Chlorbenzol und 80 ccm Wasser zusammen bei einem Barometerdruck von 740,2 mm destilliert. Es wurde gefunden, daß die Temperatur nur zwischen 90,25 und 90,35° schwankte, bis fast kein Chlorbenzol mehr in dem Flüssigkeitsrückstand sichtbar war. Dann stieg die Temperatur rasch auf nahezu 100° an. Der theoretische Siedepunkt wird wie folgt berechnet: Der Dampfdruckzuwachs für 1° Temperatursteigerung von 90 auf 91° beträgt 761,6—733,8 mm = 27,8 mm. Man kann ohne merklichen Fehler annehmen, daß der Wert von dp/dt über diese kleine Temperaturspanne konstant ist. Der Siedepunkt sollte daher $\left(90 + \frac{740{,}2 - 733{,}8}{761{,}6 - 733{,}8}\right)^0 = 90{,}23^0$ sein, ein Wert, der dem wirklich beobachteten sehr nahe liegt.

Nicht unbegrenzt mischbare Flüssigkeiten.

Bevor das Verhalten der unbegrenzt mischbaren Flüssigkeiten betrachtet wird, für die die Beziehung zwischen Dampfdruck und molarer Zusammensetzung durch eine Gerade dargestellt wird, sollen die teilweise mischbaren Flüssigkeiten abgehandelt werden.

Der Siedepunkt eines Paares dieser Stoffe liegt höher als der wie oben für nicht mischbare Flüssigkeiten berechnete, wenn aber die Mischbarkeit gering ist, so ist der Unterschied zwischen den beobachteten und berechneten Temperaturen nicht beträchtlich, und der beobachtete Siedepunkt liegt sicher tiefer als der eines jeden Bestandteils.

Anilin und Wasser.

Wasser löst bei 12° nur ungefähr 3% Anilin, und Anilin ungefähr 5% Wasser. Bei 100° ist die gegenseitige Löslichkeit allerdings beträchtlich höher. 50 ccm Anilin und 200 ccm Wasser wurden zusammen unter einem Druck von 746,4 mm destilliert. Es wurde gefunden, daß der Siedepunkt für einige Zeit bei 98,75° nahezu konstant blieb, aber dann langsam auf 99,65° anstieg, obgleich noch eine geringe Menge Wasser in dem Anilinrückstand sichtbar war. Die Destillation wurde dann abgebrochen, und eine große Menge Wasser zum Rückstand zugegeben; die Temperatur stieg, als die Destillation wieder angefangen wurde, auf 98,9°. Hiernach scheint es, daß die Zusammensetzung der Flüssigkeit in dem Kolben beträchtlich wechseln kann, ohne eine große Veränderung im Siedepunkt hervorzurufen, obgleich die Temperatur nicht so konstant ist, wie bei Chlorbenzol und Wasser.

Zwischen 97 und 99° sind die Dampfdrucke von Anilin und Wasser folgende:

Tabelle 10.

Temperatur	Dampfdrucke in mm		
	Anilin	Wasser	Summe
Grad			
97	40,5	682,0	722,5
98	42,2	707,3	749,5
99	44,0	733,3	777,3

Der berechnete Siedepunkt unter einem Druck von 746,4 mm würde demnach $\left(97 + \frac{746{,}4 - 722{,}5}{749{,}5 - 722{,}5}\right)^0 = 97{,}9^0$ sein. Er liegt 0,85° tiefer als die Temperatur, die einige Zeit nahezu konstant blieb, und 1,75° tiefer als die in dem Augenblick beobachtete, als nur noch eine geringe Menge Wasser zugegen war.

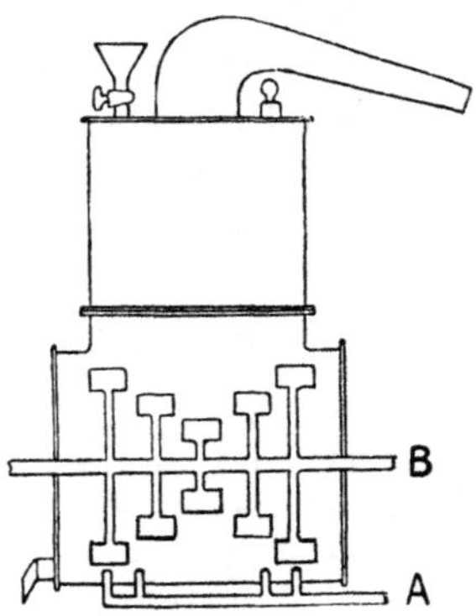

Abb. 21. Anilinblase.

Praktische Anwendung. Von der Erscheinung, daß der Siedepunkt eines Paares nicht oder wenig mischbarer Flüssigkeiten niedriger liegt, als der jeder ihrer Bestandteile für sich, macht man vorteilhaft Gebrauch bei der Destillation von Substanzen, die nicht ohne Zersetzung auf ihren eigenen Siedepunkt erhitzt werden können, oder die mit Festsubstanz verunreinigt sind.

In der Regel ist Wasser die Flüssigkeit, mit der die Substanz destilliert wird, und der Vorgang wird gemeinhin als „Wasserdampfdestillation" bezeichnet.

Als Beispiel soll die technische Herstellung von Anilin beschrieben werden. Nitrobenzol wird mit fein verteiltem Eisen und etwas Salzsäure enthaltendem Wasser reduziert, wobei Eisenchlorid, Eisenoxyd und Anilin entsteht. Das Anilin wird mit Dampf überdestilliert und trennt sich größtenteils beim Stehen vom Wasser. Die wäßrige Schicht, die etwas Anilin enthält, wird nachher in den Dampfkessel gebracht, der den Dampf zur Destillation liefert, so daß bei der nächsten Destillation das Anilin wieder in die Destillierblase übergetrieben wird.

Der Apparat ist in Abb. 21 skizziert. A ist das Rohr, durch das der Dampf in die Blase eintritt, und B ist ein rotierender Rührer[1, 2, 3].

In allen Verhältnissen mischbare Flüssigkeiten.

Der Siedepunkt einer Mischung zweier Flüssigkeiten, die in allen Verhältnissen mischbar sind, kann berechnet werden, wenn der Dampfdruck der Mischung genau mit dem durch die Formel $P = \frac{MP_A + (100 - M)\,P_B}{100}$ gegebenen übereinstimmt. Die Siedepunkte solcher Mischungen stehen aber nicht in so einfacher Beziehung zu der molaren Zusammensetzung wie ihre Dampfdrucke.

Berechnung der Siedepunkte aus Dampfdruck und Zusammensetzung.

Um die Siedepunkte aller Mischungen zweier solcher Flüssigkeiten unter normalem Druck zu berechnen, müssen die Dampfdrucke beider Stoffe bei Temperaturen zwischen ihren Siedepunkten bekannt sein. Es siedet z. B. Chlorbenzol bei 132,0° und Brombenzol bei 156,1°, es müssen daher in diesem Falle die Dampfdrucke eines jeden dieser Stoffe zwischen 132,0° und 156,1° bekannt sein.

Bei einer Reihe von Temperaturen, zwischen den Siedepunkten der reinen Stoffe als Grenzen, muß dann z. B. um je 2° fortschreitend, die in Molekül-Prozenten ausgedrückte Zusammensetzung der Mischung berechnet werden, die einem Dampfdruck von 760 mm entspricht. Die Berechnung wird mit Hilfe der Formel $M = \frac{100\,P_B - P}{P_B - P_A}$ vorgenommen, in der P gleich 760 gesetzt wird.

[1] Hinsichtlich weiterer Angaben über die Verwendung von Dampf bei der Destillation sei verwiesen auf Hardy und Richens: Fractional Distillation by Means of Steam, Analyst, **32**, 197 (1907); auf R. Zaloziecki: Theorie of Distillation by Steam, Petroleum Review, **3**, 425 und H. Golodetz: Über fraktionierte Destillation mit Wasserdampf. Ztschr. physik. Ch. **78**, 641 (1912).

[2] Redgrove: Die Theorie der Dampfdestillation. Perfumery essential oil record **19**, 453 (1929).

[3] Backer und Pettibone: Graphische Schnellmethode zur Berechnung von Fragen der Destillation mit Wasserdampf. Ind. Engin. Chem. **21**, 562 (1929).

Schließlich muß der so berechnete Gehalt an A in Mol-Prozenten gegen die Temperaturen aufgetragen werden. Die durch diese Punkte gelegte Kurve gibt die gesuchte Beziehung zwischen Siedepunkt und molarer Zusammensetzung unter normalem Druck.

Nahe verwandte Flüssigkeiten. Bei so nahe verwandten Stoffen, wie Chlorbenzol und Brombenzol ist das in absoluter Temperatur ausgedrückte Verhältnis der Siedepunkte bei allen Drucken konstant, und da ebenfalls der Wert von $T\,dp/dt$ konstant ist, ist offenbar, soweit die experimentelle Erfahrung reicht, das Verhältnis des in absoluter Temperatur ausgedrückten Siedepunktes einer jeden beliebigen Mischung zu dem eines der reinen Stoffe beim gleichen Druck für alle Drucke konstant. Um den Siedepunkt einer jeden beliebigen Mischung bei jedem beliebigen Druck berechnen zu können, müßte es daher — genau genommen — genügen, die Dampfdrucke des einen Stoffes in einem weiten Temperaturgebiet, und die Verhältnisse der Siedepunkte (in absoluter Temperatur) des anderen reinen Stoffes und einer Reihe von Mischungen zu dem der ursprünglichen Substanz bei einem einzigen Druck festzulegen.

Die Dampfdrucke von Chlorbenzol und Brombenzol zwischen 132 und 156^0 sind in der Tabelle 11 angegeben, und ebenso die Werte von $P_B - 760$, $P_B - P_A$ und M.

Tabelle 11.

Temperatur	Dampfdrucke in mm				
	P_B Chlorbenzol	P_A Brombenzol	$P_B - 760$	$P_B - P_A$	M
Grad					
132	760,25	395,1	0,25	365,15	0,07
134	802,15	418,6	42,15	383,55	10,99
136	845,85	443,2	85,85	402,65	21,32
138	891,4	468,9	131,4	422,5	31,10
140	938,85	495,8	178,85	443,05	40,37
142	988,2	523,9	228,2	464,3	49,15
144	1039,5	553,2	279,5	486,3	57,47
146	1092,9	583,85	332,9	509,05	65,40
148	1148,4	615,75	388,4	532,65	72,92
150	1206,0	649,05	446,0	556,95	80,08
152	1265,8	683,8	505,8	582,0	86,91
154	1327,9	719,95	567,9	607,95	93,41
156	1392,3	757,55	632,3	634,75	99,61

In dem Kurvenbild Abb. 22 sind die Werte von M (nicht gekennzeichnet) gegen die Temperaturen aufgetragen und durch eine Kurve verbunden.

Experimenteller Beweis. Die Siedepunkte dreier Mischungen von Chlorbenzol und Brombenzol wurden für eine Reihe von Drucken zwischen ungefähr 690 und 800[1] mm bestimmt. Die Logarithmen der Drucke wurden gegen die Temperaturen aufgetragen. Die Siedepunkte unter Normaldruck wurden mit folgenden Ergebnissen aus der Kurve abgelesen:

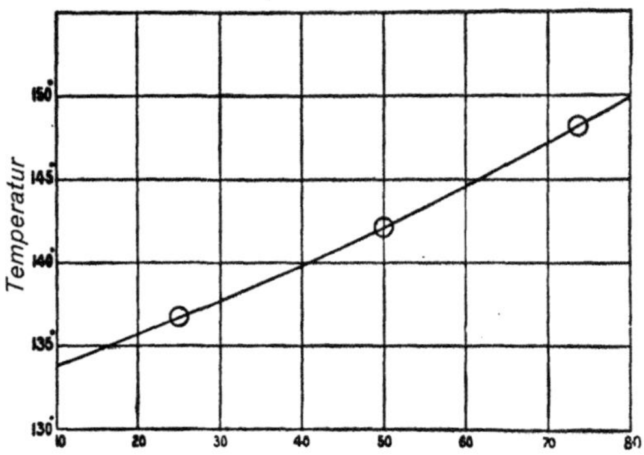

Abb. 22. Siedepunkte von Mischungen aus Brombenzol und Chlorbenzol.

Gehalt an Brombenzol in Mol-Prozent	25,01	50,00	73,64
Siedepunkt	136,75°	142,16°	148,16°

Die diese Werte darstellenden Punkte sind in Abb. 22 durch Kreise gekennzeichnet. Man erkennt, daß sie wirklich sehr gut auf die theoretische Kurve fallen.

Bestimmung nach der dynamischen Methode.

Bei der Bestimmung des Siedepunktes von Flüssigkeitsgemischen nach der dynamischen Methode ist es von großer Wichtigkeit, daß der Dampfraum so klein wie möglich ist, weil die Zusammensetzung der zurückbleibenden Flüssigkeit sich in der Regel von der der ursprünglichen Mischung merklich unterscheiden würde, wenn eine verhältnismäßig große Menge davon in Dampf verwandelt würde. Es muß ein Rückflußkühler verwendet werden, und es ist ratsam, das Thermometer vor jeder durch die zurückfließende Flüssigkeit ausgeübten Kühlwirkung zu schützen. Es sollte die Temperatur des Dampfes abgelesen werden, da die Temperatur einer siedenden Flüssigkeit, selbst wenn sie rein ist, höher liegt als der „Siedepunkt" (S. 22). Da aber der Unterschied zwischen den Temperaturen der Flüssigkeit und des Dampfes für eine gegebene Mischung in einem gegebenen Apparat bei gleichmäßiger Wärmezufuhr praktisch konstant ist, so ist es angebracht, beide Temperaturen bei jedem Druck abzulesen, die mittlere Differenz zwischen ihnen von der Temperatur der Flüssigkeit abzuziehen, und das Mittel zwischen der abgelesenen Dampftemperatur und der korrigierten Flüssigkeitstemperatur bei jedem Druck als den wahren Siedepunkt anzunehmen.

[1] Young: The Vapour Pressures and Boiling Points of Mixed Liquids, Part I. Trans. Chem. Soc. 81, 768 (1902).

Apparat zur Bestimmung des Siedepunktes. Ein geeigneter Apparat[1] ist in Abb. 23 angegeben. Er besteht aus einem Kolben von ungefähr 155 ccm Inhalt mit einem weiten, senkrechten Rohr, an das ein enges mit Wasser gekühltes Seitenrohr angeschmolzen ist, das als Rückflußkühler dient. Das obere Ende des Seitenrohres ist mit einer Saug- und Druckpumpe und einem Differentialmanometer verbunden. Das weite, senkrechte Rohr ist mit einem gut passenden Kork versehen, durch den ein etwas engeres, dünnwandiges Rohr geht, das direkt unter dem Pfropfen mit einem Loch versehen ist. Dieses engere Rohr ist ebenfalls mit einem Kork verschlossen, durch den das Thermometer geht.

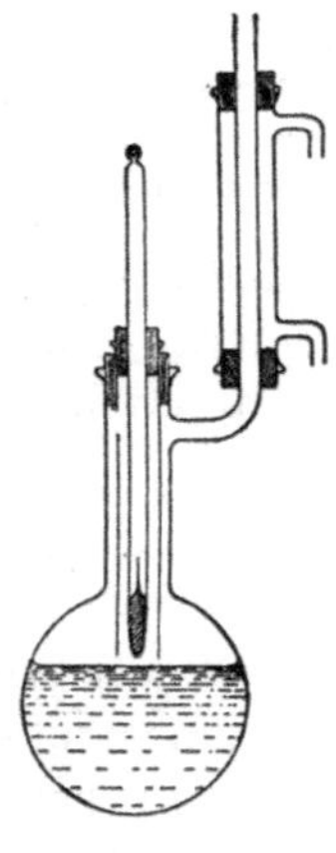

Abb. 23. Apparat zur Bestimmung des Siedepunktes von Mischungen.

Die Menge, die von einer jeden Mischung in den Kolben gebracht wurde, war so gewählt, daß ihr Volumen beim Siedepunkt etwa 125 ccm betrug; der vom Dampf erfüllte Raum in der Kugel und in den Rohren betrug ungefähr 75 ccm. Das dünnwandige Rohr wurde soweit in den Kolbenhals eingeführt, daß seine untere Kante ungefähr 3 mm über der Oberfläche der kalten Flüssigkeit stand. Die untere Fläche der Thermometerkugel war ungefähr mit der des Rohres in gleicher Höhe.

Diese Vorrichtung besitzt folgende Vorzüge:

a) Die aus dem Rückflußkühler zurückfließende Flüssigkeit kann mit dem Thermometer nicht in Berührung kommen, und die Flüssigkeitsmenge, die sich am Thermometer und an der inneren Wand des dünnwandigen Rohres kondensiert, ist äußerst gering; andererseits besteht bei der Größe der vorhandenen Flüssigkeitsmenge und der kleinen, zur Heizung erforderlichen Flamme, keine Gefahr, daß der Dampf überhitzt wird.

b) Es ist möglich, Temperaturablesungen sowohl im Dampf als auch in der Flüssigkeit vorzunehmen, ohne die Stellung des Thermometers zu verändern, denn wenn der Brenner direkt unter der Mitte des Kolbens steht, so siedet die Flüssigkeit in das dünnwandige Rohr hinein, bis über die Thermometerkugel hinaus; wenn der Brenner dagegen ein wenig zur Seite geschoben wird, so bleibt die Oberfläche der Flüssigkeit unter dem Rohr ruhig, und die Flüssigkeit kommt nicht mit der Thermometerkugel in Berührung[2].

---

[1] A. a. O.

[2] Kottrell, F. G.: Über die Bestimmung der Siedepunkte von Lösungen. Journ. Amer. Chem. Soc. **41, 721 (1919).**

Berechnung der Siedepunkt-Konzentrationskurve.

Die Beziehung zwischen den Siedepunkten und der molaren Zusammensetzung von Chlorbenzol und Brombenzolmischungen wird durch eine Kurve (Abb. 22) dargestellt, bei der die Temperaturen tiefer liegen, als wenn die Linie eine Gerade wäre. Das gleiche ist der Fall für alle anderen Flüssigkeitspaare, für die die Formel $P = \frac{MP_A + (100 - M)\,P_B}{100}$ zutrifft. Man hat gefunden, daß sich die Kurve um so mehr der Geraden nähert, je mehr sich die Differenz Δ zwischen den Siedepunkten der Bestandteile verringert.

Nicht nahe verwandte Flüssigkeiten.

Offensichtlich liegen die wirklichen Siedepunkte von Flüssigkeitsmischungen, deren Bestandteile nicht nahe verwandt sind, im allgemeinen beträchtlich tiefer als die aus den Dampfdrucken berechneten Siedepunkte. Gelegentlich liegen sie aber auch höher, und auch die Bildung einer Mischung mit konstantem Siedepunkt tritt durchaus nicht selten auf. Für solche Mischungen wurde von Wade und Merriman[1] der kurze Ausdruck „azeotrop“ vorgeschlagen, und von Lecat[2] aufgenommen. Er soll in diesem Buch dem von Ostwald vorgeschlagenen Ausdruck „hylotrop“ vorgezogen werden.

Azeotrope Mischungen.

Mischungen mit Minimum-Siedepunkt.

In der großen Mehrzahl der Fälle, in denen die Bildung von Mischungen mit Minimum-Siedepunkt beobachtet worden ist, ist eine der beiden Flüssigkeiten ein hydroxylhaltiger Stoff — ein Alkohol, eine Säure oder Wasser. Außerdem bildet Wasser solche Mischungen mit allen niederen Alkoholen, mit Ausnahme von Methylalkohol. Es ist bekannt, daß die Moleküle dieser hydroxylhaltigen Stoffe in flüssigem Zustand mehr oder weniger assoziiert sind. Man darf daher schließen, daß Mischungen mit Minimum-Siedepunkt (Maximum-Dampfdruck) sich am leichtesten bilden, wenn eine oder beide Flüssigkeiten Assoziation aufweisen.

Wahrscheinlich sind die Moleküle des Acetons, und ebenso die der niederen aliphatischen Ester in flüssigem Zustand in geringem Grade

[1] Trans. Chem. Soc. **99**, 1004 (1911).

[2] Le Tension de vapeur des mélanges de liquides, l'Azéotropisme. (Brussel), 1918.

assoziiert, dementsprechend fand Ryland[1] 1899, daß die folgenden Flüssigkeitspaare Mischungen mit Minimum-Siedepunkt bilden: Schwefelkohlenstoff und Aceton; Schwefelkohlenstoff und Methylacetat; Schwefelkohlenstoff und Äthylacetat; Aceton und Methylacetat; Aceton und Äthyliodid; Äthyliodid und Äthylacetat.

Im folgenden Jahre zeigte Zawidski[2], daß das erste und letzte dieser Flüssigkeitspaare Mischungen mit Maximum-Dampfdruck bilden.

Lecat[3] hat die Bildung einer beträchtlichen Anzahl von Mischungen mit Minimum-Siedepunkt beobachtet, deren einer Bestandteil ein Ester, oder eines der niederen Ketone war.

Von Speyers[4] wurde angenommen, daß eine Mischung mit Minimum-Siedepunkt sich nicht bilden kann, wenn beide Bestandteile in allen Konzentrationen normales Molekulargewicht haben, indessen scheint dieser Schluß nicht den Tatsachen zu entsprechen, und es ist klar, daß wenn Δ sehr klein ist, eine verhältnismäßig geringe Abweichung von der normalen Form der Siedepunkt-Konzentrationskurve genügen kann, die Bildung einer Mischung mit Minimum-Siedepunkt zu verursachen. Sicher bilden Benzol und Tetrachlorkohlenstoff ($\Delta = 3{,}44^0$) und sehr wahrscheinlich Benzol und n-Hexan ($\Delta = 11{,}3^0$) eine solche Mischung. Ryland (a. a. O.) stellte fest, daß Schwefelkohlenstoff und Äthylbromid ($\Delta =$ ungefähr $7{,}6^0$) eine Mischung mit Minimum-Siedepunkt bilden, und Zawidski (a. a. O.) fand, daß Methylal und Schwefelkohlenstoff ($\Delta = 4{,}15^0$) eine Mischung mit Maximum-Dampfdruck bilden. Von Lecat wurden diese Ergebnisse bestätigt, und eine beträchtliche Zahl neuer Fälle beobachtet. Er hat die Literatur über diesen Gegenstand erschöpfend studiert und selbst mehr als 2000 Mischungen untersucht und eine große Zahl azeotroper Mischungen entdeckt.

Mischungen mit Maximum-Siedepunkt.

Mischungen mit Maximum-Siedepunkt (oder Minimum-Dampfdruck) treten verhältnismäßig selten auf; in den meisten der bekannten Fälle ist der eine der beiden Bestandteile eine Säure und der andere eine Base, oder ein Körper mit basischem Charakter: Ameisen-, Essig- und Propionsäure mit Pyridin (Zawidski)[5], Salzsäure mit Methyläther

[1] Ryland: Liquid Mixtures of Constant Boiling Point. Amer. Chem. Journ. **22**, 384 (1899).

[2] Zawidski: Über die Dampfdrucke binärer Flüssigkeitsgemische. Ztschr. f. physik. Ch. **35**, 129 (1900).

[3] A. a. O.

[4] Speyers: Some Boiling Point Curves. Amer. Journ. Science, IV, **3**, 341 (1900).

[5] A. a. O.

(Friedel)[1]; oder die Flüssigkeiten sind Wasser und eine Säure — Ameisensäure, Chlor-, Brom-, Jod-, Fluorwasserstoffsäure, Salpeter- oder Perchlorsäure (Roscoe)[2]; indessen fand Ryland, daß auch Chloroform mit Aceton ($\varDelta = 4{,}8^0$) und Chloroform mit Methylacetat ($\varDelta$ = ungefähr $4{,}3^0$) solche Mischungen bilden. Die erste Beobachtung ist von Zawidski und von Kuenen und Robson[3], die zweite von Frl. Fortey (unveröffentlicht) bestätigt worden.

Die Zahl der bekannten Mischungen mit Maximum-Siedepunkt wurde von Lecat erheblich vergrößert.

Ternäre Mischungen mit Minimum-Siedepunkt.

Benzol und Wasser sind praktisch nicht mischbar, während Benzol und Äthylalkohol einerseits, Äthylalkohol und Wasser andererseits Mischungen mit Minimum-Siedepunkt bilden. Im Jahre 1902 wurde von Young[4] beobachtet, daß bei der Destillation einer beliebigen Mischung der drei Flüssigkeiten eine ternäre azeotrope Mischung übergeht und zwar bei einer Temperatur, die tiefer liegt als der Siedepunkt sowohl der binären Mischungen als auch der reinen Substanzen. Es wurde gefunden, daß bei der Destillation von starkem Alkohol mit Benzol das Wasser in der ersten Fraktion übergeht, und wasserfreier Alkohol im Rückstand bleibt.

Ternäre azeotrope Mischungen verschiedener niederer Alkohole mit Benzol und Wasser und mit n-Hexan und Wasser wurden von Young und Fortey[5] erhalten und untersucht. Die Bildung anderer ternärer azeotroper Mischungen ist seitdem von verschiedenen Chemikern beobachtet worden, besonders Lecat hat die Liste um eine beträchtliche Anzahl vergrößert.

In den Tabellen 12—14 sind als nicht gut begründet anzusehende Daten in Klammern gedruckt. Wenn eine Mischung von mehr als einem Beobachter geprüft worden ist, sind die Anfangsbuchstaben der Namen derjenigen Beobachter, deren Daten als weniger gut begründet angesehen werden, kursiv gedruckt.

---

[1] Friedel: Über eine Verbindung des Dimethyläthers mit Salzsäure. Bull. Soc. Chim. **24**, 160 (1875).

[2] Roscoe: On the Composition of Aqueous Acids of Constant Boiling Point. Trans. Chem. Soc. **13**, 146 (1861); **15**, 270 (1862). On Perchloric Acid and its Hydrates. Proc. Roy. Soc. **11**, 493 (1862).

[3] Kuenen und Robson: Observations on Mixtures with Maximum or Minimum Vapour Pressure. Philos. Magazine VI, **4**, 116 (1902).

[4] The Preparation of Absolute Alcohol from Strong Spirit. Trans. Chem. Soc. **81**, 707 (1902).

[5] Trans. Chem. Soc. **81**, 739 (1902).

Verzeichnis der bekannten azeotropen Mischungen.

Tabelle 12. Binäre azeotrope Mischungen — Minimum-Siedepunkt.

Stoffe in der Mischung A.	Stoffe in der Mischung B.	Siedepunkte A.	Siedepunkte B.	Siedepunkte Az.-Mischung	Gew.-Proz. an A. in der Mischung	Forscher
		Grad	Grad	Grad		
Wasser	Äthylalkohol	100,0	78,3	78,15	4,43	*N. &W.*, Y.& F., *W.*, *Vr.*, *M.*
Wasser	Isopropylalkohol	100,0	82,44	80,37	12,10	Y. & F.
Wasser	Tert. Butylalkohol	100,0	82,55	79,91	11,76	Y. & F.
Wasser	Norm.-Propyl-Alkoh.	100,0	97,20	87,72	28,31	*Ch.*, *K.*, Y. & F., *Vr.*
Wasser	Allylalkohol	100,0	96,95	88,0	28,0	*D.*,W.&A., *L.*
Methylalkohol	Isopentan	64,7	27,95	24,5	(4)	L.
Methylalkohol	Trimethyläthylen	64,7	37,15	31,75	7	L.
Methylalkohol	Diallyl	64,7	60,2	47,05	22,5	L.
Methylalkohol	Norm.-Hexan	64,7	68,95	50,0	26,9	*Ry.*, Y., *L.*,
Methylalkohol	Benzol	64,7	80,2	58,34	39,55	*Ry.*, Y. & F.
Methylalkohol	Cyclohexan	64,7	80,75	54,2	37,2	L.
Methylalkohol	Cyclohexadien, 1,3	64,7	80,8	56,38	38,8	L.
Methylalkohol	Cyclohexen	64,7	82,75	55,9	40	L.
Methylalkohol	n-Heptan	64,7	98,45	60,5	62	L.
Methylalkohol	Methylcyclohexan	64,7	101,8	60	70	L.
Äthylalkohol	Diallyl	78,3	60,2	53,5	13	L.
Äthylalkohol	Norm.-Hexan	78,3	68,95	58,65	21	Y.
Äthylalkohol	Benzol	78,3	80,2	68,24	32,37	*Th.*, *Ry.*, *M.*, Y. & F.
Äthylalkohol	Cyclohexan	78,3	80,75	64,9	30,5	L.
Äthylalkohol	Cyclohexadien, 1,3	78,3	80,8	66,7	34	L.
Äthylalkohol	Cyclchexen	78,3	82,75	66,7	35	L.
Äthylalkohol	Methylcyclohexan	78,3	101,8	73	53	L.
Äthylalkohol	Toluol	78,3	110,6	76,7	68	Y., L.
Isopropylalkohol	Norm.-Hexan	82,45	68,95	61	22	L.
Isopropylalkohol	Benzol	82,45	80,2	71,92	33,3	*Ry.*, Y. & F.
Isopropylalkohol	Cyclohexan	82,45	80,75	68,6	33	L.
Isopropylalkohol	Cyclohexadien, 1,3	82,45	80,8	70,4	36	L.
Isopropylalkohol	Cyclohexen	82,45	82,75	71	36	L.
Isopropylalkohol	Toluol	82,45	110,6	80,6	(69)	*Y.*, L.
Tert. Butylalkohol	Benzol	82,55	80,2	73,95	36,6	Y. & F.
Tert. Butylalkohol	Cyclohexan	82,55	80,75	71,8	37	L.
Tert. Butylalkohol	Cyclohexadien, 1,3	82,55	80,8	73,4	38,5	L.
Tert. Butylalkohol	Cyclohexen	82,55	82,75	73,7	38	L.
Norm. Propylalk.	Norm.-Hexan	97,2	68,95	65,65	4	Y., L.
Norm. Propylalk.	Benzol	97,2	80,2	77,12	16,9	*Ry.*, Y.
Norm. Propylalk.	Cyclohexan	97,2	80,75	74,3	20	L.
Norm. Propylalk.	Cyclohexadien 1,3	97,2	80,8	76,1	21	L.
Norm. Propylalk.	Cyclohexen	97,2	82,75	76,6	21,6	L.
Norm. Propylalk.	Toluol	97,2	110,6	92,6	49	*Ry.*, L.
Norm. Propylalk.	Norm. Oktan	97,2	125,8	95	74	L.

Tabelle 12 (Fortsetzung).

Stoffe in der Mischung		Siedepunkte			Gew.-Proz. an A. in der Mischung	Forscher
A.	B.	A.	B.	Az.-Mischung		
		Grad	Grad	Grad		
Allylalkohol	Benzol	96,95	80,2	76,75	17,36	*L.*, W. & A.
Allylalkohol	Cyclohexan	94,05	80,75	74	(20)	L.
Allylalkohol	Cyclohexadien, 1,3	96,95	80,8	75,9	(21)	L.
Allylalkohol	Cyclohexen	96,95	82,75	76,3	(21,7)	L.
Allylalkohol	Toluol	96,95	110,6	92,4	50	*Ry.*, L.
Isobutylalkohol	Norm. Hexan	108,0	68,95	68,1	2	Y., L.
Isobutylalkohol	Benzol	108,0	80,2	79,84	9,3	Y.
Isobutylalkohol	Cyclohexan	108,0	80,75	78,1	14	L.
Isobutylalkohol	Cyclohexadien 1,3	108,0	80,8	79,35	12	L.
Isobutylalkohol	Cyclohexen	108,0	82,75	80,5	14,2	L.
Isobutylalkohol	Toluol	108,0	110,6	101,15	44,5	*Ry.*, L.
Isobutylalkohol	Äthylbenzol	108,0	136,15	107,4	<80	L.
Norm. Butylalkohol	Cyclohexan	116,9	80,75	79,8	10	L.
Norm. Butylalkohol	Toluol	116,9	110,6	105,5	(32)	L.
Isoamylalkohol	Äthylbenzol	131,8	136,15	125,9	49	L.
Isoamylalkohol	Xylol, p.	131,8	138,2	126,8	51	*Ry.*, L.
Isoamylalkohol	Xylol, m.	131,8	139,0	127,0	53	*Ry.*, L.
Isoamylalkohol	Xylol, o.	131,8	142,6	128,0	60	*Ry.*, L.
Cyklohexanol	Pinen	160,65	155,8	149,9	35,5	L.
Cyklohexanol	Mesytilen	160,65	164,0	156,3	(50)	L.
Cyklohexanol	Cymol	160,65	175,3	159	71	L.
Cyklohexanol	d-Limonen	160,65	177,8	159,25	73,5	L.
Sec. Octylalkohol	d-Limonen	178,7	177,8	174,4	(35)	L.
Benzylalkohol	d-Limonen	205,5	177,8	176,25	11	L.
Benzylalkohol	Naphthalin	205,5	218,1	204,3	(60)	L.
Methylalkohol	Äthylbromid	64,7	38,4	34,95	4,5	*Ry.*, L.
Methylalkohol	Methyliodid	64,7	44,5	39,0	7,2	*H.*, L.
Methylalkohol	Äthylidenchlorid	64,7	57,3	49,05	11,5	L.
Methylalkohol	Chloroform	64,7	61,2	53,5	12,5	*Hy.*, *Ry.*, *P.*, *Ty.*, Ti.
Methylalkohol	Isobutylchlorid	64,7	68,9	53,05	23	L.
Methylalkohol	Propylbromid	64,7	71,0	54,1	20,2	L.
Methylalkohol	Äthyliodid	64,7	72,3	54,7	18,5	*Ry.*, L.
Methylalkohol	Tert. Butylbromid	64,7	73,3	55,6	(24)	L.
Methylalkohol	Tetrachlorkohlenstoff	64,7	76,75	55,7	20,56	*T.*, Y.
Methylalkohol	Trichloräthylen	64,7	86,95	60,2	36	L.
Methylalkohol	Dichlorbrommethan	64,7	90,2	63,8	40	L.
Methylalkohol	Isobuthylbromid	64,7	91,6	61,4	42	L.
Methylalkohol	Propyliodid	64,7	102,4	63,5	61	L.
Äthylalkohol	Äthylbromid	78,3	38,4	37,6	3	*Ry.*, L.
Äthylalkohol	Propylchlorid	78,3	46,6	44,9	5,5	L.
Äthylalkohol	Dichloräthylen, tr.	78,3	48,35	46,5	6	Cv.
Äthylalkohol	Brompropylen, α	78,3	57,8	56,4	9	Cv.
Äthylalkohol	Dichloräthylen, cis	78,3	60,25	57,7	9,8	Cv.
Äthylalkohol	Chloroform	78,3	61,16	59,4	7,0	*Th.*, *Ry.*, *L.*, W.

Tabelle 12 (Fortsetzung).

Stoffe in der Mischung A.	Stoffe in der Mischung B.	Siedepunkte A.	Siedepunkte B.	Siedepunkte Az.-Mischung	Gew.-Proz. an A. in der Mischung	Forscher
		Grad	Grad	Grad		
Äthylalkohol	Isobutylchlorid	78,3	68,9	61,45	16,3	L.
Äthylalkohol	Propylbromid	78,3	71,0	63	17	*H.*, L.
Äthylalkohol	Äthyliodid	78,3	72,3	63	13	*Ry.*, *J.* & *G.*, L.
Äthylalkohol	Tert. Butylbromid	78,3	73,3	63,8	15	L.
Äthylalkohol	Tetrachlorkohlenstoff	78,3	76,7	64,95	15,85	Y., *Hy.*, *Sch.*, *Ty.*, *Hi.*, L.
Äthylalkohol	Trichloräthylen	78,3	86,95	70,9	27	L.
Äthylalkohol	Dichlorbrommethan	78,3	90,2	75,5	28	L.
Äthylalkohol	Isobuthylbromid	78,3	91,6	72,7	(38)	*H.*, L.
Äthylalkohol	Allyliodid	78,3	102	75,6	41	L.
Äthylalkohol	Isobutyliodid	78,3	120	77,65	70	*Ry.*, L.
Äthylalkohol	Isoamylbromid	78,3	120,2	77,6	71,5	*H.*, L.
Äthylalkohol	Tetrachloräthylen	78,3	120,8	77,95	81	L.
Isopropylalkohol	Isobutylchlorid	82,45	68,9	63,8	17	L.
Isopropylalkohol	Äthyliodid	82,45	72,3	65,8	>15	*Ry.*, L.
Isopropylalkohol	Isobutyliodid	82,45	120,0	81,8	76	*Ry.*, L.
Tert. Butylalkohol	Tetrachlorkohlenstoff	82,55	76,75	69,5	17	L., *A.*
Tert. Butylalkohol	Trichloräthylen	82,55	86,95	75	16	L.
Allylalkohol	Tetrachlorkohlenstoff	96,95	76,75	72,32	11,5	L.
Allylalkohol	Trichloräthylen	96,95	86,95	80,95	16	L.
Allylalkohol	Dichlorbrommethan	96,95	90,2	85,85	17,5	L.
Allylalkohol	Isobutylbromid	96,95	91,6	83,9	18	L.
Allylalkohol	Tetrachloräthylen	96,95	120,8	94	(49)	L.
Propylalkohol	Isobuthylchlorid	97,2	68,9	67,2	7	L.
Propylalkohol	Propylbromid	97,2	71,0	69,2	9	*H.*, L.
Propylalkohol	Äthyliodid	97,2	72,3	70,1	7,8	*Ry.*, L.
Propylalkohol	Tetrachlorkohlenstoff	97,2	76,75	72,8	11,5	*H.*, L.
Propylalkohol	Trichloräthylen	97,2	86,95	81,75	17	L.
Propylalkohol	Dichlorbrommethan	97,2	90,2	86,4	19,5	L.
Propylalkohol	Allyliodid	97,2	102	90,0	29	L.
Propylalkohol	Propyliodid	97,2	102,4	90,2	30	L.
Propylalkohol	Tetrachloräthylen	97,2	120,8	94	54	L.
Isobutylalkohol	Tetrachlorkohlenstoff	108,0	76,75	75,8	5,5	L.
Isobutylalkohol	Trichloräthylen	108,0	86,95	85,4	9	L.
Isobutylalkohol	Dichlorbrommethan	108,0	90,2	89,3	11	L.
Isobutylalkohol	Propyliodid	108,0	102,4	96	(18)	L.
Isobutylalkohol	Isoamylbromid	108,0	120,2	103,8	(41)	*H.*, L.
Isobutylalkohol	Tetrachloräthylen	108,0	120,8	103,05	40	L.
Isobutylalkohol	Äthylenbromid	108,0	131,5	106,2	60,5	*Ry.*, L.
Isobutylalkohol	Chlorbenzol	108,0	131,8	107,2	63	L.
Isoamylalkohol	Isoamylbromid	131,8	120,2	116,4	(20)	*H.*, L.
Isoamylalkohol	Tetrachloräthylen	131,8	120,8	116,0	19	L.
Isoamylalkohol	Äthylenbromid	131,8	131,5	123,2	(30)	*Ry.*, L.
Isoamylalkohol	Chlorbenzol	131,8	131,8	124,3	36	L.
Cyclohexanol	Brombenzol	160,65	156,15	153,6	33,5	L.
Cyclohexanol	Pentachlorethan	160,65	161,95	157,9	36	L.

Tabelle 12 (Fortsetzung).

Stoffe in der Mischung		Siedepunkte			Gew.-Proz. an A. in der Mischung	Forscher
A.	B.	A.	B.	Az.-Mischung		
		Grad	Grad	Grad		
Methylalkohol	Äthylformiat	64,7	54,15	50,95	16	L.
Methylalkohol	Methylacetat	64,7	57,0	54,0	19	*Ry.*, *H.*, L.
Äthylalkohol	Äthylacetat	78,3	77,15	71,8	30,98	*W.*, M.
Isopropylalkohol	Äthylacetat	82,45	77,05	74,8	23	*Ry.*, L.
Äthylalkohol	Methylpropionat	78,3	79,7	73,2	52	L.
Propylalkohol	Äthylpropionat	97,2	99,1	93,4	51	L.
Norm. Butylalkohol	Methylisovaleriat	116,9	116,3	113	33	L.
Isoamylalkohol	Isoamylacetat	131,8	(138,8)	(131,3)	95	*H.*, L.
Äthylalkohol	Methyläthylketon	78,3	79,6	74,8	40	*Ma.*, L.
Tert. Butylalkohol	Methyläthylketon	82,55	79,6	78,9	—	A., L.
Isopropylalkohol	Methyläthylketon	82,45	79,6	77,3	(30)	A., L.
Propylalkohol	Diethylketon	97,2	102,2	94,9	(57)	L.
Isobutylalkohol	Diethylketon	108,0	102,2	101,95	(22)	L.
Octylalkohol	Anilin	178,7	184,35	177,8	65	L.
Allylalkohol	Epichlorhydrin	96,95	116,4	95,8	78	L.
Propylalkohol	Epichlorhydrin	97,2	116,4	96,0	77	L.
Isobutylalkohol	Epichlorhydrin	108,0	116,4	105,0	60,5	L.
Isoamylalkohol	Epichlorhydrin	131,8	116,4	115,35	19	L.
Allylalkohol	Nitromethan	96,95	101,2	89	60	L.
Propylalkohol	Nitromtehan	97,2	101,2	89,15	56	L.
Benzylalkohol	Nitrobenzol	205,5	210,85	204,3	58	L.
Borneol	Nitrobenzol	211,8	210,85	207,75	46	L.
Methylalkohol	Schwefelkohlenstoff	64,7	46,2	37,65	14	*Ry.*,*Go.*,L.,*A.*
Äthylalkohol	Schwefelkohlenstoff	78,3	46,2	42,4	9	*Be.*, *Ry.*, L.
Isopropylalkohol	Schwefelkohlenstoff	82,45	46,2	44,6	8	*Ry.*, L.
Methylalkohol	Acetonitril	64,7	81,6	63,45	81	*V. & D.*, L.
Äthylalkohol	Acetonitril	78,3	81,6	72,5	56	*V. & D.*, L.
Isopropylalkohol	Acetonitril	82,5	81,6	75	(55)	L.
Methylalkohol	Methylal	64,7	42,2	41,82	18,2	L.
Phenol	Chlortoluol	181,5	161,3	160,3	8	L.
Phenol	Pentachlorethan	181,5	161,95	160,85	9,5	L.
Phenol	Bromtoluol, o.	181,5	181,75	174,35	40	L.
Phenol	Bromtoluol, p.	181,5	185	176,2	44	L.
Phenol	Jodbenzol	181,5	188,55	177,7	47	L.
Cresol, o.	Bromtoluol, o.	190,8	181,75	180,3	16	L.
Cresol, o.	Bromtoluol, p.	190,8	185	181,7	25	L.
Cresol, o.	Jodbenzol	190,8	188,55	185,0	(32)	L.
Propionsäure	Wasser	140,7	100	99,98	17,7	L.
Isobuttersäure	Wasser	154,35	100	99,3	21	L.
Buttersäure	Wasser	163,5	100	99,4	18,4	L.
Essigsäure	Benzol	118,5	80,2	80,05	2	Ne.
Essigsäure	Toluol	118,5	110,7	105,4	28	*Ry.*, L.
Essigsäure	Äthylbenzol	118,5	136,15	114,65	66	L.
Essigsäure	Xylol, m.	118,5	139	115,38	72,5	*Ry.*, L.
Propionsäure	Äthylbenzol	140,7	136,15	131,1	28	L.
Propionsäure	Xylol, p	140,7	138,2	132,0	36	L.

Tabelle 12 (Fortsetzung).

Stoffe in der Mischung		Siedepunkte			Gew.-Proz. an A. in der Mischung	Forscher
A.	B.	A.	B.	Az.-Mischung		
		Grad	Grad	Grad		
Propionsäure	Xylol, m	140,7	139,0	132,65	35,5	L.
Propionsäure	Pinen	140,7	155,8	136,15	58,5	L.
Isobuttersäure	Pinen	154,35	155,8	146,7	35	L.
Isobuttersäure	d-Limonen	154,35	177,8	151,0	78	L.
Buttersäure	Pinen	163,5	155,8	152,0	25	L.
Buttersäure	d-Limonen	163,5	177,8	160,75	55	L.
Isovaleriansäure	d-Limonen	176,5	177,8	168,9	41	L.
Chloressigsäure	d-Limonen	186,5	177,8	167,8	34	L.
Essigsäure	Isobutyliodid	118,5	120,0	107	34	L.
Essigsäure	Tetrachloräthylen	118,5	120,8	107,35	38,5	L.
Essigsäure	Äthylenbromid	118,5	131,5	114,35	55	B.
Essigsäure	Chlorbenzol	118,5	131,8	114,65	58,5	L.
Propionsäure	Tetrachloräthylen	140,7	120,8	118,95	8,5	L.
Propionsäure	Äthylenbromid	140,7	131,5	127,75	17,5	L.
Propionsäure	Chlorbenzol	140,7	131,8	128,75	18	L.
Propionsäure	Brombenzol	140,7	156,15	139,85	60	L.
Isobuttersäure	Tetrachlorethan, s.	154,35	146,25	144,8	7	L.
Isobuttersäure	Brombenzol	154,35	156,15	148,6	35	L.
Isobuttersäure	Pentachlorethan	154,35	161,95	152,9	43	L.
Buttersäure	Bromoform	163,5	148,3	146	7	L.
Buttersäure	Brombenzol	163,5	156,15	152,2	18	L.
Buttersäure	Chlortoluol, p.	163,5	161,3	156,3	27	L.
Buttersäure	Pentachloräthan	163,5	161,95	156,75	26	L.
Isovaleriansäure	Bromtoluol, o.	176,5	181,75	172,1	39,5	L.
Chloressigsäure	Benzylchlorid	186,5	179,35	172	28	L.
Chloressigsäure	Bromtoluol, o.	186,5	181,75	172,95	32	L.
Chloressigsäure	Bromtoluol, p.	186,5	185,2	174	47	L.
Chloressigsäure	Jodbenzol	186,5	188,55	175,3	35	L.
Benzol	n-Hexan	80,2	68,95	68,87	(19)	J. & Y.
Benzol	Cyklohexan	80,2	80,75	77,5	(55)	L.
Benzol	Cyklohexen	80,2	82,75	79,45	(85)	L.
n-Heptan	Methylcyclohexan	98,45	101,8	<98	>80	L.
Cyclohexan	Cyclohexadien, 1,3	80,75	80,8	79,2	(52)	L.
Pinen	Mesytilen	163,8	164,0	162,7	(52)	L.
Isopentan	Äthylbromid	27,95	38,38	23,5	(70)	L.
Trimethyläthylen	Äthylbromid	37,15	38,38	35,2	40	L.
Norm. Hexan	Chloroform	68,95	61,2	59,95	28	L.
Norm. Hexan	Isobutylchlorid	68,95	68,85	66,3	45	L.
Norm. Hexan	Propylbromid	68,95	71,0	67,5	(67)	L.
Norm. Hexan	Äthyliodid	68,95	72,3	68	34(?)	L.
Benzol	Tetrachlorkohlenstoff	80,2	76,75	(76,75)	(4,4)	Y. &. F., *Li.*; Z., Ro.
Äthylbenzol	Propylendibromid	136,15	141,7	135,95	95	L.
Xylol, p.	Propylendibromid	138,2	141,7	137,5	78	L.
Xylol, m.	Propylendibromid	139,0	141,7	138	70	L.
Pinen, α	Brombenzol	155,8	156,1	153,4	50	L.

Tabelle 12 (Fortsetzung).

Stoffe in der Mischung		Siedepunkte			Gew.-Proz. an A. in der Mischung	Forscher
A.	B.	A.	B.	Az.-Mischung		
		Grad	Grad	Grad		
d-Limonen	Benzylchlorid	177,8	179,35	174,8	54	L.
d-Limonen	Bromtoluol, o.	177,8	181,75	177,3	83	L.
Isopentan	Methylformiat	27,95	31,9	17,05	53	L.
Norm. Pentan	Methylformiat	36,15	31,9	21,8	47	L.
Trimethyläthylen	Methylformiat	37,15	31,9	24,3	46	L.
Xylol, m.	Isoamylacetat	139,0	138,8	136	50	L.
Xylol, m.	Methyllactat	139,0	144,8	134	70	L.
Pinen, α	Äthyllactat	155,8	155	147	49	L.
Pinen, α	Methyloxalat	155,8	163,3	144,1	61	L.
Mesitylen	Methyloxalat	164	163,3	154,8	50,2	L.
d-Limonen	Methyloxalat	177,8	163,3	156,7	(25)	L.
d-Limonen	Propyllactat	177,8	171,7	166,35	37	L.
d-Limonen	Isobutyllactat	177,8	182,15	172,5	60	L.
d-Limonen	Äthyloxalat	177,8	185,0	172,2	59	L.
Äthylbromid	Methylformiat	38,4	31,9	29,85	36	L.
Äthyliodid	Äthylacetat	72,3	77,05	70,5	75	*Ry.*, *K.*, *Z.*, *Ro.*, L.
Tetrachlorkohlenstoff	Äthylacetat	76,75	77,05	74,75	57	*Y.*, *Z.*, *Ty.*, L.
Tetrachlorkohlenst.	Methylpropionat	76,75	79,7	75,5	60	L.
Allyliodid	Äthylpropionat	102	99,1	97,8	40	L.
Allyliodid	Propylacetat	102	101,55	99,6	(50)	L.
Isobutyliodid	Isoamylformiat	120	123,6	117,5	70	L.
Tetrachlorethylen	Äthylbutyrat	120,8	119,9	118,4	(62)	L.
Tetrachlorethylen	Äthylcarbonat	120,8	126,0	118,55	74	L.
Chlorbenzol	Isobutylpropionat	131,8	136,9	131,2	76	L.
Brombenzol	Äthyllactat	156,1	154,5	153	47	L.
Brombenzol	Methyloxalat	156,1	163,3	153,05	72	L.
Chlortoluol, o.	Äthyllactat	159	154,5	153,5	(35)	L.
Chlortoluol, p.	Methyloxalat	161,3	163,3	157,0	60	L.
Pentachlorethan	Methyloxalat	161,95	163,3	157,55	68	L.
Benzylchlorid	Propyllactat	179,35	171,7	171,2	(22)	L.
Benzylchlorid	Isobutyllactat	179,35	182,15	178	(70)	L.
Bromtoluol, o.	Isobutyllactat	181,75	182,15	180	56	L.
Bromtoluol, o.	Äthyloxalat	181,75	185,0	177,35	60	L.
Bromtoluol, p.	Äthyloxalat	185	185,0	180,4	47,3	L.
Jodbenzol	Äthyloxalat	188,55	185,0	181,1	40	L.
Äthyläther	Methylformiat	34,6	31,9	28,25	44	L.
Methylpropyläther	Methylformiat	38,9	31,9	30,5	20	L.
Acetal	Isobutylformiat	104,5	(98,3)	97	(20)	L.
Anisol	Äthyllactat	153,85	155	150,0	44	L.
Anisol	Isobutylbutyrat	153,85	157	151	67	L.
Phenetol	Methyloxalat	171,5	163,3	161,25	30	L.
Phenetol	Propyllactat	171,5	171,7	167,0	50	L.
Amylmethylal	Äthylbensoat	207,5	213	206,1	(85)	L.
Anisol	Pinen, α	153,85	155,8	150,45	56	L.

Tabelle 12 (Fortsetzung).

Stoffe in der Mischung A.	Stoffe in der Mischung B.	Siedepunkte A.	Siedepunkte B.	Siedepunkte Az.-Mischung	Gew.-Proz. an A. in der Mischung	Forscher
		Grad	Grad	Grad		
Phenol	Pinen, α	181,5	155,8	152,75	19	L.
Phenol	d-Limonen	181,5	177,8	169	40,5	L.
Cresol, o.	d-Limonen	190,8	177,8	175,35	25	L.
Pinen, α	Dichlorhydrin, α	155,8	174,5	152	85	L.
d-Limonen	Dichlorhydrin, α	177,8	174,5	165,75	57	L.
d-Limonen	Dichlorhydrin, β	177,8	183	169,3	40	L.
d-Limonen	Benzaldehyd	177,8	179,2	171,2	57	L.
Pinen, α	Anilin	155,8	184,35	155,25	(85)	L.
d-Limonen	Anilin	177,8	184,35	171,35	61,2	L.
d-Limonen	Methylanilin	177,8	196,1	174,5	87	L.
Benzol	Methyläthylketon	80,2	79,6	178,35	62,5	*Ma.*, L.
Pinen, α	Acetessigsäure-Methylester	155,8	169,5	150,5	64	L.
Pinen, α	Acetessigsäure-Äthylester	155,8	180,7	153,35	78	L.
d-Limonen	Acetessigsäure-Äthylester	177,8	180,7	169,05	57	L.
Terpinen	Acetessigsäure-Äthylester	(181)	180,7	171	51	L.
Xylol, p.	Äthylchloracetat	138,2	143,5	137,0	(72)	L.
Xylol, m.	Äthylchloracetat	139,0	143,5	137,25	(68)	L.
d-Limonen	Äthylbromisobutyrat, α	177,8	178	174	(45)	L.
Toluol	Epichlorhydrin, α	110,7	116,45	108,25	74	L.
Pinen, α	Chloracetal	155,8	156,8	151	55	L.
Naphthalin	Chlorphenol, p.	218,1	217	215,9	36,5	L.
n-Pentan	Äthylmercaptan	36,15	36,2	32	(50)	L.
Trimethyläthylen	Äthylmercaptan	37,15	36,2	32,95	(40)	L.
n-Pentan	Schwefelkohlenstoff	36,15	46,25	35,5	(85)	L.
Trimethyläthylen	Schwefelkohlenstoff	37,15	46,25	36,5	(83)	L.
n-Pentan	Äthyläther	36,15	34,6	33,4	(30)	L.
Trimethyläthylen	Methylal	37,15	42,25	35,3	27	L.
Toluol	Zinnchlorid	110,7	113,85	109,15	48	L.
Tetrachloräthylen	Paraldehyd	120,8	124	118,75	68	L.
Benzylchlorid	Benzaldehyd	179,35	179,2	177,9	50	L.
Bromtoluol, o.	Anilin	181,75	184,35	178,65	63	L.
Bromtoluol, p.	Anilin	185	184,35	180,3	(40)	L.
Jodbenzol	Dimethylanilin	188,55	194,05	187	(85)	L.
Isobutylchlorid	Aceton	68,9	56,25	55,8	27	L.
Äthyliodid	Aceton	72,3	56,25	56,0	20	*Ry.*, L.
Tetrachlorkohlenstoff	Aceton	76,75	56,25	55,8	—	*Hy.*, A.
Tetrachlorkohlenstoff	Methyläthylketon	76,75	79,6	73,8	71	L., *A.*
Allyliodid	Diäthylketon	102	102,2	100,8	66	L.
Allyliodid	Methylpropylketon	102	102,25	100,9	66	L.

Tabelle 12 (Fortsetzung).

Stoffe in der Mischung		Siedepunkte			Gew.-Proz. an A. in der Mischung	Forscher
A.	B.	A.	B.	Az.-Mischung		
		Grad	Grad	Grad		
Jodbenzol	Acetessigsäure, Äthylester	188,55	180,7	178,0	(52)	L.
Isobutyliodid	Epichlorhydrin, α	120	116,45	110	(53)	L.
Tetrachloräthylen	Epichlorhydrin, α	120,8	116,45	110,12	48,5	L.
Isopropylchlorid	Schwefelkohlenstoff	36,25	46,25	36,0	(78)	L.
Äthylbromid	Schwefelkohlenstoff	38,4	46,25	37,85	67	*Ry.*, L.
Methyliodid	Schwefelkohlenstoff	42,6	46,25	41,65	(59)	L.
Propylchlorid	Schwefelkohlenstoff	46,6	46,25	45,2	(45)	L.
Äthylidenchlorid	Schwefelkohlenstoff	57,3	46,25	46	(6)	L.
Dichlormethan	Methylal	41,5	42,2	39	(62)	L.
Methyliodid	Methylal	42,6	42,2	39,35	57	L.
Benzylchlorid	Cineol	179,35	176,3	175,5	(19)	L.
Äthylendibromid	Chlorbenzol	131,5	131,8	129,75	55	L.
Schwefelkohlenstoff	Aceton	46,25	56,25	39,25	66	*Ry.*, Y., *Ro.*, *M.*, L.
Schwefelkohlenstoff	Methyläthylketon	46,25	79,6	45,85	84,7	L.
Schwefelkohlenstoff	Methylformiat	46,25	31,9	24,75	33	L.
Schwefelkohlenstoff	Äthylformiat	46,25	54,15	39,35	63	L.
Schwefelkohlenstoff	Methylacetat	46,25	57,0	40,15	70	L.
Schwefelkohlenstoff	Äthylacetat	46,25	77,05	46,1	(97)	L.
Schwefelkohlenstoff	Äthyläther	46,25	34,6	34,5	1	*Gu.*,*Ry.*,Y.,*L.*
Schwefelkohlenstoff	Methylpropyläther	46,25	38,8	36,2	(18)	L.
Schwefelkohlenstoff	Methylal	46,25	42,25	37,25	46	*Z.*, Y.
Aceton	Diäthylamin	56,1	55,5	51,35	38,2	*Ma.*, *L.*
Diäthylketon	Nitromethan	102,2	101,2	99,1	45	L.
Methylpropylketon	Nitromethan	102,25	101,2	99,15	44	L.
Aceton	Methylacetat	56,25	57,0	56,1	55	*Ry.*, L.
Methyläthylketon	Methylpropionat	79,6	79,7	79,25	(52)	L.
Methyläthylketon	Propylformiat	79,6	80,8	79,45	(55)	L.
Diäthylketon	Propylacetat	102,2	101,55	101,35	(40)	L.
Methylpropylketon	Propylacetat	102,25	101,55	101,35	38	L.
Äthylchloracetat	Methyllactat	143,5	144,8	140,4	(52)	L.
Isoamylchloracetat	Äthyloxalat	190,5	185,0	181,5	(35)	L.
Methyläthylketon	Wasser	79,57	100,0	73,57	88,6	M., *L.*
Pyridin	Wasser	115,5	100,0	92,6	57	*Gd.*, L.

Tabelle 13. Binäre azeotrope Mischungen — Maximum-Siedepunkt.

Stoffe in der Mischung		Siedepunkte			Gew.-Proz. an A. in der Mischung	Forscher
A.	B.	A.	B.	Az.-Mischung		
		Grad	Grad	Grad		
Wasser	Salpetersäure	100,0	86,0	120,5	32	R.
Wasser	Chlorwasserstoffsäure	100,0	-84	110	79,76	R.
Wasser	Bromwasserstoffsäure	100,0	-73	126	52,5	R.
Wasser	Jodwasserstoffsäure	100,0	-34	127	43	R.
Wasser	Fluorwasserstoffsäure	100,0	19,4	120	63	R.
Wasser	Ameisensäure	100,0	99,9	107,1	22,5	R.
Wasser	Ameisensäure	100,0	100,75	107,3	22,5	L.
Wasser	Perchlorsäure	100,0	110,0	203	28,4	R.
Ameisensäure	Diäthylketon	100,75	102,2	105,4	33	L.
Ameisensäure	Methylpropylketon	100,75	102,25	105,3	32	L.
Propionsäure	Acetylaceton	140,7	138	144	(70)	L.
Chlorwasserstoffsäure	Methyläther	-84	-23,65	—1,5	60	*F.*, L.
Ameisensäure	Pyridin	100,7	116,7	149	(18)	*Ga.*,An.,*Z.*, *L.*
Ameisensäure	Picolin, α	100,7	134	158	25	Ga., *L.*
Essigsäure	Pyridin	118,5	115,5	139,7	35	*Ga.*, *An.*, L.
Essigsäure	Picolin, α	118,5	134	146	40	GA., *Z.*
Propionsäure	Pyridin	140,7	116,7	150–51	31,5	*Ga.*, An., *L.*
Phenol	Cyclohexanol	181,5	160,65	182,45	90,5	L.
Phenol	Sec. Octylalkohol	181,5	178,5	184,65	50	L.
Phenol	Glykol	181,5	197,4	199	22	L.
Kresol, p.	Glykol	201,8	197,4	203	68	L.
Kresol, p.	Benzylalkohol	201,8	205,5	207,0	38	L.
Phenol	Benzaldehyd	181,5	179,2	185,6	51	L.
Phenol	Anilin	181,5	184,35	186,22	(42)	L.
Kresol, o.	Dimethylanilin	190,8	194,05	195,6	<30	L.
Kresol, o.	Methylanilin	190,8	196,1	(196,7)	(10)	L.
Kresol, p.	Toluidin, p.	201,8	200,3	204,35	57	L.
Kresol, p.	Toluidin, o.	201,8	200,7	204,5	53	L.
Kresol, p.	Äthylanilin	201,8	206,05	207,2	<20	L.
Kresol, o.	Acetophenon	190,8	202	203,7	22	L.
Kresol, p.	Fenchon	201,8	193	205	(72)	L.
Kresol, p.	Acetophenon	201,8	202	208,45	50	L.
Kresol, p.	Campher	201,8	208,9	213,15	30	L.
Kresol, m.	Acetophenon	202,8	202	209	52	L.
Kresol, m.	Campher	202,8	208,9	213,5	(35)	L.
Phenol	Isoamylbutyrat	181,5	178,6	185,6	(61)	L.
Phenol	Isobutyllactat	181,5	182,15	189,05	(46)	L.
Phenol	Äthyloxalat	181,5	185,0	189,1	(43)	L.
Kresol, o.	Äthyloxalat	190,8	185,0	193,9	67	L.
Kresol, o.	Benzoesäure-Methylester	190,8	199,55	200,8	(30)	L.
Kresol, p.	Benzoesäure-Methylester	201,8	199,55	204,7	(35)	L.
Kresol, p.	Isoamyllactat	201,8	202,4	207,25	48	L.

Tabelle 13 (Fortsetzung).

Stoffe in der Mischung A.	Stoffe in der Mischung B.	Siedepunkt A.	Siedepunkt B.	Siedepunkt Az.-Mischung	Gew.-Proz. an A. in der Mischung	Forscher
		Grad	Grad	Grad		
Kresol, m.	Benzoesäure-Methylester	202,8	199,55	205,6	(38)	L.
Kresol, m.	Isoamyllactat	202,8	202,4	207,6	50	L.
Aceton	Chloroform	56,4	61,2	64,7	20	*Ry.*, *Th.*, *L.*, *Ty.*, Y.
Diäthylketon	Dichlorbrommethan	102,2	90,2	103,0	64	L.
Campher	Benzalchlorid	208,9	205,1	209,7	(75)	L.
Chloroform	Äthylformiat	61,2	54,15	62,7	87	L.
Chloroform	Methylacetat	61,2	57,05	64,8	77	*Ry.*, L.
Pentachlorethan	Mesitylen	161,95	164,0	166	(44)	L.
Bromwasserstoff	Schwefelwasserstoff	—	—	–70	(61)	S. & B.

Literaturstellen der Tabellen 12 bis 14.

A. = Atkins: Trans. Chem. Soc. **117,** 218 (1920); und (mit G. Barr) Reports of Advisory Com. for Aeronautics, 1916, T. 752.

An. = André: C. r. **125,** 1187 (1897); **126,** 1105 (1898); Bull. Soc. Chim. Paris (3), **21,** 278 und 285 (1899).

B. = Baud: Bull. Soc. Chim. de France (4), **5,** 1022 (1909).

Be. = Berthelot, M. P. E.: C. r. **57,** 430 und 985 (1863); Ann. de Chim. et de Physique (4), **1,** 384 (1864).

Ch. = Chancel: C. r. **68,** 659 (1869); Bull. Soc. Chim. Paris (2), **12,** 87 (1869).

Cv. = Chavanne: Bull. Soc. Chim. Belgique **27,** 205 (1913); C. r. **158,** 1698 (1914).

D. = Dittmar: Chem. News **33,** 53 (1876); Proc. Glasgow Philos. Soc. **10,** 63 (1877).

F. = Friedel: C. r. **81,** 152 (1875); Bull. Soc. Chim. Paris II. (2), **24,** 160 (1875).

Ga. = Gardner: Ber. **23,** 1587 (1890).

Go. = Golodetz: Patent 1911, Kl. 12a, Nr. 286425.

Gol. = Goldschmidt und Constam: Ber. **16,** 2976 (1883).

Gu. = Guthrie: Philos. Magazine (V), **18,** 512 (1884).

H. = Holley: Journ. Amer. Chem. Soc. **24,** 448 (1902).

Hi. = Hill: Trans. Chem. Soc. **101,** 2467 (1912).

Hy. = Haywood: Journ. Physical Chem. **1,** 232 (1897); **3,** 317 (1899).

J. & Y. = Jackson und Young: Trans. Chem. Soc. **73,** 922 (1898).

J. & G. = Jana und Gupta: Journ. Amer. Chem. Soc. **36,** 115 (1914).

K. = Konowaloff: Wied. Ann. **14,** 34 (1881).

L. = Lecat: La Tension de vapeur des mélanges des liquides, l'Azéotropisme, Brüssel 1918.

Li. = Linebarger: Journ. Amer. Chem. Soc. **17,** 615 und 690 (1895).

M. = Merriman: Trans. Chem. Soc. **103,** 1790 (1913).

Ma. = Marshall: ebenda **89,** 1350 (1906).

Ne. = Nernst: Ztschr. f. physik. Ch. **8,** 110 (1891).

N. & W. = Noyes und Warfel: Journ. Amer. Chem. Soc. **23,** 463 (1901).

(Fortsetzung der Literatur auf Seite 69.)

Tabelle 14. Ternäre azeotrope Mischungen — Minimum-Siedepunkt[1].

Stoffe in der Mischung			Siedepunkte				Gew.-Proz. in der Az.-Mischung			Forscher
A	B	C	A.	B.	C.	Az.-Mischung	A.	B.	C.	
			Grad	Grad	Grad	Grad				
Äthylalkohol	Wasser	Benzol	78,3	100,0	80,2	64,85	18,5	7,4	74,1	Y.
Isopropylalkohol	Wasser	Benzol	82,45	100,0	80,2	66,5	18,7	7,5	73,8	Y.
Tert. Butylalkohol	Wasser	Benzol	82,55	100,0	80,2	67,3	21,4	8,1	70,5	Y.
Norm. Propylalkohol	Wasser	Benzol	97,2	100,0	80,2	68,5	9,0	8,6	82,4	Y.
Allylalkohol	Wasser	Benzol	97,05	100,0	80,14	68,21	9,2	8,6	82,2	W.&A.,*L.*
Äthylalkohol	Wasser	Cyclohexan	78,3	100,0	80,75	62,1	17	7	76	L.
Isopropylalkohol	Wasser	Cyclohexan	82,45	100,0	80,75	64,3	18,5	7,5	74	L.
Tert. Butylalkohol	Wasser	Cyclohexan	82,55	100,0	80,75	65	(21)	8	(71)	L.
Norm. Propylalkohol	Wasser	Cyclohexan	97,2	100,0	80,75	66,55	10	8,5	81,5	L.
Allylalkohol	Wasser	Cyclohexan	96,95	100,0	80,75	66,18	11	8	81	L.
Sec. Butylalkohol	Wasser	Cyclohexan	99,6	100,0	80,75	(67)	—	—	—	L.
Äthylalkohol	Wasser	Cyclohexadien, 1,3	78,3	100,0	80,8	63,6	20	7	73	L.
Isopropylalkohol	Wasser	Cyclohexadien, 1,3	82,45	100,0	80,8	65,7	—	—	—	L.
Tert. Butylalkohol	Wasser	Cyclohexadien, 1,3	82,55	100,0	80,8	66,7	—	—	—	L.
Norm. Propylalkohol	Wasser	Cyclohexadien, 1,3	97,2	100,0	80,8	67,75	(12)	(9)	80,8	L.
Allylalkohol	Wasser	Cyclohexadien, 1,3	96,95	100,0	80,8	67,5	—	—	—	L.
Äthylalkohol	Wasser	Cyclohexen	78,3	100,0	82,75	64,05	20	7	73	L.
Isopropylalkohol	Wasser	Cyclohexen	82,45	100,0	82,75	66,1	21,5	7,5	71	L.
Tert. Butylalkohol	Wasser	Cyclohexen	82,55	100,0	82,75	67	—	—	—	L.
Norm.Propylalkohol	Wasser	Cyclohexen	97,2	100,0	92,75	68,2	11,5	9	79,5	L.
Allylalkohol	Wasser	Cyclohexen	96,95	100,0	82,75	67,95	11	8,5	80,5	L.
Isobutylalkohol	Wasser	Cyclohexen	108	100,0	82,75	(69,5)	—	—	—	L.
Norm. Butylalkohol	Wasser	Cyclohexen	116,9	100,0	82,75	70,2	—	—	—	L.
Äthylalkohol	Wasser	Methylcyclohexan	78,3	100,0	101,8	70,5	—	—	—	L.

[1] Literatur hierzu s. S. 64.

Tabelle 14 (Fortsetzung).

Stoffe in der Mischung			Siedepunkte				Gew.-Proz. in der Az.-Mischung			Forscher
A.	B.	C.	A.	B.	C.	Az.-Mischung	A.	B.	C.	
			Grad	Grad	Grad	Grad				
Äthylalkohol	Wasser	Toluol	78,3	100,0	110,7	74,55	—	—	—	Y.
Isopropylalkohol	Wasser	Toluol	82,45	100,0	110,7	76,2	—	—	—	*Y.*, L.
Norm. Propylalkohol	Wasser	Toluol	97,2	100,0	110,7	80,05	—	—	—	L.
Allylalkohol	Wasser	Toluol	96,95	100,0	110,7	80,2	—	—	—	L.
Dimethyläthyl-Carbinol	Wasser	Toluol	102	100,0	110,7	(82)	—	—	—	L.
Isobutylalkohol	Wasser	Toluol	108	100,0	110,7	83	—	—	—	L.
Isobutylalkohol	Wasser	Äthylbenzol	108	100,0	136,15	89,5	—	—	—	L.
Äthylalkohol	Wasser	Diallyl	78,3	100,0	60,2	52	—	—	—	L.
Äthylalkohol	Wasser	n-Hexan	78,3	100,0	68,95	56,6	—	—	—	Y.
Isopropylalkohol	Wasser	n-Hexan	82,45	100,0	68,95	58,2	—	—	—	*Y.*, L.
Tert. Butylalkohol	Wasser	n-Hexan	82,55	100,0	68,95	58,9	—	—	—	L.
n-Propylalkohol	Wasser	n-Hexan	97,2	100,0	68,95	59,95	—	—	—	Y.
Allylalkohol	Wasser	n-Hexan	96,95	100,0	68,95	59,7	(5)	(5)	90	L.
Sec. Butylalkohol	Wasser	n-Hexan	99,6	100,0	68,95	61,1	—	—	—	L.
Äthylalkohol	Wasser	n-Heptan	78,3	100,0	98,45	(69,5)	—	—	—	L.
Äthylalkohol	Wasser	Dichloräthylen, tr.	78,3	100,0	48,35	44,4	4,4	1,1	94,5	Cv.
Äthylalkohol	Wasser	Dichloräthylen, cis	78,3	100,0	60,25	53,8	6,65	2,85	90,5	Cv.
Äthylalkohol	Wasser	Chloroform	78,3	100,0	61,15	55,5	4,0	3,5	92,5	W. & F.
Äthylalkohol	Wasser	Isobutylchlorid	78,3	100,0	68,85	58,6	(13)	4,5	82,5	L.
Äthylalkohol	Wasser	Propylbromid	78,3	100,0	71,0	60	(12)	(5)	(83)	L.
Äthylalkohol	Wasser	Äthyliodid	78,3	100,0	72,3	(61)	(9)	(5)	(86)	L.
Äthylalkohol	Wasser	Tetrachlorkohlenstoff	78,3	100,0	76,75	(61,8)	9,7	4,3	86,0	Hi., *L.*
Äthylalkohol	Wasser	Äthylendichlorid	78,3	100,0	83,7	(66,7)	(17)	5	(78)	L.
Äthylalkohol	Wasser	Trichloräthylen	78,3	100,0	86,95	67,25	(26)	5	(69)	L.

Tabelle 14 (Fortsetzung).

Stoffe in der Mischung			Siedepunkte				Gew.-Proz. in der Az.-Mischung			Forscher
A.	B.	C.	A.	B.	C.	Az.-Mischung	A.	B.	C.	
			Grad	Grad	Grad	Grad				
Äthylalkohol	Wasser	Isobutylbromid	78,3	100,0	91,6	69,5	(25)	(8)	(65)	L.
Tert. Butylalkohol	Wasser	Tetrachlorkohlenstoff	82,55	100,0	76,75	64,7*	11,9	3,1	85,0	A. (*768 mm)
Allylalkohol	Wasser	Tetrachlorkohlenstoff	96,95	100,0	76,75	65,15	(11)	5	(84)	L.
Allylalkohol	Wasser	Trichloräthylen	96,95	100,0	86,95	71,4	(12,5)	(7,5)	(80)	L.
Allylalkohol	Wasser	Dichlorbrommethan	96,95	100,0	90,2	76	—	—	—	L.
n-Propylalkohol	Wasser	Tetrachlorkohlenstoff	97,2	100,0	76,75	65,4	(11)	(5)	(84)	L.
n-Propylalkohol	Wasser	Trichloräthylen	97,2	100,0	86,95	71,55	12	7	81	L.
n-Propylalkohol	Wasser	Allyliodid	97,2	100,0	102	78,15	(20)	8	(72)	L.
n-Propylalkohol	Wasser	Propyliodid	97,2	100,0	102,4	78,25	—	—	—	L.
n-Propylalkohol	Wasser	Tetrachloräthylen	97,2	100,0	120,8	88	—	—	—	L.
Isobutylalkohol	Wasser	Trichloräthylen	108	100,0	86,95	72,7	—	—	—	L.
Isobutylalkohol	Wasser	Dichlorbrommethan	108	100,0	90,2	77,5	—	9,0	—	L.
Äthylalkohol	Wasser	Äthylacetat	78,3	100,0	77,15	70,23	8,4	—	82,6	W., M.
Propylalkohol	Wasser	Diäthylketon	97,2	100,0	102,2	81,24	(20)	(20)	(60)	L.
Propylalkohol	Wasser	Nitromethan	97,2	100,0	101,2	81,85	—	25	—	L.
Methyläthylketon	Wasser	Tetrachlorkohlenstoff	79,6	100,0	76,75	65,7	22,2	30	74,8	A.
Diäthylketon	Wasser	Nitromethan	102,2	100,0	101,2	82,4	(65)	(18)	(17)	L.
Methylalkohol	Äthylbromid	Schwefelkohlenstoff	64,7	38,4	46,25	33,92	(10)	(50)	40	L.
Methylalkohol	Methyliodid	Schwefelkohlenstoff	64,7	42,6	46,25	35,95	—	—	—	L.
Methylalkohol	Äthylbromid	Trimethyläthan	64,7	38,4	37,15	31,4	(15)	(55)	(30)	L.
Methylalkohol	Methyliodid	Methylal	64,7	42,6	42,25	38,5	—	—	—	L.

Tabelle 14 (Fortsetzung).

Stoffe in der Mischung			Siedepunkte				Gew.-Proz. in der Az.-Mischung			Forscher
A.	B.	C.	A.	B.	C.	Az.-Mischung	A.	B.	C.	
			Grad	Grad	Grad	Grad				
Methylalkohol	Methylacetat	Schwefelkohlenstoff	64,7	57,0	46,25	37	—	—	—	L.
Methylalkohol	Methylal	Schwefelkohlenstoff	64,7	42,25	46,25	35,55	7	38	55	L.
Methylalkohol	Aceton	Isobutylchlorid	64,7	56,25	68,85	52	—	—	—	L.
Äthylalkohol	Chloroform	n-Hexan	78,3	61,2	68,95	(58,3)	—	—	—	L.
Isopropylalkohol	Äthylacetat	Cyclohexan	82,45	77,05	80,75	(68,3)	—	—	—	L.
Glykol	Anilin	d-Limonen	197,4	184,35	177,8	162,45	—	—	—	L.
Propionsäure	Äthylenbromid	Chlorbenzol	140,7	131,5	131,8	127,5	—	—	—	L.
Isobuttersäure	Brombenzol	Pinen, α	154,35	156,1	155,8	146,4	—	—	—	L.
Isobuttersäure	Anisol	Pinen, α	154,35	153,85	155,8	143,9	—	—	—	L.
Methylformiat	Äthylbromid	Isopentan	31,9	38,4	27,95	16,95	(52)	(5)	(43)	L.
Methylformiat	Äthylbromid	Trimethyläthylen	31,9	38,4	37,15	24,1	—	—	—	L.
Methylformiat	Äther	n-Pentan	31,9	34,6	36,15	20,4	(40)	8	(52)	L.
Methylformiat	Äther	Trimethyläthylen	31,9	34,6	37,15	24	—	—	—	L.
Methylformiat	Schwefelkohlenstoff	Trimethyläthylen	31,9	46,25	37,15	(24)	—	—	—	L.
Amylformiat	Tetrachloräthylen	Paraldehyd	123,6	120,8	124	(117,6)	(25)	(45)	(30)	L.
Propyllactat	Phenetol	Menthol	171,7	171,5	170,8	(163,0)	(31)	(33)	(36)	L.
Isobutyllactat	Benzylchlorid	d-Limonen	182,15	179,35	177,8	172,5	—	—	—	L.

(Fortsetzung der Literatur von S. 64.)

P. = Pettit: Journ. Physical Chem. **3**, 349 (1899).
R. = Roscoe: Quarterly Journ. Chem. Soc. **13**, 146 (1861); **15**, 270 (1862); Proc. Roy. Soc. **11**, 493 (1862).
Ro. = Rosanoff und Mitarbeiter: Journ. Amer. Chem. Soc. **31**, 953 (1909); **36**, 1803 und 1993 (1914); **37**, 301 (1915).
Ry. = Ryland: Amer. Chem. Journ. **22**, 384 (1899).
S. &. B. = Steele und Baxter: Trans. Chem. Soc. **97**, 2607 (1910).
Sch. = Schreinemakers: Ztschr. f. physik. Ch. **47**, 445, **48**, 257 (1904).
Th. = Thayer: Journ. Physical Chem. **2**, 382 (1898); **3**, 36 (1899).
T. = Thorpe: Trans. Chem. Soc. **35**, 544 (1879).
Ti. = Timofeëv: Bull. de l'Inst. polytech. de Kiev **1905**, p. 1.
Ty. = Tyrer: Trans. Chem. Soc. **101**, 1104 (1912).
Vr. = Vrevskij: Ztschr. f. physik. Ch. **81**, 1 (1912/13); **83**, 551 (1913).
V. & D. = Vincent und Delachanel: C. r. **90**, 747 (1880).
W. = Wade: Trans. Chem. Soc. **87**, 1656 (1905).
W. & A. = Wallace und Atkins: ebenda **101**, 1179 und 1958 (1912).
W. & F. = Wade und Finnemore: ebenda **85**, 938 (1904); **95**, 1842 (1909).
W. & M. = Wade und Merrimann: ebenda **99**, 997 (1911).
Y. = Young: ebenda **81**, 707 und 768 (1902); **83**, 68 und 77 (1903), und anderswo nicht veröffentlichte Daten.
Y. &. F. = Young und Fortey: ebenda **81**, 717, 739 u. 752 (1902); **83**, 45 (1903).
Z. = Zawidski: Ztschr. f. physik. Ch. **35**, 129 (1900).

Siehe auch Hartman: On the First Plait in Van der Waals Free Energy Surface für Mixtures of Two Substances. Journ. Physic. Chem. **5**, 425 (1901) und Lecat: Neue Azeotrope C. **1**, 2282 (1927).

Ternäre Mischungen mit Maximum-Siedepunkt sind noch nicht entdeckt worden, indessen hat Lecat den Fall einer quaternären Mischung mit Minimum-Siedepunkt wahrscheinlich gemacht. Ein jedes der aus den vier Flüssigkeiten Methylal, Methyliodid, Methylalkohol und Schwefelkohlenstoff zusammensetzbaren sechs Paare, und eine jede der vier möglichen ternären Mischungen bilden azeotrope Mischungen mit Minimum-Siedepunkt. Lecat betrachtet es als wahrscheinlich, daß eine Mischung aller vier Flüssigkeiten bei einer noch etwas niederen Temperatur als die flüchtigste der ternären Mischungen siedet. Die Daten sind folgende:

Stoff	Siedepunkt			
	Grad	Grad	Grad	Grad
Methylal	A 42,25	AB 39,35	ABC 38,5	ABCD 35,5 (?)
Methyliodid	B 42,6	AC 41,82	ABD 37,2 (?)	
Methylalkohol	C 64,7	AD 37,25	ACD 35,55	
Schwefelkohlenstoff	D 46,25	BC 39,0	BCD 35,95	
		BD 41,65		
		CD 37,65		

Einfluß des Druckes (der Temperatur) auf die Zusammensetzung azeotroper Mischungen.

Noch viele Jahre nach der Entdeckung der Bildung konstant siedender Mischungen glaubte man, diese azeotropen Mischungen wären bestimmte chemische Verbindungen. So beschrieb Bineau[1] die azeotrope Mischung von Salzsäure und Wasser als ein Hydrat der Säure und Chancel[2] betrachtete die azeotrope Mischung von Propylalkohol mit Wasser als ein Hydrat des Alkohols.

Roscoe[3] dagegen wies nach, daß die Konzentration der konstant siedenden Mischungen von Mineralsäuren mit Wasser sich mit dem Drucke änderte. Wenn bestimmte chemische Verbindungen vorlägen, könnte das nicht der Fall sein.

Daß ebenso auch bei den Mischungen mit Minimum-Siedepunkt (Maximum-Dampfdruck) die Zusammensetzung der azeotropen Mischungen sich mit dem Druck (der Temperatur) ändert, wurde von Konowaloff, Young und Fortey, Homfray, Wade und Merriman, Lecat u. a. gefunden, und in keinem Falle konnte festgestellt werden, daß die Zusammensetzung der Mischungen weder mit Maximum- noch mit Minimum-Siedepunkt vom Druck unabhängig war.

Vielleicht der interessanteste aller bisher untersuchten Fälle ist das Gemisch von Alkohol und Wasser. Sehr sorgfältige Untersuchungen über die Zusammensetzung der azeotropen Mischungen, die sich bei der Destillation wäßrigen Alkoholes bei einer Reihe verschiedener Drucke einstellen, sind von Wade und Merriman[4] und später von Merriman[5] angestellt worden, welch letzterer auch die Dampfdrucke von Äthylalkohol wieder bestimmt hat. Die von Merriman erhaltenen Ergebnisse sind in der Tabelle 15 (S. 71) angegeben.

Bei fallendem Druck verringert sich der Prozentgehalt an Wasser in der azeotropen Mischung und bei einem Druck unterhalb 75 mm existiert kein azeotropes Gemisch mehr.

Merriman[6] hat auch den Einfluß des Druckes auf die Zusammensetzung der binären azeotropen Mischungen von Äthylacetat und

---

[1] Bineau: Sur les combinaisons de l'eau avec les hydracides. Ann. de Chem. et de Physique (3) **7**, 257 (1843).

[2] Chancel: Nouvelles Recherches sur l'alcool propylique de fermentation. C. r. **68**, 659 (1869).

[3] A. a. O.

[4] Wade und Merriman: Influence of Water on the Boiling Point of Ethyl-Alcohol at Pressures above and below the Atmospherie Pressure. Trans. Chem. Soc. 99, 997 (1911).

[5] Merriman: The Vapour Pressures of the Lower Alcohols and their Azeotropic Mixtures with Water, Part. I., Ethyl Alcohol. Ebenda **103**, 628 (1913).

[6] Merriman: The Azeotropic Mixtures of Ethyl Acetate, Ethyl Alcohol and Water at Pressures above and below the Atmospherie Pressure. Trans. Chem. Soc. **103**, 1790 (1913).

Tabelle 15.

Druck mm	Siedepunkte			Prozent Wasser in der azeotr. Mischung
	Azeotrope Mischung	Alkohol	Unterschied	
	Grad	Grad	Grad	
1451,3	95,35	95,58	0,23	4,75
1075,4	87,12	87,34	0,22	4,65
760,0	78,15	78,30	0,15	4,4
404,6	63,04	63,13	0,09	3,75
198,4	47,63	47,66	0,03	2,7
129,7	39,20	39,24	0,04	1,3
94,9	33,35	33,38	0,03	0,5
70,0	—	27,96	—	—

Wasser, Äthylacetat und Äthylalkohol und der ternären azeotropen Mischungen von Äthylacetat, Äthylalkohol und Wasser sehr sorgfältig untersucht. Einige seiner Ergebnisse sind in Tabelle 16 und 17 angegeben.

Tabelle 16.

Druck in mm	Äthylacetat und Wasser. Prozent Wasser	Äthylacetat und Äthylalkohol. Prozent Äthylalkohol
25	3,60	12,81
50	4,00	14,49
100	4,70	16,97
200	5,79	20,52
400	7,11	25,37
760	8,43	30,98
1000	9,26	33,86
1500	10,04	39,07

Tabelle 17. Äthylacetat, Äthylalkohol und Wasser.

Druck in mm	Zusammensetzung in Prozenten		
	Äthylacetat	Äthylalkohol	Wasser
25,0	92,0	4,0	4,0
178,5	88,4	5,6	6,0
503,6	84,8	7,2	8,0
760,0	82,6	8,4	9,0
1090,8	79,9	10,6	9,5
1446,2	77,6	12,1	10,3

Auf Grund dieser und anderer von Young und Fortey, Homfray, Thayer, Lehfeldt, Ryland und Zawidski erhaltenen Ergebnisse kommt Merriman zu dem Schluß, daß in allen beobachteten Fällen, mit einer Ausnahme, der prozentuale Gehalt desjenigen Bestandteils einer binären azeotropen Mischung, der den kleineren Wert von dp/dt hat, mit abnehmendem Druck anwächst. Folgende Gemische gehorchen dieser Regel: Äthylacetat und Wasser, Äthylacetat und Äthylalkohol, Propylalkohol und Wasser, Äthylalkohol und Propionitril, Benzol und Äthylalkohol, Toluol und Essigsäure, Schwefelkohlenstoff und Aceton. Von dieser Regel ist die einzige Ausnahme, die man kennt, die Äthylalkohol-Wassermischung.

Vrevsky[1] hat sorgfältige Bestimmungen über die Zusammensetzung azeotroper Mischungen von Alkoholen und Säuren mit Wasser bei verschiedenen Temperaturen angestellt und gibt folgende allgemeine Regel: Die Konzentration desjenigen Bestandteils einer azeotropen Mischung, der eine höhere molekulare Verdampfungswärme hat, wächst mit steigender Temperatur, wenn die Mischung eine solche mit Maximum-Dampfdruck, und fällt mit steigender Temperatur, wenn sie eine solche mit Minimum-Dampfdruck ist.

Analytisch ist diese Frage behandelt worden von Roozeboom[2], Kuenen[3] und von Van der Waals und Kohnstamm[4].

V. Zusammensetzung der Flüssigkeits- und der Dampfphase. Experimentelle Bestimmungen.

Verdampfung im Vakuum.

Wenn zwei verdampfbare Flüssigkeiten — einerlei ob völlig, teilweise oder nicht-mischbar — zusammen einem Vakuum, z. B. dem über dem Quecksilber eines Barometerrohres ausgesetzt werden, so tritt Verdampfung ein, und die zurückbleibende Flüssigkeit hat in der Regel eine andere Zusammensetzung als der Dampf. Die Zusammensetzung von Flüssigkeit und Dampf ist nur dann die gleiche, wenn die Flüssigkeiten eine Mischung mit Maximum- oder Minimumdampfdruck und dementsprechend mit konstantem Siedepunkt bilden, und wenn sie gerade in diesem besonderen Mischungsverhältnis in das Vakuum eingeführt wurden. In allen anderen Fällen ist der Dampf an derjenigen von den beiden Komponenten, in die sich die Flüssigkeit bei der Destillation

---

[1] Vrevsky: Über Zusammensetzung und Spannung des Dampfes binärer Flüssigkeitsgemische. Ztschr. f. physik. Ch. **81**, 1 (1912/13); **83**, 551 (1913).

[2] Roozeboom: Die heterogenen Gleichgewichte vom Standpunkte der Phasenlehre. Braunschweig 1904, vol. **2**, Part. I., S. 66.

[3] Kuenen: Handbuch der angewandten physikalischen Chemie. Leipzig 1906, S. 114.

[4] Van der Waals und Kohnstamm: Lehrbuch der Thermodynamik in ihrer Anwendung auf das Gleichgewicht von Systemen mit Gasförmig-Flüssigen Phasen. Zweiter Teil. Leipzig 1912.

zu trennen strebt, reicher, die leichter verdampfbar ist. Diese beiden Komponenten können entweder die beiden Stoffe selbst sein, aus denen die Mischung ursprünglich gebildet wurde, oder einer von diesen Stoffen und eine Mischung der beiden, welche einen konstanten, höheren oder tieferen Siedepunkt als jeder der beiden ursprünglichen Bestandteile der Mischung hat.

Wenn der Dampfraum verhältnismäßig sehr klein ist, so unterscheidet sich die zurückbleibende Flüssigkeit in ihrer Zusammensetzung nur wenig von der ursprünglichen Mischung, wenn er aber verhältnismäßig groß ist, und wenn die Siedepunkte der beiden Komponenten, in die sich die Mischung zu trennen strebt, nicht allzu nahe beieinander liegen, so ist die zurückbleibende Flüssigkeit viel reicher an dem weniger flüchtigen Bestandteil als die ursprüngliche Mischung.

Methoden.

Die Schwierigkeiten bei der experimentellen Bestimmung der Zusammensetzung von Flüssigkeit und Dampf sind in den meisten Fällen sehr beträchtlich, und man kann trotz größter Sorgfalt manche irrtümlichen und irreführenden Ergebnisse erhalten. Die wichtigsten, bisher angewandten Methoden sind folgende:

1. Eine Mischung von bekannter Zusammensetzung wird in einen passenden Destillierkolben eingefüllt, eine verhältnismäßig sehr geringe Menge wird übergetrieben, und die Zusammensetzung des Destillats und manchmal auch des Rückstandes wird bestimmt, entweder

a) aus seinem spezifischen Gewicht (Brown[1]), b) aus seinem Brechungsvermögen (Lehfeldt[2], Zawidski[3]), c) aus seinem Siedepunkt (Carveth[4]) oder d) mittels quantitativer Analyse. Für organische Flüssigkeiten ist die letzte Methode nicht allgemein anwendbar. Die Destillation kann sowohl auf die gewöhnliche Art unter konstantem Druck als auch bei konstanter Temperatur ausgeführt werden.

2. Eine bekannte Menge Luft wird bei konstanter Temperatur[5] durch die Mischung geleitet. Die insgesamt verdampfte Menge wird aus

---

[1] Brown, F. D.: Theory of Fractional Distillation. Trans. Chem. Soc. **35**, 547 (1879). On the Distillation of Mixtures of Carbon Disulphide and Carbon Tetrachloride. Ebenda **39**, 304 (1881).

[2] Lehfeldt: Properties of Liquid Mixtures, Part. II. Philos. Magazine (V), **46**, 42 (1898).

[3] Zawidsky: Über die Dampfdrucke binärer Flüssigkeitsgemische. Ztschr. f. physik. Ch. **35**, 129 (1900).

[4] Carveth: The Composition of Mixed Vapours. Journ. Physical Chem. **3**, 193 (1899).

[5] Linebarger: The Vapour Tensions of Mixtures of votalile Liquids. Journ. Amer. Chem. Soc. **17**, 615 (1895).

dem Gewichtsverlust der Flüssigkeit, die Menge eines Bestandteils im Dampf durch quantitative Analyse bestimmt.

3. Wenn ein binäres Flüssigkeitsgemisch, dessen Komponenten im Verhältnis $x/(1-x)$ im Gleichgewicht mit einem Dampf steht, der die gleichen Komponenten im Verhältnis p_1/p_2 enthält, dann kann ein gesättigter Dampf von dieser Zusammensetzung durch die Flüssigkeit streichen, ohne irgendeine Änderung zu verursachen oder zu erleiden. Eine auf diesem Prinzip beruhende Methode ist von Rosanoff und seinen Mitarbeitern[1] erdacht und angewandt worden.

4. Die Destillation wird in einem Kolben ausgeführt, dessen Aufsatz auf konstanter Temperatur gehalten wird[2]. Die Zusammensetzung des Destillates wird auf die gebräuchliche Art bestimmt, die der destillierten Mischung wird aus der Temperatur des Aufsatzes mit Hilfe einer vorher konstruierten Kurve erschlossen, die den Zusammenhang zwischen Siedepunkt und Zusammensetzung angibt.

Erstes Verfahren.

Destillationen unter konstantem Druck sind von Duclaux[3] und mit großer Sorgfalt von F. D. Brown[4] und Rosanoff, Bacon und White[5] ausgeführt worden.

Browns Apparat. Der von Brown angewandte Apparat ist in Abb. 24 dargestellt. „Er besteht aus einem kupfernen Gefäß *S* von der Form einer gewöhnlichen, aber mit einem langen Hals *a* versehenen Blechkanne. Dieser Hals und der obere Teil des Gefäßes sind mit einem kupfernen Mantel *ccc* bedeckt, der mit dem inneren Kessel durch einige kleine, um den oberen Teil von *a* angeordnete Löcher in Verbindung steht. Dieser äußere Mantel wird unten von einem, schräg zur Achse des Kessels angebrachten, Kupferstreifen begrenzt, und ist an seiner untersten Stelle mit einem engen Rohr *d* versehen, das dazu dient, den Destillierapparat mit dem Kühler zu verbinden. Der Dampf steigt aus der Flüssigkeit im Siedegefäß auf, durchströmt die Löcher bei *a*, steigt im Mantel herab und strömt durch *d* aus. Der Dampf wird also, solange er aufsteigt, warm gehalten und kann sich nicht kondensieren, bevor er

[1] Rosanoff, Lamb und Breithut: Measurement of the Partial Vapour Pressures of Binary Mixtures. Journ. Amer. Chem. Soc. **31**, 448 (1909). Rosanoff und Easley: ebenda S. 953. Rosanoff und Bacon: ebenda **37**, 301 (1915).

[2] Brown, F. D.: Fractional Distillation with a Still-head of Uniform Temperature. Trans. Chem. Soc. **39**, 517 (1881).

[3] Duclaux: Dampfspannung von Mischungen zweier Flüssigkeiten. Ann. de Chim. et de Physique (5), **14**, 305 (1878).

[4] Brown: The Comparative Value of different Methods of Fractional Distillation. Trans. Chem. Soc. **37**, 49 (1880).

[5] Rosanoff, Bacon und White: Rapid Laboratory Method of Measuring the Partial Pressures of Liquid Mixtures. Journ. Amer. Chem. Soc. **36**, 1803 (1914).

in den äußeren Mantel eingetreten ist. Die hier eintretende geringe Kondensation ist ohne Einfluß, da sowohl Dampf wie Flüssigkeit zusammen in die Vorlage gelangen. Die Neigung des Bodens des Mantels dient dazu, die Ansammlung von Flüssigkeit an dieser Stelle zu verhindern."

Nachdem die Heizung angestellt worden ist, findet, bevor das Sieden beginnt, eine erhebliche Verdampfung statt, und die Mischung von warmer Luft und Dampf strömt in den Kühler, wo der meiste Dampf kondensiert wird. Deswegen verwendet Brown die Daten der ersten Fraktion des Destillates nur zur Bestimmung der Zusammensetzung des Rückstandes in der Blase im Augenblick des Überganges von der ersten zur zweiten Fraktion.

Um Verdunstung und daraus folgende nachträgliche Änderung der Zusammensetzung der Fraktionen zu verhindern und außerdem, um die Destillation unter vermindertem Druck ausführen zu können, wurde die in Abb. 24 abgebildete Form der Vorlage verwendet. Die in die Blase eingefüllte Flüssigkeitsmenge betrug im allgemeinen 900—1000 g, und bei jedem Versuch wurde ungefähr $^1/_4$ der Gesamtmenge überdestilliert und in vier Fraktionen gesammelt. Die Zusammensetzung des Flüssigkeitsrückstandes nach Beendigung der Destillation befand sich in jedem Falle in genügender Übereinstimmung mit der aus der Zusammensetzung der ursprünglichen Füllung und der aufgefangenen Fraktionen berechneten.

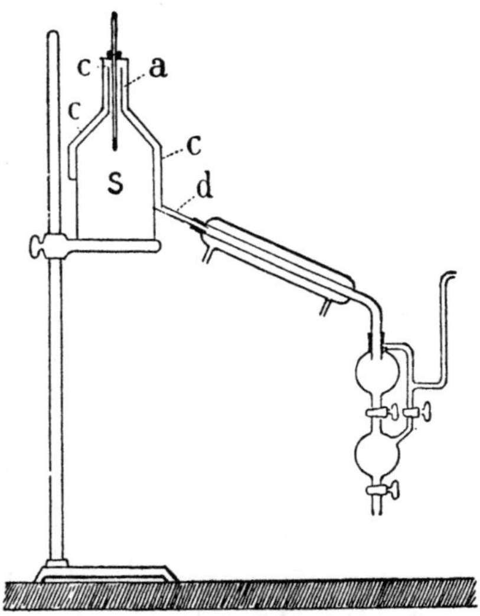

Abb. 24. Browns Apparat.

Dieser Apparat wurde für Mischungen von Schwefelkohlenstoff und Tetrachlorkohlenstoff verwendet, nachdem vorher Reihenuntersuchungen zur Bestimmung des spezifischen Gewichtes von Mischungen dieser Substanzen gemacht waren, die erlaubten, die Zusammensetzung einer beliebigen Mischung aus ihrem spezifischen Gewicht zu bestimmen. Später wurden ähnliche Destillationsreihen unter vermindertem Druck (etwa 430 mm) ausgeführt, wobei der Apparat mit einem großen Luftbehälter, mit der Pumpe und dem Manometer verbunden war. Bei den früheren Versuchen mit Schwefelkohlenstoff und Benzol wurden nicht ganz so zweckmäßige Kolbenformen verwendet.

Lehfeldts Apparat. Lehfeldts Apparat[1] zur Destillation bei konstanter Temperatur ist in Abb. 25 abgebildet. Das Destillationsgefäß in Form eines großen Reagenzglases ist mit einem doppelt durchbohrten Pfropfen verschlossen. Durch die eine Bohrung geht ein Thermometer, dessen Kugel mit einem kleinen Wattebausch bedeckt ist, der gerade unter die Oberfläche der Flüssigkeit taucht. Durch die andere Bohrung geht das Ableitungsrohr *EE*, das mit dem Kühler *F* in Verbindung steht. Dieser ist mit einem Hahn *G* zum Ablassen des Destillates und mit einem Rohr versehen, das zum Manometer, Luftbehälter und zur

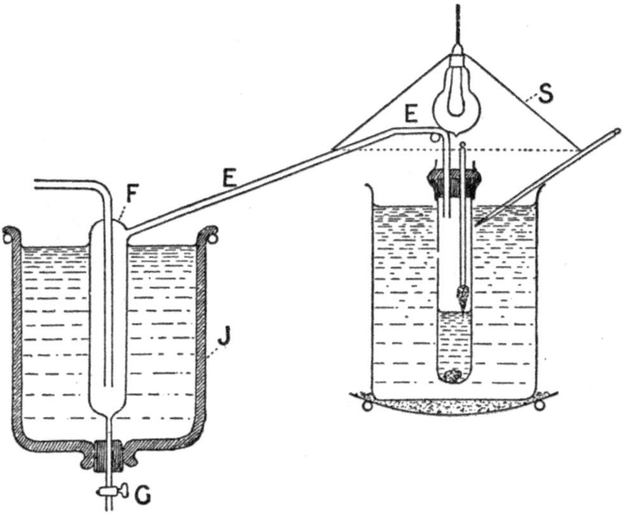

Abb. 25. Lehfeldts Apparat.

Luftpumpe führt. Die Glasglocke *J* enthält kaltes Wasser oder eine Kältemischung. Zum Heizen des Destillationsgefäßes dient Wasser, das sich in dem großen, auf einem Sandbade ruhenden Becherglas befindet. Das Wasser wird dauernd gerührt und seine Temperatur mit dem Thermometer gemessen. Um Rückkondensation in dem senkrechten Teil des Ableitungsrohres zu verhindern, wird eine elektrische Glühlampe mit dem gewöhnlichen kegelförmigen Schirm so nahe wie möglich an das Wasserbad heruntergezogen, und ein Tuch wird um das Ganze gehängt. Der obere Teil des Apparates wird auf diese Art mindestens so hoch wie das Bad geheizt.

Die von Lehfeldt verwendeten Substanzmengen waren klein, etwa 30 ccm der zu untersuchenden Substanz wurden in das Destillationsgefäß gebracht und gewöhnlich drei Fraktionen von je etwa 1 ccm wurden aufgefangen und einzeln im Pulfrich-Refraktometer untersucht.

[1] A. a. O.

Um gleichmäßiges Sieden zu erreichen, wurde ein mit Kupferdraht beschwertes Stück Bimsstein in das Destillationsgefäß gebracht. Der Druck wurde von Zeit zu Zeit reguliert, um den Siedepunkt möglichst konstant zu halten.

Vorher waren Bestimmungen der Brechungsindices von Mischungen der untersuchten Flüssigkeiten gemacht worden.

Zawidskis Apparat. Zawidski[1] verwendete einen im Prinzip dem Lehfeldtschen ähnlichen, aber besser durchgebildeten Apparat. Er ist in Abb. 26 abgebildet. Das Destillationsgefäß *A*, von etwa 200 ccm Inhalt, das bei jedem Versuch 100—120 ccm Flüssigkeit enthält, wird durch ein mit Rührer und Thermostat versehenes Wasserbad *G* geheizt. Rückkondensation wird dadurch vermieden, daß der obere Teil des Ableitungsrohres mit Kupferdraht umwickelt ist, der durch eine kleine

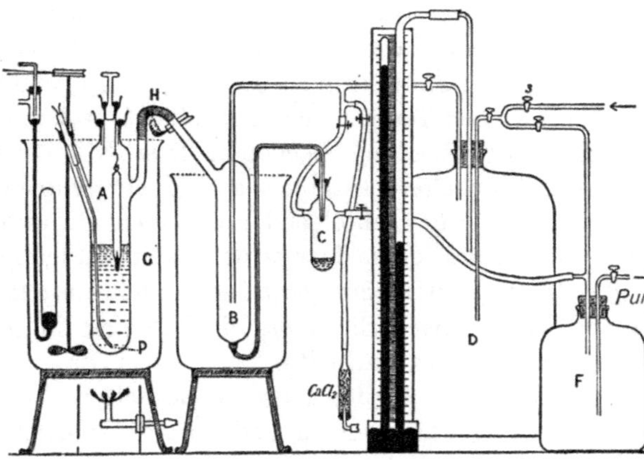

Abb. 26. Zawidskis Apparat.

Flamme geheizt wird. Gleichmäßiges Sieden wird mit Hilfe eines dünnen Platindrahtes von 0,04 mm Durchmesser erzielt, der sich am Boden des Destillationsgefäßes befindet und mit 2 dickeren Platindrähten verschweißt ist, die mit einer Batterie von 3 oder 4 Akkumulatoren verbunden sind. Sie werden durch ein gegenüber dem Ableitungsrohr angebrachtes seitliches Rohr nach außen geführt. Der dünne Platindraht wird mit ungefähr 0,4 Amp. geheizt, und es entsteht dadurch ein gleichmäßiger Strom von Dampfblasen. Diese Methode wird auch von Bigelow[2] empfohlen. Die Vorlage *B* hat, von einer Verschiedenheit abgesehen, die gleiche Form wie die Lehfeldts. Das untere Rohr ist nämlich nicht mit einem Hahn versehen, sondern ist — wie in der Abbildung gezeichnet — umgebogen und mit einer zweiten kleineren Vor-

[1] A. a. O.

[2] Bigelow: A Simplification of Beckmanns Boiling Point Apparatus. Amer. Chem. Journ. **1899**, 280.

lage *C*, verbunden, in die durch Verminderung des Druckes in dem Behälter *F* der erste kleine Anteil des Destillates, bevor Temperatur und Druck konstant geworden sind, übergeführt wird. Das zur Untersuchung benötigte Destillat (ungefähr 1 ccm) wird dann in *B* gesammelt. Nachdem Luft eingelassen worden ist, wird *C* entfernt, und das Destillat durch geringe Druckerhöhung aus *B* in ein kleines Reagenzglas gedrückt. Die Anordnung des Manometers, der Pumpe und der beiden Luftbehälter *D* und *F* ist aus Abb. 26 zu entnehmen.

Vermittels verschiedener Hähne kann der Druck in *F* etwas unter den in *D* herrschenden vermindert werden. Dadurch kann Luft in den Apparat eingesaugt werden, entweder durch den Hahn 3 in *D*, oder durch das Chlorcalciumrohr in *C* oder *B*. Eine Reihe von Bestimmungen wurde in folgender Art ausgeführt: Etwa 100 bis 120 cm von einem der beiden Stoffe wurden in *A* eingeführt, und der Druck, unter dem sie bei der gewünschten Temperatur *t* kochten, bestimmt. Alsdann wurde eine kleine Menge der zweiten Flüssigkeit in *A* eingeführt, und die erste Destillation bei der gleichen Temperatur *t* ausgeführt, wobei der Druck wieder aufgezeichnet wurde. Nach beendeter Destillation wurde ungefähr 1 ccm des Flüssigkeitsrückstandes aus *A* entnommen und in einem kleinen Reagenzglas zur nachfolgenden Untersuchung aufbewahrt. Sodann wurde eine weitere kleine Menge der zweiten Flüssigkeit zugesetzt, und eine zweite Destillation, ganz wie vorher, ausgeführt, und diese Maßnahmen wurden wiederholt, bis die Mischung in *A* größere Mengen der zweiten Substanz enthielt.

Die Untersuchungsreihen wurden dann wiederholt, wobei von der zweiten Flüssigkeit in *A* ausgegangen und geringe Mengen von der ersten zugesetzt wurden.

Rosanoff, Bacon und Whites Apparat. Die von Rosanoff, Bacon und White[1] angewandte Methode wurde im Hinblick auf die Schnelligkeit des Arbeitens und zu dem Zweck geschaffen, die Schwierigkeit zu beseitigen, daß die Zusammensetzung der ersten kleinen Fraktion selbst von Spuren Feuchtigkeit im Destillat ernstlich gestört werden kann.

Der Apparat ist in Abb. 27 gezeigt. Er besteht aus einem birnförmigen Gefäß mit einem langen Hals, auf dessen Umfang sich ziemlich weit oben vier Löcher zum Entweichen des Dampfes befinden. Ein gläserner, am Rand des Halses angeschmolzener Mantel umgibt den Kolben und endet unten in einem Rohr, durch welches der Dampf in einen kräftigen Schlangenkühler und von da in flüssiger Form in eine Vorlage einströmt, die getrennte Abteilungen besitzt, um die aufeinanderfolgenden Fraktionen bequem auffangen zu können.

[1] A. a. O.

Die Vorlage steht zwecks Ausschlusses der Feuchtigkeit mit der Atmosphäre durch ein Chlorcalciumrohr in Verbindung. Der Hals des birnförmigen Siedegefäßes ist oben dauernd mit einem Kork verschlossen, der mit Schellack und Siegellack gründlich dampf- und flüssigkeitsdicht gemacht ist. Durch den Kork geht ein elektrischer Heizdraht aus Platin, sowie ein nahezu bis zum Boden des Siedegefäßes reichendes, zum Einfüllen und Entleeren von Flüssigkeiten dienendes Rohr. Die Flüssigkeit wird mittels eines Scheidetrichters — wie abgebildet — eingeführt. Das ummantelte Destillationsgefäß taucht vollständig in ein Bad ein, das ein wenig über die höchste Siedetemperatur der Flüssigkeit geheizt wird. Vorzeitige Kondensation und Rückfluß in das Destillationsgefäß wird auf die Art völlig vermieden. Bei den letzten Bestimmungen wurde ein Gefäß von 125 ccm Inhalt verwendet, und der Platinheizdraht war so angebracht, daß ein Rückstand von nur 25 ccm am Ende der Destillation übrig blieb. Die Zusammensetzung der ursprünglichen Flüssigkeit, der Fraktionen und des Rückstandes wurde mit Hilfe der Brechungsindices bestimmt.

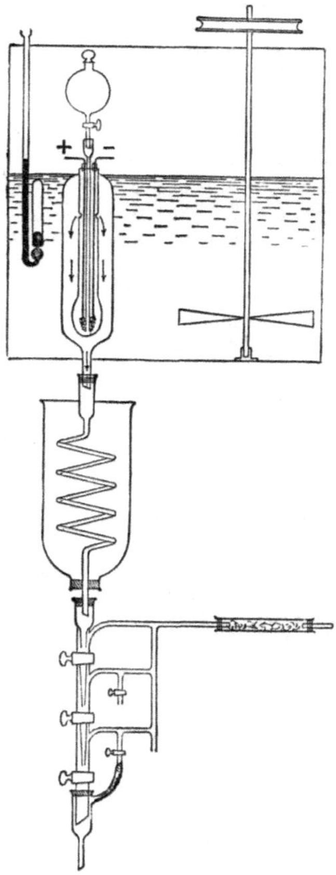

Abb. 27.

Das Prinzip der Methode läßt sich am besten an einem Beispiel erklären. Die ursprüngliche Mischung von Schwefelkohlenstoff und Tetrachlorkohlenstoff enthielt 36,77 Mol-Prozent Schwefelkohlentoff, der Rückstand nach der Destillation 22,18 Mol-Prozent.

Tabelle 18. Ergebnis der Destillation.

Nr. der Fraktion	Destillatgewicht in g	Schwefelkohlenstoff in Mol-Prozenten
1	16,48	59,35
2	19,43	58,96
3	15,86	57,21
4	16,00	55,25
5	23,75	52,73
6	17,80	49,85
7	25,33	46,79

Tabelle 19. Wiedergabe der Ergebnisse in Tabellenform.

Summe der Fraktionen	Summe der Gewichte in g	Zusammensetzung der Summe. Schwefelkohlenstoff in Mol-Proz.
Nr. 1	16,48	59,35
Nr. 1 + 2	35,91	59,11
Nr. 1 + 2 + 3	51,77	58,55
Nr. 1 + 2 + 3 + 4	67,77	57,79
Nr. 1 + 2 + 3 + 4 + 5	91,52	56,51
Nr. 1 + 2 + 3 + 4 + 5 + 6	109,32	55,47
Nr. 1 + 2 + 3 + 4 + 5 + 6 + 7	134,55	53,92
Nr. 7	25,23	46,79
Nr. 7 + 6	43,03	48,07
Nr. 7 + 6 + 5	66,78	49,76
Nr. 7 + 6 + 5 + 4	82,78	50,86
Nr. 7 + 6 + 5 + 4 + 3	98,64	51,92
Nr. 7 + 6 + 5 + 4 + 3 + 2	118,07	53,10
Nr. 7 + 6 + 5 + 4 + 3 + 2 + 1	134,55	53,92

Die vereinigten Gewichte der Destillate wurden in jedem Falle gegen die Zusammensetzung der Mischung aufgetragen (Abb. 28), und durch die Punkte wurden Kurven gezogen. Nur der der ersten Fraktion entsprechende Punkt paßte nicht gut zu der Kurve, die indessen durch die übrigen Punkte gut festgelegt war. Möglicherweise wurde das durch eine Spur Feuchtigkeit in der Mischung verursacht, die mit dem ersten Destillat zusammen überging.

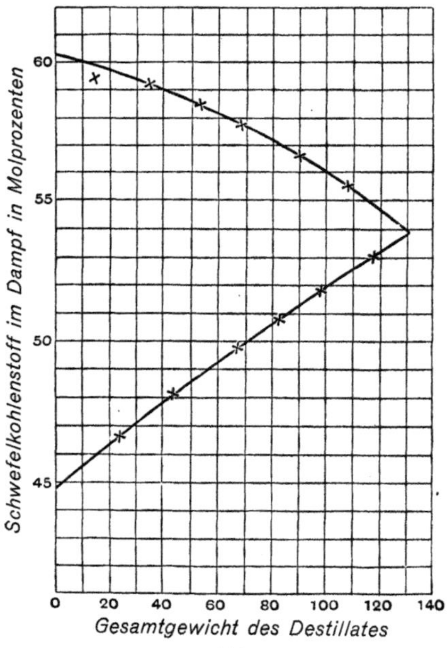

Abb. 28.

Wenn man die Kurven in beiden Fällen bis zum Nullpunkt des Destillatgewichtes verlängert, so gelangt man zu folgenden Ergebnissen für die Zusammensetzung des Dampfes in Berührung mit (a) der ursprünglichen Mischung, (b) dem Rückstand:

	Mol-Prozente CS_2 in der Flüssigkeit	im Dampf
Ursprüngliche Mischung . . .	36,77	60,35
Rückstand	22,18	44,85

Die Ergebnisse dieser und anderer Destillationen stimmen gut überein mit jenen, welche nach der Methode von Rosanoff und Easley (S. 83) erhalten wurden.

Fehlerquellen. Die folgenden Fehlerquellen müssen beachtet und soweit wie möglich vermieden werden:

1. Wenn ein Destillierapparat von unten auf die gewöhnliche Art geheizt wird, so kondensiert sich der Dampf, welcher sich entwickelt, bevor die Temperatur des oberen Teiles des Destillierapparates den Siedepunkt der Flüssigkeit erreicht hat, teilweise, und der Rückstandsdampf enthält einen Überschuß des flüchtigeren Bestandteiles. Es hat in der Tat eine teilweise Fraktionierung stattgefunden, und die ersten Teile des Destillates werden zu reich an flüchtigeren Bestandteilen.

2. Wenn der obere Teil des Destillierapparates oder das Ablaufrohr während der Destillation der Luftkühlung ausgesetzt ist, so tritt eine teilweise Kondensation des Dampfes ein, und ein ähnlicher Fehler wie der erste wird hervorgerufen.

3. Die Luft, welche in dem Destillierapparat ist, bevor die Flüssigkeit sich erwärmt hat, ist mit Dampf gesättigt. Wenn sie durch den Kühler geht, wird ein Teil dieses Dampfes kondensiert. In Browns Fall war diese vorzeitige Kondensation von Flüssigkeit — wie schon erwähnt — beträchtlich. Der Fehler, der durch die unvollständige Kondensation des durch die Luft mitgenommenen Dampfes entsteht, gleicht den unter 1. angeführten zum Teil und, wenn der obere Teil des Apparates erhitzt wird, bevor die Flüssigkeit in dem Gefäße kocht, mehr als vollständig aus.

4. Wenn eine völlig wasserfreie Flüssigkeit, selbst nur für kurze Zeit der Luft ausgesetzt wird, und besonders dann, wenn sie von einem Gefäß in ein anderes gegossen wird, so daß also eine große Oberfläche von ihr der Luft ausgesetzt wird, wird fast immer eine gewisse Menge Feuchtigkeit absorbiert. Nicht nur die Flüssigkeiten, die im allgemeinen als hygroskopisch gelten, absorbieren Feuchtigkeit, sondern auch Stoffe wie Benzol und Paraffin, welche als nicht mit Wasser mischbar angesehen werden. Tatsächlich gibt es wahrscheinlich überhaupt keine Flüssigkeiten, die vollständig unlöslich ineinander sind, und sicher können alle gewöhnlich vorkommenden flüssigen organischen Verbindungen beträchtliche Mengen Wasser lösen.

Wenn solch eine Flüssigkeit, wie z. B. Benzol oder Tetrachlorkohlenstoff, die eine geringe Menge Wasser gelöst enthält, erhitzt wird, so bildet sich zuerst eine Mischung mit Minimum-Siedepunkt, und die zuerst übergehende kleine Destillatmenge enthält alles, oder wenigstens das meiste Wasser und wird wahrscheinlich getrübt sein. Es sei nun angenommen, daß eine Mischung von Benzol und Tetrachlorkohlenstoff untersucht werden soll, und daß eine kleine Menge Wasser während der

Vorbereitung der Mischung, oder beim Eingießen in den Kolben absorbiert worden ist. Die erste Fraktion enthält dann die Hauptmenge dieses Wassers, und das spezifische Gewicht, Brechungsindex, Siedepunkt und andere physikalische Konstanten des Destillats werden dadurch beträchtlich verändert. Es kann so ein erheblicher Fehler in die Bestimmung der Zusammensetzung der ersten Fraktion eingehen.

Brown verwarf die aus der ersten Fraktion abgeleiteten Daten, und das ist wahrscheinlich als der sicherste Weg anzusehen. Zawidski verwarf die erste kleine Fraktion und vermied die erste und zweite Fehlerquelle jedenfalls zum Teil, indem er das Ableitungsrohr auf die beschriebene Art heizte, aber trotzdem scheinen die ersten Zahlen in einigen seiner Versuchsreihen weniger genau als die späteren zu sein. Lehfeldt schützte sich gegen die erste und zweite Fehlerquelle, indem er den ganzen oberen Teil seines Apparates, wie beschrieben, mit einer brennenden Lampe erwärmte.

Die vierte Fehlerquelle ist wahrscheinlich von größerem Einfluß, als allgemein angenommen wird. Alles, was man gewöhnlich gegen sie tun kann, ist, die Flüssigkeit zu entwässern, den Apparat so vollständig wie möglich zu trocknen und die Flüssigkeit möglichst vollständig vor der Berührung mit feuchter Luft zu schützen. Rosanoff, Bacon und White vermieden alle Fehlerquellen, denen die erste Fraktion ausgesetzt ist, durch die eben beschriebene Methode.

Zweite Methode.

Bestimmungen der zusammengehörigen Konzentration von Flüssigkeit und Dampf mittels Durchströmens einer bekannten Luftmenge durch eine Mischung bei konstanter Temperatur sind u. a. ausgeführt worden von Winkelmann[1], Linebarger[2], Gahl[3].

Bei Linebargers Versuchen wurde eine bekannte Luftmenge (1 bis 4 l) mit der Geschwindigkeit von ungefähr 1 l in der Stunde durch die Flüssigkeitsmischung (40 bis 80 g) geblasen, die sich in einem Mohrschen Kaliapparat befand, der aus 5 kleinen und 2 großen Kugeln bestand. Dieser Apparat war vollständig in ein geeignetes Wasserbad eingetaucht, dessen Temperatur innerhalb 0,05° konstant gehalten wurde.

Wenn einer der Bestandteile der Mischung eine Säure war, so wurde deren Menge im Dampf durch Absorption in Kalium- oder Barium-

[1] Winkelmann: Über die Zusammensetzung der aus Flüssigkeitsgemischen entwickelten Dämpfe. Wied. Ann. **39**, 1 (1890).

[2] A. a. O.

[3] Gahl: Studien zur Theorie der Dampfdrucke. Ztschr. physik. Ch. **33**, 179 (1900).

Hydroxyd bestimmt, und wenn ein Bestandteil Schwefel oder ein Halogen enthielt, so wurde eine Analyse mittels Natronkalk ausgeführt. Die gesamte verdampfte Flüssigkeitsmenge, selten mehr als 2 g, wurde durch Wiegen der die Mischung enthaltenden Kugeln vor und nach dem Versuch bestimmt.

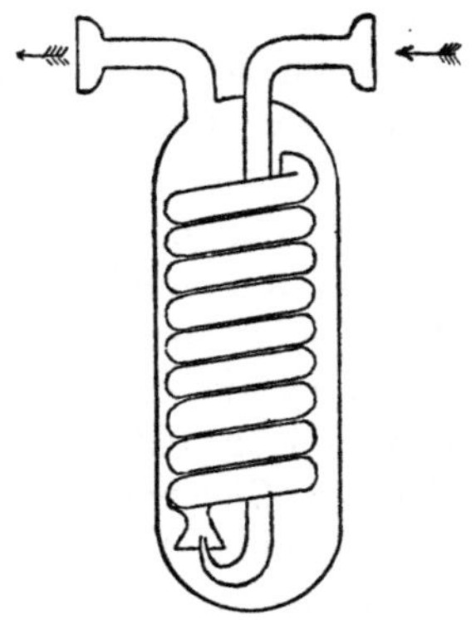

Abb. 29. Gahls Apparat.

Vorher werden Bestimmungen der Dampfdrucke einer Reihe reiner Flüssigkeiten ausgeführt, um die Genauigkeit der Methode zu prüfen; die Ergebnisse bei den weniger flüchtigen Flüssigkeiten — wie Chlorbenzol, Brombenzol und Essigsäure — waren befriedigender als die bei den anderen. Die Resultate scheinen in zwei Fällen, in denen solche Vergleiche ausgeführt worden sind, bei niederen Temperaturen genauer als bei höheren zu sein.

Ein von Linebarger untersuchtes Flüssigkeitspaar war Benzol und Tetrachlorkohlenstoff; die Ergebnisse sind unwahrscheinlich und unterscheiden sich weit von denen Lehfeldts, Zawidskis und Young & Forteys[1], die untereinander gut übereinstimmen. Es ist daher zu befürchten, daß die Methode für Mischungen flüchtiger Flüssigkeiten nicht als befriedigend angesehen werden kann.

Soweit es sich um reine Flüssigkeiten handelt, zeigen die Dampfdrucke deutlich Neigung nach zu geringen Werten. Möglicherweise war die Luft nicht vollständig mit Dampf gesättigt, oder es trat teilweise Kondensation ein, bevor das Dampfluftgemisch analysiert wurde.

Vielleicht würde der von Gahl angewandte Apparat (Abb. 29) bessere Ergebnisse aufweisen.

Bei Flüssigkeiten mit niederem Dampfdruck scheint die Methode andererseits genaue Ergebnisse geben zu können (siehe z. B. Washburn und Heuse[2]).

Dritte Methode.

Diese Methode wurde von Rosanoff, Lamb und Breithut erdacht und zuerst angewandt; der Apparat wurde nachher von Rosanoff und Easley[3] verbessert. Die Methode beruht auf dem Grundsatz, daß wenn ein binäres Flüssigkeitsgemisch, dessen Bestandteile in dem Ver-

[1] Young and Fortey: The Vapour Pressures and Boiling Points of Mixed Liquids, Part. II, Trans. Chem. Soc. **83**, 45 (1903).

[2] Measurement of Vapour Pressure Lowering by the Air Saturation Method Journ. Amer. Chem. Soc. **37**, 309 (1915).

[3] A. a. O.

hältnis $x/(1-x)$ vorliegen, mit einem Dampf im Gleichgewicht ist, der die gleichen Bestandteile im Verhältnis p_1/p_2 enthält, ein gesättigter Dampf von dieser Zusammensetzung durch die Flüssigkeit strömen kann, ohne irgendeine Änderung zu erzeugen, oder selbst zu erleiden.

Wenn der gesättigte Dampf die Zusammensetzung p_1'/p_2' hat, so ändert sich die Zusammensetzung der Flüssigkeit, bis das Verhältnis ihrer Bestandteile den Wert $x'/(1-x')$ angenommen hat, der der Zusammensetzung p'_1/p_2' des Dampfes entspricht. Wenn ein gesättigter Dampfstrom von bestimmter Zusammensetzung bei einer Temperatur T durch eine aus den gleichen Bestandteilen bestehende Flüssigkeitsmischung hindurchstreicht, so nähert sich die Temperatur T' der Flüssigkeit nach und nach dem Wert T und erreicht ihn schließlich, wenn sich das Gleichgewicht eingestellt hat.

Der durch die Flüssigkeit sprudelnde Dampf kann nach Einstellung des Gleichgewichtes in jeder gewünschten Menge kondensiert und analysiert werden. Zwei aufeinanderfolgende Proben sollen in ihrer Zusammensetzung identisch sein.

Wenn man annimmt, daß das Verhältnis der Partialdrucke im Dampf gleich dem molekularen Verhältnis seiner Bestandteile ist, was im allgemeinen der Fall ist, und wenn man den Gesamtdruck aus der direkten Beobachtung kennt, so können p_1 und p_2 leicht berechnet werden. Wo diese Annahme nicht zulässig ist, kann die Beziehung zwischen dem molekularen Verhältnis und den Partialdrucken aus besonderen Beobachtungen bestimmt werden.

Ein gesättigtes Dampfgemisch strömt in konstanter Zusammensetzung durch eine flüssige Mischung der gleichen Stoffe im Gefäß A (Abb. 30), genannt „Gleichgewichtsraum". Er ist von einem zweiten Gefäß B umgeben, in dem der benötigte Dampf konstanter Zusammensetzung durch Sieden einer Flüssigkeit erzeugt wird, deren Zusammensetzung dadurch konstant gehalten wird, daß der flüchtigere Bestandteil in solcher Menge zugeführt wird, daß die von dem empfindlichen Thermometer C, dessen Kugel in die Flüssigkeit taucht, angegebene Temperatur konstant bleibt. Der in B erzeugte Dampf von konstanter Zusammensetzung tritt nahe am Boden in den Gleichgewichtsraum ein, sprudelt durch die Flüssigkeit und tritt dann durch einen Kühler aus. Das Kondensat wird in einer Vorlage, gleich der in Abb. 27 gezeigten, aufgefangen, aus der ohne Unterbrechung der Destillation oder Störungen des Druckes im Apparat nacheinander Proben des Destillates entnommen werden können.

Das empfindliche Thermometer D zeigt an, wann das wirkliche Gleichgewicht im Gleichgewichtsraum erreicht ist. Außerdem erkennt man das daran, daß aufeinander folgende Proben des Destillates gleich sind.

Der ganze Destillierapparat befindet sich in einem Thermostaten, der auf einer etwas höheren Temperatur als der Siedetemperatur des Flüssigkeitsgemisches konstant gehalten wird.

Die zuzusetzenden Mengen des flüchtigeren Bestandteiles werden mittels gleichmäßiger Destillation der Flüssigkeit aus dem elektrisch geheizten, mit Kühler versehenen Gefäß *E* in *B* eingeführt. Ferner sind Vorratsräume *F* und *G* vorgesehen, aus denen frische Mengen der Mischungen oder der einzelnen Bestandteile in *A* oder *B* eingebracht werden können. Es war ein Kunstgriff nötig, um sich vor der Gefahr

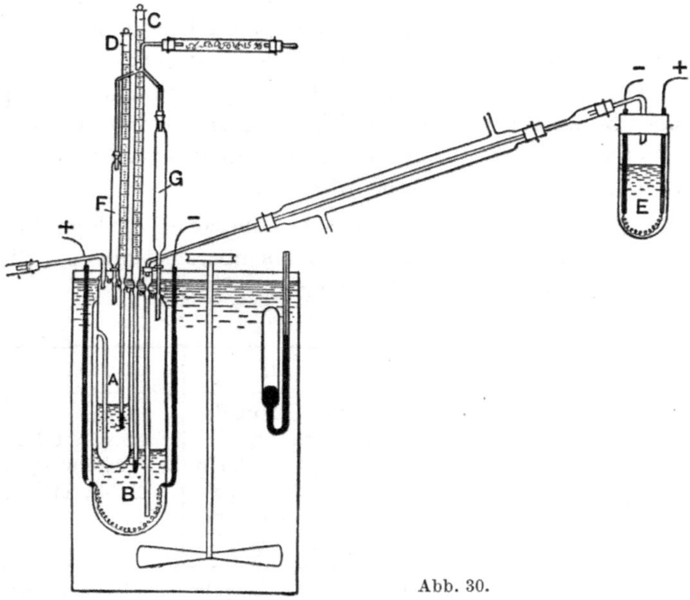

Abb. 30.

zu schützen, daß von der Flüssigkeit in *A* etwas in Nebelform in den Kühler gelangte. Die elektrische Heizung in *B* hatte nicht die in Abb. 30 dargestellte Form, sondern stellte eine konische Spirale dar, von solcher Gestalt, daß sie überall auf den Boden des Rohres reichte und gründliche Mischung der Flüssigkeit durch das Sprudeln sicherte. Anordnungen zur Entnahme der Fraktionen, zur Regulierung und Konstanthaltung des Gesamtdruckes und andere Kunstgriffe zur Vermeidung der Fehlerquellen, und die Art der Handhabung des Apparates sind in den angegebenen Arbeiten genau beschrieben.

Es wurden Versuche mit 6 Flüssigkeitspaaren ausgeführt, von denen einige Mischungen von konstantem Siedepunkt bildeten. Mit den Ergebnissen Zawidskis ergab sich gute Übereinstimmung, und die Verfasser schließen, daß Browns Ergebnisse richtig, aber nicht so genau wie die Zawidskis sind.

Vierte Methode.

Im Laufe seiner Versuche mit einem, in einem Flüssigkeitsbad auf konstanter Temperatur gehaltenen Destillationsaufsatz (S. 170) beobachtete Brown, daß die Zusammensetzung des Destillates unabhängig von der der Mischung im Kolben war, und nur von der Temperatur des Aufsatzes abhing. Besonders wurden Mischungen von Schwefelkohlenstoff mit Tetrachlorkohlenstoff und mit Benzol geprüft. Für diese beiden Flüssigkeitspaare hatte Brown vorher die Beziehungen zwischen der Zusammensetzung der Flüssigkeit und des Dampfes, und ebenso die Beziehungen zwischen der Zusammensetzung der Flüssigkeit und ihrem Siedepunkt nach der Methode I bestimmt. Aus den diese Beziehungen darstellenden Kurven bestimmte er:

1. Die Zusammensetzung der Mischungen, die einen Dampf von der gleichen Zusammensetzung entwickeln wie sie das mit dem auf bestimmter Temperatur gehaltenen Aufsatz erhaltene Destillat hat;
2. Die Siedepunkte dieser Mischungen.

Er fand, daß diese den Kurven entnommenen Siedepunkte nahe mit den Temperaturen des Blasenaufsatzes übereinstimmen. Die wirklich erhaltenen Zahlen sind in Tabelle 20 angegeben.

Tabelle 20.

I.	II.	III.	IV.	V.
Temperatur des Aufsatzes t_1	Prozent A im Destillat	Proz. A in der Mischung, die Dampf von der in Spalte II gegeb. Zusammensetz. entwickelt	Siedepunkt der Mischung in Spalte III t_2	Differenz $t_1 - t_2$
A = Tetrachlorkohlenstoff; B = Schwefelkohlenstoff				
Grad	Grad		Grad	Grad
48,1	6,7	14,1	48,4	— 0,3
51,5	15,7	32,9	51,8	— 0,3
59,4	35,1	61,3	59,3	+ 0,1
63,7	48,5	73,2	63,6	+ 0,1
66,5	57,6	80,0	66,4	+ 0,1
72,1	78,5	91,6	71,8	+ 0,3
69,6	68,2	86,7	68,9	+ 0,7
70,0	69,6	87,4	69,0	+ 1,0
56,0	26,3	50,7	55,8	+ 0,2
56,5	27,6	52,2	55,9	+ 0,6
A = Benzol			B = Schwefelkohlenstoff	
48,6	6,7	16,3	48,9	— 0,3
52,1	15,1	36,0	52,5	— 0,4
56,7	24,3	53,1	57,3	— 0,6
63,6	43,0	73,7	63,6	0,0
70,2	62,3	86,7	70,1	+ 0,1

Bei den letzten vier Bestimmungen mit Schwefelkohlenstoff und Tetrachlorkohlenstoff wurde die Destillation fortgesetzt, bis nur noch gelegentlich ein Tropfen Destillat ablief; hierin liegt wahrscheinlich der Grund für die großen Differenzen zwischen den beiden Temperaturen.

Die mit beiden Flüssigkeitspaaren erhaltenen Werte stimmen genügend überein, um feststellen zu können, daß die Temperatur des Aufsatzes jedenfalls näherungsweise die gleiche ist, wie der Siedepunkt derjenigen Mischung, die bei der Destillation nach Methode I ein Destillat der gleichen Zusammensetzung geben würde, wie das wirklich aufgefangene.

Ferner wurden, um die Richtigkeit dieser Feststellung zu prüfen, besondere Versuche mit Mischungen von Äthylalkohol und Wasser angestellt, aber in diesem Falle wurde der Vergleich dadurch ausgeführt, daß

1. die Zusammensetzung der Destillate bei einer konstant gehaltenen Temperatur des Aufsatzes von 81,8 bzw. 86,5^0 und

2. die Zusammensetzung des Destillates von bei diesen selben Temperaturen siedenden Mischungen bestimmt wurden. Die erhaltenen Ergebnisse sind aus Tabelle 21 zu ersehen.

Tabelle 21.

Temperatur des Aufsatzes und Siedepunkt der Mischung = t^0	Alkohol im Destillat in Prozenten	
	wenn Aufsatz auf t^0	Aus bei t^0 siedender Mischung
Grad		
81,8	76,46	76,32
86,5	65,86	65,88

Man sieht, daß die Übereinstimmung sehr befriedigend ist, und es ist offensichtlich, daß diese Methode zur Bestimmung des Zusammenhangs zwischen der Zusammensetzung einer Flüssigkeit und ihres Dampfes verwendet werden kann, wenn die Siedepunkt-Konzentrationskurve vorher konstruiert worden ist. Weitere Versuche zur Bestimmung der Anwendbarkeit und der erreichbaren Genauigkeit dieser Methode wurden von Rosanoff, Lamb und Breithut[1] und Rosanoff und Bacon[2] ausgeführt. Diese Forscher fanden, daß ein doppelwandiger, metallener Zylinder, der an beiden Enden offen ist, und in eine, auf konstanter Temperatur gehaltene und kräftig gerührte Flüssigkeit taucht, bessere Ergebnisse als die gewöhnliche Spiralform des Aufsatzes ergibt.

[1] A. a. O.

[2] Fractional Distillation with Regulated Still-heads. Journ. Amer. Chem. Soc. **37**, 301 (1915).

Der Ringraum *aa* (Abb. 31) zwischen den beiden Wänden des Zylinders besitzt eine sehr große Kühlfläche. Die größte Höhe des Zylinders ist 76 cm, die niedrigste Höhe 70 cm, der mittlere Durchmesser beträgt 25 cm und die Weite des Ringraumes 0,95 cm.

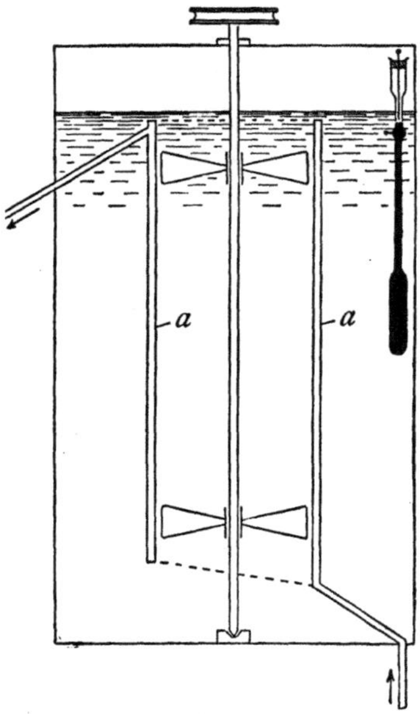

Abb. 31.

Eine Mischung von Schwefelkohlenstoff und Tetrachlorkohlenstoff mit anfangs 26% Schwefelkohlenstoff wurde durch diesen Aufsatz destilliert, dessen Temperatur während der ganzen Versuchsdauer 59,82° betrug. Das Destillat wurde in 9 Fraktionen aufgefangen, die der Reihe nach 60,8, 60,7, 60,7, 60,5, 60,7, 60,5, 60,7, 60,7, und 60,7, im Mittel 60,67% Schwefelkohlenstoff enthielten. Andererseits enthielt das Destillat einer bei 59,82° siedenden Mischung 60,8% Schwefelkohlenstoff. Die beiden Werte stimmen sehr gut überein.

Rosanoff, Schulze und Dunphy[1] untersuchten ferner die Destillation einer ternären Mischung durch den gleichen Aufsatz. Sie gelangten, gestützt auf die Ergebnisse von Brown, Rosanoff und Mitarbeitern zu folgenden allgemeinen Schlüssen: Bei Destillationen mit einem auf konstanter Temperatur gehaltenen Aufsatz ist die Zusammensetzung des Destillates in jedem Augenblick identisch mit derjenigen des Dampfes, der aus einer Mischung entwickelt wird, deren Siedepunkt gleich der Temperatur des Aufsatzes ist. Wenn eine binäre Mischung vorliegt, so ist die Zusammensetzung des Destillates im Laufe einer einzelnen Destillation konstant. In den Fällen, in denen die Kurve der Siedepunkte der binären Mischung durch ein Maximum oder ein Minimum geht, hängt die Zusammensetzung des Destillates, obgleich sie während der Destillation konstant ist, von der der ursprünglich in den Kolben gebrachten Mischung ab; sie kann einen von zwei Werten haben, je nachdem, ob die Mischung im Kolben reicher oder ärmer an einem Bestandteil als die konstant siedende Mischung ist. Wenn die Zahl der Substanzen in der Mischung drei oder mehr beträgt, so hängt die Zusammensetzung des Destillates nicht nur von der der ursprünglichen Mischung ab, sondern ändert sich auch im Laufe einer einfachen Destillation;

[1] Fractional Distillation with Regulated Still-heads. Journ. Amer. Chem. Soc. **37**, 1072 (1915).

allerdings ist diese Änderung gering, und je näher die konstante Temperatur des Aufsatzes dem Siedepunkt des flüchtigsten Bestandteiles liegt, um so besser ist die Konstanz der Zusammensetzung des Destillates.

Für binäre Mischungen besitzt die Methode sicher folgende Vorzüge:

1. Der erste Teil des Destillates kann vollständig verworfen, und damit die schon erwähnten Fehlerquellen vermieden werden.

2. Es ist nicht nötig, die Zusammensetzung der Mischung im Kolben zu bestimmen.

Andererseits ist die Methode nicht geeignet für solche Mischungen, deren Siedepunkte bei wechselnder Zusammensetzung sich nur wenig ändern, z. B. von n-Hexan und Benzol, mit beispielsweise 1 bis 20% Benzolgehalt.

Carveths Methode.

Die Beziehung zwischen den Siedepunkten und der Zusammensetzung von Mischungen der beiden Flüssigkeiten wird zuerst unter konstantem Druck bestimmt und die dazu gehörige Kurve gezeichnet. Es wird dann eine Destillation in einem eigens hergerichteten Apparat vorgenommen mit dem Ziele, gleichzeitig die Siedepunkte der Flüssigkeit und des Destillates zu bestimmen. Wenn dies befriedigend ausgeführt werden könnte, könnte die Zusammensetzung der Mischung im Kolben und die des Destillates in verschiedenen Abschnitten der Destillation aus der Kurve berechnet werden.

Der Apparat ist geistreich, aber es sind Fehler in der Methode enthalten, die, obgleich sie sich teilweise kompensieren, die Ergebnisse etwas zweifelhaft erscheinen lassen.

Carveths wirklich erhaltenen Ergebnisse unterscheiden sich ziemlich weit von denen Browns Rosanoff und Easley[1], die ihre eigenen Resultate mit denen Browns, Zawidskis und Carveths verglichen, kommen zu der Ansicht, daß Carveths Methode nicht zuverlässig ist.

Nach Ansicht des Verfassers sind die am meisten zu empfehlenden Methoden die von Rosanoff und seinen Mitarbeitern.

---

[1] Carveth: The Composition of Mixed Vapours. Journ. Physical Chem. **3**, 193 (1899).

VI. Theoretische Betrachtungen über die Zusammensetzung der Flüssigkeits- und Dampfphase.

Einfache Fälle.

Es ist gezeigt worden, daß, wenn zwei Flüssigkeiten zusammen in einen geschlossenen, evakuierten Raum gebracht werden, der Dampfdruck und der Siedepunkt nur dann aus den Dampfdrucken der Komponenten genau berechnet werden kann, wenn a) die Flüssigkeiten nicht mischbar, oder b) in allen Verhältnissen mischbar sind und keine Temperatur- oder Volumänderung bei ihrer Mischung zeigen, was allgemein nur dann der Fall ist, wenn die Substanzen chemisch nahe verwandt sind. Eine ähnliche Feststellung kann bezüglich der Zusammensetzung des aus dem Gemisch der beiden Flüssigkeiten entwickelten Dampfes gemacht werden.

Nicht mischbare Flüssigkeiten.

Der einfachste Fall ist derjenige, bei dem die zwei Substanzen nicht mischbar sind, denn die Zusammensetzung des Dampfes ist ebenso wie der Dampfdruck und der Siedepunkt unabhängig von den Mengenverhältnissen der Bestandteile, vorausgesetzt, daß sie beide in genügender Menge vorhanden sind, und daß die Verdampfung ungehindert vor sich gehen kann; die Zusammensetzung des Dampfes kann berechnet werden, wenn die Dampfdrucke und die Dampfdichten der beiden nicht mischbaren Flüssigkeiten bekannt sind.

Wenn man die Dampfdichten als D_A und D_B bezeichnet, und die Dampfdrucke bei der Temperatur t als P_A und P_B, so sind in einem Liter der Dampfmischung 1 l A von t^0 und P_A mm Druck, und 1 l B von t^0 und P_B mm Druck enthalten. Die Dampfmengen sind also

$$\frac{0{,}0899 \cdot D_A \cdot 273 \cdot P_A}{(273+t) \cdot 760} \quad \text{bzw.} \quad \frac{0{,}0899 \cdot D_B \cdot 273 \cdot P_B}{(273+t) \cdot 760},$$

und das Verhältnis der Menge ist $\frac{D_A P_A}{D_B P_B}$ (Naumann[1], Brown[2]).

Chlorbenzol und Wasser.

Als Beispiel können wir wieder den Fall einer Mischung von Chlorbenzol und Wasser betrachten, deren Dampfdrucke von 90 bis 92^0 in Tabelle 22 angegeben sind.

[1] Naumann: Über Destillation von Benzol, Toluol und Xylol durch eingeleiteten Wasserdampf. Berl. Ber. **10**, 1421, 2015, (1877); (1819). Über eine neue Methode der Molekulargewichtsbestimmung.

[2] Brown: Theory of Fractional Distillation. Trans Chem. Soc. **35, 547** (1879).

Tabelle 22.

Temperatur	Dampfdruck in mm		
	Chlorbenzol	Wasser	Zusammen
Grad			
90	208,35	525,45	733,8
91	215,8	545,8	761,6
92	223,45	566,75	790,2

Die Dampfdichte des Chlorbenzols beträgt 56,2, die des Wassers 9.

Bei 90° ist das Verhältnis der Dampfmengen

$$\frac{m'_A}{m'_B} = \frac{56{,}2 \cdot 208{,}35}{9 \cdot 525{,}45} = 2{,}48$$

Bei 91° ist das Verhältnis der Dampfmengen

$$\frac{m'_A}{m'_B} = \frac{56{,}2 \cdot 215{,}8}{9 \cdot 545{,}8} = 2{,}47$$

Bei 92° ist das Verhältnis der Dampfmengen

$$\frac{m'_A}{m'_B} = \frac{56{,}2 \cdot 223{,}45}{9 \cdot 566{,}75} = 2{,}46$$

Der Gehalt an Chlorbenzol in Gewichts-Prozenten beträgt daher bei den drei angegebenen Temperaturen 71,3, 71,2 und 71,1.

Bei dem wirklich ausgeführten Versuch (S. 46), bei dem 80 g Wasser und 110 g Chlorbenzol miteinander bei einem Barometerstand von 740,2 mm destilliert wurden, bis etwa 3 g Chlorbenzol und 40 g Wasser im Kolben zurückgeblieben waren, wurde das Destillat in 5 Fraktionen aufgefangen, deren Untersuchung folgenden Gehalt an Chlorbenzol ergab:

1. . . . . 72,5%
2. . . . . 71,5%
3. . . . . 72,0%
4. . . . . 70,4%
5. . . . . 71,7%

Mittel 71,6,% berechnet 71,2%

Das Wasser bleibt leicht in Tropfen an den Wandungen eines Glasrohres hängen, während Chlorbenzol freier abfließt. Die erste Fraktion enthält daher sicher zu wenig Wasser, es wäre also richtiger, diese zu verwerfen, und das Mittel der anderen vier Fraktionen zu nehmen. Dies würde den Wert 71,4% Chlorbenzol ergeben der mit dem berechneten Wert besser übereinstimmt.

Der Dampfdruck, der Siedepunkt und die Dampfzusammensetzung lassen sich in ähnlicher Art auch für den Fall berechnen, daß mehr als zwei nicht-mischbare Flüssigkeiten zugegen sind.

Teilweise mischbare Flüssigkeiten.

Wenn die beiden Flüssigkeiten nur innerhalb gewisser Grenzen mischbar sind, so unterscheidet sich der beobachtete Dampfdruck, der Siedepunkt und die Dampfzusammensetzung von den hier in der beschriebenen Art berechneten, der Unterschied ist aber nur klein, wenn die Mischbarkeit gering ist.

Anilin und Wasser.

Eine Mischung von 50 ccm Anilin und 200 ccm Wasser wurde unter einem Druck von 746,4 mm (S. 47) destilliert. Der unter der Annahme völliger Nichtmischbarkeit berechnete Gehalt an Anilin würde 23,6% betragen, während die beobachteten Werte 18,7, 20,1, 19,7, 20,4, 20,4 und 19,1 waren. Nach der Abnahme der 6. Fraktion war das Anilin beträchtlich im Überschuß. Es wurde deshalb eine große Menge Wasser zugesetzt, und die Destillation fortgeführt, worauf das Destillat 19,5% Anilin enthielt. Die Zusammensetzung des Destillates ist — abgesehen von ziemlich großen Versuchsfehlern — deutlich von der Zusammensetzung des in dem Kolben befindlichen Gemisches unabhängig, aber der durchschnittliche Gehalt an Anilin 19,9% liegt um 3,7% tiefer als der berechnete.

Isobutylalkohol und Wasser.

Wenn die gegenseitige Löslichkeit größer ist, so wird der Unterschied zwischen den beobachteten und berechneten Werten, sowohl hinsichtlich der Temperatur als auch der Zusammensetzung, merklicher. Isobutylalkohol und Wasser sind z. B. innerhalb ziemlich weiter Grenzen miteinander mischbar. Bei 0° enthält eine gesättigte Lösung von Wasser im Alkohol 15,2% Wasser, und die Löslichkeit wächst mit steigender Temperatur. Bei 18° löst sich ein Teil Isobutylalkohol in 10,5 Teilen Wasser, aber die Löslichkeit verringert sich mit steigender Temperatur und erreicht bei ungefähr 52° ein Minimum.

Nach Konowaloffs Daten[1] für die Dampfdrucke von Isobutylalkohol wäre der Siedepunkt des unter Normaldruck destillierten Gemisches von Isobutylalkohol und Wasser 85,7°, wenn die Flüssigkeiten nicht-mischbar wären. Der von Konowaloff beobachtete Minimum-Siedepunkt lag in Wirklichkeit bei 90,0°, also 4,3° höher (Young und Fortey 89,8°). Ebenso würde der berechnete Gehalt an Isobutylalkohol im Dampf 74,5% betragen, während der dem Minimum-Siedepunkt entsprechende in Wirklichkeit 66,8% ist. Die Differenz ist also 7,7%.

Es geht daraus hervor, daß wenn zwei nicht-mischbare Flüssigkeiten zusammen erhitzt werden, der Dampfdruck, der Siedepunkt und die

[1] Konowaloff: Über die Dampfdrucke von Flüssigkeitsgemischen. Wied. Ann. **14**, 34, 1881.

Zusammensetzung des Dampfes aus den Dampfdrucken der Bestandteile genau berechnet werden kann, daß aber, wenn die Flüssigkeiten innerhalb gewisser Grenzen mischbar sind, die berechneten Werte von den wirklich beobachteten verschieden sind, und daß der Unterschied mit der gegenseitigen Löslichkeit der Flüssigkeiten wächst.

Unbegrenzt mischbare Flüssigkeiten.

Bei in allen Verhältnissen mischbaren Flüssigkeiten kann man — wie schon ausgeführt — nur dann die Dampfdrucke und die Siedepunkte genau berechnen, wenn bei der Mischung keine merkliche Volum- oder Temperaturänderung eintritt. Die Beziehung zwischen der Zusammensetzung des Flüssigkeitsgemisches und des aus ihm entwickelten Dampfes ist ebenfalls nur dann einfach, wenn die Dampfdrucke der Mischung sich genau durch die Formel $P = \frac{M P_A + (100 - M) P_B}{100}$ ausdrücken lassen.

Formeln von Wanklyn und Berthelot.

Es sind viele Versuche gemacht worden, eine allgemein anwendbare Formel für die Beziehung zwischen der Zusammensetzung der Flüssigkeit und der des Dampfes zu finden. 1863 kamen Wanklyn[1] und Berthelot[2] unabhängig voneinander zu dem Schluß, daß die Zusammensetzung des Dampfes abhängt a) von der der Flüssigkeit; b) von den Dampfdrucken der reinen Bestandteile bei dem Siedepunkt der Mischung und c) von den Dampfdichten der Bestandteile.

Wenn man die Mengen der beiden Stoffe im Dampf als m'_A und m'_B, ihre Mengen in der Flüssigkeit als m_A und m_B, ihre Dampfdichten als D_A bzw. D_B und ihre Dampfdrucke als P_A bzw. P_B bezeichnet, so würde di Formel lauten:

$$\frac{m_A}{m'_B} = \frac{m_A D_A P_A}{m_B D_B P_B}.$$

1879 beobachtete Thorpe[3], daß Tetrachlorkohlenstoff und Methylalkohol eine Mischung mit Minimum-Siedepunkt bilden, und daß für diese ausgezeichnete Mischung, bei der $\frac{m'_A}{m'_B} = \frac{m_A}{m_B}$ ist, der Faktor $\frac{D_A P_A}{D_B P_B}$ angenähert gleich 1 ist.

---

[1] Wanklyn: On the Distillation of Mixtures: a Contribution to the Theory of Fractional Distillation. Proc. Roy. Soc. **12**, 534 (1863).

[2] Berthelot: Über die Destillation von Flüssigkeitsgemischen. C. r. **57**, 430 (1863).

[3] Thorpe: A Contribution to the Theory of Fractional Distillation. Trans. Chem. Soc. **35**, 544 (1879).

Browns Formel.

Der Gegenstand wurde 1879 bis 1881 von F. D. Brown[1] experimentell untersucht. Er fand, daß die Formel von Wanklyn und Berthelot sicher nicht als allgemein gültig angenommen werden kann. Ein besseres Ergebnis wurde mit der Formel

$$\frac{m'_A}{m'_B} = \frac{m_A P_A}{m_B P_B}$$

erhalten.

Die Übereinstimmung zwischen der Berechnung und der Beobachtung war aber noch besser, wenn an Stelle des Verhältnisses P_A/P_B eine Konstante c eingesetzt wurde.

Anwendbarkeit der Formel. Browns Formel

$$\frac{m'_A}{m'_B} = c\frac{m_A}{m_B}$$

ist für Flüssigkeiten, die in allen Verhältnissen mischbar sind, nicht allgemein anwendbar. Für zwei Flüssigkeiten, die ein konstant siedendes Gemisch bilden, kann sie selbstverständlich nicht zutreffen. Die Versuchsergebnisse — soweit solche vorliegen — führen aber zu dem Schluß, daß Browns Formel für diejenigen unbegrenzt mischbaren Flüssigkeiten zutrifft, für die die Beziehung $P = \frac{MP_A + (100 - M)\, P_B}{100}$ erfüllt ist.

Die Zahl der in dieser Hinsicht untersuchten Fälle ist vielleicht zu klein, um die endgültige Feststellung zu erlauben, daß das Gesetz in diesen Fällen richtig ist. Die experimentelle Erfahrung ist aber recht beweiskräftig, denn Browns Formel trifft innerhalb der Fehlergrenzen nicht nur für die zwei untersuchten Flüssigkeitspaare zu, bei denen die Beziehung zwischen Dampfdruck und molekularer Zusammensetzung durch eine Gerade dargestellt wird, sondern man hat ebenso in anderen Fällen gefunden, daß je näher die Kurve der Beziehung zwischen Druck und molekularer Zusammensetzung der Geraden kommt, um so kleiner die Abweichungen im Werte der „Konstanten“ c sind[2].

Zawidskis Ergebnisse. Systematisch nachgeprüft wurde das Gesetz bei zwei Flüssigkeitspaaren: Äthylendibromid mit Propylendibromid und Benzol mit Äthylendichlorid, die von Zawidski[3] untersucht

---

[1] Brown: The Comparative Value of Different Methods of Fractional-Distillation. Trans. Chem. Soc. 1879, a. a. O. **37**, 49 (1880). On the Distillation of Mixtures of Carbon Disulphide and Carbon Tetrachloride **39**, 304 (1881). Fractional Distillation with a Still-head of Uniform Temperature **39**, 517 (1881).

[2] Grimm, H. G.: Die Übertragung des F. D. Brownschen Gesetzes auf die Kolonnen-Destillationen. Ztschr. f. physikal. Ch. A. **140**, 321 (1929).

[3] Zawidski: Über die Dampfdrucke binärer Flüssigkeitsgemische. Ztschr. f. physik. Ch. **35**, 129 (1900).

wurden. In den Tabellen 23 und 24 sind die beobachteten und die aus der Formel

$$P = \frac{M P_A + (100 - M) P_B}{100}$$

berechneten Dampfdrucke und ebenso der beobachtete Gehalt an A im Dampf und der aus der Formel $\frac{m'_A}{m'_B} = c \frac{m_A}{m_B}$ berechnete in Mol-Prozenten angegeben.

Diese Formel kann natürlich auch $\frac{M'_A}{M'_B} = c \frac{M_A}{M_B}$ geschrieben werden, worin M'_A, M'_B, M_A und M_B statt Gramm Gramm-Moleküle bedeuten.

Tabelle 23.

A = Propylendibromid; B = Äthylendibromid; $c = 1{,}31$; Temperatur = 85,05°; P_B/P_A bei 85° = 1,357.

Gehalt an A in der Flüssigkeit	Dampfdrucke			Gehalt an A im Dampf Mol.-Proz.		
	beobachtet	berechnet	Δ	beobachtet	berechnet	Δ
Mol-Proz.						
0,00	172,6	172,6	0,0	—	—	—
2,02	171,0	171,7	+ 0,7	1,85	1,55	— 0,30
7,18	168,8	169,3	+ 0,5	6,06	5,60	— 0,46
14,75	165,0	165,9	+ 0,9	12,09	11,66	— 0,43
22,21	161,6	162,5	+ 0,9	18,22	17,89	— 0,33
29,16	158,7	159,4	+ 0,7	23,50	23,90	+ 0,40
30,48	158,9	158,8	— 0,1	23,96	25,08	+ 1,12
40,62	154,6	154,2	0,4	34,25	34,31	+ 0,06
41,80	153,4	153,6	+ 0,2	34,51	35,41	+ 0,90
52,63	149,6	148,7	— 0,9	45,28	45,89	+ 0,61
62,03	143,3	144,4	+ 1,1	55,35	55,50	+ 0,15
72,03	140,5	139,9	— 0,6	65,86	66,28	+ 0,42
80,05	136,8	136,3	— 0,5	74,94	75,39	+ 0,45
85,96	133,9	133,6	— 0,3	82,45	82,38	— 0,07
91,48	130,9	131,1	+ 0,2	89,50	89,13	— 0,37
93,46	130,2	130,2	0,0	92,31	91,60	— 0,71
96,41	128,4	128,8	+ 0,4	96,41	95,35	— 1,06
98,24	127,3	128,0	+ 0,7	99,39	97,71	— 1,68
100,00	127,2	127,2	0,0	—	—	—

Die Übereinstimmung zwischen dem beobachteten und berechneten Gehalt an Propylendibromid im Dampf ist nicht überall befriedigend, aber Zawidski gibt an, daß die Versuchsfehler bei diesem Stoffpaar infolge der geringen zur Verfügung stehenden Menge viel größer waren als bei anderen. Die beiden letzten beobachteten Werte für die Mol-Prozente von Propylendibromid im Dampf, 96,41% und 99,39% sind augenscheinlich zu hoch, der letzte sollte in Wirklichkeit kleiner als 98,24 sein.

Es wird später gezeigt werden, daß, wenn wirklich ein Gang in den Werten von c vorliegt, dieser sich so äußert, daß c von $A = 0$ bis $A = 100$ stetig steigt, oder stetig fällt, während in diesem Falle die berechneten Werte von c an den beiden Enden der Tabelle zu klein sind. Der Wert von 1,31 für c unterscheidet sich nicht erheblich von dem Verhältnis der Dampfdrucke 1,357.

Diese Versuchsreihe ist von besonderem Interesse, weil die beiden Flüssigkeiten sehr nahe verwandt sind. Zawidski fand aber, daß die Beziehung $P = \frac{MP_A + (100 - M)\, P_B}{100}$ mit beträchtlicher Genauigkeit auch für Mischungen von Benzol und Äthylendichlorid gilt. Die Daten dieses Flüssigkeitspaares sind daher ungekürzt angegeben.

Tabelle 24.

A = Äthylen-Dichlorid; B = Benzol; $c = 1{,}134$; Temperatur = 49,99°; P_A / P_B bei 50° = 1,135.

Gehalt an A in der Flüssigkeit	Dampfdrucke			Gehalt an A im Dampf Mol-Proz.		
	beobachtet	berechnet	Δ	beobachtet	berechnet	Δ
Mol-Proz.						
0,0	268,0	268,0	0,0	—	—	—
7,16	265,5	265,7	+ 0,2	—	—	—
7,07	265,8	265,8	0,0	—	—	—
15,00	263,3	263,2	— 0,1	11,52	13,47	+ 1,95
15,00	263,8	263,2	— 0,6	12,72	13,47	+ 0,75
29,27	258,8	258,7	— 0,1	26,38	26,73	+ 0,35
29,27	259,3	258,7	— 0,6	27,06	26,73	— 0,33
29,79	259,0	258,5	— 0,5	27,22	27,23	+ 0,01
41,56	254,7	254,8	+ 0,1	38,72	38,68	— 0,04
41,65	255,0	254,8	— 0,2	38,90	38,63	— 0,27
52,15	251,3	251,4	+ 0,1	49,00	49,01	+ 0,01
52,34	252,0	251,4	— 0,6	49,42	49,20	— 0,22
65,66	247,3	247,1	— 0,2	62,66	62,77	+ 0,11
65,66	247,4	247,1	— 0,3	62,61	62,77	+ 0,16
75,42	244,1	244,0	— 0,1	72,96	73,02	+ 0,06
75,42	243,9	244,0	+ 0,1	73,07	73,02	— 0,05
92,06	238,7	238,7	0,0	91,00	91,09	+ 0,09
91,89	238,3	238,8	+ 0,5	90,72	90,90	+ 0,18
100,0	236,2	236,2	0,0	—	—	—

Mit Ausnahme der ersten beiden Zahlen für die Konzentration von A ist die Übereinstimmung gut und bei diesen beiden ist die Konzentration von A in der Flüssigkeit die gleiche, während die beobachtete Konzentration von A im Dampf einen Unterschied von 1,2 zeigt. Offensichtlich kann den ersten zwei Beobachtungen in dieser Reihe also wenig Gewicht zugesprochen werden.

Für dieses Flüssigkeitspaar hat die Konstante $c = 1{,}134$ fast genau den gleichen Wert, wie das Verhältnis der Dampfdrucke $= 1{,}135$.

Linebargers Resultate. Es ist bedauerlich, daß die von Linebarger[1] angewandte Methode, Durchströmenlassen eines bekannten Luftvolumens durch die Mischung bei konstanter Temperatur, keine zuverlässigeren Ergebnisse lieferte, denn er prüfte einige Mischungen ziemlich nahe verwandter Stoffe. Es sollen nur die mit einem Flüssigkeitspaar, Chlorbenzol und Benzol, erhaltenen Ergebnisse angegeben werden, denn Linebarger fand, daß keine merkliche Wärmeänderung beim Mischen dieser Stoffe in mehreren verschiedenen Verhältnissen eintritt.

Tabelle 25.

A = Chlorbenzol; B = Benzol; $c = 7{,}3$; t = 34,8°; $P_A/P_A = 7{,}16$ bei 34,8°.

Gehalt an A in der Flüssigkeit	Dampfdrucke			Gehalt an A im Dampf Mol-Proz.		
	beobachtet	berechnet	Δ	beobachtet	berechnet	Δ
Mol-Proz.						
15,18	126,3	126,4	+ 0,1	1,33	2,39	+ 1,06
29,08	107,9	109,0	+ 1,1	6,11	5,30	— 0,81
65,06	63,6	64,0	+ 0,4	19,37	20,32	+ 0,95
79,21	47,0	46,3	— 0,7	35,15	34,29	— 0,86

Hier liegt die Differenz zwischen c und P_B/P_A wahrscheinlich innerhalb der Versuchsfehler, indessen ist die Zahl der Beobachtungen zu gering, und die Fehlergrenzen sind zu groß, als daß sich mit Sicherheit feststellen ließe, ob c ganz konstant ist.

Lehfeldts Ergebnisse. Nach den Versuchen von Lehfeldt[2] liegen die Dampfdrucke von Mischungen aus Toluol und Tetrachlorkohlenstoff ein wenig niedriger als die aus der Formel $P = \frac{M P_A + (100 - M) P_B}{100}$ berechneten, während nach den Messungen von Lehfeldt, Zawidski und Young und Fortey die Dampfdrucke von Benzol und Tetrachlorkohlenstoff etwas höher sind.

Für Toluol und Tetrachlorkohlenstoff scheint c eine Konstante zu sein, bei Benzol und Tetrachlorkohlenstoff dagegen zeigt c einen geringen, aber sicher feststellbaren Gang.

In diesem Falle ist die Differenz zwischen den Werten von c und P_B/P_A viel größer als in den vorhergehenden, aber die Übereinstimmung zwischen den beobachteten und berechneten Prozentgehalten ist gut.

[1] Linebarger: The Vapour Tensions of Mixtures of Volatile Liquids. Journ. Amer. Chem. Soc. **17**, 615 (1895).

[2] Lehfeldt: On the Properties of Liquid Mixtures. Part. II., Philos. Magazine (V), **46**, 42 (1898).

Tabelle 26.

A = Toluol; B = Tetrachlorkohlenstoff; $c = 2{,}76$; $t = 50{,}0^0$; P_B/P_A bei $50^0 = 3{,}33$.

Gehalt an A in der Flüssigkeit	Dampfdrucke			Gehalt an A im Dampf Mol-Proz.		
	beobachtet	berechnet	Δ	beobachtet	berechnet	Δ
Mol-Proz.						
0,0	310,2	310,2	0,0	—	—	—
9,01	288,8	290,6	+ 1,8	—	—	—
26,02	248,5	253,7	+ 5,2	—	—	—
29,2	—	—	—	12,8	13,0	+ 0,2
36,49	226,5	230,9	+ 4,4	—	—	—
48,3	—	—	—	25,8	25,3	— 0,5
48,58	197,7	204,7	+ 7,0	—	—	—
60,30	174,8	179,2	+ 4,4	—	—	—
65,0	—	—	—	40,3	40,2	— 0,1
75,99	140,8	145,1	+ 4,3	—	—	—
76,0	—	—	—	53,0	53,4	+ 0,4
83,7	—	—	—	65,6	65,1	— 0,5
86,49	117,9	121,3	+ 3,4	—	—	—
92,7	—	—	—	81,9	82,1	+ 0,2
96,01	99,0	101,7	+ 2,7	—	—	—
100,0	93,0	93,0	0,0	—	—	—

Tabelle 27.

A = Benzol; B = Tetrachlorkohlenstoff; $c = 0{,}984 + 0{,}003\,M$; $t = 50{,}0^0$; P_B/P_A bei $50^0 = 1{,}145$.

Gehalt an A in der Flüssigkeit = M	Dampfdrucke			Gehalt an A im Dampf Mol-Proz.		
	beobachtet	berechnet	Δ	beobachtet	berechnet	Δ
Mol-Proz.						
0,0	310,2	310,2	0,0	—	—	—
17,0	—	—	—	16,5	16,5	0,0
34,0	—	—	—	32,3	32,2	— 0,1
38,69	302,3	295,0	— 7,3	—	—	—
62,4	—	—	—	58,8	58,6	— 0,2
69,56	290,0	282,9	— 7,1	—	—	—
80,3	—	—	—	76,7	76,9	+ 0,2
84,22	281,0	277,1	— 3,9	—	—	—
95,7	—	—	—	94,6	94,6	0,0
100,0	270,9	270,9	0,0	—	—	—

Modifikation von Browns Formel. Für dieses Flüssigkeitspaar ist Browns Formel nicht anwendbar. Wenn man dagegen statt $c = \text{const.}$ einsetzt $c = \text{const.}\ (c_0) + aM$, so wird eine gute Übereinstimmung zwischen beobachteten und berechneten Werten erhalten.

Auch von Zawidski sind Mischungen von Benzol mit Tetrachlorkohlenstoff mit sehr ähnlichen Ergebnissen untersucht worden. Er findet allerdings für die reinen Substanzen etwas niedrigere Dampfdrucke und seine Druckdifferenzen sind etwas größer. Die aus seinen Ergebnissen abgeleitete Formel würde heißen: $c = 0{,}961 + 0{,}0036\,M$. Die Übereinstimmung zwischen berechneter und beobachteter Konzentration von A im Dampf ist sehr gut, allerdings nicht ganz so gut wie in Tabelle 27. Der erste Wert von c würde auf die Existenz einer Mischung mit Minimum-Siedepunkt mit 6,7 Mol-Prozent Benzol, der zweite auf eine solche mit 10,8 Mol-Prozent hinweisen.

Destillation unter konstantem Druck und bei konstanter Temperatur. Andere Flüssigkeitspaare, deren Dampfdrucke nicht erheblich von den nach der Formel $P = \frac{MP_A (100 - M) P_B}{100}$ berechneten abweichen, sind Schwefelkohlenstoff mit Tetrachlorkohlenstoff, und Schwefelkohlenstoff mit Benzol. Beide sind von Brown, letzteres auch von Carveth untersucht worden, aber ihre Destillationen wurden in der gewöhnlichen Art unter konstantem Druck, aber nicht bei konstanter Temperatur ausgeführt.

Brown beobachtete allerdings, daß die Beziehung zwischen m'_A/m'_B und m_A/m_B bei Mischungen von Schwefelkohlenstoff mit Tetrachlorkohlenstoff die gleiche war, einerlei ob die Destillation unter einem Drucke von 432 mm, oder unter Atmosphärendruck ausgeführt wurde. Wenn die Werte von c bei anderen Substanzen gleichfalls ganz, oder fast ganz unabhängig vom Druck sind, so können sie aus den Ergebnissen einer Destillation berechnet werden, die entweder bei konstanter Temperatur oder bei konstantem Druck ausgeführt wurde.

Man könnte ohne weitere Versuchserfahrung nicht mit Sicherheit schließen, daß auch in anderen Fällen nach beiden Methoden die gleichen Werte von c erhalten werden, aber man kann auf jeden Fall annehmen, daß die Differenzen nicht so groß sein würden, daß sie die allgemeinen Schlüsse, die sich aus dem Vergleich des Verhaltens verschiedener Flüssigkeitspaare ziehen lassen, ungültig machen können.

In den bisher betrachteten Fällen wurde die Zusammensetzung des Dampfes experimentell bestimmt. Solche direkten Bestimmungen sind bis jetzt weder für Mischungen von Chlorbenzol mit Brombenzol, noch für eines der fünf auf S. 36 erwähnten nahe verwandten Flüssigkeitspaare gemacht worden. Allerdings zeigten Rosanoff, Bacon und Schulze[1], wie das Verhältnis der Partialdrucke p_A/p_B und für den Fall, daß die Stoffe normales Molekulargewicht haben, auch die Mol-Prozente im Dampf aus den Dampfdrucken der reinen Komponenten und den Gesamtdrucken P (S. 108) genau berechnet werden können.

[1] A Method of finding the Partial from the Total Vapour Pressures of Binary Mixtures, and a Theory of Fractional Distillation. Journ. Amer. Chem. Soc. **36**, 1993 (1914).

Sie bestimmten die Dampfdrucke von Mischungen aus Benzol und Toluol bei 79,7° mit großer Sorgfalt, und ihre Ergebnisse zeigen gleich denen von Fortey und Young, daß diese Drucke ohne wesentlichen Fehler durch die Formel $P = M P_A + (1 - M) P_B$ ausgedrückt werden können, wobei die größte Differenz zwischen den berechneten und beobachteten Werten von P 1,9 mm beträgt. [Benzol in der Flüssigkeit = 54,5 Mol-Prozent; P (beobachtet) = 537,5 mm].

Aus ihren Ergebnissen und mittels ihrer Formeln berechneten Rosanoff, Bacon und Schulze die Benzolkonzentration in Mol-Prozenten. Man darf diese Werte für sehr vertrauenswürdig halten. Sie sind in der Tabelle 28 angegeben.

Tabelle 28.

A = Toluol; B = Benzol; $c = 2{,}589$; $t = 79{,}7^0$; P_B/P_A bei $79{,}7^0 = 2{,}5951$.

Gehalt an A in der Flüssigkeit	Dampfdrucke: beobachtet	Dampfdrucke: berechnet $P = \frac{MP_A + (100-M)P_B}{100}$	Dampfdrucke: Δ	Berechneter Gehalt an A im Dampf Mol-Proz.: R. B. & S.	Berechneter Gehalt an A im Dampf Mol-Proz.: Brown $c = 2{,}589$	Δ
Mol.-Proz.						
100,0	748,7	748,7	0,0	—	—	—
95,65	729,0	728,7	— 0,3	98,27	98,27	0,0
91,89	711,4	711,4	0,0	96,72	96,70	— 0,02
82,43	668,0	667,9	— 0,1	92,49	92,40	— 0,09
73,27	624,9	625,7	+ 0,8	87,82	87,65	— 0,17
63,44	579,2	580,4	+ 1,2	81,97	81,79	— 0,18
54,51	537,5	539,4	+ 1,9	75,74	75,62	— 0,12
43,52	487,0	488,8	+ 1,8	66,56	66,61	+ 0,05
33,83	443,1	444,2	+ 1,1	56,76	56,97	+ 0,21
22,71	392,8	393,0	+ 0,2	42,95	43,21	+ 0,26
11,61	341,5	341,9	+ 0,4	25,30	25,38	+ 0,08
0,0	288,5	288,5	0,0	—	—	—

Die chemische Verwandtschaft zwischen Benzol und Toluol ist nicht ganz so eng, wie die zwischen den Bestandteilen der anderen 5 Flüssigkeitspaare, und die Volum- und Temperaturänderungen bei ihrer Mischung sind merklich größer, trotzdem wurde gefunden, daß Browns Formel ohne erheblichen Fehler auf Mischungen dieser zwei Stoffe anwendbar ist, und daß der beste Wert der Konstanten c nur wenig von dem Verhältnis P_A / P_B abweicht.

Fälle, in denen Browns modifizierte Formel nicht anwendbar ist. Wenn bei einem gegebenen Stoffpaar die Abweichungen der Dampfdrucke von den nach der Formel $P = \frac{M P_A + (100 - M) P_B}{100}$ berechneten groß sind, sind die Werte von c nicht nur keineswegs konstant, sondern ihre Beziehung zu M kann auch nicht durch eine so einfache

Formel wie $c = c_0 + a\,M$ wiedergegeben werden. Dies ist deutlich bei dem Paar Schwefelkohlenstoff und Methylal zu sehen, die eine wohldefinierte Mischung mit Maximum-Dampfdruck bilden, und ebenso bei Chloroform und Aceton, die eine Mischung mit Minimum-Dampfdruck (Zawidski) ergeben.

Tabelle 29.
A = Schwefelkohlenstoff; B = Methylal; $t = 35{,}17^0$.

Gehalt an A in der Flüssigkeit	Dampfdrucke			$c = \frac{m'_B}{m'_A} \cdot \frac{m_A}{m_B}$
	beobachtet	berechnet	Δ	
Mol-Proz.				
0	587,7	587,7	0,0	—
10	637,3	580,4	— 56,9	0,554
20	670,0	573,1	— 96,9	0,643
30	690,9	565,7	— 125,2	0,744
40	700,7	558,4	— 142,3	0,875
50	701,9	551,1	— 150,8	1,041
60	696,0	543,8	— 152,2	1,253
70	682,0	536,5	— 145,5	1,530
80	658,9	529,1	— 129,8	1,926
90	612,3	521,8	— 90,5	2,531
100	514,5	514,5	0,0	—

Tabelle 30.
A = Chloroform; B = Aceton; $t = 35{,}17^0$.

Gehalt an A in der Flüssigkeit	Dampfdrucke			$c = \frac{m'_B}{m'_A} \cdot \frac{m_A}{m_B}$
	beobachtet	berechnet	Δ	
Mol-Proz.				
0	344,5	344,5	0,0	—
10	324,0	339,4	+ 15,4	2,080
20	304,0	334,2	+ 30,2	1,878
30	284,6	329,1	+ 44,5	1,693
40	266,9	323,9	+ 57,0	1,470
50	253,9	318,8	+ 64,9	1,257
60	247,8	313,7	+ 65,9	1,034
70	251,4	308,5	+ 57,1	0,848
80	262,1	303,4	+ 41,3	0,681
90	277,1	298,2	+ 21,1	0,580
100	293,1	293,1	0,0	—

Einfluß der Molekularassoziation. Die Veränderlichkeit von c tritt noch mehr hervor, wenn die Moleküle eines der beiden Stoffe in flüssigem Zustand assoziiert sind. Dies ist z. B. bei Mischungen von Benzol mit Äthylalkohol der Fall, die ebenfalls von Zawidski untersucht worden sind.

Bei 50° ist der Dampfdruck des Benzols höher als der des Alkohols, bei 80° dagegen hat Alkohol den höheren Dampfdruck.

Tabelle 31.
A = Äthylalkohol; B = Benzol; $t = 50^0$.

Gehalt an A in der Flüssigkeit	Dampfdrucke			$c = \frac{m'_B}{m'_A} \cdot \frac{m_A}{m_B}$
	beobachtet	berechnet	Δ	
Mol-Proz.				
0	270,9	270,9	0,0	—
8,8	350,4	266,4	— 84,0	0,247
12,1	369,0	264,7	— 104,3	0,290
21,5	397,0	259,8	— 137,2	0,493
35,5	406,0	252,7	— 153,3	0,857
44,4	404,4	248,1	— 156,3	1,116
56,1	397,6	242,1	— 155,5	1,556
69,7	378,4	235,1	— 143,3	2,184
88,6	315,0	225,4	— 89,6	3,863
100,0	219,5	219,5	0,0	—

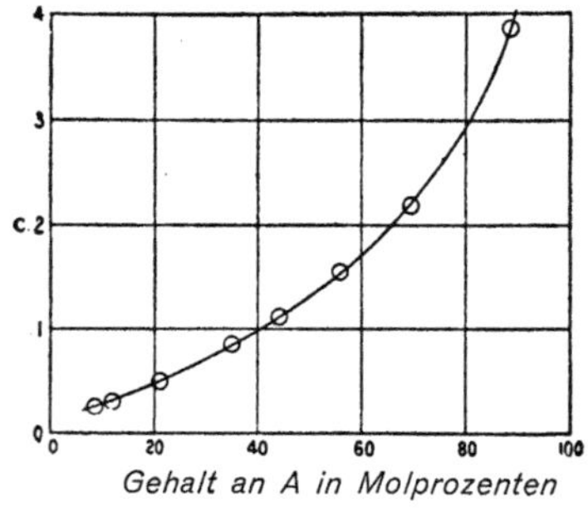

Abb. 32. Äthylalkohol und Benzol.

In Abb. 32 ist c gegen M, den Mol-Prozentgehalt an A in der Flüssigkeit, aufgetragen; man erkennt, daß die Krümmung deutlich hervortritt.

Mathematische Untersuchungen.

Die ganze Frage über die Beziehungen zwischen der Zusammensetzung von Flüssigkeitsmischungen und (a) den Partialdrucken der Dämpfe der Bestandteile und (b) der Zusammensetzung des Dampfes ist von Duhem[1], Margules[2], Lehfeldt[3], und Zawidski[4] u. a. mathematisch behandelt worden. In diesem Zusammenhang sei auch "The Phase Rule" von Bancroft[5] erwähnt.

[1] Duhem: Über die aus Mischungen verdampfbarer Stoffe entwickelten Dämpfe. Ann. de l'École Normale Sup. (3), **4**, 9 (1887). Bemerkungen über Mischungen verdampfbarer Stoffe. Ebenda (3), **6**, 153 (1889). Lösungen und Mischungen. Trav. et Mém. de la faculté de Lille III. D. (1894); Traité élémentaire de méchanique chimique 1899.

[2] Margules: Über die Zusammensetzung der gesättigten Dämpfe von Mischungen. Sitzgsber. d. Wiener Akad. **104**, 1243, (1895).

[3] Lehfeldt: On the Properties of Liquid Mixtures. 3 Parts, Philos. Magazine (V), **40**, 397 (1895); 1898 a. a. O.; (V), **47**, 284 (1899).

[4] A. a. O.

[5] Bancroft: The Phase Rule. 1897.

Formel von Duhem und Margules.

Die Formel, zu der Duhem und später Margules kam, kann geschrieben werden:

$$\frac{d \log p_1}{d \log M} = \frac{d \log p_2}{d \log (1 - M)},$$

in der p_1 und p_2 die Partialdrucke der Dämpfe der beiden Flüssigkeiten A und B, und M und $(1 - M)$ ihre anteiligen molekularen Mengen in der Flüssigkeitsmischung, unter der Annahme, daß die normalen Molekulargewichte richtig sind, bedeuten.

Lehfeldts Formel.

Von dieser Gleichung ausgehend kommt Lehfeldt zu der Formel:

$$\log t = \log K + r \log q$$

oder

$$t = K q^r,$$

in der t das Verhältnis der Gewichte der beiden Stoffe im Dampf, q ihr Verhältnis in der Flüssigkeit und K und r Konstanten bedeuten.

Für r gibt Lehfeldt die Gleichung:

$$r = \frac{\log S - \log \frac{\pi_A}{\pi_B}}{\log \frac{B q}{A}}$$

in der π_A und π_B die Dampfdrucke der reinen Flüssigkeiten bei der Versuchstemperatur sind; S ist das Verhältnis der Anzahl der Moleküle der beiden Flüssigkeiten im Dampf; A und B sind die normalen Molekulargewichte der beiden Bestandteile.

Margules hat ausgeführt, daß, wenn $r < 1$ ist, die Gleichung $t = K q^r$ zu unendlichen Werten von dp/dM führt, wenn $M = 0$ oder $M = 1$ ist, was nicht mit den Tatsachen übereinstimmt, aber Lehfeldt findet, daß die Gleichung sehr genau für die Mischungen zutrifft, die den anderen Bestandteil in nicht allzu kleiner Konzentration enthalten, vorausgesetzt, daß die Molekulargewichte beider Stoffe, sowohl im flüssigen, wie im gasförmigen Zustand, normal sind. Für assoziierte Flüssigkeiten stimmt die Formel überhaupt nicht.

Benzol und Tetrachlorkohlenstoff. Als Beispiel wollen wir die Mischungen von Benzol und Tetrachlorkohlenstoff betrachten, für die Lehfeldt die Formel

$$\log t = 0{,}065 + 0{,}947 \log q$$

gibt. (In Tabelle 32 und 33 ist die Zusammensetzung an Stelle in Gewichts- in Molekular-Prozenten angegeben).

Tabelle 32.

Gehalt an *A* (Benzol) Mol-Proz.			
Flüssigkeit	Dampf		
	beobachtet	berechnet	Δ
17,0	16,5	16,5	0,0
34,0	32,3	32,2	— 0,1
62,4	58,8	59,2	+ 0,4
80,3	76,7	77,1	+ 0,4
95,7	94,6	94,4	— 0,2

In der obigen Gleichung ist $\log t = \log q$, wenn $\log q = 1{,}2264$ ist das bedeutet also, wenn das Verhältnis der Tetrachlorkohlenstoffmenge zur Benzolmenge $= 16{,}84$ ist. Mit anderen Worten: Es müßte eine Mischung mit Minimum-Siedepunkt existieren, die 5,6 Gewichts- oder 10,5 Mol-Prozente Benzol enthält.

Allgemein muß, wenn K positiv und r kleiner als 1 ist, ein ausgezeichneter Wert von q existieren, für den $\log t = \log q$ ist, und es muß daher die Bildung einer Mischung von konstantem Siedepunkt möglich sein.

Die Verwandtschaft zwischen Browns und Lehfeldts Formeln. Wenn in der Gleichung $t = Kq^r$ $r = 1$ ist, so ist $t = Kq$, mit anderen Worten: Browns Gesetz trifft zu. Lehfeldt selbst gibt für Mischungen von Toluol und Tetrachlorkohlenstoff die Formel

$$\log t = 0{,}440 + 1{,}0 \log q,$$

oder

$$t = 2{,}755\ q,$$

die beinahe genau mit der auf S. 98 angegebenen $\frac{M'_B}{M'_A} = 2{,}76 \frac{M_B}{M_A}$ übereinstimmt.

Schwefelkohlenstoff und Methylal. Als ein Beispiel für zwei solche Stoffe, bei denen man die Molekulargewichte als normal annehmen darf, die aber doch eine Mischung mit Maximum-Dampfdruck bilden, der beträchtlich höher liegt als der eines jeden Bestandteils, können wir Schwefelkohlenstoff und Methylal ansehen, deren Mischungen von Zawidski untersucht wurden.

In Tabelle 33 ist die beobachtete und die mittels der Formel $\log t = 0{,}036 + 0{,}619 \log q$ berechnete Konzentration an Schwefelkohlenstoff in Mol-Prozenten angegeben.

Die Übereinstimmung ist nicht sehr gut, und es liegt offenbar eine gekrümmte Linie vor.

Sauerstoff und Stickstoff. Baly[1] fand, daß Lehfeldts Formel bei

[1] Baly: On the Distillation of Liquid Air and the Composition of the Gaseous and Liquid Phases. Philos. Magazine (V), **49**, 517 (1900).

Tabelle 33.

Gehalt an A (Schwefelkohlenstoff) Mol-Proz.							
Flüssigkeit	Dampf			Flüssigkeit	Dampf		
	beobachtet	berechnet	Δ		beobachtet	berechnet	Δ
4,96	8,98	12,9	+ 3,9	60,60	54,76	54,6	— 0,2
10,44	17,39	19,6	+ 2,2	68,03	59,21	59,5	+ 0,3
16,51	24,44	25,2	+ 0,8	73,53	62,74	63,4	+ 0,7
27,19	34,39	33,3	— 1,1	79,27	66,76	67,8	+ 1,0
34,80	39,97	38,4	— 1,6	84,21	70,92	72,2	+ 1,3
39,04	42,63	41,1	— 1,5	85,73	72,83	73,6	+ 0,8
45,42	46,34	45,1	— 1,2	91,30	80,00	80,3	+ 0,3
49,42	48,52	47,6	— 0,9	95,76	89,23	86,4	— 2,8
53,77	50,99	50,3	— 0,7				

Mischungen von flüssigem Sauerstoff und Stickstoff sehr gute Ergebnisse hatte, Browns Formel dagegen nicht.

Assoziierte Stoffe. Hinsichtlich der Mischungen von Äthylalkohol, einem assoziierten Stoff, mit Benzol und Toluol bewies Lehfeldt, daß die Beziehung zwischen $\log t$ und $\log q$ keineswegs linear ist, und er versuchte nicht, eine Gleichung für diese Kurve zu finden.

Zawidskis Formel.

Zawidski wählte folgende Gleichung, um die Beziehungen zwischen den Partialdrucken p_1 und p_2 der Bestandteile in der Mischung, den Dampfdrucken P_1 und P_2 der reinen Bestandteile und den molekularen, anteiligen Mengen, M und $1 - M$ der beiden Stoffe in der Mischung auszudrücken:

$$p_1 = P_1 M \cdot e^{\frac{\alpha_2}{2}(1-M)^2 + \frac{\alpha_3}{3}(1-M)^3}$$

$$p_2 = P_2 (1 - M)\, e^{\frac{\beta_2}{2} \cdot M^2 + \frac{\beta^3}{3} \cdot M^3}$$

und $\beta_2 = \alpha_2 + \alpha_3$; $\beta_3 = -\alpha_3$,

in denen α_2 und α_3 Konstanten sind, deren Werte aus den Partialdampfdruckkurven bestimmt werden können; sie können außerdem nach der Methode Margules aus den an die Kurve des Gesamtdruckes an den äußersten Punkten, wo $M = 0$ und $M = 1$, angelegten Tangenten mittels der Gleichungen:

$$\left(\frac{\alpha_2}{2} + \frac{\alpha_3}{3}\right) \log e = \log \left[\left(\frac{d\pi}{dM}\right)_0 + P_2\right] - \log P_1,$$

$$\left(\frac{\alpha_2}{2} + \frac{\alpha_3}{6}\right) \log e = \log \left[P_1 - \left(\frac{d\pi}{dM}\right)_1\right] - \log P_2.$$

berechnet werden.

Verwandtschaft zwischen Browns und Zawidskis Formeln. Zawidski führte aus, daß wenn in seiner Formel die Konstanten α und β gleich 0 werden, die Gleichungen in

$$p_1 = P_1 M \quad \text{und} \quad p_2 = P_2(1 - M),$$

übergehen, woraus

$$p_1/p_2 = P_1/P_2 \cdot M/(1 - M),$$

oder

$$p_1/p_2 = \text{const} \cdot M/(1 - M)$$

folgt, und da bei Stoffen mit normalem Molekulargewicht die Dampfdrucke proportional der Anzahl der vorhandenen Moleküle sind, so drückt die Gleichung in ihrer letzten Form einfach Browns Gesetz aus, wenn man sowohl für die Flüssigkeit, wie für den Dampf an Stelle des Verhältnisses der Gewichte das Verhältnis der Zahl der Moleküle einsetzt.

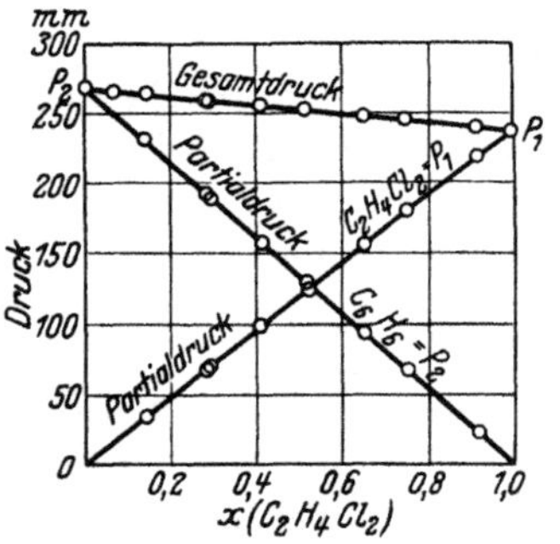

Abb. 33. Benzol und Äthylendichlorid.

Zawidski zeigte, daß diese einfache Beziehung für Mischungen von Äthylen- und Propylendibromid und von Benzol und Äthylendichlorid zutrifft, daß aber für das erste Flüssigkeitspaar die Konstante 0,758 sich ziemlich weit von dem Verhältnis P_1/P_2, 0,737, unterscheidet, während beim zweiten Paar die Übereinstimmung ausgezeichnet ist (0,880 und 0,881).

Zawidski wies nach, daß für diese beiden Flüssigkeitspaare nicht nur die Beziehung

$$P = p_1 + p_2 = P_1 M + P_2 (1 - M),$$

die gleichbedeutend mit

$$P = \frac{M P_A + (100 - M) P_B}{100}$$

ist, zutrifft, sondern, daß auch die Formeln

$$p_1 = P_1 M \text{ und } p_2 = P_2 (1 - M)$$

gültig sind, wie man aus dem seiner Arbeit entnommenen Diagramm (Abb. 33) ersehen kann.

Es wurde gefunden, daß bei anderen Mischungen von Flüssigkeiten mit normalem Molekulargewicht die Konstanten α und β endliche Werte hatten, und daß die einfachen Formeln $p_1 = P_1 M$ und $p_2 = P_2 (1 - M)$ nicht anwendbar waren. Die Beziehungen zwischen der molekularen Zusammensetzung und den Gesamt- wie den Partialdrucken werden in Wirklichkeit durch Kurven dargestellt. Z. B. ist selbst bei Benzol und Tetrachlorkohlenstoff die Krümmung zwar gering aber unverkennbar.

Benzol und Tetrachlorkohlenstoff. Für dieses Flüssigkeitspaar gibt Zawidski die nach beiden Methoden berechneten Konstanten α_2 und α_3 an. Sie sind

1. aus der Partialdruckkurve berechnet $\alpha_2 = 0{,}308$, $\alpha_3 = 0{,}00733$,
2. aus den Tangenten $(d\pi/dM)_0 = 90$, $(d\pi/dM)_1 = -4{,}3$ berechnet: $\alpha_2 = 0{,}312$, $\alpha_3 = -0{,}0168$.

Nun würde der Wert der Tangenten $(d\pi/dM)_1$, berechnet aus den ersten Konstanten, $-5{,}0$ sein, so daß, wenn $M = 1$ ist, die Tangente in jedem Falle einen negativen Wert bekommen würde. Wenn das richtig ist, muß eine Mischung mit Maximum-Dampfdruck existieren, die nur wenig Benzol enthält, und das ist ein weiterer Beweis (S. 98 und S. 104) dafür, daß diese zwei Flüssigkeiten eine solche Mischung bilden können, obwohl der Unterschied zwischen dem Dampfdruck der ausgezeichneten Mischung und dem des Tetrachlorkohlenstoffes wahrscheinlich zu gering ist, um sich im direkten Versuch bestimmen zu lassen.

Für dieses und andere Flüssigkeitspaare von normalem Molekulargewicht ist die Übereinstimmung zwischen der beobachteten und der aus den berechneten Partialdrucken abgeleiteten molekularen Dampfzusammensetzung ziemlich gut. Zuweilen kommen aber Differenzen im Betrage von 4 bis 5% vor.

Schwefelkohlenstoff und Methylal. In der Tabelle 34 sind zum Vergleich der gefundenen Werte mit den nach Lehfeldts Formel erhaltenen die Ergebnisse für Schwefelkohlenstoff und Methylal angegeben. Die Übereinstimmung ist für Mischungen mit bis zu 50% Schwefelkohlenstoff ausgezeichnet, für schwefelkohlenstoffreichere Mischungen ist sie nicht annähernd so zufriedenstellend; wahrscheinlich

Tabelle 34.

A = Schwefelkohlenstoff; B = Methylal $(d\pi/dM)_0 = +578$ und $(d\pi/dM)_1 = -1310$; $\alpha_2 = 2{,}9$; $\alpha_3 = -1{,}89$.

Gehalt an Schwefelkohlenstoff Mol-Proz.							
Flüssigkeit	Dampf			Flüssigkeit	Dampf		
	beobachtet	berechnet	Δ		beobachtet	berechnet	Δ
4,96	8,98	8,95	−0,03	60,60	54,76	53,97	−0,79
10,44	17,39	17,09	−0,30	68,03	59,21	57,87	−1,34
16,51	24,44	24,44	0,00	73,53	62,74	61,20	−1,54
27,19	34,39	34,45	+0,06	79,27	66,76	65,36	−1,40
34,80	39,97	39,97	0,00	84,21	70,92	69,88	−1,04
39,04	42,63	42,63	0,00	85,73	72,83	71,53	−1,30
45,42	46,34	46,25	−0,09	91,30	80,00	79,05	−0,95
49,42	48,52	48,36	−0,16	95,76	89,23	88,03	−1,20
53,77	50,99	50,56	−0,43				

würden allerdings durch andere Wahl der Konstanten bessere Ergebnisse erhalten werden können.

Assoziierte Stoffe. Zawidski bezog in seine Untersuchungen einige Stoffpaare ein, bei denen der eine Bestandteil in flüssigem (Wasser) oder in flüssigem und dampfförmigem Zustand (Essigsäure) assoziiert war, und er kam zu dem Ergebnis, daß seine Formel bei solchen Mischungen angewandt werden kann, vorausgesetzt, daß bei der Berechnung der Werte von M und $1-M$ das durchschnittliche Molekulargewicht der assoziierten Flüssigkeiten unter den Versuchsbedingungen eingesetzt wird. Allerdings erlauben die bis jetzt vorliegenden Daten im allgemeinen nur eine rohe Schätzung des Molekulargewichtes einer assoziierten Substanz in Mischung mit einer anderen Flüssigkeit.

Rosanoffs Formeln.

In neuerer Zeit hat M. A. Rosanoff mit seinen Mitarbeitern eine Reihe ausgezeichneter experimenteller und theoretischer Untersuchungen über die Destillation veröffentlicht; 1914 zeigten Rosanoff, Bacon und Schulze[1], daß die Methode von Margules, die auf einer graphischen Ausmessung der Neigung der Kurve des Gesamtdruckes an ihren beiden Enden beruht, zu fehlerhaften Ergebnissen führen kann.

Sie versuchten daher eine allgemein gültige, wenn auch nur empirische Beziehung zwischen den Kurven des Gesamtdruckes und des Partialdruckes zu formulieren.

Sie fanden in den geprüften Fällen, daß wenn eine Schar von Werten $\frac{dM}{dP}$ gegen die entsprechenden Werte von $\log\left[p_A(1-M)/p_B M\right]$ aufgetragen wurde, sich eine gerade Linie ergab, die durch den Anfangspunkt der Koordinaten ging. Sie zeigte an, daß eine ganz einfache Beziehung zwischen den beiden Größen besteht. Dieses anscheinend allgemeingültige Gesetz wird durch die Gleichung

$$\frac{dP}{dM} = (1/K)\log\left[p_A\,(1-M)\,/\,p_B\,M\right],$$

ausgedrückt, in der

$$1/K = (P_A - P_B)\,/\,(\log P_A - \log P_B),$$

daher ist

$$\frac{dP}{dM} = \left[(P_A - P_B)\,/\,(\log P_A - \log P_B)\right]\log\left[p_A\,(1-M)\,/\,p_B M\right] \qquad (1)$$

Die Autoren stellen fest, daß diese Gleichung nicht in Widerspruch zur thermodynamischen Gleichung von Duhem und Margules steht, und sie zeigen, daß sie die experimentellen Ergebnisse bei allen Mi-

[1] Journ. Amer. Chem. Soc. **36**, 1993 (1914).

schungstypen, selbst bei Mischungen mit Maximum- oder Minimumdampfdruck, genau wiedergibt.

Aus Zawidskis Messungen der Dampfdrucke von Mischungen von Tetrachlorkohlenstoff und Benzol bei 49,99° erhalten sie die Gleichung

$$P = 268{,}075 + 80{,}853\,M - 43{,}826\,M^2 + 16{,}531\,M^3 - 13{,}695\,M^4,$$

gemäß der eine 91,65 Mol-Prozente Tetrachlorkohlenstoff enthaltende Mischung einen Dampfdruck von 308,43 mm hat. Dies ist ein Maximum-Dampfdruck, da der Dampfdruck des reinen Tetrachlorkohlenstoffes nur 308,0 mm beträgt. Die Existenz einer Mischung mit Maximum-Dampfdruck ist somit bewiesen (S. 107) und der berechnete Benzol-Gehalt, 8,35 Mol-Prozent stimmt genügend mit den vorher gefundenen Werten überein.

Für Tetrachlorkohlenstoff A und Benzol B ist

$$\frac{\log_{10} P_A - \log_{10} P_B}{P_A - P_B} = 0{,}001\,510\,3 \text{ bei } 49{,}99^0;$$

daher ist

$$\log_{10}\,[p_A\,(1-M)\,/\,p_B\,M]$$
$$= 0{,}122\,115 - 0{,}132\,383\,M + 0{,}074\,900\,M^2 - 0{,}082\,734\,M^3.$$

Die beobachteten und berechneten Werte sind unten angegeben.

Tabelle 35.

Gehalt an CCl_4 in der Flüssigkeit	Dampfdruck P			Gehalt an CCl_4 im Dampf Mol-Proz.		
	beobachtet	berechnet	Δ	beobachtet	berechnet	Δ
Mol.-Proz.						
5,07	271,8	272,1	+ 0,3	6,81	6,54	— 0,27
11,70	277,6	277,0	— 0,6	14,59	14,51	— 0,08
17,58	281,5	281,0	— 0,5	21,21	21,21	0,0
25,15	285,4	285,8	+ 0,4	29,05	29,36	+ 0,31
29,47	288,3	288,4	+ 0,1	33,65	33,81	+ 0,26
39,53	294,5	293,9	— 0,6	43,70	43,79	+ 0,09
55,87	301,0	301,1	+ 0,1	58,61	59,08	+ 0,47
67,55	305,2	304,9	— 0,3	69,40	69,83	+ 0,43
76,52	306,8	307,0	+ 0,2	77,74	77,66	— 0,08

Die Übereinstimmung ist gut. Auch bei Mischungen aus Äthyliodid mit Äthylacetat und Chloroform mit Aceton, also Paaren, welche Mischungen mit Maximum- bzw. Minimum-Dampfdruck bilden, ist sie sehr befriedigend. Die Übereinstimmung im letzten Falle ist besonders bemerkenswert, denn zweifellos bildet Aceton in gewissem Betrage assoziierte Moleküle. Für Chloroform und Aceton ist die Gleichung

$$\log_{10}\,[p_A\,(1-M)\,p_B\,M] = -0{,}199\,592 - 1{,}143\,61\,M + 3{,}666\,77\,M^2 - 2{,}076\,87\,M^3$$

Die Resultate sind in folgender Tabelle angegeben:

Tabelle 36.

Gehalt an $CHCl_3$ in der Flüssigkeit	Dampfdruck P			Gehalt an $CHCl_3$ im Dampf Mol-Proz.		
	beobachtet	berechnet	Δ	beobachtet	berechnet	Δ
Mol-Proz.						
0,0	344,5	343,7	— 0,8	—	—	—
6,03	332,1	333,6	+ 1,5	2,8	3,4	+ 0,6
12,03	320,1	321,6	+ 1,5	6,2	6,6	+ 0,4
12,32	319,7	320,9	+ 1,2	6,4	6,8	+ 0,4
18,18	308,0	308,3	+ 0,3	10,3	10,1	— 0,2
29,10	285,7	285,1	— 0,6	19,4	18,0	— 1,4
40,50	266,9	265,1	— 1,8	31,8	30,1	— 1,7
50,83	252,9	253,4	+ 0,5	45,6	44,7	— 0,9
58,12	248,4	249,7	+ 1,3	56,3	56,2	— 0,1
66,35	249,2	250,2	+ 1,0	68,3	68,8	+ 0,5
79,97	261,9	261,3	— 0,6	85,7	85,5	— 0,2
80,47	262,6	261,9	— 0,7	85,4	86,0	+ 0,6
91,79	279,5	279,0	— 0,5	95,0	95,0	0,0
100,0	293,1	293,7	+ 0,6	—	—	—

Die Mischung von Benzol und Toluol ist schon auf S. 100 betrachtet worden.

Allgemeine Folgerungen.

Die Folgerungen, zu denen man kommt, seien kurz wie folgt angegeben:

1. Die Zusammensetzung des Dampfes aus einem Paar nicht-mischbarer Flüssigkeiten bei einer gegebenen Temperatur kann aus den Dampfdrucken und den Dampfdichten der Bestandteile genau berechnet werden.

2. Die Zusammensetzung des Dampfes aus einem Paar nahe verwandter, mischbarer Flüssigkeiten kann bei einer gegebenen Temperatur nach den bisherigen Ergebnissen mittels Browns Formel $\frac{m'_A}{m'_B} = c\,\frac{m_A}{m_B}$ berechnet werden. Der Wert der Konstante c unterscheidet sich sicher nicht erheblich vom Verhältnis der Dampfdrucke der Bestandteile bei der Versuchstemperatur, aber die bisher zugänglichen Daten reichen vielleicht nicht aus, um die Behauptung zu sichern, daß er überall gleich diesem Verhältnis ist. Es scheint nötig zu sein, ihn experimentell festzustellen.

3. Bei chemisch nicht nahe verwandten Stoffen ist Browns Formel nur dann anwendbar, wenn der Dampfdruck einer beliebigen Mischung durch die Formel $P = \frac{MP_A + (100 - M)P_B}{100}$ gegeben ist, und das ist

wahrscheinlich niemals der Fall, wenn bei der Mischung der reinen Flüssigkeiten eine merkliche Volum- oder Temperaturänderung eintritt.

4. Wenn die Dampfdrucke von Mischungen zweier unbegrenzt mischbarer Flüssigkeiten — deren Molekulargewichte normal sind — bei konstanter Temperatur nicht der Formel $P = \frac{MP_A + (100 - M)\,P_B}{100}$ entsprechen, so muß die Beziehung zwischen Dampfdruck und Zusammensetzung für die gewünschte Temperatur experimentell bestimmt werden. Die Zusammensetzung des aus einer beliebigen Mischung entwickelten Dampfes kann dann mit mäßiger Genauigkeit mittels der Formel von Zawidski (S. 105) berechnet werden, wobei die Werte der Konstanten α_2 und α_3 nach der Methode von Margules aus der Druckkonzentrationskurve bestimmt werden können; viel bessere Ergebnisse liefern aber die oben angegebenen Gleichungen von Rosanoff, Bacon und Schulze.

5. Wenn die Moleküle einer Flüssigkeit assoziiert sind, kann die Beziehung zwischen der Zusammensetzung des Dampfes und der der Flüssigkeit mittels Zawidskis Formel nicht einmal angenähert bestimmt werden, wofern nicht die durchschnittlichen Molekulargewichte des assoziierten Stoffes unter den wechselnden Versuchsbedingungen bekannt sind.

Bei Chloroform und Aceton gab dagegen die Formel von Rosanoff, Bacon und Schulze zufriedenstellende Ergebnisse, trotzdem Aceton in gewissem Betrage assoziiert ist.

6. Wenn bei zwei mischbaren Flüssigkeiten so viele Bestimmungen über die Beziehung zwischen der Zusammensetzung der Flüssigkeit und der des Dampfes bei konstanter Temperatur gemacht worden sind, daß eine Kurve konstruiert werden kann, so können die anderen Werte aus der Kurve abgelesen, oder die Konstanten für eine Interpolationsformel daraus berechnet werden. Die Konstruktion der Kurve kann dadurch ausgeführt werden, daß die molekulare Konzentration des Dampfes m'_A/m'_B gegen die der Flüssigkeit m_A/m_B aufgetragen wird, oder daß die Logarithmen dieser Verhältnisse gegeneinander aufgetragen werden, oder daß die Partialdrucke eines jeden Bestandteiles getrennt gegen die molekulare anteilige Menge eines von ihnen aufgetragen werden.

Wenn die Dampfdrucke von Mischungen zweier Substanzen nur wenig von den nach der Formel $P = \frac{MP_A\,(100 - M)\,P_B}{100}$ berechneten abweichen, kann eine Modifikation von Browns Formel benutzt werden; nämlich $m'_A/m'_B = c' m_A/m_B$, worin $c' = c_0 + \alpha M$ ist.

Bessere Ergebnisse werden dagegen im allgemeinen nach Lehfeldts Formel $\log t = K + r \log q$ erhalten, und sie kann auch dann noch angewandt werden, wenn die beobachteten Dampfdrucke sich ziemlich beträchtlich von den berechneten unterscheiden. Wenn dagegen diese Differenzen groß sind, ist Zawidskis Formel vorzuziehen.

Die meisten Untersuchungen über die Beziehung zwischen der Zusammensetzung der Flüssigkeit und des Dampfes sind bei konstanter Temperatur ausgeführt worden, während in der Praxis eine Flüssigkeit fast immer unter konstantem Druck destilliert wird. Brown, dessen Destillationen in der gewöhnlichen Art ausgeführt wurden, fand allerdings bei Mischungen aus Tetrachlorkohlenstoff und Schwefelkohlenstoff, daß die Zusammensetzung des Dampfes bei der Destillation unabhängig war von dem Druck, unter dem das Sieden stattfand. Wenn dies allgemein zutreffend wäre, könnte eine, nach den bei konstanter Temperatur erhaltenen Ergebnissen konstruierte Kurve dazu benutzt werden, die Zusammensetzung des Dampfes bei einer Destillation unter konstantem Druck zu bestimmen. Demgegenüber ist aber zu bedenken, daß das Verhältnis der Dampfdrucke selbst bei zwei nahe verwandten Flüssigkeiten bei verschiedenen Temperaturen nicht das gleiche ist. Selbst wenn die Beziehung $m'_A/m'_B = P_A m_A / P_B m_B$ in Wirklichkeit für solche Flüssigkeiten zuträfe, würde P_A/P_B zwar für eine Destillation bei konstanter Temperatur eine Konstante sein, würde sich aber ein wenig ändern, wenn die Destillation unter konstantem Druck ausgeführt würde.

Lehfeldt fand, daß bei Browns Destillationen die Logarithmen der Gewichtsverhältnisse der Bestandteile in der Flüssigkeit und im Dampf in linearer Abhängigkeit voneinander standen und Baly[1] erhielt ein ähnliches Ergebnis bei der Destillation von Mischungen aus Sauerstoff und Stickstoff unter konstantem Druck. Lehfeldts Formel könnte daher in diesen Fällen zur Interpolation benutzt werden.

Diskutiert wurde die Frage von Rosanoff, Bacon und Schulze[1], die nicht nur die Dampfdrucke von Mischungen aus Benzol und Toluol bei konstanter Temperatur, sondern auch die Siedepunkte von Mischungen der gleichen Stoffe unter konstantem Druck (750 mm) bestimmten. Rosanoff und Easley[2] haben gezeigt, daß die Zusammensetzung der Dämpfe binärer Mischungen im allgemeinen durch einen Ausdruck von der Form

$$ln \frac{p_A(1-M)}{p_B M} = ln \frac{P_A}{P_B} + \alpha_2 \left[(1-M) - 1/2\right] + \frac{\alpha_3}{2}\left[(1-M)^2 - 1/3\right] + \frac{\alpha_4}{3}\left[(1-M)^3 - 1/4\right]$$

genau wiedergegeben werden kann, und daß die Koeffizienten α_2, α_3 und α_4 in allen Fällen, in denen die Verdünnungswärme gering ist, praktisch unabhängig von der Temperatur sind, so daß Temperaturänderungen

[1] A. a. O. [2] Journ. Amer. Chem. Soc. **31**, 957 (1909).

die Dampfzusammensetzung nur insoweit beeinflussen, als sie den Wert von P_A/P_B ändern. Wenn daher aus einem für eine gegebene Temperatur gefundenen Ausdruck der dieser Temperatur entsprechende Logarithmus von P_A/P_B weggelassen und zum Rest ein den Logarithmus P_A/P_B als Funktion der Temperatur darstellender Ausdruck zugesetzt würde, würde sich ein allgemeinerer Ausdruck ergeben, aus dem die Zusammensetzung des Dampfes für eine beliebige Temperatur innerhalb des bekannten Temperaturgebietes berechnet werden könnte.

Bei Benzol und Toluol ist die Mischungswärme sehr klein. Es lag damit die Möglichkeit vor, das eben erläuterte Prinzip innerhalb des untersuchten Temperaturbereiches anzuwenden. Die Forscher kamen so zu einer Formel, die es ihnen ermöglichte, den Gehalt an Benzol im Dampfe von Mischungen, die unter einem Druck von 750 mm sieden, zu berechnen.

VII. Richtlinien zur Ausführung einer fraktionierten Destillation. In zwei Bestandteile trennbare Mischungen.

Es ist festgestellt worden (S. 72), daß wenn eine Mischung zweier Substanzen erhitzt wird, der Dampf an dem flüchtigeren der beiden Bestandteile, in die die Flüssigkeit zu trennen ist, reicher ist als die Flüssigkeit[1]. Diese Bestandteile können entweder die ursprünglichen Stoffe, die miteinander gemischt worden waren, oder eine konstant siedende Mischung und einer der ursprünglichen Stoffe sein.

Wenn also die Mischung auf die gewöhnliche Art destilliert wird, bis beispielsweise die Hälfte davon übergegangen ist, so ist das Destillat an dem flüchtigeren Bestandteil reicher als der Rückstand. Wenn man das Destillat zum zweiten Male destillieren und wieder die erste Hälfte auffangen würde, so würde das neue Destillat noch reicher an dem flüchtigeren Bestandteil sein, und wenn man diesen Vorgang noch mehrere Male wiederholen würde, könnte man schließlich einen Teil des flüchtigeren Bestandteiles in ganz oder nahezu reinem Zustand erhalten. Die Menge des Destillates würde aber bei jedesmaliger Wiederholung kleiner werden, und wenn eine große Zahl von Destillationen erforderlich wäre, würde sie verhältnismäßig sehr klein sein. Um also eine ausreichende Menge der beiden Bestandteile im Zustande genügender Reinheit zu erhalten, ist eine systematische fraktionierte Destillation erforderlich.

[1] Ausgenommen den Fall, daß eine konstant siedende Mischung von der gleichen Zusammensetzung wie der der ursprünglichen Mischung gebildet wird. In diesem Falle würde die Zusammensetzung des Dampfes die gleiche sein wie die der Flüssigkeit.

Angenommen, es lägen 200 g einer Mischung gleicher Gewichtsteile Benzol und Toluol vor. Die Beziehung zwischen den Dampfdrucken und der molekularen Zusammensetzung von Mischungen dieser Flüssigkeiten wird sehr angenähert durch eine Gerade wiedergegeben, wahrscheinlich ist auch Browns Gesetz $\frac{m'_B}{m'_A} = c\frac{m_B}{m_A}$ sehr nahe zutreffend, und c unterscheidet sich nicht erheblich von 2,47, dem mittleren Verhältnis der Dampfdrucke bei Temperaturen zwischen 80 und 110°. Jedenfalls trennt sich die Flüssigkeit bei der Destillation in die ursprünglichen Bestandteile Benzol und Toluol ohne Bildung einer konstant siedenden Mischung.

Das Auffangen der Destillate in „Fraktionen".

Die Mischung muß zunächst destilliert und das Destillat in einer passenden Zahl von Fraktionen aufgefangen werden, indem die Vorlagen gewechselt werden, wenn der Siedepunkt gewisse, vorher bestimmte Temperaturen erreicht. Um den Verlauf der Trennung so klar wie möglich zu machen, sollen in erster Linie die Temperaturstufen zwischen den meisten Fraktionen annähernd gleich gewählt werden. Der Siedepunkt des Benzols ist 80,2°, der des Toluols 110,6°. Die Differenz beträgt 30,4°. Man kann daher 10 kleine Kolben für 10 Fraktionen bereit machen, 8 für Stufen von 3° und 2 für Stufen von 3,2°. Es ist aber vorteilhafter, für die erste und letzte Fraktion Temperaturstufen von 1° zu wählen. Es ist regelmäßig vorteilhaft, die gleiche Anzahl von Fraktionen über und unter der mittleren Temperatur zwischen den beiden Siedepunkten zu haben. Passende Temperaturstufen für die 12 Fraktionen sind in der zweiten Kolonne der Tabelle 37 angegeben.

Tabelle 37.

Nr. der Vorlage	Temperaturstufen		
	760 mm	745 mm	Thermometerablesung
	Grad	Grad	Grad
1	80,2— 81,2	79,6— 80,6	79,8— 80,8
2	81,2— 83,2	80,6— 82,6	80,8— 82,8
3	83,2— 86,2	82,6— 85,6	82,8— 85,8
4	86,2— 89,2	85,6— 88,6	85,8— 88,8
5	89,2— 92,2	88,6— 91,6	88,8— 91,8
6	92,2— 95,4	91,6— 94,8	91,8— 95,0
7	95,4— 98,6	94,8— 97,9	95,0— 98,2
8	98,6—101,6	97,9—100,9	98,2—101,2
9	101,6—104,6	100,9—103,9	101,2—104,2
10	104,6—107,6	103,9—106,9	104,2—107,2
11	107,6—109,6	106,9—108,9	107,2—109,2
12	109,6—110,6	108,9—109,9	109,2—110,2

Die ersten drei Vorlagen werden allerdings bei der vorläufigen Destillation nicht benutzt.

Temperaturkorrektionen.

Bevor die Mischung destilliert wird, muß das Barometer abgelesen werden, weil 80,2^0 und 110,6^0 die Siedepunkte des Benzols bzw. des Toluols unter normalem Druck sind. Es müssen aber ihre Siedepunkte bei dem wirklichen Barometerstand festgestellt und alle Temperaturen dementsprechend abgeändert werden. Wenn das Thermometer keine richtigen Temperaturen angibt, müssen die notwendigen Korrektionen bestimmt und in Rechnung gestellt werden.

Es sei vorausgesetzt, daß der Barometerstand, korrigiert auf 0^0, (S. 254) 745 mm beträgt, und daß die Temperaturablesungen bei 80^0 um 0,2^0 und bei 110^0 um 0,3^0 zu hoch sind. Aus der Tabelle 3 ist zu ersehen, daß der Wert von $c\left(=\frac{dt}{dp}\cdot\frac{1}{T}\right)$ für Benzol 0,000121, und für Toluol 0,000120 ist. Die Korrektionen betragen daher $\Delta t = (760-745)(273+80)\cdot 0{,}000121 = 0{,}6^0$ für Benzol und $\Delta t = (760-745)(273+111)\cdot 0{,}000120 = 0{,}7^0$ für Toluol, und die Siedepunkte unter einem Druck von 745 mm sind daher $80{,}2^0 - 0{,}6^0 = 79{,}6^0$ und $110{,}6^0 - 0{,}7^0 = 109{,}9^0$. Die Temperaturen der Fraktionen unter 745 mm Druck sind in der dritten und die wirklichen Thermometerablesungen in der vierten Kolonne angegeben.

Wenn die Trennung einer Mischung in Bestandteile von höchst erreichbarer Reinheit gewünscht wird, müssen die angeführten Korrektionen mit größtmöglicher Sorgfalt ausgeführt werden. Es genügt nicht, die Temperaturen auf 0,1^0 zu schätzen, man muß vielmehr auf 0,05^0, oder noch kleinere Bruchteile schätzen; ebenso kann es nötig sein, das Barometer während der Dauer der Destillation von Zeit zu Zeit abzulesen und die Korrektionen nachzurechnen, wenn irgendein Wechsel im Druck eingetreten ist[1].

Schnelligkeit der Destillation.

Die Mischung muß langsam destilliert werden. Bei Versuchen im Laboratorium sollen die Tropfen des Destillates in einer Geschwindigkeit von ungefähr 1 Tropfen in der Sekunde fallen, während im Großbetrieb eine viel größere Geschwindigkeit nötig ist. Je langsamer die Destillation ausgeführt wird, um so besser ist die Trennung, und obgleich jede Destillation längere Zeit beansprucht, wird die Gesamtzeit verkürzt, weil das gleiche Ergebnis mit einer kleineren Zahl von Destillationen erreicht wird. Alle in diesem Buche beschriebenen labo-

[1] Wenn eine Mischung unbekannter Zusammensetzung destilliert wird, kann man nicht die Temperaturstufen der Fraktionen im voraus bestimmen. In diesem Falle muß die Höhe des Barometerstandes notiert und das Thermometer abgelesen werden, wenn Fraktionen passender Größe aufgefangen worden sind. Die Temperaturablesungen können hinterher korrigiert werden.

ratoriumsmäßig ausgeführten Destillationen sind, wenn nichts anderes angegeben ist, in einer Geschwindigkeit von 1 Tropfen Destillat in der Sekunde ausgeführt worden.

Systematische fraktionierte Destillation.

Die Ergebnisse der Fraktionierung[1] von Benzol und Toluol mit einem gewöhnlichen Destillationskolben, wie er oben beschrieben ist, sind in Tabelle 38 und 39 angegeben. Es sind nicht die abgelesenen, sondern nur die wirklichen Temperaturen unter Normaldruck angegeben.

Für die erste Destillation wurde ein Kolben von ungefähr 270 ccm Inhalt benutzt. Die Thermometerkugel war mit einem kleinen Wattebausch umhüllt, um Überhitzung zu vermeiden (S. 25).

Erste fraktionierte Destillation. Bei der ersten Destillation stieg die Temperatur fast sofort auf 86°, und der erste Teil des Destillats wurde daher in der 4. Vorlage aufgefangen. Andererseits erreichte die Temperatur 110,6°, den Siedepunkt des Toluols, bevor die ganze Flüssigkeit überdestilliert war. Die Destillation wurde daher abgebrochen, und der Rückstand im Kolben gewogen, nachdem der Apparat sich abgekühlt hatte. Dieser Rückstand in einer Menge von 10,9 g bestand aus reinem Toluol. Er brauchte nicht mehr destilliert zu werden.

Tabelle 38.

Nummer der Fraktion	Temperaturstufe	Gewicht der Fraktion = ΔW			
		I.	II.	III.	IV.
	Grad				
1	80,2— 81,2	..	..	12,95	31,55
2	81,2— 83,2	..	3,8	24,8	23,9
3	83,2— 86,2	..	33,85	22,75	16,2
4	86,2— 89,2	9,75	22,3	13,5	9,55
5	89,2— 92,2	51,8	19,65	11,8	8,0
6	92,2— 95,4	28,85	13,6	9,15	5,8
7	95,4— 98,6	21,2	12,95	7,3	5,35
8	98,6—101,6	12,8	9,05	6,75	4,65
9	101,6—104,6	11,45	8,9	6,3	3,85
10	104,6—107,6	14,15	10,8	7,95	5,85
11	107,6—109,6	13,45	9,6	8,95	7,4
12	109,6—110,6	24,9	30,75	33,05	30,5
reines Toluol	110,6	10,9	22,95	31,35	42,1
	Gesamtgewicht	199,25	198,2	196,6	194,7
Gewicht des Destillates unter der Mitteltemperatur, 95,4°, in Prozent des Gesamtgewichts		45,4	47,0	48,3	48,8

[1] Über die mit einem verbesserten Aufsatz erhaltenen Ergebnisse siehe Tabelle 55, S. 179.

Zweite Fraktionierung. Der Kolben von 270 ccm Inhalt wurde nun durch einen kleineren von ungefähr 80 ccm Inhalt ersetzt und die erste, in der Vorlage Nr. 4 befindliche Fraktion zum zweiten Male destilliert. Ein kleiner Teil ging unter 83,2° über und wurde in der Vorlage Nr. 2 aufgefangen; diese Vorlage wurde entfernt und durch Nr. 3 ersetzt, sobald die Temperatur 83,2° erreicht hatte. An Stelle von Vorlage Nr. 3 wurde Nr. 4 untergesetzt, als die Temperatur auf 86,2° gestiegen war. Bei 89,2° wurde die Flamme entfernt, und nachdem die Watte am Thermometer trocken geworden war, die zweite in Vorlage Nr. 5 befindliche Fraktion der ersten Destillation zum Rückstand im Kolben hinzugefügt. Bei Wiederbeginn der Destillation zeigte sich, daß die Temperatur eine geraume Zeit lang unter 86,2° blieb, der erste Teil des Destillates wurde daher in der Vorlage Nr. 3 aufgefangen. Die Destillation wurde wie zuvor fortgesetzt; bei 86,2° wurde Nr. 4 an Stelle von Nr. 3 vorgelegt, an Stelle von Nr. 4 bei 89,2° Nr. 5, und bei 92,2° wurde die Destillation abgebrochen. Der Inhalt der Vorlage Nr. 6 wurde nun zum Rückstand in den Kolben zugesetzt und das Destillat in Nr. 4, 5 und 6 aufgefangen. Die weitere Fraktionierung wurde in der gleichen Art ausgeführt mit dem einen Unterschied, daß nach dem Zusetzen der 11. Fraktion der ersten Destillation in Nr. 9 kein Destillat aufgefangen wurde, weil die Temperatur von Anfang an auf 104,6° stieg. Ebenso ging nach Zusetzen der letzten Fraktion unterhalb von 107,6° kein Destillat über.

Dritte Fraktionierung. Die dritte Fraktionierung wurde in der gleichen Art wie die zweite ausgeführt, wobei der erste Anteil des ersten Destillates und ebenso der erste Anteil des Destillates, das überging, nachdem der Inhalt der Vorlage Nr. 3 zum Rückstand in den Kolben gegeben war, in der Vorlage Nr. 1 gesammelt wurde.

Vierte Fraktionierung. Bei der vierten Fraktionierung wurde die erste Fraktion zum zweiten Male destilliert. Die zweite wurde erst in den Kolben gefüllt, nachdem die Temperatur 81,2° erreicht hatte. Im übrigen war der Vorgang der gleiche wie bei der dritten Fraktionierung.

Abhängigkeit der Fraktionierung von der Zahl der Fraktionen. Wenn die Temperaturstufe für jede Fraktion größer, z. B. 5° an Stelle von 3° für die meisten Fraktionen, gewesen wäre, dann wäre die Temperatur bei Beginn der Destillation nach Zusatz einer Fraktion zum Rückstand in den Kolben auf einmal, oder sehr rasch, bis auf die Anfangstemperatur der tieferen Fraktion gestiegen. So hätte bei Zusatz einer Fraktion, z. B. von Nr. 4, in Nr. 2 kein Destillat aufgefangen werden können, und die Vorlage Nr. 3 hätte an ihrer Stelle bleiben können, obgleich Fraktion 4 in den Kolben gebracht und die Destillation wieder angefangen worden wäre. Diese Methode wird gewöhnlich angewandt, wählt man aber eine größere Zahl von Vorlagen, so wird die Größe der Trennung der

Bestandteile bei einer vollständigen Destillation größer, und im ganzen gerechnet, wird Zeit gespart.

Stoffverluste. Bei der ersten Destillation trat ein Verlust von 0,75 g Material (200,0 — 199,25) ein, der gänzlich auf Verdunstung zurückzuführen ist. Bei der zweiten vollständigen Destillation fiel das Gesamtgewicht von 199,25 auf 198,2 und bei den nachfolgenden Destillationen war der Verlust beinahe jedesmal größer als 1 g. Der größere Verlust war zum Teil durch die gesteigerte Verdunstung zu erklären, zum Teil rührte er daher, daß eine kleine Flüssigkeitsmenge jedesmal in dem Trichter hängen blieb, durch den die Fraktion in den Kolben gegossen wurde. Der Gesamtverlust nach 14 Fraktionierungen hatte mit 18,1 g eine sehr beträchtliche Höhe erreicht.

Verschiedene Leichtigkeit der Reindarstellung der einzelnen Bestandteile. Wie man sieht, wurden bei der ersten Destillation 10,9 g reines Toluol erhalten, aber nur 9,75 g Destillat gingen unter 89,2, einer Temparatur, die 9° über dem Siedepunkt des Benzols liegt, über, und nach Beendigung der vierten vollständigen Destillation betrug das Gewicht des reinen wieder gewonnenen Toluols 42,1 g, während nur 31,55 g innerhalb eines Grades siedendes Benzol erhalten worden waren. Man erkennt also, daß die Abtrennung des weniger flüchtigen Bestandteils viel leichter als die des flüchtigeren ist, eine Feststellung, die überall bestätigt gefunden wurde.

Man sieht ferner, daß sich die Gewichte der mittleren Fraktionen langsam verringern, während die der niedrigsten und höchsten Fraktionen anwachsen. Auch dieser Vorgang tritt stets ein, wenn Mischungen zweier Flüssigkeiten wiederholt destilliert werden[1].

Gewicht des unterhalb des Temperaturmittelpunktes übergehenden Destillates. Der in Prozenten ausgedrückte Teil des gesamten Destillates, der unterhalb der Mitteltemperatur zwischen den Siedepunkten der reinen Komponenten überging, war nicht sehr verschieden von dem Benzolgehalt der ursprünglichen Mischung. Er betrug bei den vier

---

[1] Eine Arbeit über die fraktionierte Destillation einer Mischung von 25 g Benzol und 25 g Toluol mit einem gewöhnlichen Destillationskolben ist von Kreis: Vergleichende Untersuchungen über die Methoden der fraktionierten Destillation. (Liebigs Annalen **1884**, 224, 259) veröffentlicht worden; die Angaben für die erste Destillation entsprechen ungefähr der Erwartung, aber die für die zweite angegebenen Zahlen sind ganz unmöglich, denn während bei der ersten Destillation 17 ccm Flüssigkeit unter 108° aufgefangen sein sollen, wird bei der zweiten vollständigen Destillation die Menge der entsprechenden Fraktion mit nur 3 ccm angegeben und erst nach der achten Fraktionierung erreichte ihre Menge wieder 17 ccm. Wenn man annimmt, daß die Angaben für die erste Destillation richtig sind, müßte die letzte Fraktion bei der zweiten Destillation mindestens 6 mal so groß, wie angegeben, gewesen sein. Es ist schwer zu verstehen, wie der Fehler hat auftreten können.

Destillationen in Wirklichkeit 45,4%, 47,0%, 48,3% und 48,8%, während die ursprüngliche Mischung 50% Benzol enthielt. Ähnliche Ergebnisse erhält man immer bei Destillationen einer Mischung zweier Flüssigkeiten, die sich normal und leicht in die ursprünglichen Bestandteile aufspalten, und wie man später sehen wird, sollte das Gewicht des unterhalb des Temperaturmittelpunktes übergehenden Destillates schon bei der ersten Destillation im allgemeinen sehr nahezu gleich dem des flüchtigeren Bestandteiles in der ursprünglichen Mischung sein, wenn ein verbesserter Aufsatz benutzt wird.

Änderung der Temperaturstufen. Die Ergebnisse der ersten 4 vollständigen Destillationen sind in Tabelle 38 angegeben. Man erkennt, daß, wenn die Fraktionierung in der gleichen Weise wie zuvor fortgesetzt worden wäre, die mittleren Fraktionen bald zu klein zur Destillation geworden wären, und daß die erste Fraktion niemals reines Benzol darstellen würde.

Es ist daher besser bei den mittleren Fraktionen die Temperaturstufen schrittweise zu vergrößern, bei den Fraktionen in der Nähe der Siedepunkte der reinen Substanzen sie dagegen zu verkleinern[1]. Dementsprechend wurde bei den folgenden Fraktionierungen verfahren, die bis zu ihrer äußersten Grenze durchgeführt wurden. Die Ergebnisse sind zusammen mit denen der vierten Fraktionierung in Tabelle 39 angegeben.

Verhältnis des Gewichtes der Fraktionen zu den Temperaturstufen. Solange alle oder die meisten Fraktionen zwischen gleichen Temperaturintervallen aufgefangen werden, zeigen die Gewichte des Destillates deutlich genug den Fortschritt der Trennung. Wenn aber die Temperaturstufen schrittweise geändert werden, so ist die Trennung nicht mehr so leicht zu kontrollieren. In diesem Falle ist es ratsam, entweder das prozentuale (oder das absolute) Gewicht der Destillate gegen die Temperatur aufzutragen (Abb. 34), oder das Gewicht einer jeden Fraktion, ΔW, durch ihre Temperaturstufe Δt zu dividieren und diese Verhältnisse zusammen mit den wirklichen Gewichten in die Tabelle einzusetzen. Je reiner die Flüssigkeit in einer Fraktion ist, um so größer ist das Verhältnis $\Delta w/\Delta t$, das bei einer reinen Flüssigkeit natürlich unendlich groß ist. Aus Tabelle 39 kann man ersehen, daß bei den späteren Fraktionierungen die Verhältnisse $\Delta w/\Delta t$ sich weiterhin sehr schnell ändern, während die Gewichte der mittleren Fraktionen sich viel langsamer als vorher vermindern, und die der niedrigsten und höchsten gleichfalls viel langsamer anwachsen.

Abtrennung des reinen Benzols. Als die bei der 7. Fraktionierung unter 80,45° aufgefangene Flüssigkeit zu Beginn der 8. destilliert wurde,

---

[1] Mendelejeff: Eine unbetitelte Arbeit über die fraktionierte Destillation von Baku-Petroleum. Journ. Russ. Phys. Chem. Soc. Protok. **1883,** 189.

Tabelle 39.

Nr. der Fraktion	IV.			V.			VI.			VII.		
	End-tempe-ratur	Gewicht der Frak-tion	$\frac{\Delta w}{\Delta t}$	t	Δw	$\frac{\Delta w}{\Delta t}$	t	Δw	$\frac{\Delta w}{\Delta t}$	t	Δw	$\frac{\Delta w}{\Delta t}$
	Grad			Grad			Grad			Grad		
reines Benzol	—	—	—	—	—	—	—	—	—	—	—	—
1	81,2	31,55	31,55	80,9	40,05	57,2	80,6	42,95	107,4	80,45	52,4	209,6
2	83,2	23,9	11,95	82,5	23,3	14,6	81,8	23,15	19,3	81,25	17,2	21,5
3	86,2	16,2	5,4	85,1	10,9	4,2	84,0	10,2	4,6	83,0	8,0	4,5
4	89,2	9,55	3,2	88,1	7,85	2,6	87,0	6,95	2,2	86,0	5,85	2,0
5	92,2	8,0	2,7	91,3	5,75	1,5	90,5	4,75	1,4	90,0	4,3	1,1
6	95,4	5,8	1,8	95,4	5,2	1,3	95,4	4,5	0,9	95,4	3,75	0,7
7	98,6	5,35	1,7	99,5	4,15	1,0	100,3	3,8	0,8	100,8	3,2	0,6
8	101,6	4,65	1,5	102,7	3,8	1,2	103,8	3,65	1,0	104,8	3,2	0,8
9	104,6	3,85	1,3	105,7	4,5	1,5	106,8	4,0	1,3	107,8	3,6	1,2
10	107,6	5,85	1,9	108,3	5,2	2,0	109,0	4,85	2,2	109,55	4,9	2,8
11	109,6	7,4	3,7	109,9	7,25	4,5	110,2	8,5	7,1	110,35	8,7	10,9
12	110,6	30,5	30,5	110,6	28,1	40,1	110,6	20,4	51,0	110,6	13,05	52,2
reines Toluol		42,1	∞		46,8	∞		54,05	∞		61,75	∞
Gesamtgewicht . .		194,7			192,85			191,45			189,9	
Gewicht des Destillates unter der Mitteltemperatur in Proz. des Gesamtgewichtes		48,8			48,3			48,2			48,2	

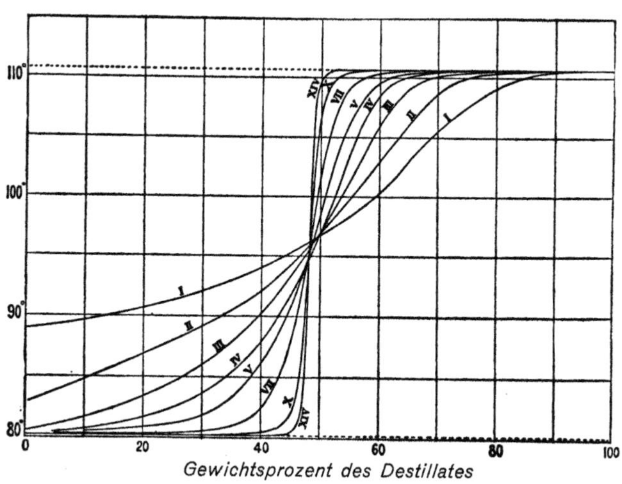

Abb. 34. Ergebnisse der fraktionierten Destillation eines Benzol-Toluolgemisches.

blieb die Temperatur eine kurze Zeit auf dem Siedepunkt des Benzols, 80,2° stehen, und eine beträchtliche Destillatmenge ging unter 80,25° über. Da die Temperaturstufe dieser Fraktion auf 0,15° herabgesetzt

Tabelle 39 (Fortsetzung).

VIII.			IX.			X.			XI.		
t	Δw	$\frac{\Delta w}{\Delta t}$	t	Δw	$\frac{\Delta w}{\Delta t}$	t	Δw	$\frac{\Delta w}{\Delta t}$	t	Δw	$\frac{\Delta w}{\Delta t}$
Grad			Grad			Grad			Grad		
—	—	—	80,2	10,2	∞	80,2	23,35	∞	80,2	44,4	∞
80,35	54,45	363,0	80,3	45,0	450,0	80,25	36,25	725,0	80,25	17,1	342,0
80,85	15,6	31,2	80,6	17,55	58,5	80,45	12,2	61,0	80,35	10,25	102,5
82,0	8,6	7,5	81,4	7,2	9,0	80,95	8,75	17,5	80,6	8,0	32,0
84,7	5,5	2,0	83,5	4,5	2,1	82,4	4,0	2,8	81,4	3,75	4,7
89,0	3,55	0,8	88,0	3,3	0,7	86,4	3,2	0,8	85,0	3,65	1,0
95,4	3,2	0,5	95,4	2,75	0,4	95,4	2,3	0,3	95,4	2,4	0,2
101,8	3,0	0,5	102,8	2,6	0,4	104,4	2,65	0,3	105,8	2,25	0,2
106,1	2,85	0,7	107,3	2,85	0,6	108,4	2,6	0,6	109,4	2,8	0,8
108,8	3,5	1,3	109,4	3,15	1,5	109,85	3,05	2,1	110,2	2,8	3,5
109,95	4,4	3,8	110,2	3,45	4,3	110,35	3,4	6,8	110,45	3,05	12,2
110,45	5,3	10,6	110,5	7,0	23,3	110,55	5,5	27,5	110,6	5,25	35,0
110,6	11,45	76,3	110,6	5,75	57,5	110,6	4,15	83,0			
	67,15	∞		72,1	∞		75,2	∞		79,6	∞
	188,55			187,3			186,6			185,3	
	48,2			48,3			48,3			48,3	

worden war, wurde gefolgert, daß der erste Teil des ersten Destillates der 9. Fraktionierung aus reinem Benzol bestehen würde. Dieser Teil wurde daher getrennt aufgefangen, weil er nicht wieder destilliert zu werden brauchte, und bei jeder folgenden Fraktionierung wurde der erste Anteil des ersten Destillates als reines Benzol angesehen.

Ausscheiden von Fraktionen. Bei der 10. Fraktionierung waren die Gewichte der 11. und 12. Fraktion sehr klein geworden. Da auch ihre Temperaturstufen niedrig — nämlich 0,2^0 bzw. 0,05^0 — waren, wurde bei der nächsten Fraktionierung, nachdem das Destillat Nr. 12 zum Rückstand in den Kolben zugesetzt worden war, die 11. Vorlage weiterbenutzt, bis die Temperatur 110,6^0 erreicht hatte. Die Destillation wurde dann abgebrochen, und der Rückstand als reines Toluol angesehen. Auf diesem Wege wurde durch das Ausscheiden von Nr. 12 die Zahl der Fraktionen auf 11 erniedrigt. Bei der 12. und 13. Fraktionierung wurde die letzte Fraktion in jedem Falle auf ähnlichem Wege ausgeschieden, und bei der letzteren wurde durch Ausschluß von Nr. 1, bei der 14. durch Ausschluß von Nr. 2 die Zahl der Fraktionen weiter beschränkt.

Bei der 14. Fraktionierung wurde gefunden, daß, nachdem Nr. 6 zum Rückstand in den Kolben gegeben worden war, die Temperatur

Tabelle 39 (Fortsetzung).

Nr. der Fraktion	XII.			XIII.			XIV.		
	End-tempe-ratur	Gewicht der Frak-tion	$\frac{\Delta w}{\Delta t}$	t	Δw	$\frac{\Delta w}{\Delta t}$	t	Δw	$\frac{\Delta w}{\Delta t}$
	Grad			Grad			Grad		
reines Benzol	80,2	52,75	∞	80,2	62,25	∞	80,2	73,3	∞
1	80,25	10,85	217,0						
2	80,3	7,6	152,0	80,25	11,1	222,0			
3	80,4	6,35	63,5	80,3	5,45	109,0	80,25	5,45	109,0
4	80,8	5,15	12,9	80,55	2,3	9,2	80,4	3,55	23,7
5	83,4	3,6	1,4	81,4	3,4	4,0	80,9	1,05	2,1
6	95,4	2,55	0,2	95,4	3,9	0,3	91,4	3,85	0,4
7	107,4	2,35	0,2	109,4	2,8	0,2	109,8	2,95	0,3
8	110,0	2,6	1,0	110,35	2,65	2,8	110,5	2,05	2,9
9	110,4	3,15	7,9	110,6	4,4	17,6	110,6	2,1	21,0
10	110,6	4,2	21,0						
11									
12									
reines Toluol		82,95	∞		85,0	∞		86,3	∞
Gesamtgewicht . .		184,1			183,25			(181,9)	
Gewicht des Destillates unter der Mitteltemperatur in Proz. des Gesamtgewichts		48,3			48,3				

sofort über 81° stieg, so daß in Nr. 5 nichts aufgefangen werden konnte. Ebenso wurde gefunden, daß als die Destillation soweit wie möglich durchgeführt worden war, die Temperatur nicht höher als 91,4° gestiegen war. Die Destillation wurde daher an dieser Stelle abgebrochen, der Rückstand im Kolben abgekühlt und in eine besondere Vorlage *R* gebracht. Alsdann wurde die Fraktion Nr. 7 in den Kolben gegeben, deren Destillat, solange bis die Temperatur 100° erreicht hatte, in *R* und dann weiter in Nr. 7 aufgefangen wurde. Der Rest der Fraktionierung wurde wie zuvor ausgeführt.

Endfraktionierungen. Bei den folgenden Destillationen wurden die Fraktionen unter und über dem Temperaturmittelpunkt getrennt behandelt, indem der Rückstand der letzten der niedrigeren Fraktionen, und der erste Teil des Destillates der höheren Fraktionen jedesmal in *R* gesammelt wurde.

Es waren 4 weitere Destillationen für die Abtrennung des Benzols und 2 für die des Toluols nötig. Das Gesamtgewicht des reinen wiedergewonnenen Benzols betrug, nachdem die Reihe der Fraktionierungen bis zur äußersten Grenze durchgeführt worden war, 81,4 g von 100 g ursprüng-

Tabelle 39 (Fortsetzung).

XV.			XVI.			XVII.			XVIII.		
t	Δw	$\frac{\Delta w}{\Delta t}$	t	Δw	$\frac{\Delta w}{\Delta t}$	t	Δw	$\frac{\Delta w}{\Delta t}$	t	Δw	$\frac{\Delta w}{\Delta t}$
Grad			Grad			Grad			Grad		
80,2	75,7	∞	80,2	77,7	∞	80,2	79,0	∞	80,2	81,4	∞
80,3	3,85	38,5	80,3	2,45	24,5	80,3	3,5	35,0			
80,65	2,6	7,4	80,6	3,65	12,2						
81,85	3,25	2,7									
107,5 bis 110,2	1,95	0,7	110,45 bis 110,6	1,5	10,0						
110,6	2,7	6,8									
	87,55	∞		88,8	∞						

lich angewandtem; das Gewicht des Toluols betrug 88,8 g. Die in *R* gesammelte und nicht weiter destillierte Flüssigkeitsmenge betrug 7,8 g, und der durch Verdampfen und durch das Übergießen von den Vorlagen in den Kolben eingetretene Verlust betrug 22,0 g. Die zu der ganzen Operation erforderliche Zeit betrug etwas über 30 Stunden.

In drei Bestandteile zerlegbare Mischungen.

Wir haben gesehen, daß, wenn eine Mischung bei der Destillation sich in zwei Bestandteile zu trennen strebt, der weniger flüchtige Bestandteil leichter in reinem Zustand zu erhalten ist. Wenn eine Mischung sich in drei Bestandteile trennen läßt, so kann der schwerstflüchtige von ihnen regelmäßig am leichtesten isoliert werden und von den anderen beiden kann der flüchtigere leichter abgetrennt werden.

Mischungen aus Methyl-, Äthyl- und Propylacetat.

Als Beispiel für diese Angabe sei die Fraktionierung einer Mischung aus 200 ccm Methylacetat (K.P. 57,1°), 250 ccm Äthylacetat (K.P.

Tabelle 40.

I.				II.				III.			
F.	t	Δw	$\frac{\Delta w}{\Delta t}$	F.	t	Δw	$\frac{\Delta w}{\Delta t}$	F.	t	Δw	$\frac{\Delta w}{\Delta t}$
	Grad				Grad				Grad		
A											
1											
2									(58,4)		
3				3	(60,9)		—	3	60,95	36,5	14,3
4	(63,8)			4	63,8	59,7	20,6	4	63,85	77,2	26,6
5	71,3	141,4	18,9	5	71,0	134,2	18,6	5	71,0	100,6	14,0
6											
7											
8	77,8	145,2	22,3	8	77,1	98,4	16,1	8	77,15	75,4	12,4
9											
10											
11	89,2	146,9	12,8	11	84,4	67,2	9,2	11	84,4	67,7	9,3
12											
13	oberhalb 89,2	143,3	—	13	91,7	51,0	7,0	13	91,65	59,6	8,2
14				14	98,4	86,1	12,7	14	98,4	46,7	6,9
15				15	101,5	63,7	20,6	15	101,45	78,3	26,1
16											
17				17	(101,55)	14,3	—	17	101,55	19,7	197,0
x											
y											
z								*z*	—	10,0	∞
		576,8				574,6				571,7	

77,15°) und 200 ccm Propylacetat (K. P. 101,55°) angeführt, die mit einem senkrechten, glatten Aufsatzrohr von 1 m Länge ausgeführt wurde. Die Einzelheiten dieser Fraktionierung sind im Philosophical Magazine[1] veröffentlicht worden. In Tabelle 40 sind nur die Ergebnisse der Fraktionierungen 1—8, 12, 16, 20 und 24 angegeben[2]. Man wird bemerken, daß die hierbei angewandte Methode sich von der schon beschriebenen insofern unterscheidet, als die Zahl der Fraktionen zu Anfang klein war und dann schrittweise gesteigert wurde. Der Bequemlichkeit wegen sind die Fraktionen so numeriert, daß sie von Anfang an in die ihnen bei der letzten Destillation zugewiesenen Plätze kommen. Die Zeichen bedeuten folgendes: *F* ist die Nummer der Fraktion, *t* die korrigierte und auf 760 mm reduzierte Endtemperatur einer jeden Fraktion; bei den ersten 4 Fraktionierungen bedeutet die niedrigste, in Klammern angegebene Zahl die Temperatur, bei der ein Destillat an-

[1] Barrell, Thomas und Young: On the Separation of Three Liquids by Fractional Distillation. Philis. Magazine (V), **37**, 8 (1894).

[2] Über die mit einem verbesserten Aufsatz erhaltenen Ergebnisse siehe Tabelle 57, S. 181.

Tabelle 40 (Fortsetzung).

IV.				V.				VI.			
F.	t	Δw	$\frac{\Delta w}{\Delta t}$	F.	i	Δw	$\frac{\Delta w}{\Delta t}$	F.	t	Δw	$\frac{\Delta w}{\Delta t}$
	Grad				Grad				Grad		
	(57,7)							1	57,3	6,3	31,5
2	58,8	17,2	19,1	2	58,2	19,4	17,6	2	58,2	28,5	31,7
3	61,0	58,1	23,7	3	60,7	69,9	28,0	3	60,1	55,0	29,0
4	63,9	53,1	18,3	4	63,85	49,0	15,3	4	63,85	54,2	14,3
5	71,05	85,1	11,8	5	71,0	69,0	9,6	5	70,75	47,4	6,9
7								7	75,7	52,0	10,4
8	77,15	66,6	10,9	8	77,15	71,1	11,6	8	77,15	33,4	22,3
11	84,3	84,7	11,8	11	83,35	85,1	13,6	11	78,4	34,8	29,0
								12	82,5	47,9	11,7
13	91,6	40,8	5,6	13	90,75	33,7	4,6	13	90,2	28,1	3,6
14	98,4	33,8	5,0	14	98,45	33,5	4,4	14	98,45	27,8	3,3
15	100,95	44,1	17,6	15	100,95	29,4	11,8	15	100,95	25,6	10,2
16	101,45	38,7	77,4	16	101,45	36,7	73,4	16	101,45	30,3	60,6
17	101,55	24,2	242,0	17	101,55	31,1	311,0	17	101,55	34,0	340,0
z	—	20,2	∞	z	—	34,7	∞	z	—	50,6	∞
		566,6				562,6				555,9	

fing, überzugehen; Δw bedeutet das Gewicht einer jeden Fraktion, und $\Delta w/\Delta t$ das Verhältnis der Destillatmenge zur Temperaturstufe.

Erste und zweite Fraktionierung. Die erste Fraktionierung, I., bedarf keiner Erklärung; die zweite, II., wurde in folgender Art ausgeführt: Die erste Fraktion von I. (Nr. 5) wurde destilliert, und das Destillat wurde in der Vorlage Nr. 4 aufgefangen, bis die Temperatur auf 63,8° gestiegen war; alsdann wurde Nr. 4 durch die Vorlage Nr. 5 ersetzt, und die Destillation fortgesetzt, bis die Temperatur 71,0° erreichte. Die Heizung wurde dann abgestellt, und die 2. Fraktion von I. (Nr. 8) zum Rückstand in den Kolben gegeben. Die Heizung wurde wieder angestellt, und das Destillat wurde in Nr. 5 gesammelt, bis die Temperatur auf 71,0° stieg, worauf diese Vorlage durch Nr. 8 ersetzt wurde, mit der die Destillation fortgesetzt wurde, bis die Temperatur 77,1° erreichte. Die 3. Fraktion von I. (Nr. 11) wurde dann zum Rückstand zugesetzt, und das Destillat in Nr. 8 aufgefangen, bis die Temperatur auf 77,1° gestiegen war, worauf Nr. 11 an Stelle von Nr. 8 gesetzt wurde. Bei 84,4° wurde für Nr. 11 eine neue Vorlage, Nr. 13, untergestellt, und man ließ die Temperatur auf 91,7° steigen. Alsdann wurde die letzte Frak-

Tabelle 40 (Fortsetzung).

VII.				VIII.				XII.			
F.	t	Δw	$\frac{\Delta w}{\Delta t}$	F.	t	Δw	$\frac{\Delta w}{\Delta t}$	F.	t	Δw	$\frac{\Delta w}{\Delta t}$
	Grad				Grad				Grad		
				A	57,1	6,0	∞	A	57,1	41,1	∞
1	57,3	13,3	66,5	1	57,3	11,7	58,5	1	57,2	17,0	170,0
2	58,2	42,9	47,7	2	58,2	49,1	54,6	2	57,65	30,5	67,8
3	60,0	47,5	26,4	3	60,1	45,4	23,9	3	58,9	30,3	24,2
4	63,8	43,5	11,4	4	63,8	36,0	9,7	4	63,5	31,0	6,7
5	70,75	45,9	6,7	5	70,7	37,8	5,5	5	71,9	23,8	2,8
7	75,8	42,7	8,4	7	75,8	41,9	8,2	7	76,45	32,9	7,1
8	77,2	45,0	32,1	8	77,15	43,8	32,4	8	77,0	30,5	55,5
								9	77,15	27,6	184,0
								10	77,3	36,2	241,3
11	78,3	37,8	34,4	11	78,2	51,1	48,7	11	77,6	35,6	85,3
12	82,1	41,1	10,8	12	81,1	34,1	11,8	12	78,85	18,7	14,9
13	90,15	23,4	2,9	13	90,05	22,8	2,5	13	88,9	17,9	1,8
14	98,45	22,3	2,7	14	98,5	17,8	2,1	14	99,55	9,5	0,9
15	100,95	17,6	7,0	15	101,0	16,7	6,7	15	101,15	8,1	5,1
16	101,45	24,3	48,6	16	101,45	19,4	43,3				
17	101,55	23,7	237,0	17	101,55	12,6	126,0				
								X	—	7,8	
								Y	—	8,1	
Z	—	80,2	∞	Z	—	101,5	∞	Z	—	132,6	∞
		551,2				547,7,				529,2	

tion von I. zum Rückstand in den Kolben gegeben, und das Destillat bis 91,7° in Nr. 13 aufgefangen. Die Fraktion von 91,7—98,4° wurde alsdann in Nr. 14, die von 98,4—101,5° in Nr. 15 aufgefangen. Danach wurde die Destillation abgestellt, und der Rückstand in Nr. 17 gegeben.

Abtrennung von Propylacetat. Die 3. Fraktionierung, III., wurde in ähnlicher Art ausgeführt, wobei aber eine neue Fraktion, Nr. 3, zu Anfang aufgefangen wurde. Als die Temperatur vor Beendigung der letzten Destillation 101,55°, den Siedepunkt des Propylacetats, erreichte, wurde der Rückstand in einen besonderen Kolben z gegeben und nicht wieder destilliert. Auch die Rückstände der folgenden Fraktionierungen bis zur 10. wurden in z aufgefangen, später aber, nachdem eine größere Menge Propylacetat abgetrennt war, stieg die Temperatur nicht mehr auf 101,55°. Der Rückstand von der 11. Fraktionierung (K. P. über 101,45°) wurde daher in einen neuen Kolben y gebracht. Am Ende der 12. Fraktionierung stieg die Temperatur nur noch bis 101,15°, und der Rückstand wurde daher in einen dritten Kolben x gebracht. Ebenso wurden die später anfallenden Rückstände in w, $v \ldots . q$, wie Tabelle 40 zeigt, untergebracht.

Tabelle 40 (Fortsetzung).

XVI.				XX.				XXIV.			
F.	t	Δw	$\frac{\Delta w}{\Delta t}$	F.	t	Δw	$\frac{\Delta w}{\Delta t}$	F.	t	Δw	$\frac{\Delta w}{\Delta t}$
	Grad				Grad				Grad		
A	57,1	79,9	∞	*A*	57,1	105,5	∞	*A*	—	105,5	∞
1	57,2	14,6	146,0	1	57,15	5,9	118,0				
2	57,6	17,3	43,2	2	57,55	10,7	26,7	*Bu.C*	—	21,7	
3	58,6	14,6	14,6	3	58,55	8,9	8,9	*D*	—	10,0	
4	65,35	25,0	3,7	4	67,25	17,6	2,0	4	67,2	6,8	0,8
5	73,9	15,6	1,8	5	75,95	16,6	1,9	5	75,3	15,1	1,9
								6	76,8	7,8	5,2
7	76,8	26,6	9,2	7	76,95	16,0	16,0	7	77,1	12,2	40,7
8	77,1	26,7	89,0	8	77,15	13,4	67,0	8	77,15	14,6	292,2
9	77,15	39,0	780,0	9	77,15	45,0	18880	9	77,15	31,9	sehr hoch
10	77,2	39,9	798,0	10	77,2	49,4		10	77,15	26,9	
11	77,35	24,4	162,6	11	77,25	13,0	260,0				
12	77,9	11,6	21,1								
U	—	6,6		*S*	—	8,6		*Q*	—	13,1	
V—Z	—	172,4		*T—Z*	—	192,3		*R—Z*	—	228,8	
		514,2				502,9				494,4	

Abtrennung von Methylacetat. Erst von der 5. Fraktionierung ab begann die erste Fraktion bei 57,1°, dem Siedepunkt des Methylacetats, zu sieden, und erst von der 8. Fraktionierung ab erschien es zweckmäßig, den ersten Anteil des ersten Destillates getrennt aufzufangen. Dieser Teil, und ebenso die entsprechenden bis zur 20. Fraktionierung wurden zusammen in einem Kolben *A* aufgefangen. Späterhin wurden die ersten Anteile in *B*, *C*, *D* und *E* gesammelt.

Anhäufung des Äthylacetats in den mittleren Fraktionen. Die Gegenwart des Stoffes mit mittlerem Siedepunkt, des Äthylacetats, ist erst bei der 4. Fraktionierung, bei der der Wert von $\Delta w/\Delta t$ für das sechste Destillat (Nr. 11) etwas höher als der für das darunter und darüber liegende ist, deutlich erkennbar. Bei den Fraktionen 8 und 11 der folgenden und den Fraktionen 9 und 10 der zehnten Fraktionierung ist dagegen die schrittweise Anhäufung des Äthylacetats in den mittleren Fraktionen durch das Steigen der Werte von $\Delta w/\Delta t$ klar zu erkennen. Die Temperaturstufe für Nr. 9 und 10 wurde in Stufen von je 0,2° von der 11. Fraktionierung an vermindert, bis kein Anstieg mehr bemerkt werden konnte; in der Tat konnte bei der 22. und 23. Fraktionierung während des Auffangens von Nr. 11 kein merklicher Temperaturanstieg beobachtet werden. Es war daher sicher, daß nach der 26. Fraktionierung die zehnte Fraktion frei von Propylacetat war, und daß die zurückbleibenden Fraktionen *B* bis *E* und 5—10 nur Methyl- und Äthylacetat enthielten. Mit gleicher Sicherheit kann man schließen, daß die Fraktionen *Q*—*Z* frei von Methylacetat waren. Die vorläufigen Fraktionierungsreihen waren damit vollständig durchgeführt, da keine Fraktion jetzt mehr als zwei Bestandteile enthielt.

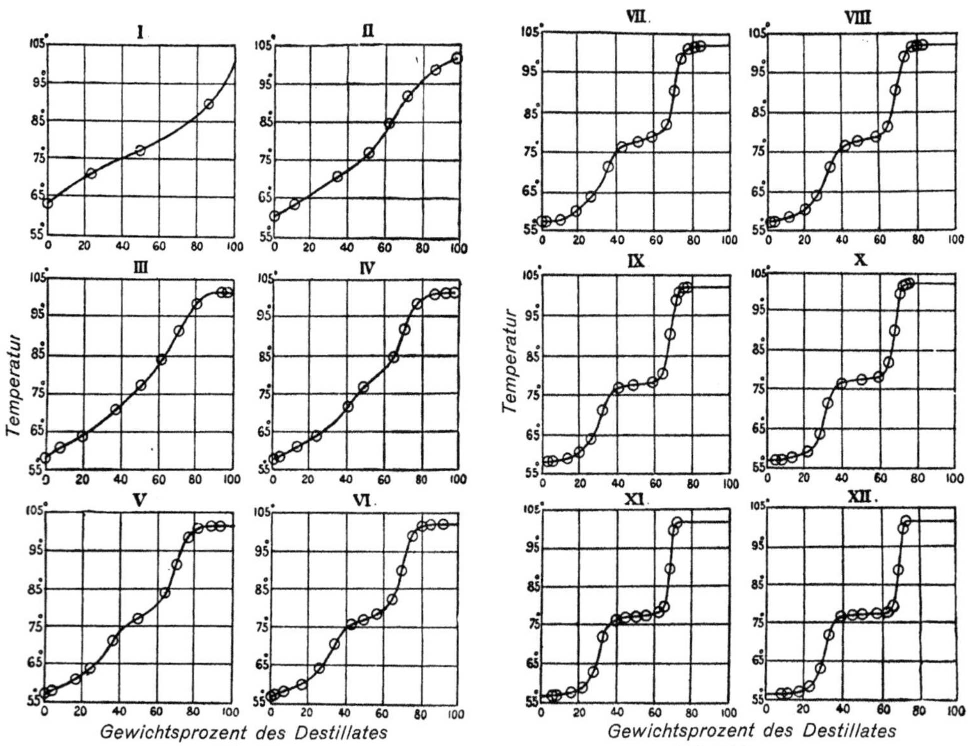

Abb. 35 a. Abb. 35 b.

Abb. 35 a u. b. Ergebnisse der fraktionierten Destillation einer Mischung von Methyl-, Äthyl- und Propylacetat.

Graphische Darstellung der Ergebnisse. Der Fortschritt der Trennung ist gut zu erkennen, wenn man die Temperaturen gegen das Gesamtgewicht des aufgefangenen Destillates in Prozenten der ganzen vorhandenen Flüssigkeitsmenge aufträgt; diese Kurven für die ersten 12 Fraktionierungen sind in Abb. 35 (a und b) abgebildet. Die horizontalen Strecken an den Enden der späteren Kurven stellen das Methyl- und Propylacetat dar, das mit dem ersten Anteil der ersten Destillate bzw. den Rückständen entfernt worden ist. Die Gegenwart des

Äthylacetats ist in der 4. Kurve klar erkennbar, in den früheren aber nicht.

Endfraktionierungen. Die Fraktionen, in die die Ester am Ende der 26. Fraktionierung getrennt worden waren, sind in Tabelle 41 angegeben. Das Gesamtgewicht betrug 490,8 g, 86 g sind daher durch Verdampfen und durch das Übergießen von der Vorlage in den Kolben verloren gegangen. Die endgültige Trennung von einerseits Methyl- und Äthylacetat, andererseits Äthyl- und Propylacetat wurde in der gleichen Art ausgeführt, wie es bei den späteren Fraktionierungen der Mischungen von Benzol und Toluol beschrieben worden ist. Es war allerdings notwendig, das Methylacetat zur Entfernung der Feuchtigkeit mit Phosphorpentoxyd und das Propylacetat zur Entfernung der von einer geringen Hydrolyse herrührenden Säure mit Kaliumcarbonat zu behandeln. Der Verlust wurde daher erheblich größer, als er sonst gewesen wäre.

Tabelle 41.

Methyl- und Äthylacetat			Äthyl- und Propylacetat		
Fraktion	Temperaturstufe	Gewicht	Fraktion	Temperaturstufe	Gewicht
	Grad			Grad	
A	57,1	105,5	*Q*	77,15	32,3
B	57,1 —57,15	11,6	*R*	77,15— 77,2	19,7
C	57,15—57,55	10,1	*S*	77,2 — 77,3	16,8
D	57,55—58,55	10,0	*T*	77,3 — 77,65	9,7
E	58,55—68,9	11,9	*U*	77,65— 79,6	10,2
5	68,9 —75,7	7,1	*V*	79,6 — 99,7	15,8
6	75,7 —76,9	10,4	*W*	99,7 —101,15	8,1
7	76,9 —77,1	15,4	*X*	101,15—101,45	7,8
8	77,1 —77,15	16,4	*Y*	101,45—101,55	8,1
9 u. 10	77,15	31,3	*Z*	101,55	132,6
		229,7			261,1

Die endgültigen Ergebnisse sind unten angegeben.

Tabelle 42.

	Gewichte			Spez. Gewicht bei 0°/4° [1]	
	Angewandt	Wiedergewonnen	%	Vor der Mischung	Nach der Fraktionierung
Methylacetat . . .	183	88,0	48,1	0,959 32	0,959 37
Äthylacetat . . .	222	{56,1; 62,7} 118,8	53,5	0,924 36	{0,924 38; 0,924 37}
Propylacetat . . .	175	126,8	72,5	0,910 16	0,910 08

[1] Spez. Gew. bei 0° bezogen auf Wasser von 4°.

Die Ester wurden über Phosphorpentoxyd destilliert, bevor ihre spezifischen Gewichte bestimmt wurden.

Komplizierte Mischungen.

Beim Vorliegen komplizierter Mischungen ist die Arbeitsweise ähnlich der für die Trennung der drei Komponenten gewählten, nur muß die Zahl der Fraktionen gesteigert werden, außerdem ist mehr Zeit erforderlich.

Wenn in einer komplizierten Mischung zwei Flüssigkeiten mit nicht sehr entfernt liegenden Siedepunkten zusammen mit anderen enthalten sind, die verhältnismäßig viel niedrigere und höhere Siedepunkte haben, so scheinen regelmäßig die anfänglichen Fraktionierungen nicht auf die Gegenwart von zwei Flüssigkeiten hinzudeuten, sondern auf die einer einzelnen Substanz mit einem Siedepunkt, der zwischen denen der zwei wirklich vorhandenen liegt. Erst nachdem durch die aufeinander folgenden Fraktionierungen eine ziemlich weitgehende Trennung des Gemisches gelungen ist, wird die Gegenwart der beiden Flüssigkeiten deutlich offenbar.

Abtrennung der Pentane aus dem Petroleum.

Einen schlagenden Beweis dafür bietet die Abtrennung des Isopentans (K. P. 27,95°) und des Normalpentans (K. P. 36,3°) aus dem Vorlauf des amerikanischen Petroleums[1]. Nach Behandlung mit einer Mischung aus konzentrierter Salpeter- und Schwefelsäure zur Entfernung der Verunreinigungen besteht der „Petroläther" in der Hauptsache aus Butanen und wahrscheinlich etwas Tetramethylmethan, die alle tiefer als 10° sieden, den beiden erwähnten Pentanen und aus Hexanen und anderen Kohlenwasserstoffen, die über 60° sieden, vermischt mit sehr viel kleineren Mengen Pentamethylen und Trimethyläthylmethan, die beide bei ungefähr 50° sieden; außer den beiden Pentanen sind keine Stoffe zugegen, die zwischen ungefähr 10 und 50° sieden.

Um die Abtrennung der Pentane auszuführen, muß ein sehr wirksamer Fraktionieraufsatz verwendet werden (Kapitel XII), aber die Methode, die Fraktionen einzuteilen, ist die gleiche, als wenn ein gewöhnlicher Aufsatz verwendet würde.

Graphische Darstellung und Auswertung der Ergebnisse. Die Fraktionsierungen werden später (S. 170 und S. 230) ausführlicher behandelt werden, hier sollen nur die Kurven betrachtet werden, die

---

[1] Young und Thomas: Some Hydrocarbons from American Petroleum, I. Normal and Iso-Pentane. Trans. Chem. Soc. 71, 440 (1897).

die Ergebnisse der 1., 4., 7., 10. und 13. Fraktionierung wiedergegeben (Abb. 36).

Die erste Kurve I. scheint anzudeuten[1], daß ein einzelner Stoff mit einem Siedepunkt von etwa 33° von anderen beträchtlich niedriger (Butanen) und höher (Hexanen) siedenden Stoffen abgetrennt wird,

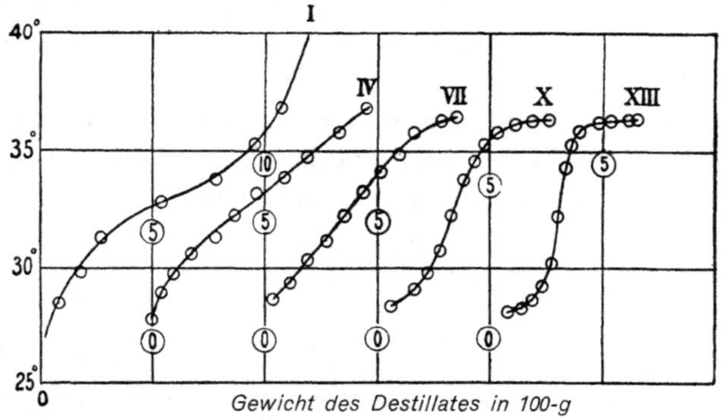

Abb. 36. Abtrennung von Normal- und Isopentan aus amerikanischem Petroleum.

aber wenn das in Wirklichkeit der Fall wäre, würden die Kurven bei den nachfolgenden Fraktionen bei dieser Temperatur sich weiter der Waagrechten nähern (und damit eine größere Reinheit anzeigen), und sie würden z. B. bei 25° und 40° steiler werden.

Statt dessen werden sie bei ungefähr 33° weniger horizontal, und die nächste Kurve IV stellt zwischen ungefähr 30 und 37° eine Gerade dar. Dieser Wechsel ist ein sicheres Zeichen dafür, daß wenigstens zwei Stoffe mit nicht sehr verschiedenen Siedepunkten vorliegen, auf die wirklichen Siedepunkte kann man indessen noch kaum schließen.

Kurve VII ist von ungefähr 28,5° bis ungefähr 35,5° ziemlich gerade, aber darüber hinaus bis 36,4° wird sie viel horizontaler. Dies scheint darauf hinzudeuten, daß der weniger flüchtige Bestandteil bei einer von 36° nicht weit entfernt liegenden Temperatur siedet (die Hexane sind schon fast vollständig entfernt).

Kurve X ist in ihrem mittleren Teil erheblich steiler; nach oben zu wird sie nahezu horizontal und strebt dem Wert 36,3° zu. Sie zeigt damit, daß der Siedepunkt der höher siedenden Flüssigkeit etwas höher als 36,0° liegt. Da die Kurve nach unten zu horizontaler verläuft als Nr. VII, ist es offensichtlich, daß der zweite Bestandteil nicht weit von 28° sieden muß.

Das obere Ende der Kurve XIII verläuft bei 36,3° vollständig horizontal, und der wahre Siedepunkt des weniger flüchtigen Bestandteils

[1] Young: Experiments on Fractional Distillation. Journ. Soc. Chem. Ind. **19**, 1072 (1900).

(Normalpentan) ist damit festgelegt; die Form des unteren Teiles der Kurve zeigt, daß der Siedepunkt des flüchtigeren Bestandteils (Isopentan) sehr nahe bei 28° liegen muß, und weitere Fraktionierungen zeigten, daß er in Wirklichkeit 27,95° beträgt.

Hexamethylen im amerikanischen Petroleum. Wenn in einer aus vielen Stoffen zusammengesetzten Mischung ein Bestandteil in verhältnismäßig geringer Menge vorliegt, so kann er sehr leicht übersehen werden, und nur dadurch kann man die Gegenwart solcher Substanzen bemerken, daß man die Ergebnisse der Fraktionierungen und besonders die Werte von $\Delta w/\Delta t$ sorgfältig aufzeichnet, oder indem man die Destillatgewichte gegen die Temperaturen aufträgt.

Tabelle 43.

V.				VI.				VII.				XII.			
F.	t	Δw	$\frac{\Delta w}{\Delta t}$	F.	t	Δw	$\frac{\Delta w}{\Delta t}$	F.	t	Δw	$\frac{\Delta w}{\Delta t}$	F.	t	Δw	$\frac{\Delta w}{\Delta t}$
	Grad				Grad				Grad				Grad		
	(66,0)				(66,0)				(66,0)						
1	67	85,9	85,9	1	67,0	74,9	74,9	1	66,9	49,8	55,3				
2	68	94,1	94,1	2	68,0	82,6	82,6	2	67,7	62,3	77,9				
								3	68,4	70,0	100,0				
4	69	81,1	81,1	4	69,0	103,0	103,0	4	69,0	68,8	114,7				
5	70	73,3	73,3	5	70,0	78,3	78,3	5	69,8	81,9	102,4				
6	72	64,6	32,3	6	71,5	52,2	34,8	6	71,0	46,9	39,1				
								7	72,5	45,4	30,3		(74,0)		
8	78	81,4	13,6	8	76,0	69,7	15,5	8	76,0	20,5	5,9	9	48,8	12,7	2,7
10	84	62,5	10,4	10	82,0	64,8	10,8	10	79,5	38,1	10,9	10	80,0	16,4	13,7
												11	80,5	24,3	48,6
												12	81,1	12,1	20,2
												13	83,0	11,5	6,1
14	89	66,0	13,2	14	87,0	58,9	11,8	14	85,0	72,9	13,3	14	85,0	7,1	3,5
15	91	39,9	20,0	15	90,0	35,3	11,8	15	88,0	23,4	7,8				

Als Beispiel diene die Untersuchung des Destillates aus amerikanischem Petroleum, das zwischen 66 und 91° übergeht[1]. In diesem Falle könnte wieder ohne den Gebrauch eines sehr wirksamen Fraktionieraufsatzes kein befriedigendes Ergebnis erhalten werden. Die Ergebnisse der 5., 6. und 7. Fraktionierung, zwischen den oben genannten Temperaturen, und die der 12. Fraktionierung zwischen 74 und 85° sind in Tabelle 43 angegeben. Die 5. Fraktionierung gab von 61,5—70° hohe Werte von $\Delta w/\Delta t$, mit einem Maximum bei 67—68°. Oberhalb von 70° fiel das Verhältnis auf ein Minimum, das bei 78—84° erreicht wurde, und stiegen dann wieder. Wenn nun zwischen den Hexanen und den Pentanen kein anderer Stoff vorhanden wäre, würde

[1] Young: Composition of American Petroleum. Trans. Chem. Soc. **73**, 905 (1898).

das Verhältnis $\Delta w/\Delta t$ bei den Zwischentemperaturen und besonders bei ungefähr 80° bei jeder weiteren Fraktionierung kleiner werden. Man erkennt aber, daß bei der nächsten Fraktionierung das Verhältnis ein wenig höher statt ein wenig niedriger war. Die Zahl der Fraktionen in der Nähe von 80° wurde daher vergrößert, und in der 7. Fraktionierung wurde außer dem dem Normalhexan entsprechenden ein zweites Maximum in den Werten von $\Delta w/\Delta t$ bei 69° beobachtet.

Die weitere Fraktionierung des zwischen 72 und 88° übergehenden Destillates zeigte, daß wirklich eine Substanz zugegen war, die nicht weit von 80° entfernt siedete, wie man aus Nr. 12 erkennt. Man hätte annehmen können, daß diese Substanz Benzol ist (K. P. 80,2°). Das konnte aber deswegen nicht der Fall gewesen sein, weil eine 10—20 proz. Lösung von Benzol in Hexan nahezu konstant bei ungefähr der gleichen Temperatur wie Hexan selbst siedet, und da bei der Destillation des amerikanischen Petroleums nahezu das ganze Benzol unterhalb von 70°, in der Hauptsache zwischen 63 und 68°, übergeht. Außerdem waren in diesem Falle die aromatischen Kohlenwasserstoffe durch Behandlung mit Salpeter-Schwefelsäure entfernt worden.

Die Flüssigkeitsmenge war zu gering, um eine ganz konstant siedende Fraktion zu erhalten, indessen war eine beträchtliche Anreicherung erzielt worden.

Hexamethylen im galizischen Petroleum. Späterhin wurde eine große Menge galizischen Petroleums von Frl. E. C. Fortey[1] fraktioniert. Dabei wurde eine beträchtliche Menge einer bei 80,8° konstant siedenden Flüssigkeit erhalten. Eine chemische Prüfung der Flüssigkeit führte zu dem Schlusse, daß sie aus reinem Hexamethylen bestand[2,3]; späterhin wurde allerdings gefunden[4], daß sie nur teilweise, aber nicht vollständig in einer gewöhnlichen Kältemischung zum Erstarren gebracht werden konnte. Um das Hexamethylen (K. P. 80,85°) in reinem Zustande abzutrennen, mußte man zur fraktionierten Kristallisation seine Zuflucht nehmen. Offensichtlich ist ein anderer Kohlenwasserstoff, zweifellos ein Heptan, in geringer Menge zugegen, der durch fraktionierte Destillation nicht abgetrennt werden kann.

Mischungen mit konstantem Siedepunkt. In Kap. IV ist die Bildung von Mischungen mit konstantem (Minimum oder Maximum) Siede-

---

[1] Fortey: Hexamethylene from American and Galician Petroleum. Trans. Chem. Soc. **73**, 932 (1898).

[2] Baeyer: Über die hydrirten Derivate des Benzols. Berl. Berichte **26**, 229 (1893). Über die Reduktionsprodukte des Benzol. Liebigs Ann. **278**, 88 (1893).

[3] Markownikoff: Über das Vorkommen des Hexanaphthens im kaukasischen Naphtha. Berl. Ber. **28**, 577 (1895). Über einige neue Bestandteile der kaukasischen Naphtha. Ebenda **30**, 974 (1897).

[4] Young und Fortey: The Vapour Pressures, Specific Volumes and Critical Constants of Hexamethylene. Trans. Chem. Soc. **75**, 873 (1899).

punkt erwähnt worden. Wenn eine Flüssigkeit zwei Bestandteile enthält, die zur Bildung einer Mischung mit konstantem Siedepunkt befähigt sind, so ist es nicht möglich, beide Bestandteile voneinander zu trennen; man kann höchstens den Bestandteil abtrennen, der im Überschuß über die zur Bildung der konstant siedenden Mischung nötigen Menge hinaus vorliegt, und selbst das ist nicht möglich, wenn die Siedepunkte sehr nahe beieinander liegen. So würde keine noch so oft vorgenommene Fraktionierung mit den vollkommensten Apparaten die Abtrennung von reinem n-Hexan oder reinem Benzol aus einer Mischung mit z. B. 2% Benzol ermöglichen[1], weil die Siedepunkte des Hexans und der binären Mischung aller Wahrscheinlichkeit nach sich um weniger als 0,1° unterscheiden. Wenn dagegen die ursprüngliche Mischung z. B. 50% Benzol enthielte so könnte eine geringe Menge dieses Bestandteiles in reinem Zustand von der konstant siedenden Mischung abgetrennt werden[2].

Amerikanisches Petroleum enthält eine verhältnismäßig kleine Menge Benzol, das vollständig mit den Hexanen übergeht; russisches Petroleum dagegen ist reicher an aromatischen Kohlenwasserstoffen, dementsprechend geht bei diesem ein Teil des Benzols bei seinem wahren Siedepunkt über, indem nur ein Teil mit den Hexanen zusammen destilliert.

Wenn eine Flüssigkeit drei nicht nahe miteinander verwandte Bestandteile enthält, so kann es vorkommen, daß sowohl eine ternäre wie eine binäre Mischung mit konstantem Siedepunkt bei der Destillation entsteht. In diesem Falle kann nur einer der ursprünglichen Bestandteile in reinem Zustande abgetrennt werden. Diese Punkte werden in den Kapiteln XIII und XV ausführlicher behandelt werden.

VIII. Theoretische Beziehungen zwischen dem Gewicht und der Zusammensetzung des Destillates.

Anwendung von Browns Formel[3].

In den vorhergehenden Kapiteln ist ausgeführt worden,

1. daß die Dampfdrucke von Mischungen zweier nahe verwandter Bestandteile — selten auch die anderer — ohne großen Fehler durch die Formel $P = \frac{M P_A + (100 - M) P_B}{100}$ dargestellt werden;

[1] A. a. O.

[2] Jackson und Young: Specific Gravities and Boiling Points of Mixtures of Benzene and Normal Hexane. Trans. Chem. Soc. **73**, 923 (1898).

[3] Barrell, Thomas und Young: On the Separation of Three Liquids by Fractional Distillation. Philos. Magazine (V), **37**, 8 (1894).

2. daß wenn diese Formel zutrifft, die Zusammensetzung des Dampfes einer beliebigen Mischung jedenfalls angenähert durch Browns Formel $\frac{m'_B}{m'_A} = c\,\frac{m_B}{m_A}$ gegeben ist, in der sich die Konstante c nicht erheblich von dem Verhältnis der Dampfdrucke der reinen Stoffe bei einer in der Mitte zwischen deren Siedepunkten liegenden Temperatur unterscheidet. Wir können daraus schließen, daß Browns Formel ohne großen Fehler für Mischungen zweier nahe verwandter Stoffe angewandt werden kann. Wahrscheinlich können die beiden oben angeführten Formeln nach entsprechender Modifizierung auch für Mischungen von drei oder mehreren nahe verwandten Substanzen angewandt werden.

Mischungen zweier Bestandteile.

Es sollen zunächst Mischungen aus zwei Bestandteilen untersucht werden. Bei diesen kann Browns Formel in der Form

$$\frac{d\xi}{d\eta} = c\,\frac{\xi}{\eta}$$

geschrieben werden, in der ξ die noch vorhandene Menge der Flüssigkeit B in irgendeinem Augenblick, η die noch vorhandene Menge der Flüssigkeit A in dem gleichen Augenblick, und $d\xi$ und $d\eta$ die Gewichte von B bzw. von A im Dampf bedeuten.

Wenn wir L und M als die ursprünglich vorhandenen Gewichte von B und A annehmen und $L + M = 1$ setzen, so erhalten wir durch Integration die Formel

$$(M^c/L)\,y\,\{c + (1-c)\,y\}^{c-1} = c^c\,(1-x)^{c-1}\,(1-y)^c,$$

in der y die Menge der flüchtigeren Flüssigkeit B in der Gewichtseinheit des Destillates darstellt, das in dem Augenblick übergeht, in dem die destillierte Flüssigkeitsmenge x ist. Mittels dieser Gleichung können die Änderungen der Zusammensetzung, die während des Verlaufes einer Destillation eintreten, verfolgt und die Änderung in der Zusammensetzung des Destillates graphisch dargestellt werden.

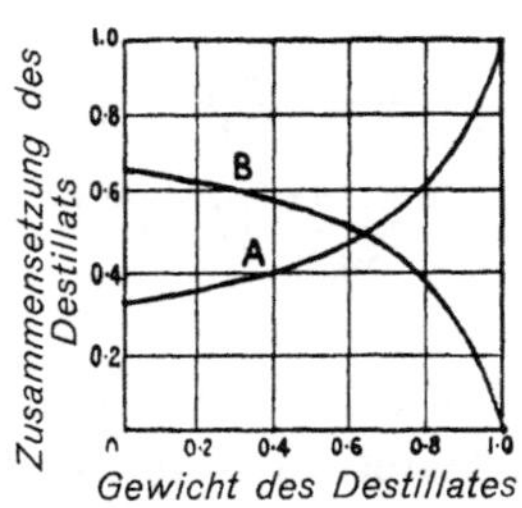

Abb. 37. $B = 0{,}5$, $A = 0{,}5$ in der ursprünglichen Mischung.

Um einen besonders einfachen Fall zu wählen, machen wir die Voraussetzung, daß $c = 2$ und $L + M = \frac{1}{2}$ ist. In dem Diagramm, Abb. 37, sind die Mengen des Destillates, die aufgefangen worden sind, auf der Abscisse, und die prozentualen Mengen der beiden Flüssigkeiten A und B im Destillat auf der Ordinate aufgetragen.

Man erkennt, daß die Zusammensetzung des Destillates sich anfangs langsam, aber weiterhin immer rascher ändert, so daß, während der erste Teil des Destillates eine beträchtliche Menge der schwerer flüchtigen Substanz A enthält, der letzte Teil nahezu ganz frei von dem niedriger siedenden Bestandteil B ist. Diese Folgerung wird durch das Experiment vollständig bestätigt. Man findet darin auch die Erklärung für die Tatsache, daß der weniger flüchtige Bestandteil viel leichter in reinem Zustand abzutrennen ist als der andere.

Wenn wir einige Male in der gewöhnlichen Art fraktionieren und die Destillate in 6 oder 8 Fraktionen auffangen, so werden wir in der ersten Fraktion einen großen Überschuß an B und einen noch größeren Überschuß an A in der letzten Fraktion haben. Wir wollen nun annehmen, daß zwei von diesen Fraktionen, von denen die eine B und A im Verhältnis 9 : 1, die andere im Verhältnis 1 : 9 enthält, einzeln vollständig destilliert werden. Die Ergebnisse der Fraktionierung lassen sich dann durch Abb. 38 und Abb. 39 darstellen. Man erkennt wieder, daß das erste Zehntel des Destillates der ersten dieser Fraktionen nicht so reich an B ist, wie das letzte Zehntel der zweiten Fraktion an A; die Reinigung von A macht schnellere Fortschritte als die von B.

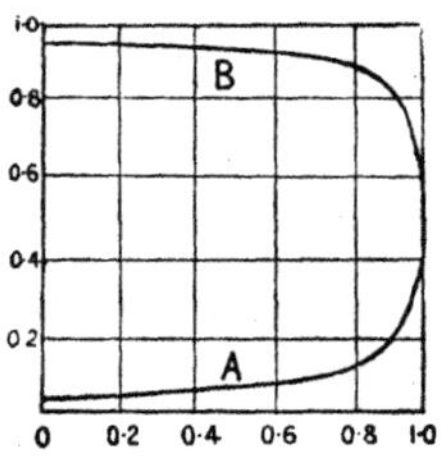

Abb. 38. $B = 0,9$, $A = 0,1$ in der destillierten Mischung.

Für den Gebrauch dieser Formel muß vorausgesetzt werden, daß in dem Aufsatz keine Kondensation und demnach keine Fraktionierung eintritt, daß vielmehr die Dämpfe den Kühler in dem gleichen Zustand erreichen, in dem sie aus der Flüssigkeit im Kolben sich entwickelt haben. Bei Verwendung eines verbesserten Aufsatzes (Kapitel X—XII) würde eine schnellere Trennung erzielt werden.

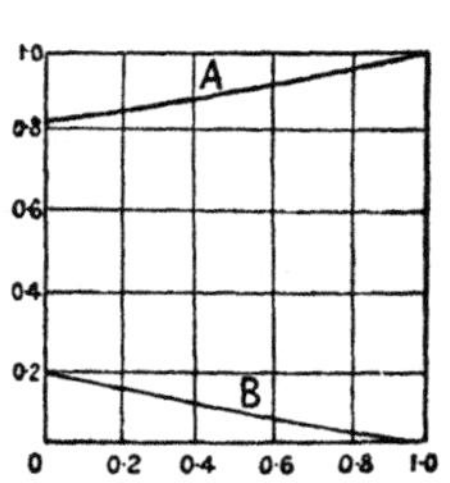

Abb. 39. $B = 0,1$, $A = 0,9$ in der destillierten Mischung.

Mischungen dreier Bestandteile.

Wenn man eine Mischung aus drei nahe verwandten Substanzen, C, B und A hat, so darf man vermuten, daß der Anteil jedes der drei Stoffe im Dampf in einem beliebigen Augenblick gleich dem seines Gewichtes im Kolbenrückstand ist, wenn dieses mit einer entsprechenden Konstante multipliziert wird, die angenähert proportional dem Dampfdruck der entsprechenden Flüssigkeit ist. Hier können wieder durch Integration Formeln erhalten werden, die uns in Stand setzen, den Lauf der Destillation zu verfolgen.

Wenn man die drei Konstanten zu $c = 4$, $b = 2$ und $a = 1$ annimmt, — wobei sie angenähert den Dampfdrucken von Methyl-,

Äthyl- und Propylacetat bei der gleichen Temperatur proportional sind — und die ursprünglichen Gewichte der drei Flüssigkeiten C, B und A als $L = M = N = {}^1/_3$ wählt, so stellt Abb. 40a die erste Destillation dar.

Wenn das Destillat in fünf gleichen Fraktionen aufgefangen würde, so hätten sie folgende Zusammensetzung:

Tabelle 44.

	C oder L	B oder M	A oder N
IIα . .	0,543	0,300	0,157
IIβ . .	0,47	0,33	0,20
IIγ . .	0,37	0,365	0,265
IIδ . .	0,22	0,39	0,39
IIε . .	0,047	0,265	0,687

Wie man sieht, enthält die an B reichste Fraktion, die vierte, nur 39% B, während die letzte Fraktion mehr als doppelt so reich an A wie die ursprüngliche Mischung und nahezu frei von C ist, und während die Menge von C in der ersten Fraktion 54,3% gegenüber 33,3% in der ursprünglichen Mischung beträgt. Hieraus folgt offensichtlich, daß der hinsichtlich seiner Flüchtigkeit in der Mitte stehende Stoff am schwersten, und daß der schwerst flüchtige am leichtesten abzutrennen ist. Wenn diese fünf Fraktionen einzeln destilliert würden, würden wir die in den Kurven, Abb. 40, b, c, d, e, f aufgezeichneten Ergebnisse erhalten. Es ist bemerkenswert, daß in der Fraktion II a, die die reichste an der flüchtigsten Komponente C ist, die Menge von C von 54,3% auf ungefähr 72% im ersten Fünftel des Destillates steigt. In der Fraktion II e, die von allen Fraktionen am meisten von der schwerst flüchtigen Flüssigkeit A enthält, steigt die Menge von A von 68,7% auf ungefähr 90% im letzten Fünftel des Destillates. Dagegen steigt bei der Fraktion II δ, die am meisten von der Mittelflüssigkeit B enthält, die Anreicherung nur von 39% auf etwas weniger als 45% in dem dritten Fünftel des Destillates. Wenn die an C bzw. B und A reichsten Fraktionen wieder destilliert werden würden, so würde sich für die besten Destillate folgendes Bild ergeben:

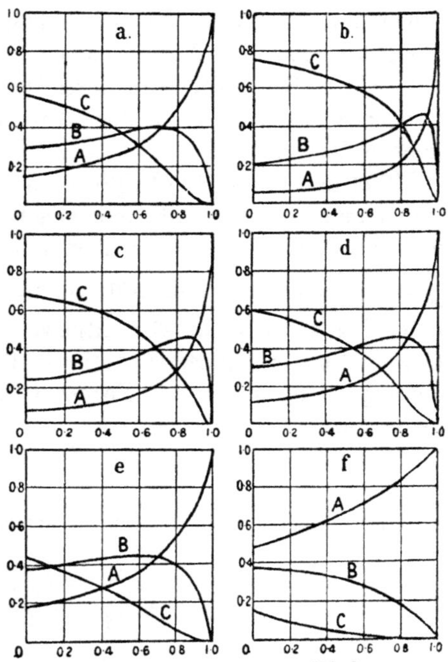

Abb. 40a—f. Destillation von Mischungen, die 3 Bestandteile, A, B, und C enthalten.

Anreicherung an C von 70% auf 82%,
„ „ B „ 45% „ 50%,
„ „ A „ 90% „ 98%.

Die Anreicherung an B bleibt also sehr niedrig, und selbst wenn eine an B sehr reiche Fraktion wieder destilliert wird, ist die Anreicherung sehr schlecht. Z. B. steigt bei der wiederholten Destillation einer Mischung aus 2% C, 96% B und 2% A der Anteil von B im günstigsten Teil des Destillates nur von 96% auf 97%. Offenbar bietet also die Abtrennung des Mittelstoffes aus einer Mischung weit größere Schwierigkeiten als die eines der anderen.

Dagegen ist es nicht schwierig Fraktionen zu erhalten, die reich an C, aber frei von A, und ebenso solche, die reich an A, aber frei von C sind. Das beste Verfahren, den Mittelstoff B in reinem Zustande zu erhalten, ist das, eine Reihe von vorläufigen Fraktionierungen in der bei Methyl-, Äthyl- und Propylacetat beschriebenen Art (S. 123) auszuführen, bis alle Fraktionen, die unter dem Siedepunkt von B übergehen, nur C und B und alle diejenigen, die über dieser Temperatur übergehen, nur B und A enthalten. Man hat dann nur noch die Trennung zweier Bestandteile aus ihrer Mischung auszuführen, was in diesem Falle noch dadurch erleichtert wird, daß diese Gemische schon weitgehend zerlegt sind.

1902 gab Lord Rayleigh[1] eine andere Theorie der Destillation. Wenn man das Gewicht einer gegebenen Flüssigkeitsmischung mit w und das Gewicht des ersten Bestandteils in ihr mit y bezeichnet, so ist $\frac{y}{w} = \xi$ gleich der anteiligen Menge des ersten Bestandteils in der Flüssigkeit. Wenn man das Gesamtgewicht des Dampfes mit dw und das Gewicht des ersten Bestandteils in ihm mit dy bezeichnet, so ist die anteilige Menge des ersten Bestandteils im Dampf gleich $dy/dw = f(\xi)$. Daher ist

$$\frac{d(w\xi)}{dw} = f(\xi),$$

und wenn w_0 und ξ_0 die Anfangswerte von w und ξ bedeuten, so ist

$$\ln\frac{w}{w_0} = \int\limits_{\xi_0}^{\xi} \frac{d\xi}{f(\xi) - \xi}$$

Lord Rayleigh macht die Annahme, daß bei Mischungen, die nur sehr wenig von dem ersten Bestandteil enthalten, der Anteil dieses Bestandteils im Dampf proportional seinem Anteil in der Flüssigkeit ist, oder daß $\frac{dy}{dw} = K\xi$, und daher

$$\xi/\xi_0 = (w/w_0)^{K-1} \qquad \text{ist.}$$

[1] Philos. Magazine (V), 4, 527 (1902).

Rosanoff, Bacon und Schulze[1] führen aus, daß die Gültigkeit von Lord Rayleighs Theorie demnach auf sehr verdünnte Mischungen beschränkt ist, und daß die von Barrell, Thomas und Young vorgeschlagene Lösung des Problems auf Browns Gesetz beruht, das nur von beschränkter Anwendbarkeit ist. Sie selbst geben eine allgemeinere Theorie an, die auf der durch ihre Gleichung[2]

$$\frac{dP}{dM} = \left[(P_A - P_B)/(\log P_A - \log P_B)\right] \log\left[p_A(1-M)/p_B M \ldots\right] \qquad \text{(A)}$$

ausgedrückten Beziehung beruht. Diese Gleichung hat sich bei Fällen aller Arten bewährt.

ξ und η bezeichnen die Gewichte der beiden Bestandteile in der Flüssigkeit, $d\xi$ und $d\eta$ ihre Gewichte im Dampf, p_A und p_B, wie vorher die Partialdrucke der Bestandteile und M den molaren Anteil des ersten Bestandteils in der Flüssigkeit. Dann ist p_A/p_B, das Verhältnis der Partialdrucke, gleich dem Verhältnis der molekularen Anteile im Dampf, wobei die molekularen Anteile natürlich auf die wirklichen Molekulargewichte der Bestandteile bezogen sind. Es wird angenommen, daß die Molekulargewichte im Dampf den gleichen Wert wie in der Flüssigkeit haben, andernfalls würde die thermodynamische Gleichung von Duhem und Margules nicht zutreffen. Es kann daher behauptet werden, daß der Quotient der Verhältnisse der molaren Anteile im Dampf und in der Flüssigkeit gleich den Quotienten der Verhältnisse der Gewichte ist. Daß also

$$\frac{p_A(1-M)}{p_B M} = \frac{\eta\, d\xi}{\xi\, d\eta}$$

oder

$$\frac{d\ln\xi}{d\ln\eta} = \frac{p_A(1-M)}{p_B M}$$

Aus Gleichung A folgt, daß

$$\log\frac{p_A(1-M)}{p_B M} = K\frac{dP}{dM}$$

oder

$$\frac{p_A(1-M)}{p_B M} = e^{K\,dP/dM}$$

daher

$$\frac{d\ln\xi}{d\ln\eta} = e^{K\,dP/dM} \quad \text{ist.} \qquad \text{(B)}$$

Alle auf den Verlauf einer fraktionierten Destillation bezüglichen, auf

[1] A Theory of Fractional Distillation without Reflux Condensation. Journ. Amer. Chem. Soc., **36**, 2000 (1914).

[2] S. 108.

diese Formeln gegründeten Schlüsse sind solange zuverlässig, wie Gleichung A richtig ist.

Indem sie das ursprüngliche Gewicht mit ξ_0 und M_0 und den anfänglichen molekularen Anteil des ersten Bestandteils in der Flüssigkeit mit M_0 bezeichnen, leiten die Autoren schließlich die Gleichung

$$\ln\frac{\xi}{\xi_0} = \int_{M_0}^{M} \frac{e^{KdP/dM}}{(e^{KdP/dM}-1)(1-M)M}\cdot dM \qquad (C)$$

ab. Für den zweiten Bestandteil gilt ähnlich

$$\ln\frac{\eta}{\eta_0} = \int_{M_0}^{M} \frac{dM}{(e^{KdP/dM}-1)(1-M)M} \qquad (D)$$

Da aber ξ und η durch die Gleichung

$$\eta = \frac{1-M}{M}\cdot\frac{M_B}{M_A}\cdot\xi$$

verknüpft sind, in der M_B und M_A die Molekulargewichte von B bzw. A sind, genügt es, nur eine Integration auszuführen. Die Verfasser weisen nach, daß die Gleichungen C und D die Beziehung zwischen den bei einer isothermen fraktionierten Destillation auftretenden Änderungen des Gewichtes und der Zusammensetzung durch das Verhältnis dP/dM, die Neigung der Kurve des Gesamtdruckes, ausdrücken.

Wenn die Kurven für den Gesamt- und die Partialdrucke gerade Linien sind, wird Gleichung B identisch mit Browns Formel, oder

$$\frac{d\ln\xi}{d\ln\eta} = \frac{P_A}{P_B} = \text{konstant},$$

und die Integrale in C und D nehmen die Werte

$$\frac{\xi}{\xi_0} = \left[\frac{M(1-M_0)}{M_0(1-M)}\right]^{P_A/(P_A-P_B)}$$

und

$$\frac{\eta}{\eta_0} = \left[\frac{M(1-M_0)}{M_0(1-M)}\right]^{P_B/(P_A-P_B)}$$

an.

Die Verfasser haben die in der Form der Gleichungen C und D ausgedrückte Theorie durch direkte experimentelle Bestimmungen mit zufriedenstellendem Ergebnis sichergestellt[1,2,3,4].

---

[1] Siehe auch Lewis, W. K.: Theorie of fractional distillation. Journ. Ind. and Eng. Chem. **1**, 522 (1909).

[2] Merkel, F.: Die Rektifikation. Archiv für Wärmewirtschaft **10**, 13 (1929).

[3] Tsukamoto: Die allgemeine Theorie der Destillation von Flüssigkeitsgemischen aus vielen Komponenten und ihre experimentelle Bestätigung Jap. Journ. Chem. **2**, 129—148 (1926).

[4] Gay, L.: Destillation und Rektifikation komplexer Gemische. Chimie et Industrie **15**, 173 (1926) ebenda **18**, 187 (1927); ebenda **18**, 381 (1927).

IX. Beziehungen zwischen den Siedepunkten des Rückstandes und des Destillates.

Erforderliche Daten.

Wenn für Mischungen zweier Substanzen die Kurve konstruiert worden ist, welche die Beziehungen zwischen Siedepunkt und molekularer Zusammensetzung darstellt, und wenn die Beziehung zwischen der Zusammensetzung der flüssigen Mischung und der ihres Dampfes bekannt ist, so kann der Siedepunkt des Destillates aus der Kurve abgelesen werden. Wir haben gesehen, daß man bei zwei chemisch nahe verwandten Stoffen als sicher annehmen darf, daß die Siedepunkte von Mischungen aus den Dampfdrucken der Bestandteile berechnet werden können, und daß Browns Formel die Beziehung zwischen der Zusammensetzung der Flüssigkeit und des Dampfes mit großer Genauigkeit wiedergibt, wenn man als Wert der Konstanten c das mittlere Verhältnis der Dampfdrucke einsetzt.

Benzol und Toluol.

Bei Benzol und Toluol hat man gefunden, daß die Siedepunkte sehr nahe mit den der theoretischen Kurve entnommenen übereinstimmen, die Beziehung zwischen der Zusammensetzung der Flüssigkeit und des Dampfes ist dagegen nur indirekt bestimmt worden. Das mittlere Verhältnis der Dampfdrucke bei Temperaturen zwischen 80 und 110° ist angenähert 2,5, und man darf annehmen, daß jene Beziehung mit für diesen Zweck genügender Genauigkeit durch die Formel $m'_B/m'_A = 2{,}5\, m_B/m_A$ ausgedrückt wird.

In Tabelle 45 sind angegeben:

1. der Mol-Prozentgehalt an Benzol in Mischungen, die bei den Temperaturen der ersten Spalte sieden;
2. die entsprechenden Mol-Prozente Benzol im Destillat, berechnet mittels Browns Formel;
3. die der Kurve entnommenen Siedepunkte dieser Destillate;
4. die Differenzen (Δt) zwischen den Siedepunkten der Flüssigkeit und des Destillates.

Isopentan und Normalpentan.

Die entsprechenden Daten für Mischungen von Isopentan und Normalpentan sind in Tabelle 46 angegeben. In diesem Falle sind aber weder die Siedepunkte der Mischungen noch die Beziehung zwischen der Zusammensetzung der Flüssigkeit und des Dampfes experimentell bestimmt worden. Die theoretische Siedepunktskurve unterscheidet sich nur sehr wenig von einer Geraden, denn das Maximum der Abweichung beträgt bei einem Gehalt an Normalpentan von 51,1 Mol-Prozenten (S. 52) nur 0,28⁰. Das Verhältnis der Dampfdrucke bei 30⁰ beträgt 1,33, und dieser Wert ist für die Konstante in Browns Formel gewählt worden.

Tabelle 45. Benzol und Toluol.

Siedepunkt der Flüssigkeit	Mol-Prozentgehalt an Benzol		Siedepunkt des Destillates	Δt	Siedepunkt der Flüssigkeit	Mol-Prozentgehalt an Benzol		Siedepunkt des Destillates	Δt
	Flüssigkeit	Destillat				Flüssigkeit	Destillat		
Grad			Grad	Grad	Grad			Grad	Grad
81	96,3	98,5	80,55	0,45	96	38,3	60,8	89,35	6,65
82	91,5	96,4	81,0	1,0	98	32,2	54,3	91,15	6,85
84	82,4	92,1	81,95	2,05	100	26,4	47,3	93,2	6,8
86	73,8	87,6	82,85	3,15	102	21,0	39,9	95,5	6,5
88	66,0	82,9	83,9	4,1	104	15,8	31,9	98,1	5,9
90	58,4	77,8	85,05	4,95	106	10,8	23,2	101,2	4,8
92	51,3	72,5	86,3	5,7	108	6,0	13,8	104,75	3,25
94	44,6	66,8	87,8	6,2	110	1,4	3,4	109,1	0,9

Tabelle 46. Isopentan und Normalpentan.

Grad			Grad	Grad	Grad			Grad	Grad
28,5	92,5	94,25	28,38	0,12	33	36,35	43,15	32,40	0,60
29	85,95	89,05	28,76	0,24	34	25,0	30,70	33,49	0,51
30	72,9	78,15	29,59	0,41	35	13,95	17,75	34,65	0,35
31	60,3	66,90	30,48	0,52	36	3,15	4,15	34,91	0,08
32	48,0	55,10	31,41	0,59					

Anwendung auf die Destillation von Benzol und Toluol.

Es soll zunächst eine Mischung von Benzol und Toluol betrachtet werden. Bei den ersten vier Fraktionierungen, deren Einzelheiten auf S. 116 angegeben sind, betrug die Temperaturstufe für die meisten Fraktionen 3⁰. Für die Fraktion 6, die zwischen 92,2 und 95,4⁰ aufgefangen wurde, ist die mittlere Temperatur 93,8⁰. Aus Tabelle 45 ersieht man, daß das Destillat aus einer bei 93,8⁰ siedenden Mischung einen etwa um 6,2⁰ niederen Siedepunkt, nämlich 87,6⁰ haben würde. Das bedeutet, daß diese Fraktion bei 87,6⁰ zu sieden beginnen würde, wenn sie so destilliert worden wäre, daß im Blasenaufsatz keine Kondensation hätte stattfinden können. In Wirklichkeit tritt aber doch eine gewisse Kondensation ein, die die Temperatur zunächst um einige Grade erniedrigt. Andererseits wurden bei der wirklichen Fraktionierung die Fraktionen — mit Ausnahme der ersten — nicht für sich fraktioniert, sondern zu dem in dem Kolben gebliebenen Rückstand wieder hinzugesetzt. So wurde die Fraktion, die zwischen 92,2—95,4⁰ überging, zum Rückstand von Nr. 5 zugegeben, der bei 92,2⁰ siedete. Sie enthielt daher mehr Toluol, und ihr Siedepunkt war daher etwas höher, als wenn die Fraktion für sich allein destilliert worden wäre. Wir können vielleicht annehmen, daß diese zwei störenden Faktoren sich gegenseitig ungefähr ausgleichen und daß die Mischung wirklich bei ungefähr 87,5⁰ zu sieden beginnt. Die Temperaturstufen unter der Stufe 92,2—95,4⁰ waren folgende: Nr. 5 89,2—92,2⁰ und Nr. 4 86,2—89,2⁰. Es ist klar, daß eine beträchtliche Menge des Destillates unter 89,2⁰ in der Vorlage Nr. 4 aufgefangen werden müßte.

Bei der 6. Fraktionierung (S. 120) waren die entsprechenden Temperaturstufen Nr. 4 84,0—87,0⁰, Nr. 5 87,0—90,5⁰, Nr. 6 90,5—95,4⁰. Die mittlere Temperatur für Nr. 5 beträgt 92,95⁰, und das Destillat dieser würde bei ungefähr 87,0⁰, d. h. um 5,95⁰ niedriger zu sieden beginnen. In diesem Falle würde kein Destillat in Nr. 4 aufgefangen werden, sondern die Vorlage Nr. 5 könnte stehen bleiben und blieb es auch in Wirklichkeit, als die Fraktion Nr. 6 zum Rückstand in den Kolben gegeben, und die Mischung erneut destilliert wurde.

Bei der 14. Fraktionierung war die Temperaturstufe bei Nr. 6 auf 14⁰ von 81,4—95,4⁰ angewachsen. Die mittlere Temperatur beträgt 88,4⁰ und der Siedepunkt des Destillates würde angenähert 88,4⁰ — 4,2⁰ = 84,2⁰ sein, so daß kein Destillat in Nr. 5 aufgefangen worden wäre. Es wäre also zwecklos gewesen, die Fraktionierung auf dem gleichen Wege wie bisher fortzusetzen. Es wurde gefunden, daß dies in der Tat der Fall war, indem die Temperatur gleich über 81⁰ stieg. Die Fraktionen ober- und unterhalb von 95,4⁰ wurden daher, wie auf S. 122 beschrieben, für sich behandelt.

Anwendung auf die Destillation der Pentane.

Es soll nun das Verhalten einer Mischung von Isopentan und Normalpentan untersucht werden (Tabelle 46). Die Differenz zwischen den Siedepunkten ist 8,35⁰ und die in der Mitte zwischen ihnen liegende Temperatur ist 32,6⁰. Wenn das Destillat in ebenso viel Fraktionen wie bei der Mischung aus Benzol und Toluol aufgefangen worden wäre, würde die Stufe bei der Mitteltemperatur ungefähr 0,84⁰, also rund 0,8⁰ betragen. Man hätte dann für die entsprechenden Fraktionen Nr. 5 31,0—31,8⁰, Nr. 6 31,8—32,6⁰.

Die Mitteltemperatur für Nr. 6 wäre 32,2⁰. Der Siedepunkt des Destillates dieser Fraktion würde 32,2⁰ — 0,6 = 31,6⁰ sein. Es würde in Nr. 5 nur sehr wenig aufgefangen werden. Um zu erreichen, daß das Destillat von Nr. 6 bei der Anfangstemperatur von Nr. 5 zu sieden beginnt, hätte die Temperaturstufe auf 0,4⁰ erniedrigt werden müssen, so daß Nr. 5 zwischen 31,8 und 32,2⁰ und Nr. 6 zwischen 32,2—32,6⁰ läge. Das würde bedeuten, daß die Zahl der Fraktionen von Anfang an hätte verdoppelt werden müssen, und daß es nicht möglich gewesen wäre, die Temperaturstufe der mittleren Fraktionen über einen sehr kleinen Betrag hinaus zu vergrößern.

Man erkennt daraus, daß die Trennung des Isopentans von Normalpentan, selbst abgesehen von den außerordentlich großen Verdampfungsverlusten so flüchtiger Flüssigkeiten mit einem gewöhnlichen Kolben praktisch unmöglich wäre. Nur durch die Verwendung eines erheblich verbesserten Aufsatzes wird eine solche Trennung ermöglicht.

X. Verschiedene Formen des Aufsatzes.

Zweck des verbesserten Aufsatzes.

Aus dem im Kapitel VII Dargelegten erhellt, daß der Vorgang der fraktionierten Destillation langwierig ist. Es sind viele Versuche gemacht worden, den Destillierapparat durch einen zweckmäßigen Aufsatz in der Richtung zu verbessern, daß mit nur einer Destillation eine vollständigere Trennung erreicht werden kann.

Abb. 41. Fünfstufiger, von Ulstadius 1553 beschriebener Aufsatz.

Der Gedanke, den Blasenaufsatz zu verbessern, ist keineswegs neu[1], denn in einem Buch, betitelt „Philosophorum, seu liber de Secretis Naturae", von Philipp Ulstadius, 1553, befindet sich eine Abbildung eines fünfstufigen Aufsatzes (Abb. 41). Wenn verdünnter Spiritus durch diesen „alembic" destilliert wurde, muß natürlich der in der obersten Vorlage aufgefangene Alkohol beträchtlich stärker gewesen sein, als der in der untersten.

In der Technik wurden hinsichtlich der Ausbildung zweckentsprechender Kolonnen — besonders zur besseren Abtrennung des Alkohols aus schwachem Spiritus — große Erfolge erzielt, bevor im Laboratorium der geringste Fortschritt gemacht wurde, und die im Laboratorium zuerst gebrauchten verbesserten Aufsätze entstanden durch bloße Nachahmung der im Großbetrieb schon verwendeten.

Trotzdem sollen aus Bequemlichkeitsgründen zuerst die für Laboratoriumszwecke geeigneten Apparate betrachtet werden.

[1] Egloff und Lowry: Alte und neue Destillationsmethoden. Ind. Engin. Chem. 21, 920 (1929).

Mit der Verbesserung des Aufsatzes verfolgt man den Zweck, eine vollständigere Trennung der Bestandteile der Mischung in nur einer Destillation dadurch zu erzielen, daß im Aufsatz eine Fraktionierung eintritt, die je nach der Form des Apparates und der Schnelligkeit der Destillation mehr oder weniger wirkungsvoll sein kann[1].

Geringe Wirksamkeit eines glatten, senkrechten Blasenaufsatzes. Von allen möglichen Formen ist der glatte, senkrechte Aufsatz der am wenigsten wirksame. Während der Destillation kommt der in dem zylindrischen Rohre aufsteigende Dampf mit der kondensierten Flüssigkeit, die an den Seiten des Rohres abfließt, in Berührung. Da das Rohr durch Strahlung und Leitung an die umgebende Luft dauernd Wärme verliert, wird die Flüssigkeit etwas abgekühlt, und es tritt dauernd weitere Kondensation ein, wobei sich die äußerste Schicht des Dampfes wahrscheinlich ziemlich vollständig kondensiert, ohne daß ein großer Wechsel in der Zusammensetzung eintritt. Der mittlere Teil des Dampfes steigt in dem Rohr rasch aufwärts und kann die Flüssigkeit nur durch Diffusion oder durch Konvektionsströme erreichen. Ein großer Teil davon kann durch den Aufsatz gehen, ohne überhaupt mit der Flüssigkeit in Berührung zu kommen. Andererseits fließt die kondensierte Flüssigkeit rasch an den senkrechten Wänden des Rohres hinunter in den Kolben zurück. Um eine befriedigende Trennung der Bestandteile der Mischung zu erzielen, sollte dagegen ein möglichst großer Teil des Dampfes in enge Berührung mit der kondensierten Flüssigkeit gebracht werden, so daß in der Zusammensetzung ein Gleichgewichtszustand eintreten kann.

Browns Formel. Um die weitere Überlegung zu erleichtern, sei angenommen, daß eine Mischung zweier nahe verwandter Bestandteile vorliegt, auf die Browns Formel $\frac{m'_B}{m'_A} = c\frac{m_B}{m_A}$ anwendbar ist, und daß m' und m sich auf die Gewichte des Dampfes bzw. der Flüssigkeit beziehen. Weiter sei angenommen, daß von gleichen Gewichtsmengen der beiden Stoffe ausgegangen wird, daß also $m_A = m_B$ ist.

Alsdann wird die Zusammensetzung der geringen, zuerst gebildeten Dampfmenge durch die Gleichung $\frac{m'_B}{m'_A} = c$ wiedergegeben, und der Prozentgehalt von B im Dampf wird $\frac{c \cdot 100}{c+1}$ sein.

Wenn ein Destillationskolben mit besonders kurzem Hals verwendet wird, so wird dies praktisch der Prozentgehalt an B im ersten Teil des Destillates sein.

[1] Young: On the Relative Efficiency and Usefulness of Various Forms of Still-Head for Fractional Distillation, with a Description of some new Forms possessing Special Advantages. Trans. Chem. Soc. **75**, 679 (1899).

Theoretisch vollkommener Blasenaufsatz.

Es sei nun angenommen, daß im unteren Teil eines langen und theoretisch vollkommenen Aufsatzes Kondensation eintritt, und daß die kondensierte Flüssigkeit in diesem Teil des Rohres zurückbleibt, bis ihr Gewicht z. B. 100 mal so groß ist wie dasjenige des unkondensiert bleibenden Dampfes in dem gleichen Teil des Rohres, wobei das Gesamtgewicht der Flüssigkeit und des Dampfes z. B. $^1/_{1000}$ des ursprünglichen Gesamtgewichtes der verwendeten Mischung beträgt. Wir können dann annehmen:

1. daß die Zusammensetzung der Flüssigkeit und des Dampfes (zusammengenommen) in dem Aufsatz praktisch die gleiche wie die des zuerst gebildeten Dampfes ist, und

2. daß sich die Zusammensetzung der kondensierten Flüssigkeit nicht merklich von dieser unterscheidet, daß also $\frac{m_{1B}}{m_{1A}} = c$.

Wenn der nicht kondensierte Dampf mit der kondensierten Flüssigkeit in innige Berührung gebracht wird, wird seine Zusammensetzung praktisch durch die Gleichung $\frac{m'_{1B}}{m'_{1A}} = c \cdot c = c^2$ wiedergegeben, und sein Gehalt an B wird $\frac{c^2 \cdot 100}{c^2 + 1}$ sein.

Unter der — nur theoretischen — Annahme, daß der Blasenaufsatz in n-Abteilungen eingeteilt ist, daß die Destillation derart vor sich geht, daß sich zwischen Dampf und Kondensat in jeder Abteilung vollständiges Gleichgewicht einstellt, und daß schließlich das Kondensat einer Abteilung die gleiche Zusammensetzung wie der Dampf in der nächst unteren Abteilung hat, ergäbe sich als Formel für die Zusammensetzung des Dampfes in der n.Abteilung zu Beginn der Destillation folgende:

$$\frac{m'_{nB}}{m'_{nA}} = c^{n+1}.$$

Wenn c, wie es z. B. bei Benzol und Toluol der Fall ist, zu 2,5 angenommen und von gleichen Gewichtsmengen der Komponenten ausgegangen wird, so würde die Zusammensetzung des Dampfes in der Blase und in den 9 ersten Abteilungen folgende sein:

Tabelle 47.

Nr. der Abteilung	Gehalt an B Proz.	Nr. der Abteilung	Gehalt an B Proz.
Blase	71,43	5	99,59
1	86,21	6	99,84
2	94,55	7	99,93
3	97,51	8	99,97
4	98,99	9	99,99

Eine diesen Annahmen entsprechende Anordnung ist praktisch nicht zu verwirklichen. Man sollte aber versuchen, ihr so nahe wie möglich zu kommen.

Kennzeichen eines guten Aufsatzes.

Bei der Wahl oder dem Aufbau eines Aufsatzes muß in erster Linie seine Wirksamkeit in bezug auf die Trennung der Bestandteile einer Mischung berücksichtigt werden. Zweitens kommt es aber häufig vor, daß die verfügbare Flüssigkeitsmenge klein ist. Auch bei der Ausführung fraktionierter Destillationen werden manchmal einige Fraktionen sehr klein. In diesem Fall ist von zwei Aufsätzen von gleicher Trennwirkung derjenige brauchbarer, der die Destillation der kleineren Flüssigkeitsmenge gestattet. Es befindet sich nun aber notwendigerweise jeweils in jedem wirksamen Aufsatz eine gewisse Menge kondensierter Flüssigkeit und offenbar muß die geringste Substanzmenge, die mit Erfolg fraktioniert werden kann, beträchtlich größer sein als die im Aufsatz befindliche Dampf- und Flüssigkeitsmenge. Es ist daher von großer Wichtigkeit, den Aufsatz so zu konstruieren, daß er nicht nur gute Trennwirkung aufzuweisen hat, sondern daß auch die jeweils darin befindliche Menge kondensierter Flüssigkeit so klein wie möglich ist. Ebenso ist es von Wichtigkeit, daß nach Entfernung der Wärmequelle die Flüssigkeit möglichst vollständig in den Kolben zurückfließt. Weitere bei der Konstruktion des Aufsatzes zu berücksichtigende Punkte sind erstens Leichtigkeit des Aufbaues, zweitens geringe Zerbrechlichkeit, drittens bequeme Handhabung.

Vergleich von Aufsätzen.

Destillierte Mischung. Beim Vergleich der Wirksamkeit und Brauchbarkeit verschiedener Aufsätze muß stets eine Mischung von gleicher Zusammensetzung destilliert werden. Gleiche Gewichtsteile von reinem Benzol und Toluol sind hierfür gut verwendbar.

Destillationsgeschwindigkeit. Ebenso muß die Destillationsgeschwindigkeit stets die gleiche sein. Am vorteilhaftesten ist es, das Destillat mit der Geschwindigkeit von 1 Tropfen in der Sekunde aufzufangen. Es ist empfehlenswert, sich eines Sekundenpendels zu bedienen — ein an einem Bindfaden von ungefähr 1 m Länge aufgehängtes Gewicht erfüllt diesen Zweck sehr gut —, das hinter der Vorlage schwingt, so daß die Tropfen leicht auf die Pendelschwingung abgestimmt werden können.

Daß die Destillationsgeschwindigkeit auf die Trennung großen Einfluß hat, wurde von Brown[1] nachgewiesen. Man sieht es auch aus

[1] Brown: The Comparative Value of Different Methods for Fractional Distillation. Trans. Chem. Soc. **37**, 49 (1880).

Tabelle 48.

Temperaturstufe	Anzahl der Destillattropfen pro Minute		
	30	60	120
	Destillatmenge in Gewichtsprozenten		
Grad			
80,2— 83,2	0,8	0,6	0,6
83,2— 86,2	29,6	21,8	10,8
86,2— 89,2	9,8	14,3	20,2
89,2— 92,3	5,6	7,8	12,6
92,3— 95,4	3,8	5,0	7,0
95,4— 98,5	3,0	4,7	5,4
98,5—101,6	2,8	4,0	5,0
101,6—104,6	3,0	3,6	5,0
104,6—107,6	4,3	5,2	5,6
107,6—110,0	6,2	7,3	9,2
110,0—110,6	11,6	9,8	11,1
reines Toluol aus der Differenz	19,5	15,9	7,6 [1]
	100,0	100,0	100,0

Tabelle 48, in der die Ergebnisse dreier Destillationen von je 50 g der Benzoltoluolmischung bei der Geschwindigkeit von 30, 60 und 120 Tropfen in der Minute aufgezeichnet sind.

Es wurde ein verbesserter Aufsatz benutzt, und das Destillat in 11 Fraktionen aufgefangen; die 12. bestand aus dem im Kolben gebliebenen, aus der Differenz berechneten Rest, nachdem die Temperatur den Siedepunkt des reinen Toluols erreicht hatte. Bequemlichkeitshalber sind die Ergebnisse in Prozenten angegeben.

Man erkennt, daß die Trennung bei geringerer Destillationsgeschwindigkeit erheblich besser ist.

Erklärung der Tabellenwerte. In den Tabellen 49—53, in welchen die Wirksamkeit und Brauchbarkeit verschiedener Aufsätze im Verhältnis zueinander angegeben wird, sind folgende Angaben gemacht:

1. die senkrechte Höhe vom unteren Ende des Aufsatzes bis zum seitlichen Ableitungsrohr;
2. die Endtemperatur einer jeden Fraktion;
3. das Gewicht des Destillates in Prozenten der angewandten Mischung;
4. das Gewicht der im Aufsatz während der Destillation vorhandenen Dampf- und Flüssigkeitsmenge, wenn reines, oder nahezu reines Toluol überging.

Dies wurde dadurch bestimmt, daß die Destillation, soweit wie möglich bis zum letzten Tropfen fortgesetzt, und die im Kolben und — wenn nötig und möglich — auch die im Aufsatz befindliche Flüssigkeit nach der Abkühlung gewogen wurde. Von diesem Gewicht wurde das konstante Gewicht der im Kolben selbst befindlichen Flüssigkeits und Dampfmenge, das auf 0,85 g geschätzt wurde, abgezogen.

Bei den sehr langen Aufsätzen, die unbequem zu wiegen waren, wurde der geschätzte Verdampfungsverlust vermehrt um 0,85 g von

[1] Die Temperatur erreichte nicht ganz 110,6°; der Rückstand war kein ganz reines Toluol.

der Differenz zwischen dem ursprünglichen Gewicht der Mischung und der Summe der Gewichte der Fraktionen abgezogen. Der wirkliche Verdampfungsverlust schwankte in den Fällen, in denen er gemessen wurde, zwischen 0,00 und 0,65 g und war bei den langen Aufsätzen größer als bei den kleinen.

Der glatte, senkrechte Aufsatz.

Obgleich ein glattes, senkrechtes Rohr als Aufsatz weniger wirksam als irgendein anderes ist, so tritt in ihm doch eine gewisse Fraktionierung ein, und es wird zweckmäßig sein, den Einfluß der Änderung (*a*) seiner Länge, (*b*) seines inneren Durchmessers zu untersuchen. Die Wirkung solcher Veränderungen wird in Tabelle 49 angegeben.

Tabelle 49. Glatter, senkrechter Aufsatz.

Senkrechte Höhe in cm	12	62	120	62—70 cm				
Innerer Durchmesser in mm	1—15,5 mm			5,1	8,0	14,0	19,4	25,7
Endtemperatur	Destillatmenge in Gewichtsprozenten							
Grad								
83,2	—	—	—	—	—	—	—	—
86,2	—	0,1	1,0	0,5	0,4	0,1	1,3	0,2
89,2	2,1	12,8	19,4	22,2	16,2	12,8	15,2	20,0
92,3	28,4	21,5	16,6	16,5	18,3	21,5	19,4	18,8
95,4	18,0	11,0	10,6	9,2	11,7	11,0	11,2	9,2
98,5	10,9	8,9	7,2	7,2	8,7	8,9	8,6	7,2
101,6	8,6	7,4	6,5	5,8	7,5	7,4	6,1	4,7
104,6	7,2	6,2	6,0	5,5	5,8	6,2	5,6	5,9
107,6	7,2	7,3	6,1	5,9	6,9	7,3	6,6	6,4
110,0	6,8	8,4	7,8	7,1	8,2	8,4	9,5	10,0
110,6	5,9	9,0	8,1	8,9	9,5	9,0	8,0	7,2
Reines Toluol aus der Differenz	4,9	7,4	10,7	11,2	6,8	7,4	8,5	10,4
	100,0	100,0	100,0	100,0	100,0	100,0	100,0	100,0
Gewicht von Flüssigkeit und Dampf im Aufsatz	0,3	1,55	3,55	1,05	1,05	1,15	2,35	3,15

Einfluß der Länge. Bei den ersten 3 Destillationen war der Durchmesser des Aufsatzes nahezu der gleiche, aber das dritte Rohr war 10 mal so lang wie das erste. Wie es zu erwarten war, wird die Wirksamkeit durch diese Änderung verbessert, aber das Gewicht von Flüssigkeit und Dampf steigt gleichfalls und ist näherungsweise proportional der Länge.

Einfluß der Weite. Bei Rohren von ungefähr gleicher Länge ist die Wirksamkeit dann am geringsten, wenn der Durchmesser etwas kleiner als 14 mm ist, und steigt an, sowohl wenn er vergrößert, als auch wenn er verkleinert wird, wie man aus den Ergebnissen der letzten 5 Destillationen ersieht. Andererseits steigt die im Aufsatz befindliche Flüssigkeits- und Dampfmenge mit dem Durchmesser des Rohres, und deswegen ist es offenbar vorteilhafter, ein sehr enges als ein sehr weites Rohr als glatten Aufsatz zu verwenden. Ebenso ist bemerkenswert, daß das engste Rohr besser arbeitet, als das nahezu 2 mal so lange Rohr mittleren Durchmessers, während das Gewicht von Flüssigkeit und Dampf nur 1,05 gegenüber 3,55 g beträgt.

Der Durchmesser des Rohres kann allerdings nicht unter einen gewissen Betrag verringert werden, der von der Natur der destillierten Flüssigkeit, insbesondere von deren Siedepunkt abhängt, denn wenn das Rohr zu eng ist, vereinigt sich die kondensierte Flüssigkeit zu zusammenhängenden Flüssigkeitssäulen, die im ganzen nach oben getrieben werden. Die Neigung zum Auftreten dieser Stauung ist viel geringer, wenn ein kurzes Stück eines weiteren Rohres am unteren Ende des engeren angeschmolzen ist. Auch am oberen Ende des Rohres muß ein weiteres Glasrohr angeschmolzen sein, um das Thermometer einführen zu können.

Die Verdichtung in dem Aufsatz kann dadurch verringert werden, daß man ihn mit Watte oder einem anderen, nicht wärmeleitenden Material umhüllt. Da sich aber dadurch die Flüssigkeitsmenge im Rohr verringert, verringert sich auch die Wirksamkeit. Trotzdem kann dieser Kunstgriff gelegentlich von Nutzen sein, denn wenn die Flüssigkeit im Rohr gerade im Begriff ist, sich zu Flüssigkeitssäulen zu vereinigen, kann die Stauung verhindert werden, indem man die kondensierte Flüssigkeitsmenge ein wenig vermindert.

Abänderung des Aufsatzes.

Es ist gezeigt worden, daß die geringe Wirksamkeit des glatten, senkrechten Aufsatzes auf den Mangel einer gründlichen Berührung zwischen dem Dampf und der kondensierten Flüssigkeit zurückzuführen ist. Dieser rührt erstens daher, daß der mittlere Teil der Dampfsäule rasch durch das Rohr durchströmt und möglicherweise überhaupt nicht mit der Flüssigkeit in Berührung kommt, und zweitens, daß die kondensierte Flüssigkeit sehr rasch in die Blase zurückfließt. Dementsprechend sollte eine jede Abänderung, die eine bessere Mischung zwischen dem aufsteigenden Dampf und der Flüssigkeit hervorbringt, oder den Abfluß der kondensierten Flüssigkeit verzögert, die Wirksamkeit eines Aufsatzes steigern.

Schräger Aufsatz. Die einfachste und naheliegendste Abänderung, die getroffen werden kann, ist, das Aufsatzrohr schräg anzuordnen, so daß das Rückfließen der Flüssigkeit verzögert wird. Dies kann dadurch ausgeführt werden, daß das Rohr am oberen und unteren Ende abgebogen wird, so daß seine Enden senkrecht bleiben, während der mittlere Teil fast waagrecht aufsteigt.

Man erkennt aus Tabelle 50, daß eine merkliche Verbesserung durch Abänderung des Aufsatzrohres in dieser Art erzielt wird, besonders hinsichtlich der Abtrennung des Benzols, und es ist bemerkenswert, daß obgleich das Abfließen der Flüssigkeit gehemmt wird, die Flüssigkeitsmenge im Aufsatz ein wenig verringert ist.

Spiralaufsatz. Die Wirksamkeit wird weiterhin verbessert, wenn man den geneigten Teil des Rohres in die Form einer Spirale biegt, wahrscheinlich weil so eine bessere Mischung des Dampfes mit der Flüssigkeit erzielt wird. Durch diesen Kunstgriff wird die Flüssigkeitsmenge im Aufsatz noch weiter verkleinert[1].

Scheibenstabaufsatz.

Bei dem in Abb. 42a gezeigten Aufsatz wird der Abfluß eines Teiles der kondensierten Flüssigkeit durch die an einem in der Mitte des Aufsatzrohres befindlichen Glasstab angebrachten Scheiben erheblich gehemmt, und gleichzeitig ist diese Flüssigkeit vor der Kühlwirkung der Luft geschützt. Außerdem wird im aufsteigenden Dampf die Entstehung von Wirbel- und Querströmen bewirkt.

Tabelle 50.

Art des Aufsatzes	Senkrecht	Schräg	Spiral	Glatt senkrecht	Scheibenstab mit 20 Scheiben	Derselbe aber mit Einschnürungen
Senkrechte Höhe in cm	70	28,5	32	62—63		
Innerer Durchmesser in mm		8		14		
Endtemperatur	Destillatmenge in Gewichtsprozenten					
Grad						
83,2	—	—	—	—	1,4	2,0
86,2	0,4	3,5	8,0	0,1	18,1	20,5
89,2	16,2	24,8	22,6	12,8	15,8	14,4
92,3	18,3	14,0	11,6	21,5	9,7	8,6
95,4	11,7	9,3	8,8	11,0	6,1	5,8
98,5	8,7	6,7	5,5	8,9	4,2	3,6
101,6	7,5	5,6	5,0	7,4	3,8	3,4
104,6	5,8	5,4	5,5	6,2	4,2	4,2
107,6	6,9	6,3	6,0	7,3	4,3	4,2
110,0	8,2	8,2	7,4	8,4	8,0	7,4
110,6	9,5	9,0	10,7	9,0	6,0	7,5
Reines Toluol aus der Differenz	6,8	7,2	8,9	7,4	17,8	18,4
	100,0	100,0	100,0	100,0	100,0	100,0
Gewicht von Flüssigkeit und Dampf im Aufsatz	1,15	1,10	0,95	1,55	2,35	2,2

[1] Berlomont, G.: Ein neuer Fraktionieraufsatz nach Lebel. Bull. Soc. Chim. (III) **13**, 674 (1895). — Journ. Soc. Chem. Ind. **14**, 821 (1895).

Die Wirksamkeitszunahme bei diesem Apparat ist, wie man aus dem zweiten Teil von Tabelle 50 erkennt, recht beträchtlich; der Aufsatz ist leicht aufzubauen und sehr bequem zu handhaben. Die Flüssigkeits- und Dampfmenge im Aufsatz ist die gleiche wie in dem glatten Rohr von 19,4 mm Durchmesser, aber die Wirksamkeit ist sehr viel größer. Nach Entfernung der Wärmequelle läuft die Flüssigkeit fast vollständig in den Kolben zurück. Wenn es aber besonders darauf ankommt, jeden Verlust zu vermeiden, so ist es bei dieser und einigen anderen Aufsatzformen ratsam, den Kühler abzunehmen und den Kolben mit dem Aufsatz, solange sie noch warm sind, hin und her zu schwenken, um das Abfließen der Flüssigkeit zu erleichtern. Dabei läuft im allgemeinen die ganze Flüssigkeit in den Kolben zurück.

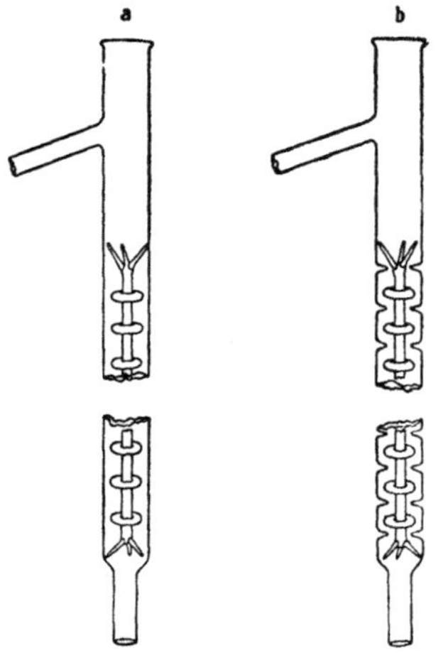

Abb. 42 a u. b. Scheibenstabaufsatz a ohne, b mit Einschnürungen.

Eine weitere kleine Verbesserung, sowohl hinsichtlich der Wirksamkeit als auch der im Aufsatz befindlichen Flüssigkeitsmenge wird dadurch erzielt, daß das äußere Rohr zwischen den Scheiben eingezogen wird (Abb. 35b). Es wird dadurch eine bessere Berührung zwischen Dampf und kondensierter Flüssigkeit auf dem äußeren Rohre bewirkt.

Kugelaufsatz.

Ein senkrechtes Rohr mit einer Reihe daran geblasener Kugeln wurde von Wurtz[1] empfohlen. Bei einem gegebenen Rohr- und Kugeldurchmesser wird die Wirksamkeit um so größer, je größer die Zahl der Kugeln ist, aber um so größer ist dann auch die im Aufsatz befindliche Dampf- und Flüssigkeitsmenge (Tabelle 51). (Weder die von Kreis[2] erhaltenen experimentellen Ergebnisse noch die daraus gezogenen Schlüsse können als richtig angesehen werden, denn er erhielt eine viel schlechtere Abtrennung des Benzols mit vier Kugeln als mit zweien, während die Abtrennung des Toluols besser war. Sie war aber nach seinen Angaben nicht so gut wie mit einem gewöhnlichen Destillationskolben.)

---

[1] Wurtz: Anmerkung über Butylalkohol. Ann. Chim. Phys. (III) **42**, 129 (1854).

[2] Kreis: Vergleichende Untersuchungen über die Methoden der fraktionierten Destillation. Liebigs Ann. **224**, 259 (1884).

Das Rohr mit 13 Kugeln war etwas wirksamer als das etwas kürzere Rohr mit Scheibenstab, aber die Flüssigkeits- und Dampfmenge im Aufsatz war $1\frac{1}{2}$mal so groß.

Tabelle 51.

Art des Aufsatzes	3 Kugeln	7 Kugeln	13 Kugeln	Birnenaufsatz 13 Birnen
Senkrechte Höhe in cm	26	42	66	62
Endtemperatur	Destillatmenge in Gewichtsprozenten			
Grad				
83,2	—	0,2	1,4	3,0
86,2	2,2	14,2	24,4	26,2
89,2	18,8	18,0	10,2	11,0
92,3	18,4	12,0	7,9	5,8
95,4	9,4	5,1	6,0	5,2
98,5	7,8	6,4	3,7	2,4
101,6	6,7	4,6	3,6	2,4
104,6	5,8	4,8	3,4	2,8
107,6	6,4	5,6	3,4	3,6
110,0	8,0	6,2	6,2	5,0
110,6	10,0	10,4	8,0	11,0
Reines Toluol aus der Differenz	6,5	12,5	21,8	21,6
	100,0	100,0	100,0	100,0
Gewicht von Flüssigkeit und Dampf im Aufsatz	0,95	1,75	3,55	2,6

Der Birnenaufsatz.

Der Wurtzaufsatz kann in bezug auf seine Wirksamkeit etwas, in bezug auf die kondensierte Flüssigkeitsmenge aber erheblich verbessert werden, indem an Stelle der Kugeln birnförmige Erweiterungen an das Rohr geblasen werden (Abb. 43).

Abb. 43. Der Birnenaufsatz.

Infolge dieser Abänderung sammelt sich die kondensierte Flüssigkeit, nachdem sie durch die Verengung hindurch geflossen ist, an der in die darunter liegende Birne hineinragenden Vertiefung und fällt in Tropfen ungefähr in der Mitte der Birne ab, anstatt sich, wie bei den Kugeln, über die innere Fläche der nächst tieferen Kugel auszubreiten, um sich mit der dort kondensierten Flüssigkeit zu mischen und mit wachsender Geschwindigkeit an den Wänden des Aufsatzes herabzufließen. An der inneren Oberfläche einer jeden Erweiterung befindet sich nur die geringe Menge Flüssigkeit, die in der Erweiterung selbst kondensiert worden ist, und ihre Abflußgeschwindigkeit ist in der untersten Erweiterung nicht größer als in der obersten. Andererseits wird die an dem einspringenden Ring der Birne gesammelte Flüssigkeit (d. h. die gesamte, im darüberliegenden Teil des Aufsatzes kondensierte Menge) mit dem aufsteigenden Dampf in dem Teil der Erweiterung in gute Berührung gebracht, der weniger als jeder andere der Kühlwirkung der Luft ausgesetzt ist. Außerdem scheinen die Dampfwirbel größer zu sein als in dem gewöhnlichen Kugelrohr.

Der Birnenaufsatz ist bei gleicher Länge wirksamer als das Scheibenstabrohr und besitzt die gleichen Vorzüge, mit Ausnahme des einen, daß er etwas schwieriger herzustellen ist. Er kann besonders für Flüssigkeiten mit hohem Siedepunkt empfohlen werden.

Die Evaporatoraufsätze.

Eine größere Wirksamkeit bei einer gegebenen senkrechten Höhe, und bei einer gegebenen Wirksamkeit eine geringere Kondensation wird durch die Evaporatoraufsätze erzielt.

Ursprüngliche Form des Evaporatoraufsatzes. Die allgemeine Form des Apparates, wie sie ursprünglich erdacht wurde, ist in Abb. 44 angegeben. Eine jede Abteilung enthält 3 einzelne Teile:

1. Das äußere Rohr *A* mit einem inneren Durchmesser von 22 bis 24 mm, das oben und unten mit anderen Abteilungen verbunden ist, hat eine Länge von 10 bis 10,5 cm.

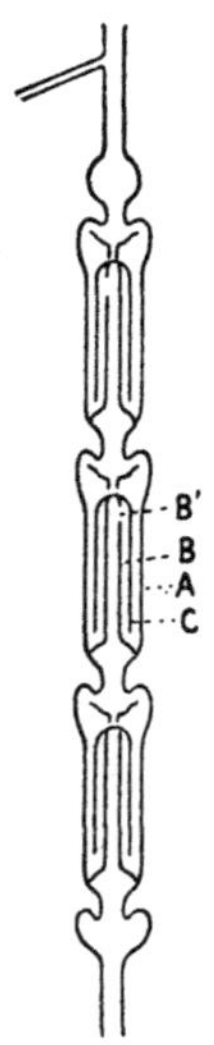

Abb. 44. Evaporatoraufsatz, alte Form.

2. Ein inneres, dünnwandiges Rohr *B* von 7,5 bis 8 mm innerem Durchmesser[1] und 60 mm Länge, das beiderseits offen und unten zu einem Trichter ausgeweitet ist, der auf dem eingezogenen Teil von *A* aufliegt. Durch 3 oder 4 kleine Glasperlen, die am Rand des Trichters angeschmolzen sind, kann ein allzu genaues Anschließen verhindert werden. Zwei große Löcher (*B*) sind nahe am oberen Teil von *B* seitlich angeblasen.

3. Ein mittleres Rohr von ungefähr 14 mm Innendurchmesser und 50 mm Länge, von der Form eines kleinen, umgekehrten Reagenzglases. Oberhalb des Rohres *C*, mit ihm durch 3 gläserne Stützen verbunden, ist ein kleiner Trichter *C'*, wie in Abb. 45 gezeichnet, angebracht, der ein wenig weiter als die engste Stelle der gerade darüber befindlichen Einschnürung des Rohres *A* sein muß. Die Rohre *B* und *C* werden in ihrer zentrischen Lage durch die kleinen gläsernen Vorsprünge, die in der gleichen Abbildung gezeichnet sind, festgehalten.

Wenn der Dampf zuerst eine Abteilung von unten er-

[1] Es wurde für ratsam befunden, etwas weitere Rohre für das innere und mittlere Rohr zu wählen, der innere Durchmesser des ersteren soll 8—9 mm, der des letzteren 15—16 mm sein.

reicht, so tritt eine beträchtliche Kondensation ein, und der enge Durchgang *D* an der Stelle, wo das innere Rohr auf der Einschnürung des äußeren aufsitzt, wird sofort durch die kondensierte Flüssigkeit verschlossen. Der Dampf steigt daher im inneren Rohr aufwärts, geht dann zwischen dem inneren und dem mittleren Rohr nach abwärts und steigt schließlich wieder zwischen dem mittleren und dem äußeren Rohr nach oben in die darüber liegende Abteilung.

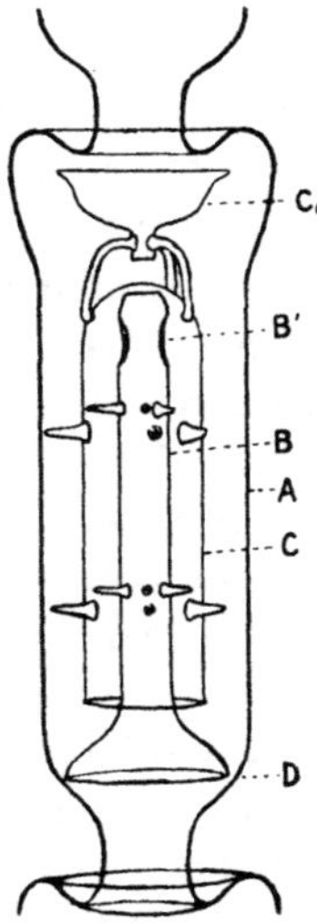

Abb. 45. Eine Abteilung des alten Evaporatoraufsatzes.

Die kondensierte Flüssigkeit sammelt sich in jeder Abteilung an der tiefsten Stelle und fällt von dort in Tropfen in den Trichter der darunterliegenden Abteilung. Von hier fällt sie auf die Spitze des mittleren Rohres und breitet sich auf dessen Oberfläche aus, fällt dann vom unteren Ende dieses Rohres wieder in Tropfen ab und fließt schließlich durch den Durchlaß *D* weiter.

Infolge der fortschreitenden Entfernung des schwerst flüchtigen Bestandteils wird der Kondensationspunkt des Dampfgemisches in dem Maße, wie der Dampf durch den Aufsatz steigt, immer niedriger; daher ist in jeder Abteilung der durch das innere Rohr aufsteigende Dampf heißer als der in die nächsthöhere Abteilung eintretende. Der Kondensationspunkt des Dampfes im inneren Rohr muß sogar höher sein als der Siedepunkt der von dem kleinen Trichter abtropfenden Flüssigkeit, und wenn die beiden Bestandteile in ihrer Flüchtigkeit beträchtlich verschieden sind und keiner von ihnen im großen Überschuß vorliegt, kann das Verdampfen am mittleren Rohr leicht beobachtet werden. Unter diesen Umständen zeigen die am Trichter befindlichen Tropfen die Neigung, den sphäroiden Zustand anzunehmen. Dadurch wird der Verlauf einer Destillation durch das Erscheinen oder Nichterscheinen solcher Tropfen tatsächlich augenfällig erkennbar gemacht.

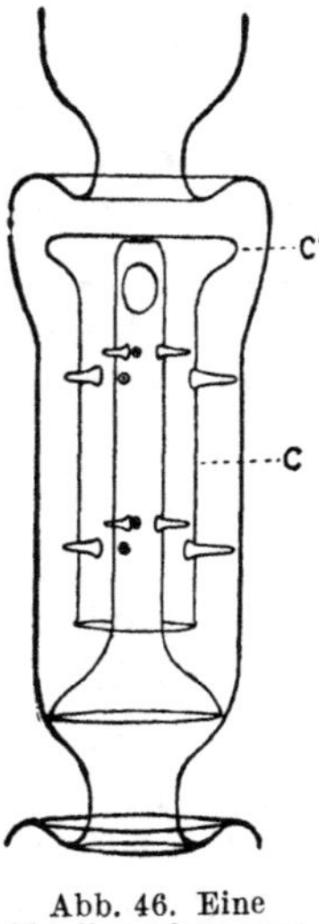

Abb. 46. Eine Abteilung des neuen Evaporatoraufsatzes.

Bei einer reinen Flüssigkeit treten die sphäroiden Tropfen nur dann auf, wenn die Flüssigkeitsmenge in dem Kolben sehr gering ist. Dann können sie sich in der untersten Abteilung infolge der Überhitzung des Dampfes bilden.

Abgeänderter Evaporatoraufsatz. Eine Abänderung des Evaporatoraufsatzes ist in Abb. 46 gezeigt. Bei dieser ist der etwas zerbrechliche Trichter auf den drei gläsernen Füßen weggelassen worden, und das obere Ende des mittleren Rohres *C* ist zu einer platten Erweiterung *C'* aufgeblasen, auf dem sich die von der tiefsten Stelle der darüberliegenden Abteilung auftreffenden Flüssigkeitstropfen in einer flachen Schicht sammeln. Die Schicht fließt bald über, wobei sich die Flüssigkeit, wie vorher, über die Oberfläche des Rohres ausbreitet. Sphäroide Tropfen bilden sich bei diesem Apparat nicht annähernd so leicht, dagegen zerteilt sich die an den Seiten des umgekehrten Rohres herabfließende Flüssigkeit bei steil verlaufender Fraktionierung in einzelne Rinnsale.

Aus der Tabelle 52 erkennt man, daß mit dem Evaporatoraufsatz beider Formen sehr gute Ergebnisse erhalten werden. Die Abteilungen des abgeänderten Apparates sind kürzer als die der ursprünglichen Form, und für eine gegebene Höhe des Aufsatzes ist die Wirksamkeit der neuen Form größer. Dementsprechend ist für eine gegebene Wirksamkeit das Gewicht von Flüssigkeit und Dampf im Aufsatz bei der neuen Form gewöhnlich etwas geringer.

Bei Aufsätzen mit vielen Abteilungen sollte in den unteren Abteilungen das umgekehrte Rohr etwas kürzer gemacht werden, um so den senkrechten Abstand vom unteren Ende dieses Rohres bis zum unteren Ende des inneren Rohres zu vergrößern; bei dem abgeänderten Aufsatz sollte der senkrechte Abstand zwischen dem unteren eingeschnürten Teil der oberen Abteilung und dem plattgedrückten oberen Teil des umgekehrten Rohres in den unteren Abteilungen etwas vergrößert werden. Wichtig ist, daß die am oberen Teil des inneren Rohres befindlichen Löcher so groß wie möglich sind.

Die Kubierschkykolonne. Die Kubierschkykolonne[1] gehört zu dieser Art von Aufsätzen, ist aber nur im Großbetrieb angewandt worden. (Siehe S. 339 und Abb. 115, S. 340.)

Der Hempelaufsatz.

Die großen Vorzüge des Hempelapparates[2] liegen in seiner Einfachheit und Wirksamkeit. Die im Aufsatz befindliche Flüssigkeitsmenge ist dagegen außerordentlich groß. Er ist daher für die Destillation kleiner Flüssigkeitsmengen ungeeignet.

Der Aufsatz besteht einfach aus einem weiten, senkrechten Rohr, das mit passenden Glasperlen gefüllt und unten verengt ist, um das

---

[1] Grefe, E.: Use of the Kubierschky Column in the Distillation of Mineral Oils. Petroleum **9**, 303 (1913). — Journ. Soc. Chem. Ind. **33**, 1146 (1914). Borrmann: Ztschr. ang. Chem. **28**, 377, 381 (1915). — Journ. Soc. Chem. Ind. **34**, 1232 (1915).

[2] Hempel: Apparat zur fraktionierten Destillation. Fresenius, Ztschr. für Anal. Chem. **20**, 502 (1882).

Tabelle 52.

Natur des Aufsatzes	Evaporatoraufsätze ursprünglich		Evaporatoraufsätze abgeändert				Hempelaufsatz 200 große Perlen
Zahl der Abteilungen	3	5	3	5	8	13	
Senkrechte Höhe in cm	57	77	46	62	78	131	58
Endtemperatur Grad	Destillatmenge in Gewichtsprozenten						
81,2 . . .		6,5		3,5	12,0	42,5[1]	
	15,4 (81,2–83,2)		12,8 (81,2–83,2)				20,6 (81,2–83,2)
83,2 . . .		24,1		22,5	23,85	2,6	
86,2 . . .	19,6	10,0	21,15	12,35	6,5	1,7	15,4
89,2 . . .	6,2	3,8	7,5	5,6	2,9	1,1	7,2
92,3 . . .	5,1	2,3	4,8	3,25	2,15	0,65	3,4
95,4 . . .	3,5	1,6	3,35	1,95	1,4	0,5	3,2
98,5 . . .	2,9	1,7	2,7	1,3	1,15	0,55	2,2
101,6 . . .	2,6	1,5	2,3	1,8	1,05	0,5	1,8
104,6 . . .	2,4	1,8	2,5	1,5	1,15	0,45	2,9
107,6 . . .	3,8	2,9	3,5	2,45	1,6	0,9	3,2
110,0 . . .	5,8	4,8	6,5	4,2	3,95	1,95	6,8
110,6 . . .	10,8	8,2	10,5	11,4	9,6	2,85	8,4
Reines Toluol aus Differenz . . .	21,9	30,8	22,4	27,9	32,7	43,75	24,9
	100,0	100,0	100,00	100,00	100,00	100,00	100,0
Gewicht von Flüssigkeit und Dampf im Aufsatz	3,45	5,0	2,7	4,55	6,25	16,25	7,85

Herausfallen der Perlen zu verhüten. Ein kurzes, engeres, senkrechtes Rohr mit seitlichem Ableitungsrohr ist mittels eines gewöhnlichen Propfen am weiten Rohr angebracht.

Aus Tabelle 52 ist zu ersehen, daß ein mit 200 der großen jetzt gebrauchten Perlen gefülltes Hempelrohr seine Stellung in der Mitte zwischen dem ursprünglichen Evaporatoraufsatz mit drei Abteilungen, dessen Länge ungefähr die gleiche war, und dem abgeänderten „Evaporator" mit fünf Abteilungen, der ein wenig länger war, einnahm. Aber das Flüssigkeitsgewicht in dem „Evaporator" mit drei Abteilungen war beträchtlich weniger als halb so groß, das in dem Evaporator mit

[1] Die oben angegebenen Abmessungen wurden leider beim Aufbau des Aufsatzes mit 13 Abteilungen nicht innegehalten, was zur Folge hatte, daß 2 oder 3 Abteilungen Neigung zeigten, sich mit kondensierter Flüssigkeit zu verstopfen. Die Trennwirkung des Apparates wurde dadurch gesteigert, aber seine Brauchbarkeit war erheblich verringert, und die Flüssigkeitsmenge im Aufsatz war viel größer als sie hätte sein dürfen.

fünf Abteilungen nicht viel mehr als halb so groß wie im Hempelaufsatz.

Bei gleicher Länge würde der neue Evaporatoraufsatz wirksamer sein und nur etwa die Hälfte an kondensierter Flüssigkeit enthalten.

An Stelle von Hempels Vollkugeln sind viele andere Füllkörper für den Aufsatz vorgeschlagen worden. Partington und Parker[1] verwenden vierzackige Sterne, Raschig[2] empfiehlt für große Kolonnen dünne Eisenblechringe von 1 Zoll Länge und 1 Zoll Durchmesser. Für den Laboratoriumsgebrauch verwendet er kleinere Ringe. Goodwin[3] verwendet Ringe, von denen jeder aus zwei, an ihren engeren Enden vereinigten, abgestumpften Hohlkegeln besteht. Lessing[4] verfolgt mit seiner Abänderung der Raschigs Ringe das Ziel, sie leichter herstellbar zu machen, und der Berührung zwischen Flüssigkeit und Dampf eine größere Oberfläche zu gewähren. Abb. 47 zeigt die Form der Lessingringe, die aus irgendeinem geeigneten Metall, oder aus keramischem Material hergestellt werden können. Für Laboratoriumsverhältnisse empfiehlt Lessing Ringe von $^1/_4$ Zoll Durchmesser, von denen 1000 einen Raum von 400 ccm einnehmen. Es ist gefunden worden, daß die größeren Ringe zur Destillation von großen Flüssigkeitsmengen sehr geeignet sind; z. B. ergab eine Ringkolonne von 18 Zoll Durchmesser eine bessere Trennung als eine Coffeykolonne von gleicher Höhe aber 2 Fuß Durchmesser.

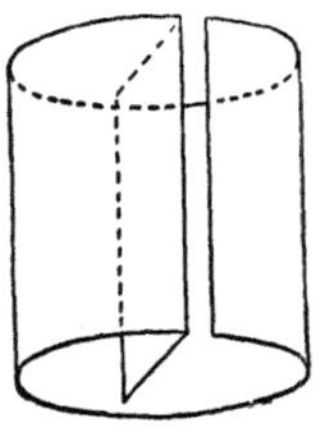
Abb. 47.

Ich verdanke Herrn Dr. Lessing 1500 $^1/_4$-Zollringe und habe Destillationen von 200 g der Mischung gleicher Gewichtsteile von Benzol und Toluol mit der gewöhnlich angewandten Destillationsgeschwindigkeit von 60 Tropfen in der Minute damit ausgeführt. Das Rohr hatte 3,7 cm Durchmesser, und die Höhe der Ringschicht betrug 60 cm.

Die Abtrennung des Benzols war bedeutend besser als die mit einem Evaporatoraufsatz von 8 Abteilungen, aber nicht annähernd so gut wie mit einem Evaporator von 13 Abteilungen. Sie würde ungefähr gleich der von einem Young- und Thomasaufsatz mit 10 Abteilungen gelieferten sein. Die Abtrennung des Toluols war ungefähr gleich der mit einem Evaporatoraufsatz von 8 Abteilungen erhaltenen, aber die wirklich wiedergewonnene Toluolmenge war weit geringer. Schuld daran war die große Menge Flüssigkeit, die an den Ringen hängen bleibt, trotzdem der Aufsatz gleich nach Beendigung der Destillation vom Kühler getrennt, nach allen Seiten geschwenkt und dann eine Stunde lang stehen gelassen wurde, um die Flüssigkeit so vollständig wie möglich

[1] Journ. Soc. Chem. Ind. 38, 75. T (1919). [2] Engl. Patent 1914, Nr. 6288.
[3] Ebenda 1917, Nr. 110260. [4] Ebenda 1920, Nr. 139 880.

in den Kolben zurückfließen zu lassen. Der dadurch entstehende durchschnittliche Verlust an Toluol betrug 12,5 g gegenüber 0,2 g bei dem Evaporatoraufsatz. Die während der Destillation im Aufsatz befindliche Flüssigkeitsmenge war um mehr als 28 g größer als die im Evaporatoraufsatz befindliche.

In Anbetracht seines leichten Aufbaues und seiner bequemen Handhabung kann der Aufsatz mit Lessingringen für die Destillation großer Flüssigkeitsmengen, besonders wenn die zurückbleibende Flüssigkeit nicht wertvoll ist, sehr empfohlen werden; für die Destillation kleiner Flüssigkeitsmengen dagegen und für die Gewinnung des schwerst flüchtigen Bestandteils hält er einen Vergleich mit dem Evaporatoraufsatz nicht aus.

Lessing gibt an, daß der wichtigste Punkt die gleichmäßige Verteilung des entstehenden Rücklaufes über den ganzen Rohrquerschnitt ist. Für einen Aufsatz von 40 cm Länge empfiehlt er einen Rückflußkühler, die längeren Aufsätze sollen dagegen im unteren Teil der Kolonne bis ungefähr 10 cm unter dem oberen Ende mit Asbest umhüllt werden. Der Rückflußkühler würde natürlich die im Aufsatz befindliche Flüssigkeitsmenge erhöhen und ihn für die Destillation geringer Flüssigkeitsmengen noch ungeeigneter machen. Die Umhüllung würde die entgegengesetzte Wirkung haben, aber die Flüssigkeitsmenge im Aufsatz, und der Stoffverlust würde trotzdem noch außergewöhnlich groß bleiben.

Bei den oben angegebenen Versuchen war der Aufsatz weder umhüllt, noch wurde ein Rückflußkühler benutzt.

Ein einfacher und wirksamer Aufsatz ist von Foucar[1] beschrieben worden. Er besteht im wesentlichen aus einer spiraligen Scheidewand, die einen ringförmigen Zwischenraum zwischen zwei konzentrischen Zylindern durchquert. Der Dampf aus dem Kolben steigt in dem langen, spiralförmigen Weg auf, bevor er den Kühler erreicht. Auf Wunsch kann der innere Zylinder als Thermostat benutzt werden, wobei die Kolonne dann als temperaturkonstanter Aufsatz (Kapitel XII) wirkt. Der Apparat von Foucar kann als erheblich verbesserter Spiralaufsatz angesehen werden.

Ein leicht herzustellender, für laboratoriumsmäßiges Arbeiten geeigneter Spiralaufsatz ist von Dutton[2] beschrieben worden. Eine Kupferdrahtspirale wird um ein inneres Rohr gewunden, das ganz lose in ein äußeres Rohr paßt, wodurch ein spiralförmiger Durchgang freigelassen wird, durch den der Dampf steigt. Die Menge kondensierter Flüssigkeit im Aufsatz steigt von oben nach unten an, und um das zu ermöglichen, müssen Rohre von wachsendem Zwischenraum verwendet werden, indem entweder der Durchmesser des äußeren Rohres nach

[1] Engl. Patent 1908, Nr. 19999.
[2] Journ. Soc. Chem. Ind. **38**, 45 T (1919).

unten zu, oder der des inneren Rohres nach oben zu wächst, wobei die Stärke des Drahtes auf jeden Fall nach unten zu wächst. Es erwies sich als nötig, den Aufsatz vor zu starker Kühlung zu schützen, indem man ihn in einer Stärke von ungefähr 2 Zoll mit Watte umhüllte und die Watte mit Asbestschnur bedeckte. Sehr gute Ergebnisse wurden mit einem Aufsatz von 120 cm Höhe erhalten, da aber die Destillation mit ungewöhnlicher Langsamkeit — 10 Tropfen Destillat in der Minute — ausgeführt wurde, ist ein Vergleich mit anderen Aufsätzen bei den zur Zeit zur Verfügung stehenden Daten schwer möglich.

M. Robert[1] hat sehr gute Ergebnisse mit einer mit Vakuummantel versehenen Kolonne[2] erhalten, die oben mit einem Rückflußkühler versehen war, der als Dephlegmator wirkte.

XI. Verschiedene Arten von Aufsätzen (Fortsetzung).

Aufsätze, bei denen der Dampf durch die Flüssigkeit strömt (Sprudelaufsätze)[3].

Bei vielen, im Großbetrieb benutzten Aufsätzen, z. B. bei der Coffeykolonne (Abb. 68, S. 189) wird mittels geeigneter Hindernisse die Flüssigkeit gezwungen, sich in flachen Schichten zu sammeln, und der aufsteigende Dampf muß sich seinen Weg durch diese Schichten erzwingen; auf die Art wird in bestimmten Abständen eine sehr gute Berührung zwischen Dampf und Flüssigkeit erzielt. Der Flüssigkeitsüberschuß

[1] Robert, M.: Colomne à distiller pour Laboratoire. Ann. Chim. analyt. appl. Series II **1**, 372 (1919).

[2] Podbielniak: Apparat und Verfahren zur Ausführung genauer Analysen mittels fraktionierter Destillation. Ind. engin. chem. (An.) **3**, 177 (1931).

[3] Als zum erstenmal in den Chemical News **71**, 177 (1895), eine Beschreibung des von G. L. Thomas und dem Verfasser erfundenen Aufsatzes veröffentlicht wurde, wurde der Ausdruck „Dephlegmator" gewählt, um diese Form des Aufsatzes von anderen, z. B. dem Wurtz- und Hempelaufsatz zu unterscheiden, bei denen kein Durchströmen des Dampfes durch Schichten kondensierter Flüssigkeit erfolgt. Der Ausdruck wurde 1899 in der in Trans. Chem. Soc. **75**, 679 veröffentlichten Arbeit über Aufsätze und in Fractional Distillation (Macmillan, 1903) beibehalten. Dieses Wort wird aber im Schrifttum sehr häufig angewandt und Herr Kewley hatte die Freundlichkeit, eine beträchtliche Anzahl Stellen nachzuweisen, aus denen hervorgeht, daß dieses Wort richtiger zur Bezeichnung des kleinen Kühlers gebraucht wird, der oben auf einer Fraktionierkolonne angebracht ist, um den Rückfluß einer genügenden Flüssigkeitsmenge auf die oberste Abteilung der Kolonne zu bewirken. Ich halte es daher für das Beste, den von Mariller in der „Distillation Fractionnée" verwendeten Ausdruck „Bubbling column" (im folgenden mit Sprudelkolonne übersetzt) an Stelle von „Dephlegmator" zu wählen.

wird mittels geeigneter Rückflußrohre von einer Schicht zur anderen herab und schließlich in die Blase zurückgeführt.

Der Linnemannaufsatz.

Der erste nach diesem Grundsatz für den Laboratoriumsgebrauch konstruierte Aufsatz wurde von Linnemann[1] erdacht. Eine Anzahl Tassen aus Platindrahtnetz *A* wurden in verschiedener Höhe in dem senkrechten Rohr (Abb. 48) angebracht, und die Flüssigkeit in diesen aufgefangen. Da aber keine Abflußrohre vorgesehen waren, sammelte sich die Flüssigkeit allmählich im Aufsatz an, bis ihre Menge nicht mehr zu bewältigen war, worauf die Destillation unterbrochen werden mußte, bis die Flüssigkeit in den Kolben zurückgeflossen war. Dies bedeutete eine große Zeitverschwendung und einen erhöhten Verdampfungsverlust, und es war unmöglich, genaue Temperaturaufzeichnungen zu machen.

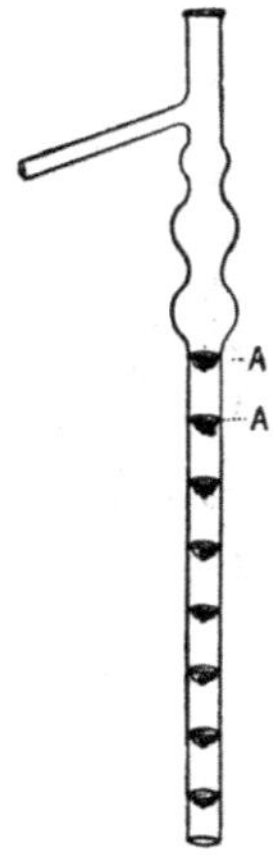

Abb. 48. Der Linnemann-aufsatz.

Bei den neueren Formen der Sprudelaufsätze sind Rückflußrohre vorgesehen. Die Wirksamkeit und Brauchbarkeit der Aufsätze hängt in erster Linie von der Beschaffenheit dieser Rohre und ihrer Anordnung ab.

Der Glinskyaufsatz.

Der Glinskyaufsatz[2] hat nur ein Rückflußrohr, das den Flüssigkeitsüberschuß von der großen Kugel bis in das Rohr unterhalb der tiefstliegenden Zwischenwand, praktisch also bis in den Kolben zurückführt. Im übrigen hat der Aufsatz in seiner ursprünglichen Form (Abb. 49) große Ähnlichkeit mit dem Linnemannaufsatz. Bei der Neukonstruktion befinden sich dagegen Erweiterungen im senkrechten Rohr und an Stelle der Platintassen liegen runde Glasperlen in den Verengungen zwischen den Erweiterungen.

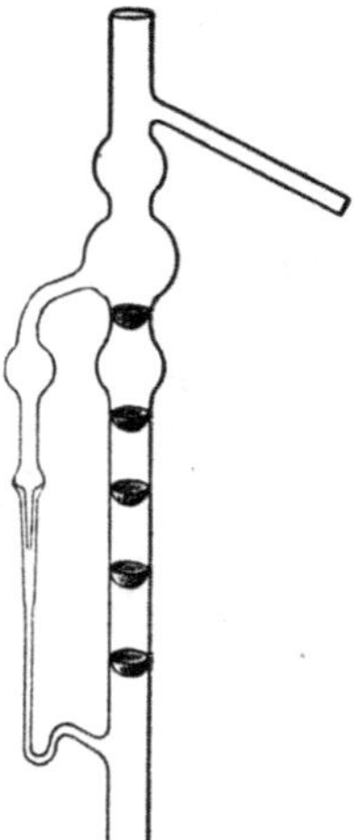

Abb. 49. Der Glinskyaufsatz.

Der Le Bel-Henningeraufsatz.

Im Le Bel-Henningerapparat[3] wird die Zwischenwand gewöhnlich dadurch gebildet, daß Platin-

---

[1] Linnemann: Über eine wesentliche Verbesserung in der Methode der fraktionierten Destillation. Liebigs Ann. **160**, 195 (1871).

[2] Glinsky: Ein verbesserter Apparat zur fraktionierten Destillation. Liebigs Ann. **175**, 381 (1875).

[3] Le Bel und Henninger: Ein verbesserter Apparat zur fraktionierten Destillation. Berl. Berichte **7**, 1084 (1875).

kegel auf die Verengungen zwischen den Kugeln gesetzt werden, die in das senkrechte Rohr geblasen sind; jede Kugel ist durch ein Rückflußrohr mit der darunter befindlichen verbunden (Abb. 50), so daß die Flüssigkeit von einer Kugel in die andere geführt wird und nicht direkt in den Kolben zurückfließt.

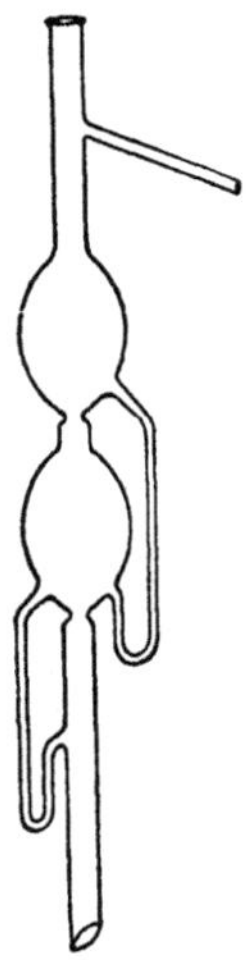

Abb. 50. Der Le Bel-Henninger-aufsatz.

Bei diesen Aufsätzen sind, anders als bei denen von Coffey, die Rückflußrohre außen angebracht, und die rückfließende Flüssigkeit ist daher der Kühlwirkung der Luft ausgesetzt. Die Aufsätze von Brown[1] und von Young & Thomas[2, 3] lehnen sich enger an den Gedanken der Coffeykolonne an, indem die Rückflußrohre viel kürzer sind und vom aufsteigenden Dampf geheizt werden.

Der Young & Thomasaufsatz[4].

Der Young & Thomasaufsatz ist in Abb. 51a, b und c zu sehen. Er besteht aus einem langen Glasrohr von ungefähr 17 mm lichter Weite mit dem gewöhnlichen engen, seitlichen Ableitungsrohr. In dem weiten Rohr befinden sich schmale Einschnürungen, auf denen gewölbte Platindrahtnetzringe *R* ruhen, die vorher durch Erhitzen auf Rotglut erweicht worden sind, und kleine gläserne Abflußrohre *T* von der in Abb. 51b gezeigten Form tragen. Der obere, weitere Teil des Rückflußrohres hat einen inneren Durchmesser von 4,5 mm, der enge, U-förmige Teil, der als Flüssigkeitsverschluß dient, hat einen inneren Durchmesser von 3 mm; wenn aber die Zahl der Einschnürungen 10 oder 12 übersteigt, müssen die Verschlüsse der Rückflußrohre in den tiefer liegenden Abteilungen ein wenig weiter, etwa 3,5 mm, sein. Die Länge der Rückflußrohre soll ungefähr 45 mm, und der Abstand zwischen zwei Einschnürungen ungefähr 60—65 mm sein. Die Verbreiterung *A* am Rückflußrohr hindert es am Durchschlüpfen durch das Drahtnetz beim Umkehren des

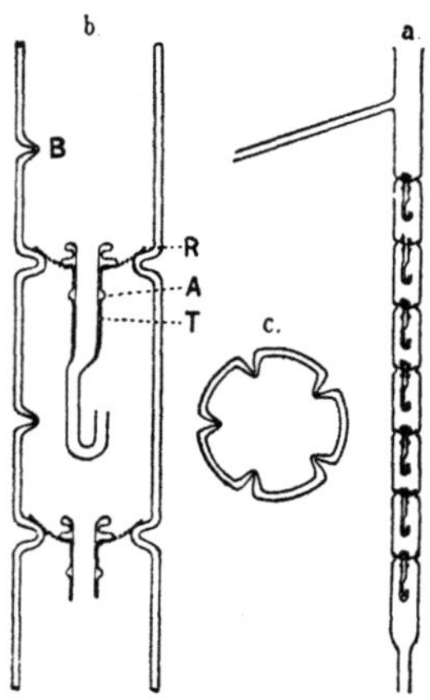

Abb. 51. Der Young & Thomas-Dephlegmator.

[1] Brown: The Comparative Value of Different Methods of Fractional Distillation. Trans. Chem. Soc. **37**, 49 (1880).

[2] Young: The Relative Efficiency of Various Forms of still-head for Fractional Distillation. Trans. Chem. Soc. **75**, 679 (1899).

[3] Young & Thomas: A Dephlegmator für Fractional Distillation in the Laboratory. Chem. News **71**, 117 (1895).

[4] A. a. O.

Rohres. Das Rückflußrohr und der Drahtnetzring werden gleichzeitig durch die fünf inneren Vorsprünge, von denen einer *B* in Abb. 51b gezeigt ist, gehindert, aus ihrer Lage zu fallen. Die Vorsprünge werden hergestellt, indem das Glas mit einer kleinen Lötrohrflamme erhitzt und mit einem Kohlenstift nach innen gedrückt wird. Ein waagerechter Schnitt durch das Rohr bei *B* ist in Abb. 51c zu sehen.

Vergleich der Sprudelaufsätze[1].

Beim Vergleich der Wirksamkeit der drei Aufsätze, wobei ein jeder drei Abteilungen hatte, wurde gefunden, daß bei der Destillation einer großen Menge (400 g) Benzoltoluolmischung der Le Bel-Henningeraufsatz etwas bessere Ergebnisse aufzuweisen hatte als der Young & Thomasaufsatz, und daß diese beiden wesentlich bessere Ergebnisse als der Glinskyaufsatz ergaben. Bei der Destillation von 50 g der Mischung wurde der Young & Thomasaufsatz als der beste befunden; beim Le Bel-Henningerrohr war das Toluol im Rückstand nicht ganz rein, und beim Glinskyaufsatz enthielt es eine ganz beträchtliche Menge Benzol, obgleich die Temperatur in allen drei Fällen bis auf 110,6° gestiegen war.

Bei Verwendung von 25 g der Mischung traten die Unterschiede in der Wirksamkeit noch mehr hervor, und nur mit dem Young & Thomasaufsatz wurde eine Temperatur von 110,6° erreicht, wobei allerdings in diesem Falle das Toluol auch nicht ganz rein war. Die höchste, mit dem Glinskyaufsatz erreichte Temperatur war 107,6° und mit dem Le Bel-Henninger 107,35°, aber das Toluol im Rückstand war im ersten Falle viel weniger rein, denn der Rückstand des Glinskyaufsatzes ging bei der Destillation aus einem kleinen Kolben zwischen 102,2° und 110,4°, der des Le Bel-Henninger zwischen 105,7 und 110,6° und der des Young & Thomasaufsatzes von 110,4 bis 110,6° über.

Mit dem „Scheibenstab-“, dem Birnen- und dem Evaporatoraufsatz (von 3 und 5 Abteilungen) wurden mit 25 g nahezu ebenso gute Ergebnisse wie mit 50 oder mehr Gramm der Mischung erhalten, und in allen diesen Fällen war das Toluol im Rückstand ganz rein.

Man erkennt also, daß bei kleinen Flüssigkeitsmengen der Young & Thomasaufsatz bessere Ergebnisse als der Glinsky- oder der Le Bel-Henningeraufsatz gibt, daß aber keiner von ihnen so befriedigend ist wie die anderen Aufsatzformen.

Die verhältnismäßige Wirksamkeit der 3 Sprudelsätze bei der Destillation von 400 bzw. 25 g der Mischung und der Einfluß einer Erhöhung der Zahl der Abteilungen beim Young & Thomasaufsatz sind in Tabelle 53 angegeben.

[1] Young: A. a. O.

Tabelle 53.

Natur des Aufsatzes	Glinsky	Le Bel-Henninger	Young & Thomas	Glinsky	Le Bel-Henninger	Young & Thomas	Young & Thomas				
Zahl der Abteilungen	3						3	6	12	18	18
Senkrechte Höhe in cm	30	43	51[1]	30	43	51[1]	51[1]	78[1]	122[1]	130	130
Gewicht der destillierten Mischung . . .	400			25			100				
Endtemperatur	Destillatmenge in Gewichtsprozenten										
Grad											
80,7	—	—	—	—	—	—	—	—	21,1	32,4	33,7
81,2	—	—	—	—	—	—	—	0,6			7,2
83,2	1,2	0,6	0,3	0,6	0,4	0,6	0,4	22,8	18,6	9,6	3,4
86,2	19,1	25,8	20,3	13,2	13,4	18,6	20,2	14,5	4,3	3,0	2,0
89,2	14,2	12,1	13,9	15,0	15,2	15,2	14,5	6,3	1,9	1,5	1,2
92,3	8,7	9,2	10,4	8,8	10,0	7,6	8,6	3,1	1,8	1,2	0,9
95,4	6,6	4,3	4,5	6,8	7,4	6,0	5,2	2,5	1,3	0,9	0,7
98,5	5,5	3,1	4,2	6,0	5,0	4,6	4,5	2,1	0,8	0,8	0,3
101,6	6,1	4,3	3,3	6,4	5,2	3,8	3,7	1,7	0,8	1,0	0,4
104,6	3,7	2,9	3,4	5,2	5,2	4,6	3,9	2,0	1,0	1,1	0,6
107,6	6,2	4,8	3,8	20,8	9,6	5,6	4,9	3,9	1,8	1,4	1,2
110,0	7,1	6,0	8,3			9,8	8,5	4,6	4,1	2,8	2,8
110,6	10,0	10,4	10,5	(17,2)	(28,6)	7,6	9,3	8,0	5,5	6,0	3,0
Reines Toluol . . aus der Differenz	11,6	16,5	17,1			16,0	16,3	27,9	37,0	38,3	42,6
	100,0	100,0	100,0	100,0	100,0	100,0	100,0	100,0	100,0	100,0	100,0
Gewicht von Flüssigkeit u. Dampf im Aufsatz . .	2,8	5,85	2,8	2,8	5,85	2,8	2,8	5,3	10,6	12,1	12,1

Die Ergebnisse in der letzten Spalte wurden erhalten, indem die Destillation nur mit der Hälfte der gewöhnlichen Geschwindigkeit ausgeführt wurde. In diesem Falle wurden 42,6 von den 50 g des angewandten Toluols in reinem Zustand und 33,7 g Benzol mit einem Siedeintervall von nur 0,5° in einer einmaligen Destillation wiedergewonnen.

Allgemeine Bemerkungen zur Konstruktion von Sprudelaufsätzen.

Die Ergebnisse der Versuche, die dazu dienen sollten, die Anforderungen aufzuzeigen, die erfüllt sein müssen, damit ein Aufsatz dieser Art die bestmöglichen Wirkungen äußern kann, sind folgende:

1. Anzahl der Abteilungen. Es sollte möglich sein, die Anzahl der Abteilungen erheblich zu steigern, ohne die sich aus der Konstruktion oder

[1] Diese waren unnötig lang.

der Zerbrechlichkeit des Apparates ergebenden Schwierigkeiten wesentlich zu vergrößern. Dieses Erfordernis ist von dem Brown- und dem Young & Thomasaufsatz am besten erfüllt.

2. Abmessung der Einschnürungen usw. Da die Menge kondensierter Flüssigkeit, die durch den Querschnitt abwärts fließt, am unteren Ende des Aufsatzes am größten, am oberen Ende am kleinsten ist, so folgt, daß am oberen Ende des Rohres eine stärkere Hemmung nötig ist als am unteren, um eine zur Bildung einer Flüssigkeitsschicht genügende Stauung des Stromes zu erzielen. Im Le Bel-Henningeraufsatz werden dagegen die Einschnürungen häufig am oberen Ende des Rohres sehr weit und die Platinkegel sehr groß gemacht. Daher zeigt sich bei diesem häufig die Erscheinung, daß einerseits die Flüssigkeit durch die oberen Kegel hindurchfließt, ohne daß sich Flüssigkeitsschichten bilden, und daß sich andererseits in den unteren Kugeln eine unnötig große Flüssigkeitsmenge ansammelt. Beim Young & Thomasaufsatz ist es ratsam, die oberen Einschnürungen etwas tiefer als die unteren auszuführen.

3. Weite des Rückflußrohres und Tiefe der Flüssigkeitsverschlüsse. Es ist ausgeführt worden, daß der Aufsatz neben seiner Trennwirksamkeit auch die Eigenschaft haben soll, während der Destillation eine möglichst geringe Flüssigkeitsmenge zu enthalten. Die Rückflußrohre sollen daher in dem Teil, der während der Destillation mit Flüssigkeit gefüllt ist, nicht weiter sein als nötig ist, die kondensierte Flüssigkeit frei nach unten abzuführen, ebenso sollen die U-förmigen Teile, die als Flüssigkeitsverschlüsse dienen, nicht tiefer sein als nötig ist, um den aufsteigenden Dampf zu hindern, sich durch sie einen Weg zu bahnen. Eine darüber hinausgehende Weite oder Tiefe bedeutet nur einen unnützen Überschuß von Flüssigkeit im Aufsatz, und nur wenn die Anzahl der Abteilungen sehr groß ist, sollten die unteren Verschlüsse etwas weiter als die oberen gemacht werden. Andererseits kann der obere Teil der Rückflußrohre vorteilhaft ziemlich weit gemacht werden, um ein Eintreten der kondensierten Flüssigkeit zu erleichtern, und um zu verhüten, daß Dampfblasen oder Zwischenräume eingeschlossen und mit der Flüssigkeit durch die Verschlüsse nach unten geführt werden. Wenn sich solche Dampfeinschlüsse bilden, können sie leicht die Flüssigkeit aus den Verschlüssen herausdrücken, und der aufsteigende Dampf kann dann leichter durch die Verschlüsse als durch die über den Querwänden gebildeten Flüssigkeitsschichten hindurchströmen.

Die schlechten Ergebnisse, die bei der Destillation von nur 25 g Mischung mit dem Le Bel-Henningeraufsatz erhalten wurden, waren wahrscheinlich größtenteils auf die übermäßige Weite und Tiefe der Rückflußrohre zurückzuführen. Das Gewicht der im Aufsatz befindlichen Dampf- und Flüssigkeitsmenge war mehr als doppelt so groß wie bei dem Glinsky- und dem Young & Thomasaufsatz.

4. Das Abströmen der Flüssigkeit durch die Rückflußrohre. Es ist von größter Wichtigkeit, daß die kondensierte Flüssigkeit rasch durch die Rückflußrohre hindurchfließt, besonders wenn sie sich außerhalb des Hauptrohres befinden und nicht vom aufsteigenden Dampf geheizt werden. Um einem extremen Fall anzunehmen, wollen wir voraussetzen, daß überhaupt kein Abfließen durch die Rückflußrohre eintritt, und daß sich die Verschlüsse nur mit dem ersten Anteil der kondensierten Flüssigkeit füllten. Dieser flüchtigste Anteil der Flüssigkeit würde dann in den Syphons eingeschlossen bis zum Ende der Destillation sitzen bleiben und würde dann einen Teil des Rückstandes bilden. Z. B. könnte bei der Destillation einer Mischung von Benzol und Toluol die letzte Fraktion aus reinem Toluol bestehen, während der Rückstand am Ende der Fraktionierung sehr reich an Benzol sein würde.

Von den drei miteinander verglichenen Sprudelaufsätzen ist der Young & Thomasaufsatz in dieser Hinsicht der beste. Beim Glinskyapparat war dagegen der Flüssigkeitsstrom außergewöhnlich langsam. Hierauf ist es zurückzuführen, daß bei der Destillation von nur 25 g Mischung der Rückstand so viel mehr Benzol enthielt als der letzte Anteil des Destillats. Der Glinskyapparat ist wirklich für die Destillation sehr kleiner Flüssigkeitsmengen ganz ungeeignet. Der gleiche Fehler kann beim Le Bel-Henningeraufsatz beobachtet werden, tritt aber nicht annähernd so stark hervor.

Bei Fraktionierungsrohren nach Art des Glinsky- oder des Le Bel-Henningeraufsatzes sollte das obere Ende des Rückflußrohres weit und die Verbindung mit der Kugel ziemlich weit unten sein, damit die Flüssigkeitsmenge in der Schicht nicht unnötig groß werden kann. Dies ist ein häufig übersehener Punkt.

5. Anordnung der Rückflußrohre. Um die besten Ergebnisse zu erhalten, sollte für eine jede Abteilung ein Rückflußrohr vorhanden sein, das sie mit der nächst unteren Abteilung verbindet, so daß vom unteren bis zum oberen Ende des Aufsatzes die Änderung in der Zusammensetzung gleichmäßig ist. Das ist bei den Aufsätzen von Le Bel-Henninger, Brown und Young & Thomas der Fall. Beim Glinskyapparat ist dagegen nur 1 Rückflußrohr vorhanden, das praktisch die obere Kugel mit der Blase verbindet. Daher ist die kondensierte Flüssigkeit, die durch das Rückflußrohr in die Blase zurückfließt, reicher am flüchtigeren Bestandteil als die Flüssigkeit in den unteren Schichten.

6. Vollständigkeit des Flüssigkeitsabflusses aus dem Aufsatz nach beendeter Destillation. Wenn die zurückbleibende Flüssigkeit wertvoll ist, so ist es von Wichtigkeit, daß sie so vollständig wie möglich aus dem Aufsatz in den Kolben zurückfließt. Die Gewichte der wirklich nach Abkühlung in den Aufsätzen gebliebenen Flüssigkeit waren folgende: Glinsky 0,2 g; Le Bel-Henninger 1,4 g; Young & Thomas 0,55 g. In dieser, aber auch nur in dieser Hinsicht gab der Glinskyaufsatz die besten Ergebnisse, aber die im „Scheibenstab"-, Birnen- und Evaporatoraufsatz gebliebenen Flüssigkeitsmengen waren weit kleiner.

Nachdem die verschiedenen Aufsätze beschrieben worden sind, kann geschlossen werden, daß, wenn nur eine mäßige Wirksamkeit erforderlich ist, der Scheibenstab- oder Birnenaufsatz am meisten zu empfehlen ist, daß aber hinsichtlich großer Trennwirkung der „Evaporator" die besten Ergebnisse liefert.

Vergleich von verbesserten mit glatten, senkrechten Aufsätzen.

Das Verhältnis der Wirksamkeit der verschiedenen Aufsätze ist gut aus dem folgenden Vergleich zu erkennen, in dem angegeben wird, wieviel fraktionierte Destillationen mit einem glatten, senkrechten Rohr von 30 cm Höhe vorgenommen werden müssen, um die gleiche Trennwirkung wie bei einer einzigen Destillation durch den verbesserten Aufsatz zu erzielen.

	Beschreibung des Aufsatzes	Anzahl der Fraktionierungen
1.	Scheibenstab (20 Scheiben)	mehr als 2
2.	Birnenaufsatz (13 Erweiterungen)	fast 3
3.	Hempel (200 große Perlen)	fast 4
4a)	Evaporator, ursprüngl. Form (3 Abteilungen) . . .	mehr als 3
4b)	„ „ „ (5 „) . . .	ungefähr 5
5a)	„ abgeänd. „ (3 „) . .	mehr als 3
5b)	„ „ „ (5 „) . .	fast 5
5c)	„ „ „ (8 „) . .	ungefähr 6
6a)	Young & Thomasaufsatz (3 „) . .	zwischen 2 und 3
6b)	„ „ „ (6 „) . .	ungefähr 4
6c)	„ „ „ (12 „) . .	ungefähr 7
6d)	„ „ „ (18 „) . .	fast 8
6d)	„ „ „ (18 „) halbe Geschwindigkeit . .	fast 9

Im allgemeinen ist die Verbesserung in der Abtrennung des Toluols beträchtlicher als die in der Abtrennung des Benzols[1].

Fraktionierungskolonnen sind in mancher Hinsicht vergleichbar mit den zur Absorption löslicher Gase angewandten Waschtürmen. Die Theorie der Waschtürme ist von Donnan und Masson[2] mathematisch

[1] Vergleiche über die verhältnismäßige Wirksamkeit verschiedener Aufsätze sind von Rittmann und Dean: Journ. Ind. and Eng. Chem., **7**, 754 (1915). — Bureau of Mines, Washington 1916, Bull. 125. — Petroleum Technology 34. Friedrichs: Ztschr. f. angew. Chem. **32**, 341 (1919). — Bill und Ferris: Journ. Ind. and Engin. Chem. **19**, 379 (1927). Marschall und Sutherland: Journ. Ind. and Engin. Chem. **19**, 735 (1927), u. a. ausgeführt worden.

[2] Donnan und Masson: Theory of Gas Scrubbing Towers with Internal Packing. Journ. Soc. Chem. Ind., **39**, 237 T (1920).

Verschiedene andere Arten von Laboratoriumsaufsätzen sind beschrieben

behandelt worden, und die Schlüsse, zu denen diese Forscher hinsichtlich der für eine hohe Absorptionswirkung erforderlichen Bedingungen kommen, sind bei der Destillation hinsichtlich der Trennwirkung anwendbar.

Die Wirkung hängt in beiden Fällen ab:

1. von der Größe der Oberfläche, an der sich Gas (Dampf) und Flüssigkeit berühren;
2. innerhalb gewisser Grenzen von der Größe der Bewegung von Gas (Dampf) und Flüssigkeit zueinander;
3. von der Größe der Wirbelbewegung in einer oder beiden Phasen;
4. von genügend hoher Strömungsgeschwindigkeit, um möglichst große Stauwirkungen zu sichern. (Auf die Destillation kann diese Forderung nur in gewissen Fällen übertragen werden.)

In kurzen Worten ausgedrückt, ist sowohl für die Absorption wie für die Fraktionierung eine möglichst vollständige Berührung zwischen Gas (Dampf) und Flüssigkeit erforderlich.

XII. Verschiedene Formen des Aufsatzes (Fortsetzung).

Temperaturregulierte oder temperaturkonstante Aufsätze.

Wenn man den Aufsatz mit Wasser oder einer anderen Flüssigkeit umgibt, deren Temperatur ein wenig über dem Siedepunkt des flüchtigeren Bestandteiles gehalten wird, so daß der Dampf noch hindurchströmen kann, so wird eine beträchtliche Verbesserung in der Trennung erzielt. Die Temperatur des Bades erfordert allerdings eine sehr sorgfältige Regulierung, wenn die Siedepunkte der Bestandteile näher zusammenliegen, oder wenn ein Bestandteil im großen Überschuß vorhanden ist, denn in beiden Fällen würde ein Temperaturabfall um Bruchteile eines Grades vollständige Kondensation des Dampfes bewirken, während ein ebenso kleiner Temperaturanstieg jegliche Kondensation

---

worden von: Rempel, R.: Chem. Z. **10**, 371 (1886). Monnet, P.: Monit Scient (IV), **1**, 335 (1887). Claudon: G. E. und E. C. Morin: Bull. Soc. Chim. **48**, 804 (1888). Ekenberg, M.: Chem. Z. **16**, 958 (1892). Varenne, E.: Bull. Soc. Chim. **11**, 289 (1894). Otto, M.: ebenda **11**, 197 (1894). Volney, C. W.: Journ. Amer. Chem. Soc. **16**, 160 (1894). Tixier, A.: Bull. Soc. Chim. **17**, 392 (1897). Vigreux, H.: ebenda **31**, 1116 (1904). Golodetz, A.: Chem. Ind. **35**, 102 und 141 (1912). Cooper und Fasce, Journ. Ind. and Engin. Chem., **20**, 420 (1928). Morrell und Egloff. **19**, 1292 (1927), Kummer, R.: Chem. Fabrik, 1928. Donnall. J.: Soc. Chem. Ind. **47**, 211 (1928).

verhindern würde, so daß überhaupt keine Fraktionierung stattfinden könnte.

Wenn ein temperaturregulierter Aufsatz verwendet wird, ist es aus zwei Gründen besser, das Rohr in Spiralform zu biegen. Erstens kann dadurch die wirksame Länge des Aufsatzes erheblich gesteigert werden, ohne die Höhe des Bades übertrieben zu erhöhen, und zweitens ist — wie schon gesagt — die Spiralform wirksamer als die senkrechte. Rosanoff und seine Mitarbeiter haben allerdings gefunden, daß ein doppelwandiger Metallzylinder (Abb. 31, S. 88), der auf beiden Seiten offen ist und in eine Flüssigkeit taucht, die auf konstanter Temperatur gehalten und kräftig gerührt wird, bessere Ergebnisse als die gewöhnliche Spiralform des Aufsatzes gibt.

Warrens Aufsatz.

Die Verwendung eines langen Spiralaufsatzes, der auf konstanter oder langsam steigender Temperatur gehalten wird, wurde zuerst von Warren[1] empfohlen. Das Spiralrohr wurde in einem Wasser- oder Ölbad geheizt. Seine Länge lag zwischen $1\frac{1}{2}$ und 10 Fuß, sein innerer Durchmesser zwischen $\frac{1}{4}$ und $\frac{1}{2}$ Zoll. Warren führte fraktionierte Destillationen von Petroleum und anderen komplizierten Mischungen aus und beobachtete dabei, daß die Temperatur des Bades, wenn die Fraktionen reiner wurden, dem Siedepunkt der Flüssigkeit im Kolben genähert werden mußte und sorgfältigere Regulierung erforderte.

Browns Aufsatz.

Eine Abänderung dieses Apparates, die mit Rücksicht auf bessere Temperaturregulierung des Aufsatzes erdacht ist, wurde von Brown[2] beschrieben. Die zu destillierende Flüssigkeit wird im Gefäß *A* (Abb. 52) zum Sieden gebracht. Der Dampf steigt durch die Schlange *C* auf, deren Temperatur die der im Gefäß *E* siedenden Flüssigkeit ist. Der Dampf aus der Flüssigkeit in *E* geht durch das Rohr *D* zum Schlangenkühler *F*, und die kondensierte Flüssigkeit läuft durch das Rohr *K* auf den Boden des Gefäßes *E* zurück. Der Druck, unter dem die Badflüssigkeit siedet, wird reguliert und gemessen mit einer Pumpe und einem Manometer, die mit dem Rohr *M* verbunden sind. Die Flüssigkeit in *E* wird durch den Ringbrenner *B* geheizt.

[1] Warren: Über die Anwendung der fraktionierten Condensation. Liebigs Annalen Suppl. **4**, 51 (1865).

[2] Brown: The Comparative Value of Different Methods of Fractional Distillation. Trans. Chem. Soc. **37**, 49 (1880). — Fractional Distillation with a Stillhead of Uniform Temperature, ebenda **39**, 517 (1881). — Ein im Prinzip dem Brownschen ähnlicher Aufsatz wurde beschrieben von Hahn: Ber. **43**, 419 (1910). — Journ. Soc. Chem. Ind. **29**, 300 (1910).

Der Dampf der zu destillierenden Flüssigkeit geht durch das seitliche Ableitungsrohr *G* und wird in der gewöhnlichen Art kondensiert und aufgefangen. Die Temperatur des den Aufsatz verlassenden Dampfes wird an einem Thermometer bei *A* abgelesen. Diejenige der Badflüssigkeit wird durch den Druck reguliert und kann aus der Dampfdruckkurve entnommen oder an einem zweiten Thermometer, das im mittleren Rohr angebracht ist, abgelesen werden. Brown erhielt sehr gute Ergebnisse mit seinem Apparat und kam zu der wichtigen Schlußfolgerung, daß „bei Destillationen mit auf konstanter Temperatur gehaltenem Aufsatz die Zusammensetzung des Destillates konstant und identisch ist mit der Zusammensetzung des Dampfes, der sich aus einer Mischung entwickelt, deren Siedepunkt gleich der Temperatur des Aufsatzes ist". Wie schon festgestellt (S. 88), wurde diese Schlußfolgerung von Rosanoff und Bacon bestätigt. In Brown s Apparat kann die Temperatur des Aufsatzes beliebig lange konstant gehalten oder sehr rasch und leicht geändert werden, indem der Druck, unter dem die Badflüssigkeit siedet, variiert wird.

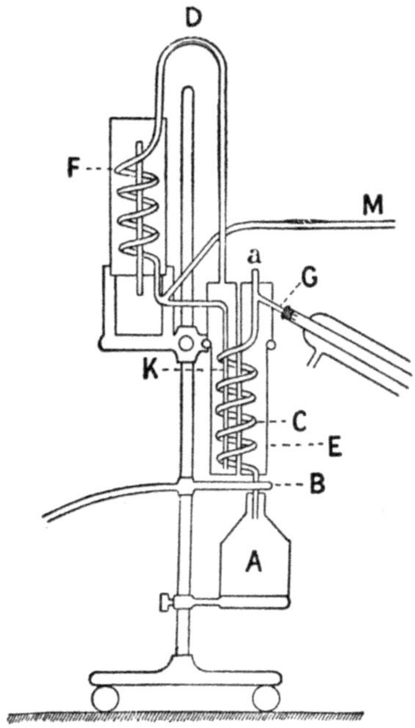

Abb. 52. Browns „temperaturregulierter" Aufsatz.

Trotzdem hat sich der Apparat, vielleicht infolge der Tatsache, daß die Zahl der Beobachtungen und die Größe der Aufmerksamkeit, die während der Destillation erforderlich sind, höher sind, als wenn der Aufsatz nur der Kühlwirkung der Luft ausgesetzt wäre, nicht allgemein einführen können.

Abtrennung von Pentanen aus dem Petroleum.

Ein temperaturregulierter Aufsatz in Verbindung mit einem Sprudelaufsatz (Abb. 53) wurde bei der Abtrennung der niederen Paraffine aus dem amerikanischen Petroleum als sehr brauchbar befunden[1]. Der Dampf des siedenden „Petroläthers" ging zuerst durch einen Young

[1] Young & Thomas: Some Hydrocarbons from American Petroleum. I. Normal and Isopentane. Trans. Chem. Soc. **71**, 440 (1897). — Vgl. Washburn, F. M.: Constant Temperature Still-head für Light Oil Fractionation. Journ. Ind. and Engin. Chem. **12**, 73 (1920).

& Thomasaufsatz von 6 Abteilungen. Die Temperatur des Dampfes beim Ausströmen aus diesem Aufsatz wurde am Thermometer *A* abgelesen. Der Dampf ging dann aufwärts durch ein in einem großen Bade befindliches Spiralrohr. Das Wasser im Bade wurde entweder durch Eiszusatz gekühlt oder mittels eines darunter befindlichen Ringbrenners erwärmt und wurde dauernd gerührt. Dazu wurde eine Vorrichtung benutzt, die der von Ostwalt verwendeten ähnlich war. Ein Rührer

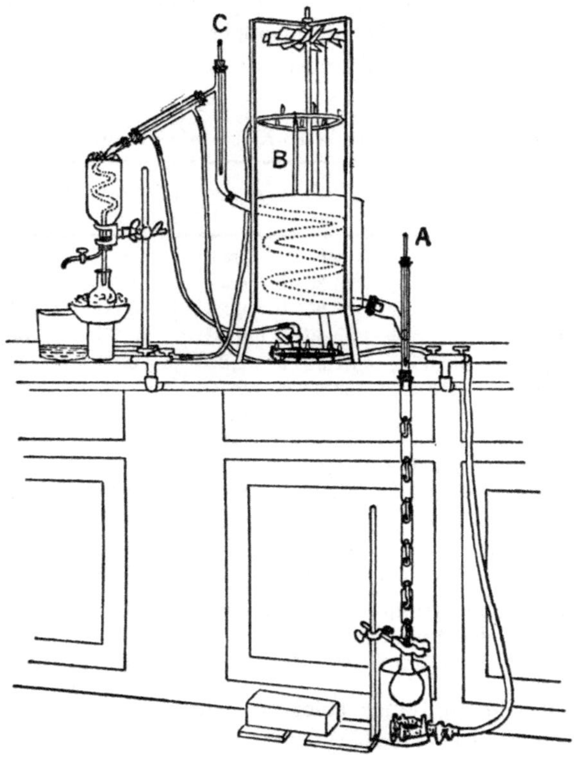

Abb. 53. Temperaturregulierter Aufsatz kombiniert mit einem Young & Thomasaufsatz.

mit 4 Flügeln aus dünnem Kupferblech wurde durch eine Windmühle in Rotation gehalten. Die Windmühle wurde durch einen Ring von Gasflammen angetrieben, wobei die Wirksamkeit der Windmühle durch Anwendung eines Schornsteines erheblich gesteigert werden konnte. Die Temperatur des Bades wurde am Thermometer *B* abgelesen.

Von diesem Teil des Apparates aus strömte der Dampf in ein senkrecht stehendes Rohr, wo seine Temperatur am Thermometer *C* abgelesen wurde. Von dort aus gelangte er in einen eisgekühlten Schlangenkühler. Die kondensierte Flüssigkeit wurde in eisgekühlten Kolben aufgefangen.

Der allgemeine Verlauf dieser Trennung ist schon S. 130 behandelt und durch die Kurven in Abb. 36 veranschaulicht. Einzelheiten über eine einzelne Fraktionierung, und zwar die 11., sind in Tabelle 54 angegeben. Die Temperaturen sind die Endtemperaturen für die einzelnen Fraktionen. Sie sind alle auf 760 mm umgerechnet. Die Thermometerfehler sind korrigiert. Da die Temperatur des Dampfes durch Änderungen des Luftdruckes beeinflußt wird, wurde die Temperatur des Wasserbades in jedem Falle in gleichem Ausmaß geändert. Die untersten Fraktionen bestehen hauptsächlich aus Isopentan, die mittleren sind Mischungen von Iso- und Normalpentan, die höchste stellt nahezu reines Normalpentan dar.

Tabelle 54. Elfte Fraktionierung.

Fraktion	D	B	T	$D-T$	ΔT	ΔW	$\frac{\Delta W}{\Delta T}$
	Grad	Grad	Grad	Grad	Grad		
1	28,42	28,25	28,30	0,12	(1,15)	78	(70)
2	29,15	28,85	28,90	0,25	0,60	101	168
3	30,17	29,65	29,65	0,52	0,75	58	77
4	31,75	30,55	30,55	1,20	0,90	44	49
5	33,10	32,15	32,20	0,90	1,65	43	26
6	34,60	33,90	33,85	0,75	1,65	48	29
7	35,35	34,65	34,75	0,60	0,90	37	41
8	35,65	35,20	35,40	0,25	0,65	40	61
9	35,90	35,80	35,85	0,05	0,45	43	95
10	36,11	36,00	36,10	0,01	0,25	80	320
11	36,25	36,30	36,23	0,02	0,13	81	623
12	36,32	36,30	36,31	0,01	0,08	71	890

D = Temperatur des Dampfes beim Austritt aus dem Sprudelaufsatz,
B = Temperatur des Bades,
T = Temperatur des Dampfes vor dem Eintreten in den Kühler.

Das Bad wurde auf einer solchen Temperatur gehalten, und die Wärmezufuhr wurde so reguliert, daß die Tropfen des Destillates so genau wie möglich mit der Geschwindigkeit von 60 Tropfen in der Minute fielen. Es ist bemerkenswert, daß die Temperatur des Dampfes vor der Kondensation in allen Fällen nahezu die gleiche, wie die des Bades, im allgemeinen sehr wenig höher war. Ebenso erkennt man, daß der Temperaturabfall des Dampfes während seines Durchganges durch den temperaturregulierten Aufsatz ($D-T$) am größten für die mittleren und unreinsten Fraktionen und am geringsten für die höchsten und reinsten Fraktionen ist. In der Tat sind die 3 Temperaturen für die letzte Fraktion nahezu identisch, während bei der vierten zwischen D und T ein Unterschied von $1{,}2^0$ liegt.

Wenn die destillierte Flüssigkeit nahezu rein war, war eine sehr sorgfältige Regulierung der Badtemperatur erforderlich.

Eignung für sehr flüchtige Flüssigkeiten.

Für sehr flüchtige Flüssigkeiten ist der geeignetste Aufsatz ohne Frage der temperaturregulierte. Sein Grundsatz wurde von Ramsay, Dewar u. a. für die Reinigung von Gasen angewandt. Wenn eine Mischung von Helium mit irgendwelchen anderen Gasen bei gewöhnlichem Druck durch ein Spiralrohr strömt, das mit flüssigem, unter verringertem Druck siedenden Wasserstoff gekühlt wird, so kondensieren sich alle anderen Gase in dem Rohr, und das Helium allein strömt hindurch.

Abtrennung von Sauerstoff und Stickstoff aus der Luft.

Große Mengen reinen Sauerstoffes und ebenso Stickstoffs werden neuerdings durch fraktionierte Destillation der flüssigen Luft, oder durch kombinierte fraktionierte Kondensation von Luft und Destillation der dabei erhaltenen Flüssigkeiten hergestellt.

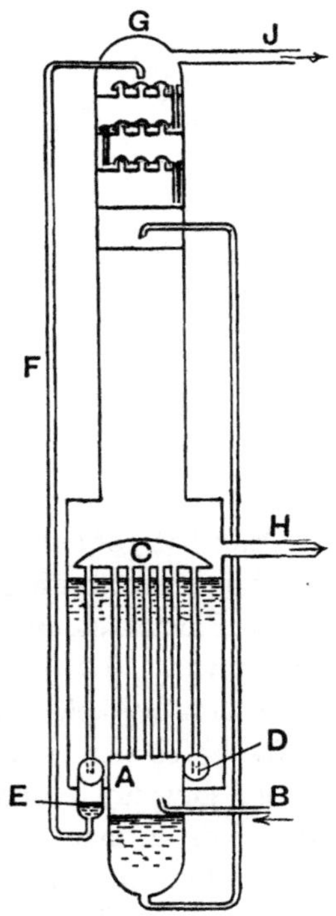

Abb. 54.

Claudes Apparat kann als eine Kombination eines auf konstanter Temperatur gehaltenen, fraktionierenden Kondensators mit einer Rektifizierkolonne angesehen werden. Mit ihm erhält man nicht nur reinen Sauerstoff, sondern auch ganz oder nahezu reinen Stickstoff. Die Luft tritt unter einem Druck von 5 Atm. durch das Rohr *B* (Abb. 54) in den Raum *A* ein. Von *A* streicht sie aufwärts durch die senkrechten Rohre, die in flüssigen Sauerstoff eintauchen und tritt in den engen Raum *C* ein. In diesen senkrechten Rohren tritt teilweise Verflüssigung und Fraktionierung ein, und die in *A* aufgefangene Flüssigkeit enthält ungefähr 47% Sauerstoff. Die zurückbleibende, stickstoffreiche Luft, die beim Aufwärtsströmen durch die senkrechten Rohre der Kondensation entgangen ist, fließt abwärts durch die äußeren senkrechten Rohre und wird dort schließlich kondensiert. Der rohe, flüssige Stickstoff sammelt sich in einer Art Sammelrohr *D*, fließt in das Gefäß *E* und wird durch das Rohr *F* auf die Spitze der Rektifizierkolonne *G* getrieben. Die verflüssigte sauerstoffreiche Luft, die sich in *A* sammelt, wird durch das andere senkrechte Rohr hochgedrückt und tritt an einer tieferen Stelle in die Kolonne ein. Beim Abwärtsfließen wird die Flüssigkeit aus *E* und aus *A* fraktioniert, so daß reiner, flüssiger Sauerstoff aus dem unteren Teil der Kolonne abfließt und das Gefäß, in dem die senkrechten Rohre untergebracht sind, anfüllt. Reines, durch Verdampfung der Flüssigkeit entstandenes Sauerstoffgas strömt durch das Rohr H aus, und reiner Stickstoff verläßt die Spitze der Rektifizierkolonne durch das Rohr J.

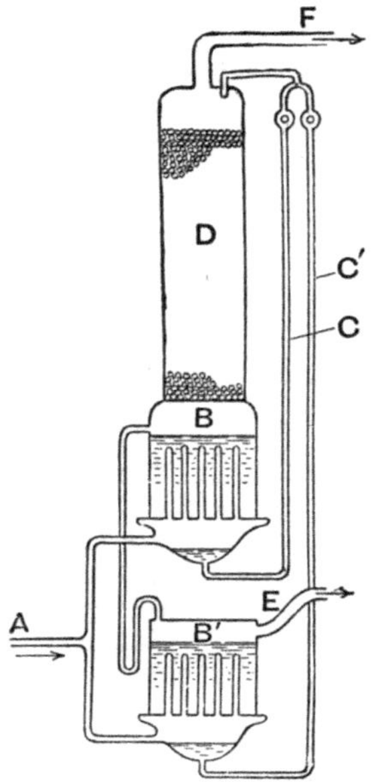

Abb. 55.

Lindes Apparat (Abb. 55) arbeitet nicht mit Hilfe der fraktionierenden Kondensation. Die beiden Bäder aus flüssigem Sauerstoff bewirken vielmehr die vollständige Kondensation der komprimierten Luft. Die durch das Rohr A in den Apparat eintretende Luft wird in B und B' verflüssigt. Die flüssige Luft wird in den Rohren C und C' nach oben geführt und auf den obersten Teil der Rektifizierkolonne aufgegeben. Bei ihrem Abwärtsströmen in der Kolonne tritt Fraktionierung ein, und die am unteren Ende der Kolonne ankommende und nach B abfließende Flüssigkeit ist reiner Sauerstoff. Der Überschuß fließt zusammen mit etwas gasförmigem Sauerstoff nach B' über, und das reine, durch Verdampfung der Flüssigkeit gebildete Sauerstoffgas wird durch das Rohr E abgeführt. Das vom oberen Ende der Kolonne durch das Rohr F abströmende Gas enthält noch ungefähr 7% Sauerstoff.

Helium.

Man hat gefunden, daß Helium in nahezu allen Naturgasen zugegen ist. So enthalten die Naturgase der westlichen Staaten Amerikas 1—2% dieses Elementes, während das Bow-Islands Gas, das nach Calgari geliefert wird, 0,35% enthält. In Anbetracht seiner Leichtigkeit und Unentzündlichkeit würde das Helium das ideale Gas zur Füllung von Luftschiffen sein, wenn es mit nicht allzu großen Kosten in genügender Menge gewonnen werden könnte. Auf Grund vorläufiger Berechnung über Kosten usw. kam Sir Richard Threlfall zu der Überzeugung, daß Helium mit Erfolg aus Naturgasen dargestellt werden könnte. Die notwendigen Untersuchungen wurden I. C. M'Lellan anvertraut und von ihm mit Erfolg durchgeführt. Er hat kürzlich eine vollständige Beschreibung[1] der Anlage gegeben, die in Calgari gegenwärtig zur Herstellung von Helium von wenigstens 99%iger Reinheit verwendet wird. Er hat ferner die Großanlage beschrieben, die dazu bestimmt ist, das ganze von Bow-Island gelieferte Naturgas zu verarbeiten. Diese Anlage soll jährlich mehr als 10 Millionen Kubikfuß 97%igen Heliums liefern,

[1] M'Lellan, J. C.: Helium: its Production and Uses. Trans. Chem. Soc. **117**, 923 (1920).

unter der Voraussetzung, daß die Naturgasquelle in ihrer Ergiebigkeit nicht nachläßt.

Um das Helium zu isolieren, müssen alle weniger flüchtigen Gase, besonders das Methan und der Stickstoff, kondensiert werden. Die Methode ist in ihren Grundsätzen ähnlich derjenigen, auf der die Darstellung von reinem Sauerstoff und Stickstoff aus der Luft beruht. Aber die Schwierigkeiten sind viel größer, da gerade der flüchtigste Bestandteil abgetrennt werden soll und dieser Bestandteil in verhältnismäßig sehr geringer Menge zugegen ist.

XIII. Kontinuierliche Destillation.

Im Großen wird die kontinuierliche Destillation von Maische mittels des Apparates von Coffey (S. 188) und anderer Apparate der Art schon seit langem ausgeführt. Aber erst in verhältnismäßig neuerer Zeit sind Versuche gemacht worden, eine kontinuierlich arbeitende Vorrichtung zu finden, die für Laboratoriumszwecke geeignet ist.

Carveths Apparat.

Carveth[1] weist darauf hin, daß es möglich sein müßte, eine kontinuierliche Trennung zweier Bestandteile einer Mischung dadurch zu

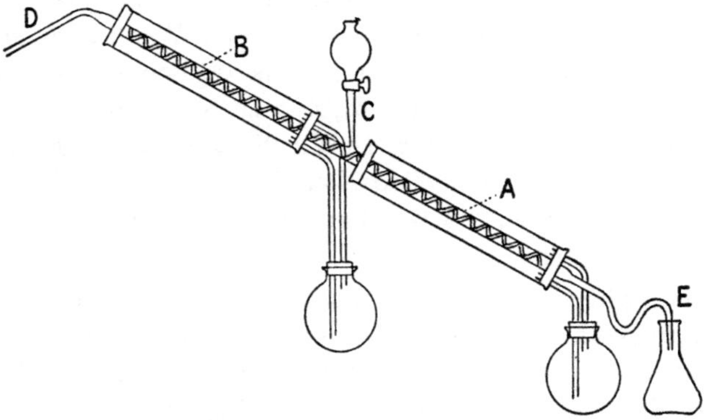

Abb. 56. Carveths Apparat für die kontinuierliche Destillation.

erreichen, daß zwei Teile eines Systems auf verschiedenen, den Siedepunkten dieser beiden Bestandteile entsprechenden Temperaturen gehalten werden, besonders, wenn zur Dephlegmation geeignete Vorrichtungen angewandt werden. Er beschreibt einen für Mischungen aus Alkohol und Wasser im Jahre 1900 von Derby verwendeten Apparat.

[1] Carveth: Studies in Vapour Composition, Part II. Journ. Physic. Chem. **6**, 253 (1902).

Er besteht (Abb. 56) aus einem langen Zinnrohr, das in seinem unteren Ende *A* vom Dampf siedenden Wassers, an seinem oberen Ende *B* vom Dampf siedenden Alkohols umgeben und mit Füllkörpern gefüllt ist. Die zu destillierende Alkoholwassermischung wurde langsam bei *C* eingetropft. Der Dampf strömte bei *D* zum Kühler, und der Rückstand lief bei *E* durch den Syphon ab. Carveth gibt allerdings bezüglich der Länge oder Weite des Rohres, oder der Natur der Füllkörper keine Einzelheiten an.

Was die untere Hälfte der Kolonne betrifft, so ist gegen den Gebrauch von Dampf als Bad nichts einzuwenden. Der angestrebte Zweck, die Temperatur der Flüssigkeit auf dem Siedepunkt des Wassers zu halten, um den Alkohol so vollständig wie möglich zu verdampfen, wird erreicht; denn die große, bei der Kondensation des Dampfes freiwerdende Wärmemenge macht ihn zu einem sehr wirksamen Heizmittel. Aber der Gebrauch des Alkohol**dampfes** für den oberen Teil der Kolonne ist grundsätzlich falsch. Die Annahme, dieser Teil der Kolonne würde so „auf einer dem Siedepunkt des Alkohols entsprechenden Temperatur" gehalten, entspricht nicht den Tatsachen. An dieser Stelle kommt es darauf an, die Temperatur soweit wie möglich daran zu hindern, über den Siedepunkt des Alkohols zu steigen, damit sich der Wasserdampf so vollständig wie möglich niederschlagen kann, während der Alkohol zum Kühler weitergeht. Dies kann erreicht werden, indem der Aufsatz mit einer **Flüssigkeit** umgeben wird, die durch geeignete Mittel auf der erforderlichen Temperatur gehalten wird. Wenn aber ein Dampf, wie z. B. der des flüchtigeren Bestandteils als Bad verwendet wird, so wird er leicht überhitzt, und der Aufsatz ist dann überhaupt nicht vor Temperatursteigerung geschützt. In Wirklichkeit wird ungefähr dasselbe erreicht, was man auch durch Bedecken des Rohres mit Watte erreichen kann, daß sich nämlich die Kondensation und damit auch die Wirksamkeit etwas verringert.

Carveth gibt an, daß der Alkoholgehalt des Rückstandes im Durchschnitt zu ungefähr 0,5 Gewichtsprozenten gefunden wurde, wenn sorgfältig gearbeitet wurde. Aber in 5 Fällen, für die er Einzelheiten angibt, schwankte der Gehalt zwischen 1,5 und 2%. Diese 5 Destillationen wurden mit äußerster Langsamkeit ausgeführt, denn die durchschnittliche Geschwindigkeit betrug nur 7,5 g Destillat in der Stunde.

Andererseits soll der Alkoholgehalt des Destillates in 4 Fällen zwischen 90,6% und 93,9% betragen haben. Bei den fünf oben erwähnten, sehr langsamen Destillationen lag der Alkoholgehalt aber zwischen 76,7% und 89,9%. Die angegebenen Daten scheinen nicht auszureichen, sich eine bestimmte Meinung über die Wirksamkeit des Apparates zu bilden.

Lord Rayleighs Apparat.

Lord Rayleigh[1] beschreibt einen Apparat, der im Prinzip dem Carvethschen ähnlich ist. Zum Unterschied von diesem wird aber die Temperatur beider Teile der Kolonne durch Flüssigkeiten und nicht durch Dämpfe reguliert. Der Apparat besteht aus einem 12 m langen Kupferrohr von 15 mm Durchmesser, das zu zwei Spiralen aufgewickelt ist, die in getrennten Gefäßen untergebracht sind. Für die Destillation von Mischungen aus Alkohol und Wasser wurde die untere, längere Spirale durch siedendes Wasser geheizt, während die obere durch Wasser auf passender Temperatur, im allgemeinen 77^0, gehalten wurde. Die Spiralen waren mit einem geraden Glas- oder Messingrohr von etwas größerer Weite verbunden, das mit einem seitlichen Ansatzrohr versehen war, durch das die Mischung eingeführt werden konnte. Mit Ausnahme der beiden Enden war das Rohr in seiner ganzen Länge vom Boden des unteren Gefäßes bis zur Spitze des oberen gleichmäßig schwach geneigt. Das obere Ende war abwärts gebogen und mit einem gewöhnlichen Liebigkühler verbunden. Das untere Ende des Rohres war, wenn nötig, mit einer luftdichten, auf 100^0 erwärmten Vorlage verbunden. Die Mischung wurde mit solcher Geschwindigkeit eingeführt, daß sie in rasch aufeinanderfolgenden, aber noch einzeln sichtbaren Tropfen einfiel. Sie wurde bei höherem Alkoholgehalt vorher geheizt. Es wurden Mischungen mit 20, 40, 60 und 75% Alkohol destilliert, und in allen Fällen war das in der unteren Vorlage aufgefangene Wasser nahezu rein. Es enthielt niemals mehr als 0,5% Alkohol. Das Destillat schwankte nur wenig in seiner Stärke, es enthielt zwischen 89 und 90,3% Alkohol. Wahrscheinlich könnte ein solches kontinuierliches Verfahren sich als sehr nützlich für solche Mischungen erweisen, die sich in nur zwei Bestandteile aufspalten, besonders wenn die zu destillierende Menge groß ist.

Kontinuierliche Trennung dreier Bestandteile.

Ferner könnte man eine Einrichtung erdenken, mittels welcher drei Bestandteile in ähnlicher Art getrennt werden könnten. Dabei wären für die Mittelsubstanz zwei Schlangen anzuwenden. Die Form des erforderlichen Apparates ist in Abb. 57 schematisch abgebildet. Es soll als Beispiel die Annahme gemacht werden, daß die zu trennenden Flüssigkeiten Methyl-, Äthyl- und Propylacetat wären (K. P. 57,1 bzw. 77,15 und 101,55^0.) Das oberste Bad müßte auf 57,1^0, das mittlere auf 77,15^0 und das unterste auf 101,55^0 gehalten werden. Die Mischung müßte durch den Trichter bei *A* langsam in den Kolben *B* eingebracht werden, wo sie verdampfen würde. Das Dampfgemisch würde bei *C* in die Ko-

[1] Rayleigh: On the Distillation on Binary Mixtures. Philos. Magazine (VI), **4**, 521 (1902).

lonne eintreten. Das Propylacetat würde in der Vorlage *D*, die mit einem Ringbrenner geheizt werden könnte, aufgefangen werden. Der durch die erste Schlange im mittleren Bad aufsteigende Dampf würde mehr oder weniger vollständig von Propylacetat befreit werden, und die Mischung von Äthyl- und Methylacetat würde im wesentlichen in Dampfform in das obere Ende der zweiten Schlange eintreten. Die aus dem unteren Ende der Schlange abfließende und in *E* aufgefangene, kondensierte Flüssigkeit wäre nahezu reines Äthylacetat, während der Dampf, der das obere Ende der in dem höchsten Bad liegenden Schlange

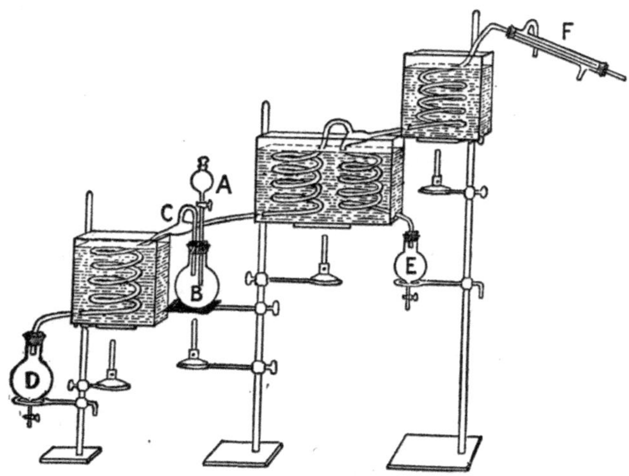

Abb. 57. Apparat zur kontinuierlichen Destillation von Mischungen aus drei Bestandteilen (in Anlehnung an Lord Rayleighs Apparat).

erreicht hat und in *F* kondensiert worden ist, nahezu reines Methylacetat darstellen würde.

Es wäre demnach theoretisch möglich, alle drei Flüssigkeiten in reinem Zustand abzutrennen, und auch die Bestandteile eines noch komplizierteren Gemisches müßten sich trennen lassen, wenn so viele Bäder vorhanden wären wie Bestandteile, wenn diese Bäder auf den Siedepunkten dieser Bestandteile gehalten würden, und wenn in jedem Bad außer dem höchsten und tiefsten zwei Schlangen lägen[1].

[1] Journ. Inst. Petroleum Technologist **13**, 91 (1927). Ein Rohrdestillationsapparat für kontinuierliche Destillation im Laboratorium.

XIV. Fraktionierte Destillation mit verbessertem Aufsatz.

Benzol und Toluol.

Daß durch den Gebrauch eines verbesserten Aufsatzes viel Zeit gespart wird, ist zu erkennen aus dem Vergleich der Ergebnisse einer fraktionierten Destillation von 200 g einer Mischung gleicher Gewichtsteile Benzol und Toluol durch einen Evaporatoraufsatz neuer Form von 5 Abteilungen mit den Ergebnissen, die mit einem glatten, senkrechten Rohr von 30 cm Höhe erhalten wurden.

Tabelle 55.

	I.			II.		
Nr. der Fraktion	Temperaturstufe	Δw	$\frac{\Delta w}{\Delta t}$	Temperaturstufe	Δw	$\frac{\Delta w}{\Delta t}$
	Grad			Grad		
1	—	—	—	80,2— 80,4	39,25	196,2
2	81,5— 83,2	51,6	30,4	80,4— 81,4	43,55	43,5
3	83,2— 95,4	47,1	3,9	81,4— 95,4	16,5	1,2
4	95,4—110,0	30,1	2,1	95,4—110,0	8,9	0,6
5	110,0—110,6	19,8	33,0	110,0—110,6	7,9	13,2
Toluol	110,6	51,0	∞	110,6	82,65	∞
		199,6			198,75	

	III.		IV.		V.	
Nr. der Fraktion	Temperaturstufe	Δw	Temperaturstufe	Δw	Temperaturstufe	Δw
	Grad		Grad		Grad	
Benzol	80,2	21,9	80,2	56,3	80,2	81,8
1	80,2—80,3	44,35	80,2—80,25	30,7		
2	80,3—81,7	27,0				
Rückstand	—	4,95		10,3		15,0
		98,2		97,3		96,8
— / —	Unter 110,6 Übergehendes Verworfen	7,25				
Toluol	110,6	91,95				
		197,4				

Bei Verwendung des Evaporatoraufsatzes war es nicht nötig, das Destillat in mehr als 5 Fraktionen zu unterteilen. Bei der ersten Destillation (Tabelle 55) wurde mehr als die Hälfte der Gesamtmenge des Toluols in reinem Zustand wiedergewonnen. Man wird bemerken, daß die Werte von $\Delta w/\Delta t$ für die Mittelfraktionen verhältnismäßig sehr niedrig sind. Bei der zweiten Fraktionierung ging eine kleine Flüssigkeitsmenge beim Siedepunkt des Benzols über, es wurde aber nicht für ratsam gehalten, sie getrennt aufzufangen. Der Wert von $\Delta w/\Delta t$ war für die erste Fraktion mehr als 300 mal so groß wie für die vierte, mehr als 82% des Toluols wurden diesmal in reinem Zustand erhalten.

Bei der dritten Fraktionierung wurden 21,9 g reines Benzol erhalten, und als Fraktion Nr. 3, aufgefangen von 81,4—95,4°, zum Rückstand in den Kolben gegeben und die Destillation fortgesetzt wurde, stieg die Temperatur nicht über 81,7°. Das ganze Destillat wurde daher in der Vorlage Nr. 2 gesammelt und der kleine Rückstand (4,95 g) verworfen. Der Apparat wurde dann getrocknet und die höheren Fraktionen wurden destilliert, wobei nur 7,25 g unter 110,6° übergingen, während der Rückstand 9,3 g aus reinem Toluol bestand. Das Destillat ließ sich seiner geringen Menge wegen nicht weiter destillieren. Zwei weitere Destillationen der niedrigeren Fraktionen genügten, die Wiedergewinnung des Benzols vollständig zu machen.

Vergleich der Ergebnisse mit glatten und verbesserten Aufsätzen.

Die durch Verwendung eines wirksamen Apparates erreichte große Verbesserung ist in Tabelle 56 deutlich zu erkennen.

Tabelle 56.

	Evaporaturaufsatz von 5 Abteilungen	glatter Aufsatz 30 cm Höhe
Gewicht des reinen wiedergewonnenen Benzols	81,8 g	81,4 g
Gewicht des reinen wiedergewonnenen Toluols	91,95 g	88,8 g
tatsächlicher Zeitaufwand zur Destillation	6½ Std.	ungefähr 30 Std.
Verlust durch Verdampfung usw.	4,0 g	22,0 g
undestilliert gebildete Mischung	22,25 g	7,8 g

Der Hauptvorteil liegt in dem geringen Zeitaufwand, der auf nahezu $^1/_5$ erniedrigt wurde, aber auch die Wiedergewinnung war etwas besser und würde in manchen Fällen viel besser sein, ebenso war der wirkliche Materialverlust viel kleiner, während die undestilliert gebliebene Menge größer war.

Methyl-, Äthyl- und Propylacetat.

Die Zerlegung einer Mischung von 100 g Methylacetat, 120 g Äthylacetat und 100 g Propylacetat wurde durch Destillation mit einem Evaporatoraufsatz neuer Form von 8 Abteilungen ausgeführt. Einzelheiten über die Fraktionierungen sind in Tabelle 57 wiedergegeben.

Tabelle 57.

Nr. der Fraktion	I. Temperatur-stufe	I. Δw	I. $\frac{\Delta w}{\Delta t}$	II. Temperatur-stufe	II. Δw	II. $\frac{\Delta w}{\Delta t}$	III. Temperatur-stufe	III. Δw	III. $\frac{\Delta w}{\Delta t}$
	Grad			Grad			Grad		
	—	—	—	—	—	—	Methylacetat	9,45	∞
1	—	—	—	57,1 — 57,4	26,25	87,5	57,1—57,25	42,2	281,3
2	unter 60,85	49,65	?	57,4 — 59,4	49,15	24,6	57,25—58,05	30,5	38,1
3	60,85—67,1	48,3	7,7	59,4 — 67,1	24,1	3,3	58,05—67,1	15,45	1,7
4	—	—	—	67,1 — 76,15	15,75	1,7	67,1— 76,65	11,3	1,2
5	67,1 — 77,15	55,85	5,6	76,15— 77,15	43,4	43,4	76,65—77,15	41,0	82,0
6	—	—	—	77,15— 77,65	45,65	91,3	77,15—77,3	46,9	312,7
7	77,15— 89,35	64,85	5,3	77,65— 89,35	13,45	1,1	77,3— 77,7	12,65	31,6
8	89,35—101,35	34,45	2,9	89,35—101,55	14,2	1,2	Rückstand	6,3	
9	101,35—101,55	11,45	57,2					215,75	
							unter 101,55 (verworfen)	5,15	
	Propylacetat	54,65	∞	Propylacetat	85,35	∞	Propylacetat	94,2	∞
		319,2			317,3			315,1	

Nr. der Fraktion	IV. Temperatur-stufe	IV. Δw	V. Temperatur-stufe	V. Δw	VI. Temperatur-stufe	VI. Δw
	Grad		Grad		Grad	
	Methylacetat	34,45	Methylacetat	58,9	Methylacetat	76,8
1	57,1—57,2	32,0	57,1—57,15	24,0	Gesamtrückstd.	18,15
2	57,2—58,0	23,1	Gesamtrückstd.	12,55		94,95
	Rückstand	6,55		95,45		
		96,1				
	unter 74,0 (verworfen)	3,35				
4	74,0—77,1	12,7	unter 76,5 (verworfen)	5,5	unter 77,15 (verworfen)	8,2
5	77,1—77,15	36,05	76,5—77,15	10,6		
6	Äthylacetat	52,55	Äthylacetat	88,1	Äthylacetat	95,8
		200,75		199,65		198,95
	Ges. Rückstand	12,6				
		213,35				

Bei der 2. Fraktionierung war die Temperatur, nachdem Fraktion Nr. 7 aus I so vollständig wie möglich überdestilliert worden war, nur auf 81,5° gestiegen. Fraktion Nr. 8 aus I wurde trotzdem wie gewöhnlich zum Rückstand in den Kolben gegeben. Bei ihrer Destillation wurde eine beträchtliche Menge unter 89,35° aufgefangen, aber die zwischen dieser Temperatur und 100° übergehende Menge war sehr klein, und es war offenbar nicht der Mühe wert, zu versuchen, etwas mehr Äthylacetat bei der nächsten Fraktionierung aus der 8. Fraktion von II zu gewinnen. Diese letzte Fraktion wurde daher nur deshalb weiter destilliert, um möglichst viel Propylacetat zu gewinnen, und alles, was unter 101,55° überging (5,15 g), wurde verworfen.

Bei der 3. Fraktionierung war gleichfalls, als Fraktion 3 von II möglichst vollständig destilliert worden war, die Temperatur nur auf 65° gestiegen. Trotzdem wurde Fraktion 4 von II zugesetzt und wie gewöhnlich weiterdestilliert. Bei der Fraktionierung IV war, nachdem Fraktion 3 aus III zum Rückstand zugesetzt und weiterdestilliert worden war, die im Kolben gebliebene Flüssigkeitsmenge, als die Temperatur 58° erreicht hatte, äußerst klein geworden. Die Destillation wurde daher abgebrochen und der Rückstand verworfen. Die Fraktionierungen III bis VI waren daher nicht zusammenhängend, sondern bestanden jedesmal aus zwei Teilen, z. B. wurde bei III die Destillation abgebrochen, als die Temperatur 77,7° erreicht hatte. Kolben und Aufsatz wurden getrocknet und die letzte Fraktion von II wurde für sich destilliert, nachdem die Wiedergewinnung des Propylacetats beendet war.

Bei IV wurde der erste Teil der Fraktionierung beendet, als die Temperatur 58° erreicht hatte, und es wurde wieder angefangen mit der Destillation der Fraktion 4 von III. In diesem Falle stieg die Temperatur nicht über 77,15°, selbst als die höchste Fraktion von III destilliert wurde; Fraktion 6 wurde daher als reines Äthylacetat angesehen.

Vergleich der Resultate mit dem glatten und dem verbesserten Aufsatz.

Die große Überlegenheit des Evaporatoraufsatzes ist aus den in Tabelle 58 angegebenen Resultaten deutlich zu erkennen.

Tabelle 58.

	Langer glatter Aufsatz	Evaporatoraufsatz von 8 Abteilungen
Gewichtsprozente des wiedergewonnenen Methylacetats	48,1	76,8
„ „ „ Äthylacetats	53,5	79,8
„ „ „ Propylacetats	72,5	94,2
Zahl der erforderlichen Fraktionierungen	32	6
erforderliche Zeit (in Stunden) ungefähr	70	17
Gewichtsprozente des Materials		
(1) Verloren durch Verdampfung	21,0	2,8
(2) Verloren durch Behandlung mit Chemikalien	5,6	0,0
(3) undestilliert geblieben	17,1	13,8

Bei der lang anhaltenden Fraktionierung mit dem glatten Aufsatz wurde eine beträchtliche Menge Feuchtigkeit von den Estern aufgenommen, und es trat merkliche Hydrolyse ein. Es erwies sich daher als nötig, vor Beendigung der Fraktionierung das Propylacetat mit Kaliumkarbonat und das Methylacetat mit Phosphorpentoxyd zu behandeln, wodurch der Verlust vergrößert wurde.

Dagegen zeigte bei Verwendung des Evaporators das Propylacetat überhaupt keine saure Reaktion, und das Methylacetat wurde nur sehr wenig feucht. Die spez. Gewichte wurden wieder bestimmt und befanden sich in guter Übereinstimmung mit den auf S. 129 angegebenen.

Fraktionierte Destillation unter verringertem Druck.

Die verbesserten Aufsätze können auch zur Destillation unter verringertem Druck verwendet werden. Ein Young & Thomasaufsatz von 12 Abteilungen wurde z. B. von Francis[1] für die Abtrennung von Isoheptyl- und Normalheptylbromid aus den bei der Einwirkung von Brom auf die zwischen 93,5 und 102° übergehende Fraktion des amerikanischen Petroleums verwendet. Der Druck betrug in diesem Falle 70 mm. Wade und Merrimann[2] verwendeten einen Evaporatoraufsatz für die Destillation von Mischungen aus Äthylalkohol und Wasser sowohl bei Überdruck als auch im Vakuum. (S. 18 u. 70.)

XV. Destillation in der Technik.

Die zur Destillation von Alkohol und Aceton im Großbetrieb angewandte Apparatur ist in den Abschnitten, die sich mit diesen Stoffen beschäftigen, vollständig beschrieben, aber ein kurzer Abriß über die wichtigsten Formen der Apparatur wird von Nutzen sein.

Wenn nur eine rohe Abtrennung der Bestandteile eines komplizierten Gemisches erforderlich ist, geht der Dampf direkt aus der Blase in den Kühler, für eine bessere Trennung dagegen werden verbesserte Aufsätze verwendet.

Mansfields Apparat.

Ein einfacher Kunstgriff, der von Mansfield angewandt wurde, besteht darin, den Aufsatz mit Wasser zu kühlen, dessen Temperatur man bis zu einer passenden Höhe steigen läßt. Der Aufsatz *A* (Abb. 58) ist von Wasser umgeben, dessen Temperatur bis zum Siedepunkt ansteigt. Über 100° siedende Flüssigkeiten werden größenteils in dem Auf-

---

[1] Francis und Young: Separation of Normal Isoheptane from American. Petroleum. Trans. Chem. Soc. **73**, 920 (1898).

[2] Wade und Merriman: Apparatus for the Maintenance of Constant Pressures above and below the Atmospherie Pressure. Application to Fractional Distillation. Trans. Chem. Soc. **99**, 984 (1911).

satz kondensiert und laufen in die Blase zurück. Später wird der Hahn *B* geöffnet und der Dampf strömt dann direkt in den Kühler. Mit dieser Blase konnte Mansfield Benzol in ziemlich reinem Zustand aus Kohlenteer abtrennen.

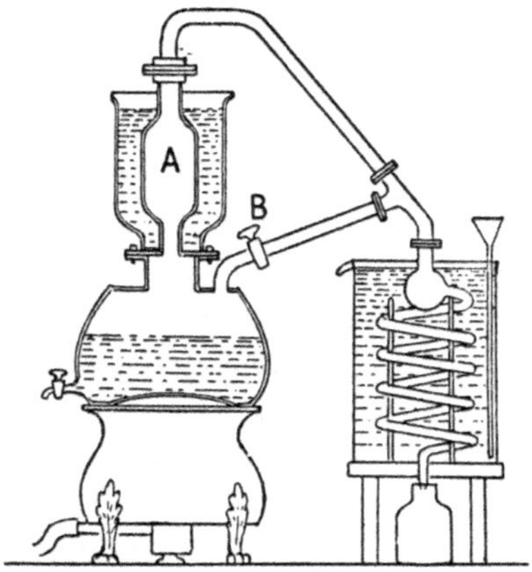

Abb. 58. Mansfields Apparat.

Dephlegmatoren.

Ein temperaturkonstanter oder temperaturregulierter Aufsatz nach Art des von Mansfield verwendeten wird jetzt als Dephlegmator bezeichnet. Er bildet jetzt einen mehr oder weniger wichtigen Bestandteil vieler Apparate. Er hat zwei Aufgaben: a) Fraktionierung, b) die Erzeugung einer genügenden Menge kondensierter Flüssigkeit, des „Rücklaufes", die für das befriedigende Arbeiten einer Sprudel- oder anderer Kolonnen nötig ist. Bei Mansfields Blase erfüllt er nur den ersten Zweck, aber in vielen modernen Anlagen ist die zweite Aufgabe weitaus wichtiger.

Coupiers Apparat.

Bei Coupiers Apparat (Abb. 59) ist eine besser ausgearbeitete Kühlvorrichtung mit einer Sprudelkolonne verbunden. Der Dampf

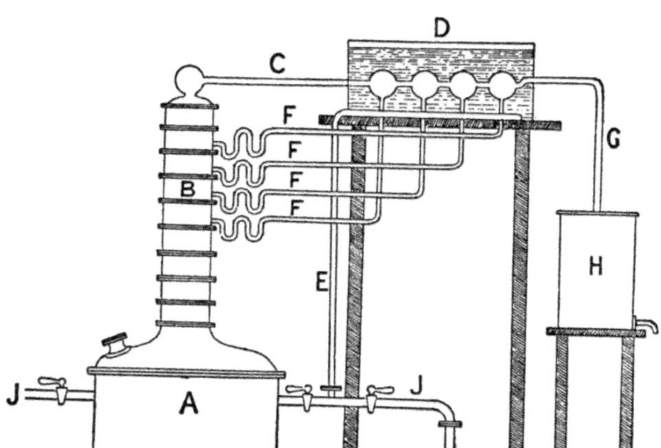

Abb. 59. Coupiers Apparat.

aus *A* geht zunächst durch die Rektifizierkolonne *B*, tritt dann durch das Rohr *C* in eine Reihe von Kugeln ein, die in einem mit Sole beschickten Kasten *D* liegen, die mit durch das Rohr *E* zugeführtem Dampf erwärmt werden kann. Die in den Kugeln kondensierte Flüssigkeit läuft durch die Rohre *FF* in die Kolonne zurück. Die weniger flüchtigen Dämpfe werden größtenteils in der ersten Kugel kondensiert und in einen tiefer liegenden Teil der Kolonne zurückgeführt, während die Kondensate der anderen Kugeln der Reihe nach an höher gelegenen Stellen in die Kolonne zurücklaufen. Nachdem der Dampf von den Stoffen befreit worden ist, die bei höherer Temperatur als der der Kühlflüssigkeit in dem Tank sieden, strömt er durch das Rohr *G* in den Kühler *H*. Der Inhalt der Blase wird durch das Dampfrohr *J* geheizt.

Französischer Kolonnenapparat.

Eine sehr ähnliche Vorrichtung ist in dem französischen Kolonnenapparat (Abb. 60) zu sehen. Die zu destillierende Flüssigkeit wird in der Blase *A* durch ein Dampfrohr geheizt. Der Dampf steigt durch die Rektifizierkolonne *B* aufwärts, geht durch eine Reihe von Rohren, die in dem Tank *C* liegen, und tritt dann in den Kühler *D* ein. Kaltes Wasser aus dem Tank *E* tritt am Boden des Kühlers ein und wird bei seinem Aufwärtsströmen durch die Kondensation des Dampfes erwärmt. Das warme Wasser geht durch das Rohr *F* in den Tank, der durch die in der Abbildung gezeigten vertikalen Zwischenwände in Abteilungen eingeteilt ist. Hier nimmt das Wasser, infolge der Kondensation des Dampfes in den Rohren weitere Wärmemengen auf, so daß es am heißesten ist, wenn es den Tank durch das Rohr *G* verläßt. Auf diese Art wird der Dampf auf seinem Wege von der Kolonne durch die Dephlegmatoren zum Kühler stufenweise gekühlt, und die zum tieferen Teil der Rektifizierkolonne durch das Rohr *H* zurückfließende Flüssigkeit ist reicher an weniger flüchtigen Bestandteilen als die dem oberen Teil durch das Rohr *H'* zugeführte. Bei sehr komplizierten Mischungen, bei denen nur eine Abtrennung von Fraktionen verschiedener Flüchtigkeit erstrebt wird, können die aufeinander folgenden Kondensate eines solchen Dephlegmators einzeln aufgefangen werden, statt in die Kolonne zurückzufließen. In dem Falle hat der Dephlegmator, gerade wie bei Mansfields Apparat nur die Aufgabe, zu fraktionieren.

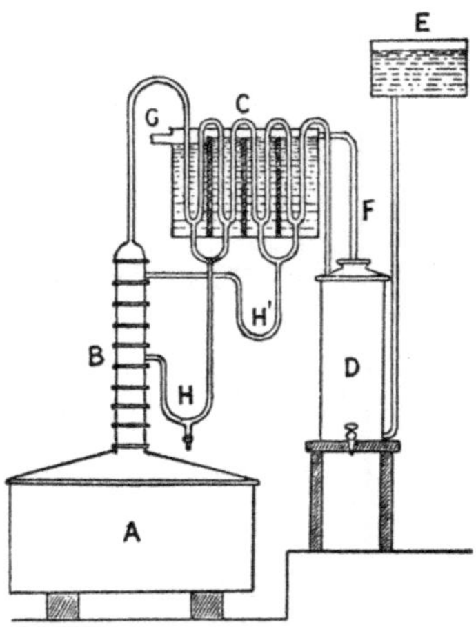

Abb. 60. Französischer Kolonnenapparat.

Sprudelkolonnen.

Bei vielen Kolonnen wird ein Teil des Dampfes kondensiert und bildet Flüssigkeitsschichten, durch die der aufsteigende Dampf sich seinen Weg erzwingen muß, so daß eine sehr vollständige Berührung zwischen Dampf und Flüssigkeit gesichert ist. Oben auf die Kolonne wird meistens ein Dephlegmator gesetzt, der für eine genügende Flüssigkeitsmenge auf den Böden sorgen muß. Die verschiedenen Sprudel-

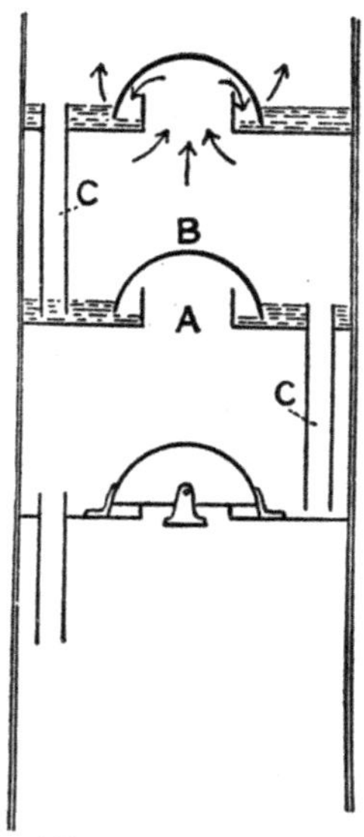

Abb. 61. Dubrunfauts Apparat.

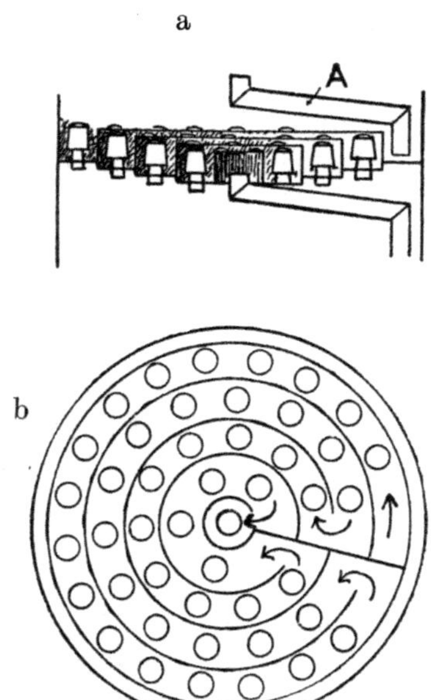

Abb. 62 a und b. Egrots Apparat.

kolonnen unterscheiden sich beträchtlich in ihren Einzelheiten. Einige Ausführungsformen sind in den Abbildungen 61—65 gezeichnet, andere sind in den speziellen Abteilungen beschrieben.

Die kondensierte Flüssigkeit sammelt sich auf Böden, die in einigen Fällen durchbohrt sind. In anderen Fällen sind sie eben, und der Dampf steigt dann durch ein in der Mitte des Bodens angebrachtes Rohr *A* (Abb. 61) empor. Sein Weg ist aber durch eine Glocke *B* verlegt und er sprudelt daher durch die kondensierte Flüssigkeit auf dem Boden. Die Glocke kann an ihrem unteren Rande gezähnt werden, oder sie kann senkrechte Schlitze haben (Abb. 109), um die Blasen vollständiger aufzuteilen. In einigen Fällen, z. B. beim Egrotaufsatz (Abb. 62), sind zahlreiche Glocken oder ähnliche Einrichtungen auf einem Boden angebracht und die kondensierte Flüssigkeit läuft im

Zickzack von der Peripherie zur Mitte eines jeden Bodens. Die Flüssigkeit erreicht den Boden durch das Rohr *A* (Abb. 62a) und fließt auf dem in Abb. 62b durch die Pfeile angedeuteten Wege.

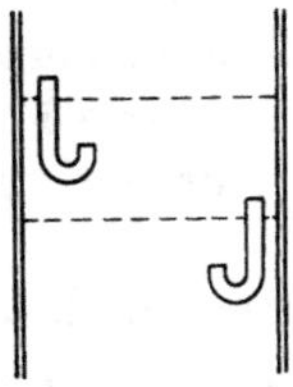

Abb. 63. Savalles Apparat.

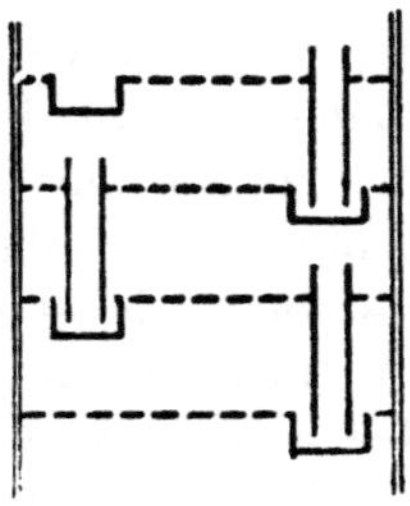

Abb. 64. Savalles Apparat.

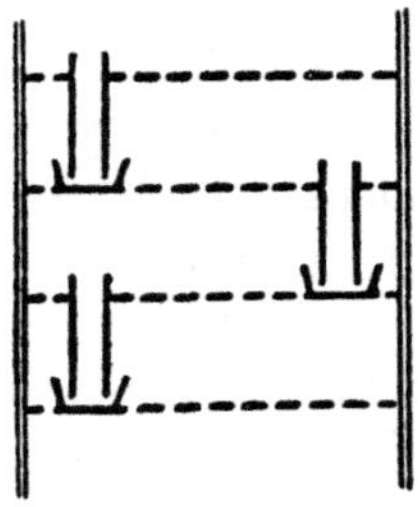

Abb. 65. Coffeys Apparat.

In allen Fällen fließt der Flüssigkeitsüberschuß durch ein Rückflußrohr ab, dessen unteres Ende in verschiedener Art mit Flüssigkeitsverschlüssen versehen ist, von denen einige in den Abb. 63—65, Abb. 61 und *A* Abb. 62a abgebildet sind.

Andere Aufsätze.

Es sind verschiedene Aufsatzformen erdacht worden, bei denen eine gute Berührung zwischen Flüssigkeit und Dampf erzielt wird, ohne daß ein wirkliches Hindurchsprudeln des Dampfes durch die Flüssigkeit stattfindet. Diese Aufsätze haben den Vorteil, daß, wenn überhaupt, so ein nur sehr kleiner Druckanstieg von der höchsten zur niedrigsten Abteilung der Kolonne eintritt. Eine ältere Form eines derartigen Aufsatzes stellt der von Pistorius (Abb. 66) dar. Hier wird der in eine Abteilung eintretende Dampf durch die flach gewölbte Glocke *A* von der Mitte zum Umkreis hingelenkt. Er geht dann über der Glocke zur Mitte zurück und wird durch das in *B* befindliche Wasser teilweise kondensiert. Wahrscheinlich würde eine erhebliche Verbesserung in der Wirksamkeit dieses Apparates durch die einfache, in Abb. 67 abgebildete Abänderung erzielt werden können. Die kondensierte Flüssigkeit würde anstatt an den äußeren Rändern der Abteilung herabzufließen, vom Mittelrohr auf die flach gewölbte Glocke wie beim Evaporatoraufsatz, S. 155, tropfen. Der aufsteigende Dampf würde

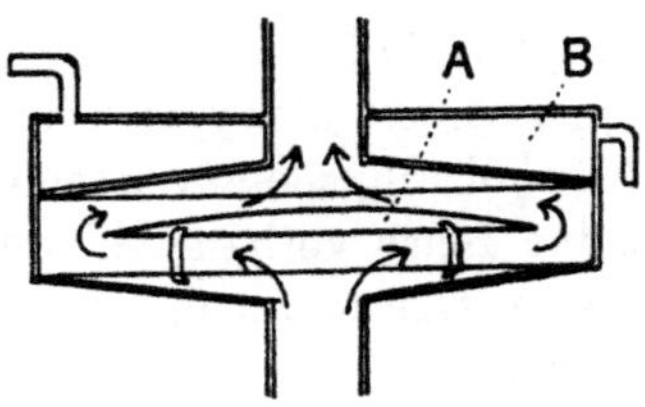

Abb. 66. Der Pistoriusapparat.

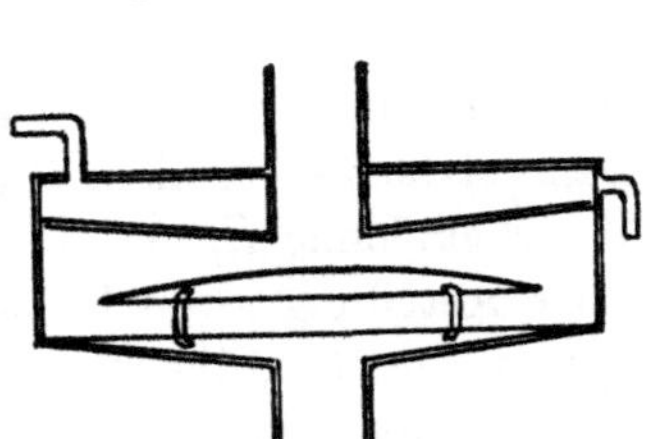

Abb. 67. Abgeänderter Pistoriusapparat.

in bessere Berührung mit dieser heißen Flüssigkeit kommen und einen Teil von ihr erneut verdampfen.

Zu den Aufsätzen dieser Klasse gehören die verschiedenen Ringkolonnen, wie die von Raschig und Lessing (Abb. 47, S. 158), Foucars Spiralkolonne und die Kolonnen von Kubierschky, Perrier, Guillaume, Ilges und andere (Abb. 115, 111, S. 340), in denen die kondensierte Flüssigkeit in Tropfen oder als Sprühregen herabfallen muß. Foucars Apparat kann als eine erheblich verbesserte Form des Spiralaufsatzes angesehen werden. Er ist einfach, gedrängt, wirksam und für Vakuumdestillation gut geeignet.

Kubierschkys Aufsatz enthält durchlochte Platten, ähnlich denen in den Siebbödenkolonnen, aber hier geht die Flüssigkeit, nicht der Dampf durch die Durchbohrungen. Der Dampf tritt ohne Widerstand abwechselnd durch zentral gelegene Rohre und im Umfang befindliche ringförmige Öffnungen jedesmal am oberen Teil einer Abteilung in diese ein und verläßt sie nahe dem unteren Ende. Diese Kolonne ist sehr wirksam, die anderen Sprühkolonnen dagegen geben nach Mariller[1] keine sehr befriedigenden Ergebnisse.

Kontinuierliche Destillation.

Wenn man es mit großen Flüssigkeitsmengen zu tun hat, so bietet es offenbar Vorteile, den Destillationsvorgang kontinuierlich zu gestalten.

Das kontinuierliche Verfahren wurde zuerst für die Darstellung von Äthylalkohol aus Gärungsflüssigkeiten angewandt. Bei dem Coffeyapparat, der als typisch für die bei der kontinuierlichen Herstellung von Alkohol allgemein verwendeten Apparate angesehen werden kann, ist keine Blase vorhanden, sondern die Gärungsflüssigkeit wird durch direkten Dampf geheizt, der am unteren Ende der Kolonne eintritt. Der Apparat in seiner einfachsten Form ist in Abb. 68 zu sehen.

Die Maische wird aus einem Vorratsbehälter A in dem Rohr B nach oben gepumpt und strömt in dem Zickzackrohr CC abwärts, wobei sie durch den in der Rektifizierkolonne aufsteigenden Dampf geheizt wird. Dann strömt sie in dem Rohr D aufwärts in die oberste Abteilung der Maischekolonne E. In dieser strömt sie dann durch die Rohre F von einer Abteilung abwärts zur anderen und kann schließlich durch das Syphonrohr G abfließen.

Der Dampf strömt durch das Rohr H in die Kolonne und bringt die Maische zum Sieden, so daß sie, wenn sie am unteren Ende ankommt, vollständig von Alkohol befreit ist. Die aufsteigenden Dämpfe strömen durch die Löcher in den Platten und sprudeln durch die darüber befindliche Flüssigkeit, wobei ein Teil des Wasserdampfes kondensiert,

[1] Mariller: La Distillation fractionnée. Paris 1917.

und die Temperatur der herabfließenden Maische auf jedem Boden erhöht wird.

Wenn der an Alkohol angereicherte Dampf die Spitze der Kolonne erreicht hat, tritt er durch das Rohr *J* in den unteren Teil der Rektifizierkolonne *K* über und steigt dann durch Siebplatten, ähnlich denen in der Maischekolonne, aufwärts. Der aufsteigende Dampf wird aber in der Rektifizierkolonne nicht mit Maische, sondern mit der durch teilweise Kondensation des Dampfes entstandenen Flüssigkeit ge-

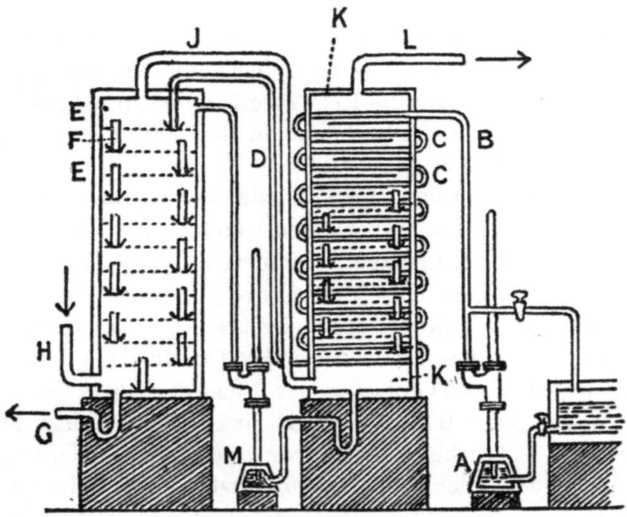

Abb. 68. Cofykolonne.

waschen. Im oberen Teil der Rektifizierkolonne befinden sich gewöhnlich nur Lenkbleche, die den Dampf zwingen, den gleichen Zickzackweg einzuschlagen wie die Rohre, die die Maische abwärtsführen. Der gereinigte Dampf geht dann durch das Rohr *L* zum Kühler.

Die in der Rektifizierkolonne kondensierte Mischung von verdünntem Alkohol und Fuselöl fließt in einen Behälter *M*, aus dem sie (im allgemeinen nach Abtrennung des Fuselöles auf die Spitze der Maischekolonne gepumpt wird, wo sie sich mit der herabfließenden Maische mischt.

Wenn eine solche Anlage regelmäßig arbeitet, sollte die Zusammensetzung der Flüssigkeit und des Dampfes in jeder Abteilung der Rektifizierkolonne praktisch konstant bleiben. In den unteren Teilen der Rektifizierkolonne reichert sich aber das Fuselöl an. Bei modernen Anlagen wird daher von dem Boden, auf dem das Fuselöl in der größten Konzentration sich ansammelt, kontinuierlich soviel Flüssigkeit abgezogen, daß die Fuselölkonzentration konstant bleibt.

Der Dampf enthält gleichfalls Verunreinigungen. Sie sind flüchtiger als Alkohol und würden natürlich in dem mit der beschriebenen einfachen Anlage hergestellten Alkohol enthalten sein. Der etwas unterhalb der Spitze der Rektifizierkolonne befindliche Alkohol enthält viel geringere Mengen dieser Verunreinigungen als der ganz oben befindliche. Gegenwärtig läßt man daher den Alkohol von dem Boden, auf dem er die größte Reinheit hat, abfließen.

Ein Teil des die Rektifizierkolonne verlassenden Dampfes wird in einem Dephlegmator kondensiert. Diese Flüssigkeit fließt auf die Rektifizierkolonne zurück. Der übrige Dampf, der die flüchtigeren Verunreinigungen in höchster Konzentration enthält, strömt in einen Kühler über. Es kann auch die ganze Dampfmenge kondensiert und ein Teil der Flüssigkeit wieder auf die Rektifizierkolonne zurückgeleitet werden.

Andere Aufsätze dieser Art sind in den von Alkohol und Aceton handelnden Abteilungen beschrieben.

Komplizierte Gemische, wie Teer oder Petroleum, können nicht auf diese einfache Art destilliert werden, sondern bei ihnen werden verschiedene andere Methoden der kontinuierlichen Destillation angewandt.

Das Petroleum oder der Teer können z. B., nachdem sie im allgemeinen vorher im Vorwärmer angewärmt worden sind, durch eine Reihe von Blasen mit immer tiefer liegender Oberfläche gehen, wobei die Temperatur bei dem Durchgang der Flüssigkeit von Blase zu Blase steigt. Der aus jeder Blase — und in einigen Fällen auch der aus dem Vorwärmer — entwickelte Dampf wird getrennt kondensiert. Selbstverständlich enthält der Dampf aus der ersten Blase (oder aus dem Vorwärmer, wenn er heiß genug ist) die flüchtigsten Bestandteile, und der aus der letzten Blase die schwerst flüchtigen. Der Rückstand (bei Kohlenteer Pech) fließt kontinuierlich aus der letzten Blase ab und wird im allgemeinen durch Vorwärmer geschickt, damit seine Wärme ausgenutzt wird. In einigen Fällen wird die Zahl der Fraktionen durch in Dephlegmatoren erfolgende fraktionierte Kondensation des Dampfes aus einer jeden Blase noch vergrößert.

Gelegentlich wird die rohe Flüssigkeit plötzlich stark erhitzt, um alles Flüchtige auf einmal daraus auszutreiben. Teilweise Trennung wird dann durch fraktionierte Kondensation in einer Reihe von Dephlegmatoren erreicht.

XVI. Fraktionierte Destillation als Verfahren zur quantitativen Analyse[1].

Bestimmung der Zusammensetzung einer Mischung.

Die Zusammensetzung einer Mischung von Flüssigkeiten kann, soweit diese nicht zu schwer zu trennen sind, regelmäßig mit ziemlich großer Genauigkeit aus den Ergebnissen einer einzigen Destillation mit einem gut wirkenden Aufsatz erschlossen werden. Wenn die Komponenten schwieriger zu trennen sind, können zwei oder drei Destillationen nötig werden. Es sollen zunächst diejenigen Mischungen untersucht werden, die sich bei der Destillation normal in die ursprünglichen Bestandteile zu trennen streben.

Im einfachsten Fall einer Mischung aus zwei Flüssigkeiten hat man gefunden, daß das Gewicht des Destillates, das unter der „Mitteltemperatur" übergeht, regelmäßig fast genau gleich dem Gewicht des flüchtigeren Bestandteiles ist, selbst wenn die Trennung weit davon entfernt ist, vollständig zu sein.

Unter „Mitteltemperatur" ist in allen Fällen diejenige Temperatur zu verstehen, die in der Mitte zwischen den Siedepunkten der beiden Bestandteile liegt, in die sich die ursprüngliche Mischung zu trennen strebt, einerlei ob dies einheitliche Stoffe oder konstant siedende Gemische sind. Bei komplizierteren Mischungen ist unter „Mitteltemperatur" die in der Mitte zwischen den Siedepunkten zweier aufeinander folgender Fraktionen von konstantem Siedepunkt liegende Temperatur zu verstehen.

Wenn die ursprüngliche Mischung sich bei der Destillation in mehr als zwei, z. B. n-Bestandteile aufzuspalten strebt, so sind die Gewichte dieser Bestandteile für Nr. 1 nahezu gleich dem Gewicht des Destillates unter der ersten Mitteltemperatur, bei Nr. 2 bis n — 1 gleich den Gewichten des Destillates zwischen den aufeinander folgenden Mitteltemperaturen und bei Nr. n gleich dem Destillatgewicht oberhalb der letzten Mitteltemperatur.

Verdampfungsverlust. Offenbar ist ein gewisser Verdampfungsverlust unvermeidlich. Er läßt das Gewicht des Destillates stets etwas zu niedrig erscheinen. Dieser Verlust wird um so größer, je niedriger der anfängliche Siedepunkt der Flüssigkeit und je höher die Raumtemperatur ist. Er ist dagegen nicht proportional der destillierten Flüssigkeitsmenge, denn ein großer Teil des Verlustes entsteht durch die Sättigung der Luft im Kolben und im Aufsatz mit dem Dampf beim erstmaligen Anheizen der Flüssigkeit. Da dieser Dampf mit viel Luft

[1] Young: Experiments on Fractional Distillation. Journ. Soc. Chem. Ind. **19**, 1072 (1900). — Young und Fortey: Fractional Distillation as a Method of Quantitative Analyses. Trans. Chem. Soc. **81**, 752 (1902).

gemischt ist, liegt sein Partialdruck niedriger, und es entgeht ein erheblicher Teil davon der Kondensation im Kühler. Unter im übrigen gleichen Umständen ist der Verdampfungsverlust daher in grober Annäherung proportional der Luftmenge im Kolben und Aufsatz. Es ist daher vorteilhaft, einen möglichst kleinen Kolben zu verwenden und den Aufsatz nicht größer zu wählen, als es für die geforderte Trennwirkung nötig ist.

Wahl des Aufsatzes. Ein glattes, weites, oder ein mit kugeligen Ausbauchungen versehenes Rohr ist sehr wenig befriedigend. Der Birnaufsatz dagegen gibt infolge des kleinen Inhaltes seiner Ausbauchungen und der gesteigerten Trennwirkung viel bessere Ergebnisse. Von allen Formen ist der Evaporator die beste, weil sein Inhalt im Verhältnis zu seiner Wirksamkeit sehr klein und die in ihm kondensierte Flüssigkeitsmenge geringer ist als in irgendeinem gleich wirksamen Aufsatz. Außerdem läuft nach Beendigung der Destillation fast die ganze kondensierte Flüssigkeitsmenge in den Kolben zurück. Bei einer Flüssigkeit von niedriger Viskosität, wie z. B. bei den niederen Paraffinen, ist die im Aufsatz zurückbleibende Flüssigkeitsmenge fast unmerklich. In anderen Fällen kann sie dadurch auf ein sehr geringes Maß gebracht werden, daß der Apparat heiß vom Kühler getrennt und hin und her geschwenkt wird, um den Abfluß der Flüssigkeit in den Kolben zu erleichtern. Bei Verwendung der ursprünglichen Form des Evaporatoraufsatzes kann dies auch dadurch geschehen, daß etwa in den Trichtern zurückbleibende Flüssigkeit herausgeschüttelt wird.

Schätzung des Verdampfungsverlustes. Die folgenden Angaben können als Beispiel für die Schätzung des Verdampfungsverlustes angesehen werden. Mischungen von Benzol und Methylalkohol, die eine mit Benzol, die andere mit Methylalkohol im Überschuß (diese Flüssigkeiten bilden eine Mischung mit Minimumsiedepunkt) wurden durch einen Evaporatoraufsatz der ursprünglichen Form mit 5 Abteilungen destilliert, und die Destillation wurde jeweils abgebrochen, wenn der Temperaturmittelpunkt erreicht war. Folgende Ergebnisse wurden erhalten:

Tabelle 59.

	Bestandteil im Überschuß	
	Benzol	Methylalkohol
Destillatgewicht	128,7	132,0
Gewicht der Flüssigkeit im Apparat	24,9	27,2
zusammen	153,6	159,2
Gewicht der angewandten Mischung	154,2	160,1
Verdampfungsverlust und Rückstand im Aufsatz	0,6	0,9

Wenn das Benzol im Überschuß war, so überchritt die im Aufsatz gebliebene Flüssigkeitsmenge sicher nicht 0,1 g. Der Verdampfungsverlust wurde daher zu 0,5 g geschätzt. Bei der Berechnung der Zusammensetzung wurde dieser Betrag dem beobachteten Destillatgewicht zugezählt. Wenn Methylalkohol im Überschuß war, so war der Gesamtverlust größer, aber diese viskosere Flüssigkeit fließt nicht so vollständig in den Kolben zurück wie Benzol. Für den Verdampfungsverlust wurde daher der gleiche Wert 0,5 g angenommen. Bei einem Evaporatoraufsatz mit 5 Abteilungen liegt der Verdampfungsverlust im allgemeinen zwischen 0,3 und 0,5 g.

Mischungen aus zwei Bestandteilen.

Im folgenden sind Beispiele für die Destillation von Mischungen zweier Flüssigkeiten angegeben, die sich normal in die ursprünglichen Bestandteile trennen.

Tabelle 60. Methylalkohol und Wasser.

Siedepunkte: Methylalkohol 64,7°; Wasser 100°; Mitteltemperatur 82,35°.

I. Methylalkohol in großem Überschuß.

Ausgangsmischung	Gewicht des Destillates unter der Mitteltemperatur	Prozentuale Zusammensetzung der Mischung		
		gefunden		angewandt
		unkorrigiert	korrigiert	
Alkohol 90,9	beobachtet 90,5	Alkohol 78,5	78,7	78,8
Wasser 24,4	korrigiert 90,8	Wasser 21,5	21,3	21,2
115,3		100,0	100,0	100,0

II. Wasser in großem Überschuß.

Ausgangsmischung	Gewicht des Destillates unter der Mitteltemperatur	unkorrigiert	korrigiert	angewandt
Alkohol 39,7	beobachtet 33,9	Alkohol 16,9	17,0	19,7
Wasser 161,5	korrigiert 34,2	Wasser 83,1	83,0	80,3
201,2		100,0	100,0	100,0

Das erste Ergebnis ist recht befriedigend, das zweite weniger. Man muß allerdings dabei bedenken, daß es stets schwierig ist, den flüchtigeren Bestandteil einer Mischung abzutrennen, wenn er in verhältnismäßig geringer Menge zugegen ist. Im allgemeinen ist in einem solchen Falle eine zweite Destillation notwendig. Die erste Destillation wurde daher fortgesetzt, bis die Temperatur auf 100° gestiegen war. Alsdann wurde das ganze Destillat im Gewicht von 66,8 g zum zweiten Male destilliert, und die Korrektion für den Verdampfungsverlust verdoppelt angebracht.

Das Gewicht unterhalb des Temperaturmittelpunktes betrug jetzt 38,9 g und nach Anbringung der Korrektion 39,5 g. Es entsprach der prozentualen Zusammensetzung.

	unkorrigiert	korrigiert	angewandt
Alkohol	19,3	19,6	19,7
Wasser	80,7	80,4	80,3
	100,0	100,0	100,0

Man erkennt also, daß durch Wiederholung der Destillation das Ergebnis ebenso befriedigend wurde wie das bei Alkoholüberschuß durch eine einzelne Destillation erhaltene. Selbst ohne Korrektion für den Verdampfungsverlust ist die Übereinstimmung ziemlich gut. Sie wird aber durch Einführung der Korrektion noch weiter verbessert.

Tabelle 61. Isomylalkohol und Benzol.
Siedepunkte: Benzol 80,2°; Isoamylalkohol 132,05°; Mitteltemperatur 106,1°.

Ausgangs-mischung	Gewicht des Destillates unter der Mittel-temperatur	Prozentuale Zusammensetzung der Mischung		
		gefunden		angewandt
		unkorrigiert	korrigiert	
Alkohol 26,6 Benzol 85,7 112,3	beobachtet 85,55 korrigiert 85,85	Alkohol 23,8 Benzol 76,2 100,0	23,6 76,4 100,0	23,7 76,3 100,0

Hier ist die Übereinstimmung sehr befriedigend.

Ein Bestandteil in großem Überschuß. Auch aus den folgenden Ergebnissen ist zu erkennen, daß eine einzelne Destillation ausreichen kann, wenn der flüchtigere der beiden Bestandteile in großem Überschuß zugegen ist, daß dagegen zwei oder mehr Destillationen nötig werden, wenn er in verhältnismäßig geringer Menge vorliegt.

Eine Mischung aus 90 g Benzol und 10 g Toluol wurde durch einen Evaporatoraufsatz von 3 Abteilungen destilliert.

Gewicht unter der Mitteltemperatur	beobachtet	89,6
	korrigiert	89,9
Gehalt an Benzol in der Mischung	angewandt	90,0%
	gefunden	89,9%.

Als 100 g einer Mischung mit nur 10% Benzol durch den gleichen Aufsatz destilliert wurden, ging unterhalb der Mitteltemperatur 95,4° nur sehr wenig über. Die Menge war zur fraktionierten Destillation zu gering. Als aber die Destillation der Fraktion, die unter 110,6° überging, zweifach wiederholt wurde, stieg das Gewicht des unter der Mitteltemperatur übergehenden auf 9,0 g. Bringt man für jede Destillation einen Gewichtsverlust von 0,3 g in Anrechnung, so würde das korrigierte Gewicht 9,9 g an Stelle von 10,0 g betragen.

Mit einer größeren Menge, 250 g, wurde selbst mit einem Birnenaufsatz ein ziemlich befriedigendes Ergebnis erhalten. In diesem Falle wurde das Destillat in 3 Fraktionen geteilt. Es ergab sich folgendes:

Tabelle 62.

	I.	II.	III.	IV.	V.
1. Unter 95,4° . .	0	16,2	21,1	22,7	23,2
2. 95,4 —104,7° . .	43,7	21,0	10,9	6,4	3,5
3. 104,7—110,5° . .	76,0	39,4	19,4	9,6	6,3
	119,7	76,6	51,4	38,7	33,0

Das Gewicht des Destillates unterhalb der Mitteltemperatur nähert sich offenbar einem Grenzwert, da der Anstieg jedesmal kleiner wird. Bei Anrechnung von 0,3 g als Verdampfungsverlust bei jeder Destillation würde das letzte Gewicht 23,2 + 1,5 = 24,7 und der Gehalt 9,9% statt 10,0% betragen.

Vorteile eines wirksamen Aufsatzes. Durch den Gebrauch eines sehr wirksamen Aufsatzes wird dagegen eine große Ersparnis an Zeit und ein sichereres Ergebnis erzielt. So ergab die erste Destillation von 300 g der obigen Mischung in einem Young & Thomasaufsatz mit 18 Abteilungen 21,4 g Destillat unterhalb der Mitteltemperatur, und im ganzen 76,1 g unter dem Siedepunkt des Toluols Übergehendes. Bei der zweiten Destillation dieser 76,1 g betrug das Gewicht des unter der Mitteltemperatur übergehenden Destillates 29,2 g, so daß der berechnete Prozentgehalt an Benzol ohne Anbringung einer Korrektion für Verdampfungsverluste 9,7% betragen würde. Bei der Größe des Aufsatzes dürfte es richtig sein, 0,4 g Verdampfungsverlust für jede Destillation in Anrechnung zu bringen, wodurch das Gewicht auf 30,0 g und der Benzolgehalt auf 10,0% steigen würde.

Mischungen aus drei Bestandteilen.

Über die Fraktionierung einer Mischung von Methyl-, Äthyl- und Propylacetat mit einem glatten, senkrechten Rohr von 1 m Länge ist schon (S. 123) mit einigen Einzelheiten berichtet worden. Bei einer so großen Zahl von Fraktionen und von Fraktionierungen wäre es unmöglich, den durch Verdampfung und durch Umgießen aus der Vorlage in den Kolben entstehenden Verdampfungsverlust auf die verschiedenen Fraktionen aufzuteilen. Da aber der gesamte Verlust bei jeder Fraktionierung bestimmt wurde, kann man die Konzentration auf die ganze nach Beendigung einer jeden Operation übriggebliebene Flüssigkeitsmenge, statt auf die ursprüngliche Ausgangsmenge berechnen.

Die Siedepunkte der 3 Ester sind: 57,1° bzw. 77,15° und 101,55°. Die beiden Mitteltemperaturen sind demnach 67,1 und 89,35°. Die prozentualen Gewichte des Destillates unter 67,1°, von 67,1—89,35° und über 89,35° wurden aus den Kurven (Abb. 35, S. 128) abgelesen, sie sind in Tab. 63 angegeben.

Tabelle 63.

Nummer der Fraktionierung	Gewichtsprozente des Destillates unter 67,1°	von 67,1 bis 89,35°	über 89,35°
1 . . .	11,5	74,5	14,0
2 . . .	22,5	45,5	32,0
3 . . .	28,5	41,5	30,0
4 . . .	32,5	36,5	31,0
5 . . .	31,0	38,5	30,5
6 . . .	30,0	39,5	30,5
7 . . .	31,5	38,5	30,0
8 . . .	30,0	39,0	31,0
9 . . .	29,0	40,0	31,0
10 . . .	31,0	39,0	30,0
11 . . .	31,0	37,7	31,3
12 . . .	30,5	38,3	31,2
Durchschnitt der letzten 9 Destillationen	30,7	38,6	30,7
Ausgangsmischung	31,7	38,2	30,1

Man erkennt, daß nach den ersten drei Fraktionierungen die Zahlen ziemlich konstant bleiben, und daß der aus dem Durchschnitt der letzten 9 Destillationen berechnete Prozentgehalt ziemlich gut mit dem Gehalt der ursprünglichen Mischung übereinstimmt. Der wirkliche Verdampfungsverlust muß beim Methylacetat am größten und beim Propylacetat am geringsten gewesen sein. Wirklich sind die berechneten Prozentgehalte für ersteren zu niedrig, für letzteren zu hoch.

Vorteile eines wirksamen Aufsatzes. Mit einem Evaporatoraufsatz von 8 Abteilungen wurden folgende Ergebnisse erhalten (S. 179):

Gewicht des angew. Methylacetats . .	100
„ „ „ Äthylacetats . . .	120
„ „ „ Propylacetats . . .	100
	320

Gewicht des Destillates unter der ersten Mitteltemperatur	97,95;
„ „ „ korrigiert	98,45;
„ „ „ zwischen der ersten und zweiten Mitteltemperatur	120,7
korrigiert	120,8

Prozentuale Zusammensetzung der Mischung:

	gefunden	angewandt
Methylacetat . .	30,77	31,25
Äthylacetat . . .	37,75	37,50
Propylacetat . . .	31,48	31,25
	100,0	100,0

Die Destillation wurde fortgesetzt, bis die Temperatur den Siedepunkt des Propylacetates erreicht hatte. Der Rückstand im Kolben wurde nach der Abkühlung gewogen und der zum Teil auf die Verdunstung, zum Teil auf das Zurückbleiben einer geringen Flüssigkeitsmenge im Aufsatz zurückzuführende Verlust wurde zu 0,8 g festgestellt. Es wurde angenommen, daß hiervon 0,7 g durch Verdunstung verloren gegangen waren, und daß 0,5 g unterhalb der ersten Mitteltemperatur, 0,1 g zwischen den beiden Mitteltemperaturen und 0,1 g über der zweiten Mitteltemperatur verloren gegangen waren.

Die Fraktionierung der Mischung wurde fortgesetzt. Die bei der zweiten vollständigen Destillation erhaltenen Resultate sind folgende:

Gewicht unter der ersten Mitteltemperatur	99,5
„ zwischen der 1. und 2. Mitteltemperatur . .	118,25
„ über der zweiten Mitteltemperatur	99,55
	317,3
Gesamtverlust	2,7
	320,0

Hier ist es wiederum unmöglich, den Verlust korrekt auf die verschiedenen Fraktionen zu verteilen. Am besten ist es, die Konzentration auf die nach Beendigung der Destillation noch übrig gebliebene Gesamtmenge zu berechnen.

Prozentuale Zusammensetzung der Mischung:

	gefunden	angewandt
Methylacetat . .	31,36	31,25
Äthylacetat . .	37,27	37,50
Propylacetat . .	31,37	31,25
	100,00	100,00

Die Übereinstimmung ist besser als nach einer einzelnen Destillation. Sie ist sehr befriedigend.

Komplizierte Mischungen.

Über die Abtrennung von Isopentan und Normalpentan (K. P. 27,95 und 36,3°; Mitteltemperatur 32,15°) aus einer Mischung, die außerdem Butane, Hexane sowie noch eine sehr kleine Menge Pentamethylen enthielt, ist schon (S. 130) berichtet worden. Wenn man das Gewicht des zwischen 27,95 und 36,3° übergehenden Destillates jedesmal gleich 100 setzt, so wird die Zahl, die angibt, wieviel Prozent davon zwischen 27,95 und 32,15° übergeht, nach der ersten Destillation angenähert konstant. Die Schwankungen waren in diesem Falle größer als bei den Estern (40—46%, im Mittel aus 12 Fraktionierungen 42%), aber dafür ist der Unterschied zwischen den Siedepunkten der Bestandteile nur 8,35° gegen 20,1° und 22,4°.

Es scheint demnach, daß die im amerikanischen Petroleum enthaltene Mischung der beiden Pentane aus ungefähr 42% Isopentan und 58% Normalpentan besteht. Nach Beendigung der Fraktionierungen waren 101 g reines Isopentan und 175 g reines Normalpentan, d. h. 36,3% Isopentan angefallen. Aber erstens ist der Verdampfungsverlust des flüchtigeren Bestandteils größer und zweitens ist er nicht so leicht rein darzustellen.

Mischungen von konstantem Siedepunkt.

Der Kürze wegen wird eine azeotrope Mischung aus 2 Bestandteilen in diesem Kapitel einfach als „binäre", und eine azeotrope Mischung aus 3 Bestandteilen als „ternäre" Mischung bezeichnet werden.

Die Menge einer Mischung von konstantem Siedepunkt kann mittels der Destillationsmethode in ganz derselben Art wie die einer einheitlichen Substanz bestimmt werden. Die Versuchs- und Berechnungsmethoden gleichen sich in jeder Hinsicht.

Zwei Beispiele sollen als Beweis dafür angeführt werden. Binäre Mischungen aus Isopropyl- bzw. tertiär Butylalkohol und Wasser wurden mit einem Überschuß von Wasser gemischt und mit folgenden Ergebnissen destilliert:

Tabelle 64. Isopropylalkohol und Wasser.
Siedepunkte: Binäre Mischung 80,37°; Wasser 100,0°; Mitteltemperatur 90,2°.

Angewandte Mischung	Gewicht unter der Mitteltemperatur	Prozentuale Zusammensetzung der Mischung gefunden	Prozentuale Zusammensetzung der Mischung angewandt
Binäre Mischung 57,7	beobachtet 57,3	binäre Mischung 74,05	74,15
Wasser 20,1	korrigiert 57,6	Wasser 25,95	25,85
77,8		100,00	100,00

Tabelle 65. Tertiär Butylalkohol und Wasser.
Siedepunkte: Binäre Mischung 79,9°; Wasser 100,0°; Mitteltemperatur 89,95°.

Angewandte Mischung	Gewicht unter der Mitteltemperatur	Prozentuale Zusammensetzung der Mischung gefunden	Prozentuale Zusammensetzung der Mischung angewandt
Binäre Mischung 58,8	beobachtet 58,2	binäre Mischung 66,25	66,6
Wasser 29,5	korrigiert 58,5	Wasser 33,75	33,4
88,3		100,00	100,00

Die gefundenen Prozentgehalte sind in beiden Fällen aus den korrigierten Gewichten des Destillates berechnet worden. Die Übereinstimmung ist in dem ersten Falle sehr gut und in dem zweiten befriedigend.

Bestimmung der Zusammensetzung azeotroper Mischungen durch Destillation.

Binäre Mischungen.

Da eine konstant siedende Mischung sich bei der Destillation wie eine einheitliche Substanz verhält, so kann man, wenn die Zusammensetzung der destillierten Mischung bekannt ist, diejenige der binären Mischung berechnen. Bei einer Mischung mit Minimumsiedepunkt ist das Verhältnis des Gewichtes des nicht im Überschuß vorhandenen Bestandteils in der ursprünglichen Mischung zum korrigierten Gewicht des unter der Mitteltemperatur übergehenden Destillates gleich dem Anteil dieses Bestandteils in der binären Mischung.

Bei Mischungen mit Maximumsiedepunkt ist das Verhältnis des Gewichtes des nicht im Überschuß vorhandenen Bestandteils zu dem des nach Erreichen der Mitteltemperatur übriggebliebenen gleich dem Anteil dieses Bestandteils in der binären Mischung.

Als Beispiele seien folgende Fälle angeführt:

Tabelle 66. Normalpropylalkohol und Wasser, mit letzterem im Überschuß.

Siedepunkte: Binäre Mischung 87,72°; Wasser 100,0°; Mitteltemperatur 93,85°.

Angewandte Mischung	Gewicht unter der Mitteltemperatur	Prozentuale Zusammensetzung der binären Mischung aus der Destillation	Prozentuale Zusammensetzung der binären Mischung aus dem spez. Gew.
Alkohol . . 76,6	beobacht. 106,4	Alkohol . . 71,8	71,69
Wasser . . 50,0	korrigiert 106,7	Wasser . . 28,2	28,31
126,6		100,0	100,00

Die Berechnung wird wie folgt ausgeführt:

Gewicht des Propylalkohols . . . . = 76,6 g
Gewicht der binären Mischung = korrigiertes Gewicht des Destillates . . . . = 106,7 g

$$\text{Alkoholgehalt in der binären Mischung} = \frac{76{,}6 \times 100}{106{,}7} = 71{,}8\text{ g}$$

Bei der Berechnung der Zusammensetzung aus dem spezifischen Gewicht der zum zweiten Male destillierten binären Mischung ist die notwendige Korrektion für die bei der Mischung der Bestandteile eintretende Kontraktion angebracht worden. In vielen Fällen liegt der Siedepunkt der binären Mischung dem eines der Bestandteile zu nahe, als daß eine Bestimmung der Zusammensetzung mit diesem Bestandteil im Überschuß gemacht werden könnte. Wenn aber der Siedepunkt erheblich herabgesetzt ist, kann man häufig die Zusammensetzung selbst dann bestimmen, wenn der flüchtigere der beiden ursprünglichen Bestandteile im Überschuß ist.

So wurden mit Methylalkohol und Benzol zwei Einzelbestimmungen mit folgenden Ergebnissen ausgeführt.

Tabelle 67.

I. Benzol im Überschuß. Siedepunkte: Binäre Mischung 58,34°; Benzol 80,2°; Mitteltemperatur 69,25°.

II. Methylalkohol im Überschuß. Siedepunkte: Binäre Mischung 58,34°; Methylalkohol 64,7°; Mitteltemperatur 61,5°.

Angewandte Mischung			Gewicht unter der Mitteltemperatur			Prozentuale Zusammensetzung der binären Mischung		
	I.	II.		I.	II.		I.	II.
Alkohol . . .	51,2	79,9	beobachtet	128,7	132,0	Alkohol	39,6	39,5
Benzol . . .	103,0	80,2	korrigiert	129,2	132,5	Benzol	60,4	60,5
	154,2	160,1					100,0	100,0

Nicht- und teilweise mischbare Flüssigkeiten. Das Verfahren ist auch auf Flüssigkeiten anwendbar, die nicht oder nicht unbegrenzt mischbar sind. So wurden mit Isoamylalkohol und Wasser, die teilweise mischbar sind, folgende Ergebnisse erhalten:

Tabelle 68.

I. Wasser im Überschuß. Siedepunkte: Binäre Mischung 95,15°; Wasser 100°; Mitteltemperatur 97,6°.

II. Isoamylalkohol im Überschuß. Siedepunkte: Binäre Mischung 95,15°; Alkohol 132,05°; Mitteltemperatur 113,6°.

Angewandte Mischung			Gewicht unter der Mitteltemperatur			Prozentuale Zusammensetzung der binären Mischung		
	I.	II.		I.	II.		I.	II.
Alkohol . . .	38,8	68,3	beobachtet	76,4	85,65	Alkohol	50,5	50,3
Wasser . . .	69,5	42,7	korrigiert	76,9	85,95	Wasser	49,5	49,7
	108,3	111,00					100,0	100,0

Ternäre Mischungen.

Wenn sich aus einer Mischung dreier Flüssigkeiten bei der Destillation eine ternäre Mischung mit Minimumsiedepunkt bildet, so könnte die Aufspaltung theoretisch auf 12 verschiedenen Wegen stattfinden. Hierzu kommt noch die Möglichkeit, daß die ursprüngliche Mischung die gleiche Zusammensetzung wie die ternäre Mischung hat und sich dann bei der Destillation ganz wie eine reine Flüssigkeit verhält.

Äthylalkohol — Benzol — Wasser. Als Beispiel sei die Mischung aus Äthylalkohol, Benzol und Wasser aufgeführt. Bequemlichkeitshalber werden diese Bestandteile mit den Anfangsbuchstaben A., B. und W. bezeichnet. Die möglichen Fälle sind folgende:

	erste Fraktion	zweite Fraktion	Rück-stand		erste Fraktion	zweite Fraktion	Rück-stand
1	A. B. W.	A. W.	W.	7	A. B. W.	—	A.
2	,,	B. W.	W.	8	,,	—	B.
3	,,	A. W.	A.	9	,,	—	W.
4	,,	A. B.	A.	10	,,	—	A. B.
5	,,	B. W.	B.	11	,,	—	A. W.
6	,,	A. B.	B.	12	,,	—	B. W.
			13 Destillat = A. B. W.				

Die ersten 6 und bei wiederholter Destillation der ersten Fraktion der 13. stellen die im allgemeinen vorkommenden Fälle dar. Von diesen ist der dritte praktisch nicht zu verwirklichen, da der Unterschied zwischen den Siedepunkten der 2. Fraktion (A. W.) und des Rückstandes (A.) sehr gering ist.

Dagegen wurden solche Mischungen, die sich auf einem der fünf übrigen Wege aufzuspalten streben, destilliert, um die Zusammensetzung der ternären Mischung zu bestimmen.

Für die Berechnung muß nicht nur die Zusammensetzung der ursprünglichen Mischung, sondern auch die der binären Mischung bekannt sein, die die 2. Fraktion bildet.

Erforderliche Daten. Die Siedepunkte aller möglichen Bestandteile und die prozentuale Zusammensetzung der drei binären Mischungen sind in Tabelle 69 angegeben.

Tabelle 69.

	Siedepunkte	Prozentuale Zusammensetzung		
	Grad	A.	B.	W.
W.	100,0	—	—	100
B.	80,2	—	100	—
A.	78,3	100	—	—
A. W. . .	78,15	95,57	—	4,43
B. W. . .	69,25	—	91,17	8,83
A. B. . . .	68,24	32,36	67,64	—
A. B. W. .	64,86	—	—	—

Die Mitteltemperaturen sind daher folgende:

Tabelle 70.

Fraktionen	Mitteltemperatur erste Grad	Mitteltemperatur zweite Grad
I. A. B. W.; A. W.; W. . .	71,55	89,1
II. A. B. W.; B. W.; W. . .	67,05	84,6
IV. A. B. W.; A. B.; A. . . .	66,55	73,3
V. A. B. W.; B. W.; B. . . .	67,05	74,7
VI. A. B. W.; A. B.; B. . . .	66,55	74,2

Experimentelle Ergebnisse. In Tabelle 71 sind unter a die wirklichen Gewichte der Bestandteile in den destillierten Mischungen, unter b die Gewichte der unter und zwischen den Mitteltemperaturen übergehenden Destillate und unter c die berechnete Konzentration der Bestandteile der ternären Mischung angegeben.

Tabelle 71.

a) angewandte Mischungen.

	I.	II.	IV.	V.	VI.
Alkohol . .	66,0	18,4	75,0	18,5	35,0
Benzol . .	74,2	120,0	108,0	160,1	148,3
Wasser . .	50,5	52,1	7,5	12,1	7,6
	190,7	190,5	190,5	190,7	190,9

b) Gewichte unter und zwischen den Mitteltemperaturen.

	I.	II.	IV.	V.	VI.
erstes beobachtet. .	99,5	94,9	100,6	97,1	111,6
korrigiert . .	99,9	95,3	101,0	97,5	112,0
zweites beobachtet .	51,7	54,0	47,5	52,5	42,6
korrigiert . .	51,8	54,1	47,6	52,6	42,7

c) prozentuale Zusammensetzung der ternären Mischung.

	I.	II.	IV.	V.	VI.	Mittel
Alkohol .	16,5	19,3	17,5	19,0	18,9	18,2
Benzol .	74,3	74,2	75,1	73,4	74,3	74,3
Wasser .	9,2	6,5	7,4	7,6	6,8	7,5
	100,0	100,0	100,0	100,0	100,0	100,0

Berechnungsverfahren. Bei der Berechnung der Zusammensetzung der ternären Mischung ist wie zuvor angenommen worden, daß die korrigierten Gewichte der beiden Destillate gleich denen der ternären bzw. binären Mischungen sind, wie man sie erhalten würde, wenn die Trennung vollkommen wäre. Unter dieser Voraussetzung ist das Gewicht des Benzols in der ternären Mischung bei I einfach gleich dem in der ursprünglichen Mischung. Als Alkoholgewicht wurde das Gewicht in der ursprünglichen Mischung vermindert um die in der binären Mischung vorhandene Menge, die berechnet werden kann, angenommen. Das Gewicht des Wassers ergibt sich aus der Differenz.

Die Zusammensetzung der ternären Mischung wurde außerdem direkt bestimmt, und man erkennt, daß die Übereinstimmung mit dem nach der Destillationsmethode erhaltenen mittleren Wert sehr befriedigend ist.

	direkte Bestimmung	Destillationsmethode
Alkohol	18,5	18,2
Benzol	74,1	74,3
Wasser	7,4	7,5
	100,0	100,0

Andererseits unterscheiden sich einige Einzelwerte, besonders die des Alkohols und Wassers, bei I. ziemlich erheblich vom Mittelwert. Die Erklärung für die etwas weiteren Fehlergrenzen bei dieser Destillation ist unten gegeben.

Fälle, bei denen die Destillationsmethode nicht anwendbar ist.

Wenn geringe Mengen Alkohol nach und nach zu Wasser zugesetzt werden, so wird der Siedepunkt sehr stark erniedrigt. Die Mitteltemperatur zwischen den Siedepunkten der reinen Bestandteile wird schon erreicht, wenn die Mischung 6,5 Mol-Prozente Äthylalkohol enthält. Andererseits muß soviel Wasser zum Alkohol zugesetzt werden, daß die Mischung 25 Mol-Prozente davon enthält, um den Siedepunkt 0,1° über den des reinen Alkohols zu steigern, und beim Molverhältnis 1:1 beträgt der Temperaturanstieg erst 1,5°[1].

Ganz ähnliche Erscheinungen sind bei Normalhexan und Benzol zu beobachten. Eine Mischung mit 16 Mol-Prozenten Benzol siedet nur 0,1° höher als Normalhexan, und die Mischung mit dem in der Mitte zwischen den Siedepunkten der reinen Bestandteile liegenden Siedepunkt 74,6° enthält 79 Mol-Prozente Benzol[2].

In beiden Fällen bilden sich am flüchtigeren Bestandteil sehr reiche Gemische mit Minimumsiedepunkt, so daß eine Zerlegung die Abtrennung des konstant siedenden Gemisches von dem im Überschuß vorhandenen Bestandteil bedeuten würde.

Form der Siedepunktkonzentrationskurve. In Wirklichkeit hat es sich aber in beiden Fällen als praktisch unmöglich erwiesen, die Mischung mit Minimumsiedepunkt selbst von dem weniger flüchtigen Bestandteil zu trennen, obgleich der Unterschied zwischen ihren Siedepunkten be-

[1] Noyes und Warfel: The Boiling Point Curves of Mixtures of Ethyl Alcohol and Water. Journ. Amer. Chem. Soc. **23**, 463 (1901).

[2] Jackson und Young: Specific Gravities and Boiling Points of Mixtures of Benzene and Normal Hexane. Trans. Chem. Soc. **73**, 923 (1898).

trächtlich ist. In beiden Fällen ist die Siedepunktkonzentrationskurve dort, wo der flüchtigere Bestandteil in großem Überschuß ist, sehr flach, und in solchen Fällen — wenn die Kurve auf dem einen oder dem anderen Ende sehr flach ist — ist wenigstens ein Bestandteil außerordentlich schwer abzutrennen, und es kann die Destillationsmethode nicht zur Bestimmung der Zusammensetzung verwendet werden.

Äthylalkohol und Wasser. So wurden bei der Destillation von Äthylalkohol—Wassergemischen, die zwischen 15 und 25 Gewichtsprozent Wasser enthielten, durch einen Aufsatz von 18 Abteilungen, wenn man den Wassergehalt der konstant siedenden Mischung in der gewöhnlichen Art aus dem unterhalb der Mitteltemperatur übergehenden Destillat berechnete, Werte von 7,6—8,0%, statt 4,43% erhalten. Wenn man dieses Ergebnis rückwärts auf die Berechnung der Zusammensetzung der ternären Äthylalkohol-Benzol-Wassermischung aus der ersten Destillation (S. 203) bezieht, indem man 7,8% als den Wassergehalt der binären Alkoholwassermischung einsetzt, so ergibt sich die Zusammensetzung der ternärenMischung zu:

Alkohol . .	18,2
Benzol . .	74,3
Wasser . .	7,5
	100,0

die in der Tat mit der beobachtenden sehr gut übereinstimmt.

Allgemeine Folgerung.

In der großen Mehrzahl aller Fälle kann die Destillationsmethode zur Bestimmung der Zusammensetzung solcher Mischungen, die sich normal in ihre Bestandteile aufspalten, mit Sicherheit verwendet werden, vorausgesetzt, daß ein sehr wirksamer Aufsatz verwendet wird, und daß die Destillation langsam durchgeführt wird. Man muß aber bedenken, daß es fast stets schwieriger ist, den flüchtigeren Bestandteil aus einer Mischung zweier Flüssigkeiten abzutrennen, als den anderen, und daß daher, wenn die ursprüngliche Mischung nur eine verhältnismäßig sehr geringe Menge dieses Bestandteiles enthält, eine zweite Destillation nötig werden kann, und daß dabei eine große Menge der ursprünglichen Mischung nötig sein kann, um eine für eine zweite Destillation ausreichende Destillatmenge zu liefern. Hinsichtlich der Abtrennung dreier oder mehrerer Bestandteile aus einer Mischung muß daran erinnert werden, daß als allgemeingültige Regel der wenigst flüchtige Bestandteil am leichtesten und die mittleren Bestandteile am schwersten abzutrennen sind.

Wenn sich eine binäre Mischung von konstantem Siedepunkt bildet, so kann die Zusammensetzung der ursprünglichen Mischung bestimmt werden, wenn die der konstant siedenden Mischung bekannt ist. Wenn umgekehrt die Zusammensetzung der ursprünglichen Mischung bekannt ist, so kann die der konstant siedenden Mischung bestimmt werden. Die Methode läßt sich sogar zur Bestimmung der Zusammensetzung einer ternären Mischung von konstantem Siedepunkt verwenden.

Sie ist anscheinend nur dann nicht anwendbar, wenn die Trennung der Bestandteile (seien es einheitliche Stoffe, seien es konstant siedende Mischungen) durch Destillation außergewöhnlich schwer ist.

Die Mitteltemperaturmethode wurde von Fräulein J. Reudler[1] sorgfältig untersucht und als gut befunden. Sie wurde zur Bestimmung der Zusammensetzung binärer und ternärer, konstant siedender Gemische von Wade[2], Atkins und Wallace[3], Hill[4] und Merrimann[5] verwendet. Sie wurde häufig gebraucht von Atkins, und Lecat[6] macht bei mehr als 350 unter den von ihm untersuchten 1100 azeotropen Mischungen von ihr Gebrauch. Lecat stellt auf S. 56 fest, daß die Methode nur dann unanwendbar ist, wenn die Trennung der Fraktionen durch Destillation sehr schwierig ist.

Auch für die Analyse von Handelsprodukten, wie Rohbenzol, Toluol usw. wurde die Methode als brauchbar befunden.

Bei sehr komplizierten Mischungen, wie bei Petroleum, wird nicht versucht, die prozentualen Mengen der einheitlichen Kohlenwasserstoffe, die vorhanden sind, zu bestimmen, sondern für Handelsanalysen werden 100 ccm der Flüssigkeit im allgemeinen ohne einen wirksamen Aufsatz unter bestimmt festgelegten Bedingungen destilliert. Die Anfangs- und die Endtemperaturen, und die Gewichte oder Volumina der Destillate, die zwischen diesen Grenzen übergehen, werden festgestellt. Die Temperaturstufe für jede Fraktion beträgt gewöhnlich 10°. Einige Chemiker schlagen allerdings vor, einen verbesserten Aufsatz zu benutzen, und Washburn empfiehlt eine vollständigere Abtrennung des Leuchtöls mittels einer Destillation durch eine Kombination aus einem Hempel- und einem temperaturkonstanten Aufsatz[7].

---

[1] Eenige Opmerkingen over Sidney Youngs Distillatieregel. Versl. Amst. **12**, 968 (1903—1904). (Eng. trans. Proc. Amst. **6**, 807.)

[2] Trans. Chem. Soc. **87**, 1656 (1905).

[3] Ebenda **101**, 1179 u. 1958 (1912).

[4] Ebenda **101**, 2467 (1912).

[5] Ebenda **103**, 1790 (1913).

[6] La Tension de vapeur des mélanges de liquides, l'azéotropisme. Brüssel 1918.

[7] Rittmann und Dean: The Analytical Distillation of Petroleum. U. S. Bureau of Mines, Washington 1916; Bull. 125, Petrol. Techn. 34. Lomax: Testing and Standardisation of Motor Fuel. Journ. Inst. Petrol. Techn. 1917—18, p. 6.— Amfilogoff Distillation Test of Petrol. Journ. Chem. Ind. **37**, 21 T. (1918). Phillips: Some Laboratory Tests on Mineral Oils. Journ. Inst. Petrol. Techn. **1919**.— Journ. Soc. Chem. Ind. **38** (1919) 393 R; Dean: Motor Gasoline Testing. U. S. Bureau of Mines Technical Paper **214**, Petrol. Techn. **52**. Luynas-Bordas: Apparatus as used in France. Journ. Soc. Chem. Ind. **39**, 220 A. (1920). F. M. Washburn: Constant Temperature Still-head for Light Oil Fractionation. Journ. Ind. and Engin. Chem. **12**, 73 (1920). Podbielniak; Refiner Natural Gasoline. Mfr. 855 (1929). — Apparat und Verfahren zur Ausführung genauer Analysen mittels fraktionierter Destillation. Ind. Engin. Chem. (An.) **3**, 177 (1931).

XVII. Methoden zur Bestimmung der Zusammensetzung konstant siedender Gemische.

Destillationsmethode.

Im letzten Kapitel ist gezeigt worden, wie die Zusammensetzung einer azeotropen Mischung aus dem Gewicht des unter der Mitteltemperatur übergehenden Destillates bestimmt werden kann, wenn eine Mischung von bekannter Zusammensetzung destilliert wird. Diese Methode ist meistens, aber nicht immer anwendbar.

Es gibt aber noch verschiedene andere Methoden, nach denen die Zusammensetzung eines konstant siedenden Gemisches bestimmt werden kann.

Durch Abtrennung des reinen Gemisches.

Die genaueste Methode, die allerdings nur bei solchen Mischungen anwendbar ist, bei denen auch die erste angewandt werden kann, beruht darauf, die konstant siedende Mischung durch fraktionierte Destillation in reinem Zustande abzutrennen und ihre Zusammensetzung entweder a) durch chemische Analyse, b) durch die Entfernung eines Bestandteils, c) aus ihrem spezifischen Gewicht, d) aus ihrem Brechungsvermögen, e) aus ihrem Drehungsvermögen oder aus anderen physikalischen Eigenschaften zu bestimmen.

a) Wenn eine der Substanzen eine Säure oder eine Base ist, so können bequem die gewöhnlichen Methoden der Maßanalyse angewendet werden; wenn einer der Bestandteile ein Halogen, Schwefel oder ähnliche Elemente enthält, so kann die Menge dieses Elementes bestimmt werden. Diese Methode ist aber im allgemeinen nicht zu empfehlen.

b) Wenn ein Bestandteil in Wasser leicht löslich und der andere unlöslich oder nahezu unlöslich ist, wie es z. B. bei Alkoholbenzolgemischen der Fall ist, so kann man ein ziemlich genaues Ergebnis dadurch erhalten, daß man die Mischung mit Wasser in einem Scheidetrichter schüttelt, und den unlöslichen Bestandteil ein- oder zweimal mit Wasser wäscht. Alsdann kann das Volumen dieses Bestandteils bei einer bekannten Temperatur gemessen oder sein Gewicht bestimmt werden. Hierbei ist allerdings ein kleiner Verlust infolge von Verdampfung und infolge des Hängenbleibens an den Wänden des Scheidetrichters und an dem festen Trockenmittel, wenn ein solches verwendet wurde, unvermeidlich. Ebenso bleibt regelmäßig ein wenig von dem in Wasser unlöslichen Bestandteil in der wäßrigen Lösung des anderen Bestandteils gelöst. Um ein genaues Ergebnis zu erhalten, müßte diese Lösung destilliert und die erste kleine Destillatmenge mit Wasser behandelt werden, um den Rest des unlöslichen Bestandteils abzutrennen.

Dieses Verfahren wurde zur direkten Bestimmung der Zusammensetzung der ternären Äthylalkohol-Benzol- und Wassermischung benutzt (S. 203), wobei das Benzol in der eben beschriebenen Art, und der Alkohol aus dem spezifischen Gewicht seiner wäßrigen Lösung ermittelt wurde[1]. Diese Methode wurde häufig von Lecat angewandt. (c und d) Da das spezifische Gewicht und das Brechungsvermögen von Mischungen im allgemeinen nicht streng additive Eigenschaften sind, müssen deren Werte fast immer an einer zu diesem Zweck hergestellten Mischung von ungefähr derselben Zusammensetzung wie die konstant siedende Mischung festgestellt, oder besser für eine Reihe von Mischungen bestimmt werden, um die richtige Korrektion zu ermitteln. Solche Bestimmungsreihen über das spezifische Gewicht sind für Mischungen der niederen Alkohole mit Wasser[2] von verschiedenen Beobachtern und für einige andere Flüssigkeitspaare von Brown[3] ausgeführt worden. Die spezifische Brechung verschiedener Mischungsreihen wurde von Lehfeldt[4], Zawidski[5] u. a. festgestellt.

e) Von Lecat wurde die Zusammensetzung verschiedener binärer Mischungen aus ihrem Drehungsvermögen bestimmt.

Methode der schrittweisen Annäherung.

Es können Mischungen verschiedener Zusammensetzungen destilliert werden, und durch schrittweise Annäherung kann schließlich diejenige Mischung gefunden werden, die a) bei konstanter Temperatur, oder b) ohne Änderung ihres spezifischen Gewichtes destilliert.

a) Dieses Verfahren wurde von Roscoe und Dittmar[6] bei Mischungen starker Säuren mit Wasser angewandt, und Ryland[7] benutzte die Methode zur angenäherten Bestimmung der Zusammensetzung der vielen von ihm untersuchten konstant siedenden Gemische.

b) Wenn der Siedepunkt des Gemisches sich von dem eines der reinen Bestandteile nur wenig unterscheidet, sind Temperaturbeobach-

---

[1] Young und Fortey: The Properties of Mixtures of the Lower Alcohols with Benzene and with Benzene and Water. Trans. Chem. Soc. **81**, 739 (1902).

[2] Young und Fortey: The Properties of Mixtures of the Lower Alcohols with Water. Ebenda **81**, 717 (1902).

[3] F. D. Brown: Theory of Fractional Distillation. Ebenda **35**, 547 (1879); On the Distillation of Mixture of Carbon Disulphide and Carbon Tetrachloride. Ebenda **39**, 304 (1881).

[4] Lehfeldt: On the Properties of Liquid Mixtures. Part. II, Philos. Magazine **46** (V), 42 (1898).

[5] Zawidski: Über die Dampfdrucke binärer Flüssigkeitsgemische. Ztschr. f. physik. Ch. **35**, 134 (1900).

[6] Roscoe und Dittmar: Journ. Chem. Soc. **12**, 128 (1860). Roscoe: Ebenda **13**, 146 (1861); **15**, 270 (1862). — Proc. Royal Soc. **11**, 493 (1862).

[7] Ryland: Liquid Mixtures of Constant Boiling Point. Amer. Chem. Journ. **22**, 384 (1899).

tungen zwecklos. In diesem Falle kann man aber feststellen, welche Mischung ein Destillat von dem gleichen spezifischen Gewicht oder demselben Brechungsvermögen gibt, das sie selbst hat, oder man kann noch zweckmäßiger die Destillate jedesmal in 3 oder 4 Fraktionen auffangen und solange probieren, bis die erste und letzte Fraktion das gleiche spezifische Gewicht haben. Diese Methode wurde bei Äthylalkohol und Wasser[1] angewandt. Mit den beiden letzten Mischungen wurden folgende Ergebnisse erhalten:

Tabelle 72.

I. Gewicht der Fraktion	I. spez. Gew. bei 0°/4°	II. Gewicht der Fraktion	II. spez. Gew. bei 0°/4°
23,6 . .	0,81936	21,2 . .	0,81946
73,4 . .	—	55,0 . .	—
27,6 . .	0,81927	26,0 . .	0,81953
		15,0 . .	—
		26,1 . .	0,81954

Im ersten Fall hat die letzte Fraktion ein geringeres spezifisches Gewicht als die erste, ein Zeichen, daß Alkohol im Überschuß zugegen war. Im zweiten Fall hat die erste Fraktion das niedrigere spezifische Gewicht, demnach war diesmal Wasser im Überschuß im Kolben. Offenbar muß das spezifische Gewicht derjenigen Mischung, die ohne Änderung ihrer Zusammensetzung destilliert, zwischen denen der ersten Fraktionen (0,81936 und 0,81946) bei diesen Destillationen liegen.

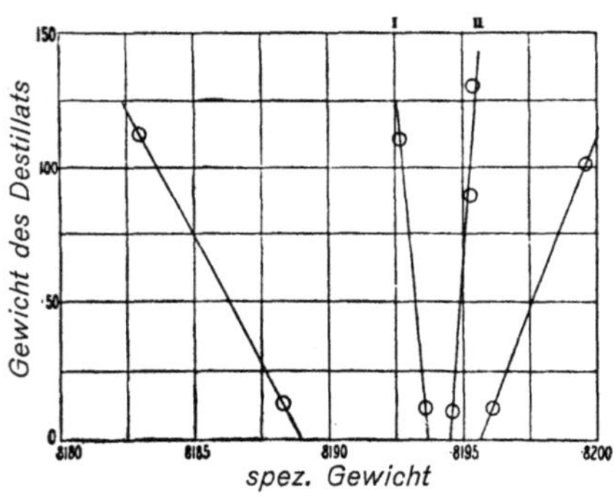

Abb. 69. Äthylalkohol und Wasser.

Wenn man jedesmal die spezifischen Gewichte als Abszissen gegen die Destillatgewichte als Ordinaten aufträgt, so findet man, daß die Linien ziemlich gleichmäßig, die erste nach links, die zweite nach rechts hin geneigt sind (I. und II. Abb. 69). Man kann daher annehmen, daß das gesuchte spezifische Gewicht gleich dem Mittel der beiden, also gleich 0,81941 ist. Die beiden Linien schneiden sich bei ihrer Verlängerung auf einem zwischen 0,81941 und 0,81942 liegenden Punkt.

Nach Mendelejeffs Tabellen ist der Alkoholgehalt einer Mischung vom spezifischen Gewicht 0,81941 bei 0/4° 95,57%.

Wade und Merrimann[2] verwendeten das gleiche Verfahren mit

[1] Young und Fortey: a. a. O.

[2] Influence of Water on the Boiling Point of Ethyl Alcohol at Pressures above and below the Atmospheric Pressure. Trans. Chem. Soc. 99, 997 (1911).

der einzigen Abänderung, daß sie die graphische Interpolation durch die algebraische ersetzten. Sie fanden aus ihren unter Normaldruck ausgeführten Destillationen, daß die Mischung mit Minimumsiedepunkt 95,59% Alkohol enthält.

Bei der Berechnung der Zusammensetzung aus Mendelejeffs Daten verwendeten sie zur Interpolation eine Differenzialmethode, die wahrscheinlich genauer als die von Fortey und Young angewandte graphische Methode ist. Sie fanden, daß ein spezifisches Gewicht von 0,81941 95,62% Alkohol entspricht. Auf jeden Fall ist die Übereinstimmung sehr befriedigend. Das Verfahren der schrittweisen Annäherung wurde von Lecat in den meisten Fällen angewandt, die Ergebnisse wurden aber gewöhnlich nach anderen Methoden sichergestellt.

Graphische Bestimmung aus den Dampfdrucken oder Siedepunkten.

Wenn von einer Reihe von Mischungen bekannter Zusammensetzung die Dampfdrucke bei konstanter Temperatur, oder die Siedepunkte unter konstantem Druck bestimmt worden sind, kann man diese Werte gegen den Gehalt an einem der beiden Bestandteile graphisch aufzeichnen. Aus dieser Kurve kann dann der dem Maximum oder Minimum des Druckes oder der Temperatur entsprechende Gehalt abgelesen werden. Die Kurve Druck-Zusammensetzung in Mol-Prozenten für Schwefelkohlenstoff und Methylal[1] ist in Abb. 70 angegeben. Man erkennt aber aus der Kurve, daß man zwar den Maximumdruck mit beträchtlicher Genauigkeit ablesen kann, daß dagegen der entsprechende Gehalt an Schwefelkohlenstoff nur grob geschätzt werden kann. Auch die Kurve Siedepunkt-Zusammensetzung weist den gleichen Nachteil auf.

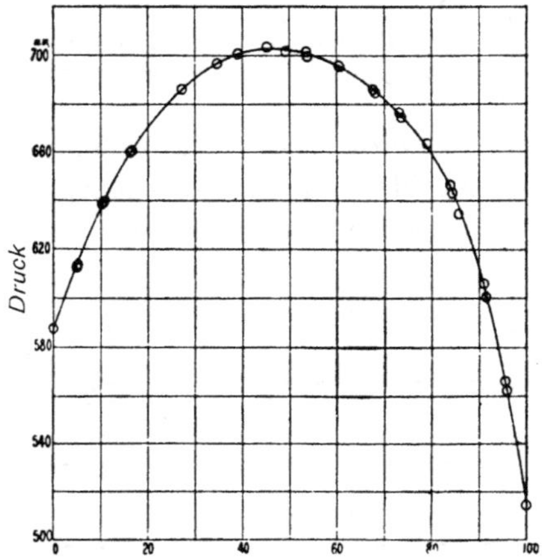

Abb. 70. Schwefelkohlenstoff und Methylal.

Graphische Bestimmung aus der Zusammensetzung von Flüssigkeit und Dampf.

Wenn bei einer Reihe von Mischungen jeweils die Zusammensetzung von Flüssigkeit und Dampf bestimmt worden ist, kann die Zusammen-

[1] Die Molekulargewichte dieser beiden Stoffe sind gleich. Mol-Prozente sind daher identisch mit Gewichtsprozenten.

setzung der konstant siedenden Mischung auf verschiedenen Wegen bestimmt werden.

a) Der Gehalt der Flüssigkeit an einem Bestandteil in Gewichtsprozenten (m) oder in Mol-Prozenten (M) kann gegen den Gehalt m' oder M' des gleichen Bestandteils im Dampf aufgetragen werden[1].

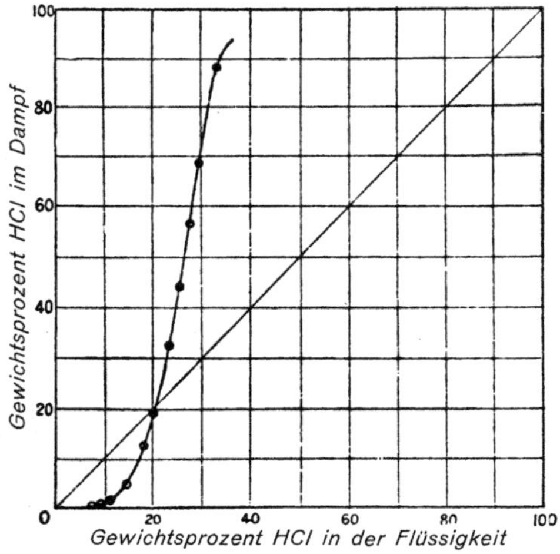

Abb. 71. Chlorwasserstoff und Wasser.

b) Das Verhältnis R der Gewichte, oder der Anzahl Gramm-Moleküle der beiden Bestandteile a und b in der Flüssigkeit können gegen die entsprechenden Verhältnisse R' im Dampf aufgetragen werden.

c) Die Logarithmen dieser Verhältnisse können auf die gleiche Art aufgetragen werden[2]. Die Zusammensetzung wird stets, einerlei welche Methode man gewählt hat, durch den Punkt der Kurve angegeben, an welchem Ordinate und Abszisse den gleichen Wert haben, oder mit anderen Worten, durch den Schnittpunkt der Kurve mit der gleichen Werten von m und m'; M und M'; R und R'; oder log R und log R' entsprechenden Diagonale.

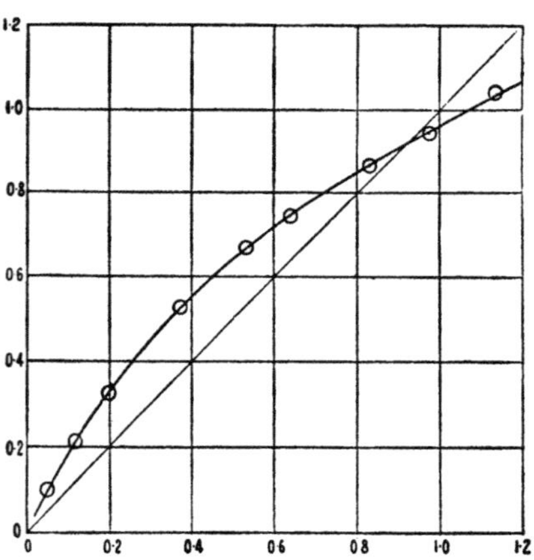

Abb. 72. Schwefelkohlenstoff und Methylal.

Als Beispiel für das erste Verfahren sei Lord Rayleighs Bestimmung der Zusammensetzung von Flüssigkeit und Dampf bei Mischungen von Chlorwasserstoff und Wasser (Abb. 71) angeführt[3]. Vrevskij[4] verwendete diese Methode bei wäßrigen Lösungen einiger Alkohole. Als Beispiel für die zweite und

---

[1] Rayleigh: On the Distillation of Binary Mixtures. Philos. Magazine (VI) 4, 521 (1902).
[2] Lehfeldt: a. a. O.
[3] Rayleigh: a. a. O.
[4] Vrevskij: Ztschr. f. physik. Ch. 83, 551 (1913).

dritte Methode seien die von Zawidski an Mischungen von Schwefelkohlenstoff und Methylal ausgeführten Untersuchungen angeführt (Abb. 72 und 73).

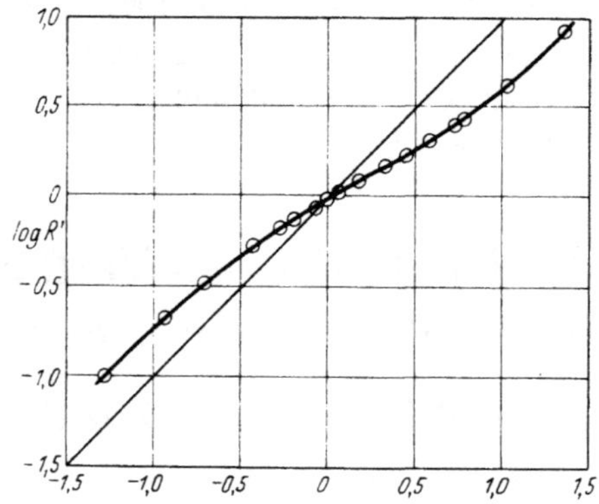

Abb. 73. Schwefelkohlenstoff und Methylal.

Graphische Bestimmung mittels Browns Formel.

Das Mol-Verhältnis (oder das Verhältnis der Gewichte) der Bestandteile in der Flüssigkeit M_A und M_B und im Dampf M'_A und M'_B können aus den Beobachtungen berechnet werden. Dann können die Werte von $\frac{M'_B}{M'_A} \cdot \frac{M_A}{M_B}$ gegen die Mol- (oder Gewichts-) Prozente eines Bestandteils aufgetragen werden.

Der dem Werte von

$$\frac{M'_B}{M'_A} \cdot \frac{M_A}{M_B} = 1$$

entsprechende Prozentgehalt ist der gesuchte.

Als Beispiel sollen hier wieder Zawidskis Daten für Schwefelkohlenstoff und Methylal (Abb. 74) angeführt werden.

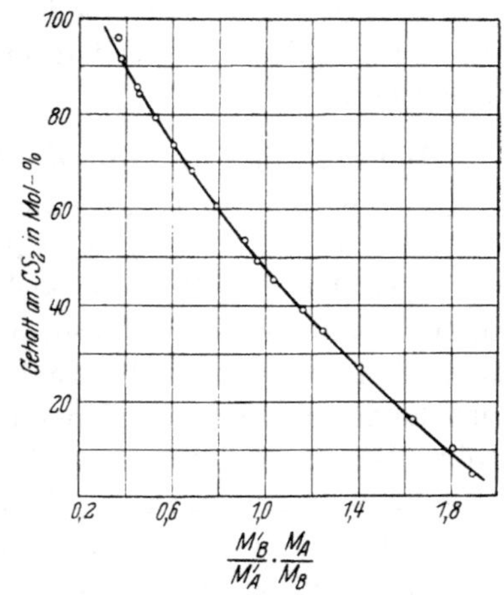

Abb. 74. Schwefelkohlenstoff und Methylal.

Ergebnisse. Bei Mischungen aus Benzol und Äthylalkohol wurden die in Tabelle 73 angegebenen Ergebnisse erhalten.

Tabelle 73.

Methode	Benzolgehalt in Gewichtsprozenten	Temperatur
1 Young und Fortey .	67,55	Siedepunkt unter Normaldruck
2 c Young und Fortey .	67,64	
2 b Ryland	68,1	
2 b ,, ...	72,1	50—51°
5 c Lehfeldt	71,3	50°
6 ,, ...	71,3	50°

Wenn die ohne Änderung der Zusammensetzung destillierende Mischung bei fast genau der gleichen Temperatur wie einer der Bestandteile siedet, sind wahrscheinlich die Methoden 5, 6 und 3 b die einzigen, auf die man sich verlassen kann. Auf die erste und zweite dieser Methoden stützt sich der Schluß (S. 107), daß Benzol mit Tetrachlorkohlenstoff ein konstant siedendes Gemisch bildet, während die genaue Zusammensetzung des Äthylalkohol-Wassergemisches nach Methode 3 b bestimmt wurde.

XVIII. Indirektes Verfahren zur Trennung der Bestandteile einer konstant siedenden Mischung.

Destillation nach Zusatz eines dritten Stoffes.

Es ist gezeigt worden, daß in vielen Fällen die beiden Bestandteile einer Mischung sich infolge der Bildung eines konstant siedenden Gemisches durch fraktionierte Destillation nicht trennen lassen. Es ist in diesem Falle manchmal möglich, durch Zusatz einer dritten Substanz und darauf folgende Destillation der Mischung einen der Bestandteile zu entfernen[1].

Bildung einer binären Mischung mit Minimumsiedepunkt.

Es sei beispielsweise angenommen, daß eine Mischung von Isobutylalkohol und Benzol mit ungefähr 10 Gewichtsprozenten Alkohol vorliegt. Die Bestandteile lassen sich durch fraktionierte Destillation nicht trennen, weil sich ein Gemisch mit Minimumsiedepunkt (79,93°) bildet, das 9,3% Isobutylalkohol enthält. Auch durch Behandlung mit Wasser wird keine befriedigende Trennung erreicht, weil die Löslichkeit des Isobutylalkohols in Benzol größer als die in Wasser ist.

Wenn dagegen ein wenig Wasser zugesetzt und dann destilliert wird, so besteht die erste Fraktion aus dem binären Benzolwassergemisch, das bei 69,25° siedet und 91,2% Benzol enthält.

Um alles Benzol zu entfernen, ist nichts weiter nötig, als 8,7 Teile Wasser auf 100 Gewichtsteile des Gemisches zuzusetzen und durch einen wirksamen Aufsatz zu destillieren. Die Mischung trennt sich dann a) in das binäre Benzolwassergemisch (K. P. 69,25°) und b) reinen Isobutylalkohol (K. P. 108,05°). Die Differenz zwischen den Siedepunkten ist jetzt beträchtlich und die Trennung gelingt leicht.

Wenn zuviel Wasser zugesetzt worden wäre, bekäme man als Zwischenlauf ein binäres, bei 89,8° siedendes Alkoholwassergemisch mit 66,8% Alkohol.

---

[1] Young: The Preparation of Absolute Alcohol from Strong Spirit. Trans. Chem. Soc. **81**, 707 (1902). Young und Fortey: The Properties of Mixtures of the Lower Alcohols with Benzene and with Benzene and Water. Ebenda **81**, 717 (1902).

Wenn andererseits zu wenig Wasser zugesetzt worden wäre, würde nur ein Teil des Benzols mit diesem übergehen, und das übrige würde das binäre Benzolalkoholgemisch bilden. Der Rückstand bestände in beiden Fällen aus reinem Isobutylalkohol.

Von Golodetz[1] wurde dieses Verfahren in mehreren Fällen verwendet.

Bildung eines ternären Gemisches mit Minimumsiedepunkt.

Der zugesetzte Stoff bildet manchmal mit den beiden Bestandteilen der ursprünglichen Mischung ein konstant siedendes ternäres Gemisch, aber das Verhältnis der Gewichte dieser Bestandteile ist in dem ternären Gemisch ein anderes als in dem konstant siedenden binären Gemisch, das die zu trennenden Bestandteile selbst bilden.

Tertiärbutylalkohol und Wasser mit Benzol. Als Beispiel sei eine Mischung von Tertiärbutylalkohol und Wasser gewählt. Dieser Alkohol ist ein fester, kristallisierter Körper, der bei 25,53° schmilzt und bei 82,55° siedet. Geschmolzen ist er mit Wasser in allen Verhältnissen mischbar und bildet mit ihm ein konstant siedendes Gemisch (K. P. 79,91°) mit 88,24% Alkoholgehalt.

Der Unterschied zwischen dem Siedepunkt des binären Gemisches und dem des Alkohols beträgt nur 2,46°, und die Abtrennung der letzten Spuren Wasser, oder besser der binären Mischung aus dem Alkohol durch Destillation ist schwierig. Es gelang in der Tat nicht, den Alkohol auf diesem Wege vollständig wasserfrei zu erhalten, denn der höchste bei dem destillierten Alkohol beobachtete Schmelzpunkt betrug 25,25° und der Siedepunkt 82,45°.

Fraktionierte Kristallisation ergab ein besseres Ergebnis, denn der Schmelzpunkt des umkristallisierten Alkohols lag bei 25,43°.

Schließlich wurde aber gefunden, daß die letzten Spuren Wasser sich am besten durch Destillation mit Benzol beseitigen ließen. Danach war der oben angegebene Schmelzpunkt und der Siedepunkt des zurückbleibenden Alkohols höher als der des durch Umkristallisieren gereinigten Produktes. In Tabelle 74 sind die Siedepunkte und die Zusammensetzungen der binären und ternären Gemische und die Siedepunkte der einzelnen Bestandteile angegeben.

Man erkennt, daß das Verhältnis des Wassers zum Alkohol in dem binären Gemisch $= \frac{11,76}{88,24} = 0,133$ beträgt, im ternären Gemisch dagegen $\frac{8,1}{21,4} = 0,379$. Letzteres enthält also, bezogen auf den Alkohol, nahezu 3mal so viel Wasser wie das binäre Gemisch. Man kann nicht

[1] Golodetz: Journ. Russ. Phys.-Chem. Ges. **43**, 1041 (1911). — Chem. Zentralblatt (1912) **I**, 69.

Tabelle 74.

	Siedepunkt	Prozentuale Zusammensetzung		
		Alkohol	Benzol	Wasser
	Grad			
Wasser	100,0	—	—	100
Tertiär Butylalkohol	82,55	100	—	—
Benzol	80,2	—	100	—
Alkohol—Wasser	79,9	88,24	—	11,76
Alkohol—Benzol	73,95	36,6	63,4	—
Benzol—Wasser	69,25	—	91,17	8,83
Alkohol—Benzol—Wasser	67,30	21,4	70,5	8,1

nur die letzten Spuren Wasser aus dem nahezu reinen Alkohol mittels Benzols entfernen, sondern man kann auch den reinen Alkohol aus dem binären Alkoholwassergemisch gewinnen.

Angenommen, es werde von 100 g dieser Mischung ausgegangen. Das darin enthaltene Wasser, 11,76 g würde zur Bildung des ternären Gemisches $\frac{11{,}76 \cdot 70{,}5}{8{,}1} = 102$ g Benzol erfordern, und wenn mit einer einfachen Destillation der Mischung eine vollständige Trennung erreicht werden könnte, würde man 145 g der ternären Mischung und 57 g Alkohol erhalten. In Wirklichkeit würde man aber eine etwas kleinere Menge der ternären Mischung, ein wenig binäres Alkoholbenzolgemisch und einen Rückstand von Alkohol erhalten, wobei in der 2. und 3. Fraktion noch ein wenig Wasser enthalten wäre.

Es ist besser, von Anfang an eine größere Menge Benzol, z. B. 125 g, zuzusetzen. Die Menge der 2. Fraktion (Alkohol—Benzol) vergrößert sich dann, und die geringere Menge zurückbleibenden Alkohols wird in einer einzigen Destillation wasserfrei gewonnen.

Destillationsergebnisse. Bei einem wirklich ausgeführten Versuch wurden 117,5 g Alkoholwassergemisch mit 103,7 g tertiär Butylalkohol und 13,8 g Wasser nach Zusatz von 145 g Benzol durch einen 5 teiligen Evaporatoraufsatz der alten Form destilliert. Folgende Fraktionen wurden aufgefangen:

Tabelle 75.

Temperaturstufe	Gewicht	Theoretische Zusammensetzung		
Grad		Alkohol	Benzol	Wasser
1. 67,3—70,6	169,3	36,2	119,4	13,7
2. 70,6—78,2	39,9	14,6	25,3	
3. 78,2—82,55	18,9	} 52,7		
Rückstand, Alkohol	33,8			
Verlust	0,6			
	262,5			

Der Rückstand erstarrte beim Abkühlen.

Wenn die Trennung vollständig gewesen wäre, hätten die Fraktionen die in Tabelle 75 angegebene theoretische Zusammensetzung. Aber die erste Fraktion muß in Wirklichkeit etwas mehr Alkohol und etwas weniger Benzol und Wasser, die zweite etwas mehr Benzol als den theoretischen Werten entspricht und ganz wenig Wasser enthalten haben. Die dritte Fraktion muß außer dem trockenen Alkohol auch noch etwas Benzol enthalten haben.

Weiterbehandlung der „Fraktionen". Die erste Fraktion trennte sich in 2 Schichten, von denen die untere hauptsächlich aus Alkohol und Wasser mit ein wenig Benzol, die obere aus Benzol mit etwas Alkohol und ein wenig Wasser bestand. Durch Zusatz von mehr Wasser, Schütteln im Scheidetrichter, Ablassen des wäßrigen Alkohols und mehrfaches Waschen des Benzols mit kleinen Mengen Wasser, um den zurückgebliebenen Alkohol zu extrahieren, konnte eine verdünnte, wäßrige Lösung von Alkohol gewonnen werden, die fast kein Benzol mehr enthielt. Durch fraktionierte Destillation konnte fast der ganze Alkohol in Form des binären, konstant siedenden Alkoholwassergemisches wiedergewonnen werden.

Theoretisch hätte das Gewicht dieses Gemisches 41,0 g betragen, und zur Entfernung des Wassers hätten 41,8 g Benzol ausreichend sein sollen. Aber die zweite Fraktion enthält ungefähr 25 g Benzol, es müssen daher praktisch ungefähr 35 g mehr, zusammen also 60 g Benzol zugesetzt werden.

Nachdem die zweite Fraktion, das wiedergewonnene Alkoholwassergemisch und das neu hinzukommende Benzol miteinander gemischt sind, müßte eine Flüssigkeit von ungefähr folgender Zusammensetzung vorliegen:

Alkohol . . .	50,8
Benzol . . .	60,3
Wasser . . .	4,8
	115,9

Die Mischung kann nun destilliert werden, wobei die ersten 2 Fraktionen wie zuvor aufgefangen werden. Die Destillation wird abgebrochen, wenn die zweite Mitteltemperatur erreicht ist. Fraktion 3 der ersten Destillation kann dann zu dem Rückstand in den Kolben zugesetzt, und die Destillation fortgesetzt werden. Theoretisch würden die Ergebnisse die in Tabelle 76 angegebenen sein.

Tabelle 76.

	Temperaturstufe Grad	Gewicht	theoretische Zusammensetzung Alkohol	Benzol	Wasser
1.	67,3—70,6	59,3	12,7	41,8	4,8
2.	70,6—78,2	29,2	10,7	18,5	
3.	78,2—82,55	18,9	46,3		
	Alkohol im Rückstand . .	27,4			

Menge des wiedergewonnenen Alkohols. Zweifellos wäre die in Wirklichkeit wiedergewonnene Alkoholmenge etwas kleiner als diese, aber es müßten wenigstens 20 g sein. Man hätte dann eine Gesamtmenge von z. B. 54 g aus im ganzen 103,7 g erhalten. Außerdem kann der Rest des Alkohols außer der kleinen, durch Verdampfung wirklich verlorengegangenen Menge in Form des konstant siedenden Alkoholwassergemisches wiedergewonnen werden.

Vorteile des Arbeitens mit größeren Mengen. Beim Arbeiten mit größeren Mengen wäre das Ergebnis viel besser, denn Fraktion 3 bleibt, unabhängig davon, welche Menge destilliert wird, nahezu die gleiche, und Fraktion 2 braucht auch nicht viel größer zu werden.

So würden bei der Destillation von 300 g einer 264,7 g Alkohol enthaltenden Alkoholwassermischung mit 340 g Benzol die Gewichte der Fraktionen 435,6 g bzw. 52,1 g und 21 g betragen. Es blieben 131,3 g reiner Alkohol, oder nahezu die Hälfte der Gesamtmenge zurück. Außerdem würde die zweite Destillation ein erheblich befriedigenderes Ergebnis haben. Wenn man den Alkohol in Form des binären Gemisches mit Wasser wiedergewinnt, Fraktion 2 und 95 g Benzol zusetzt und ebenso wie die kleinere Menge oben destilliert, so würden die Gewichte der Fraktionen 153,1 g, 31,7 g und 21,0 g betragen, und es würde ein Rückstand von 68 g Alkohol bleiben. Die erste Fraktion würde ebenfalls groß genug sein, eine dritte Destillation damit vorzunehmen, die eine weitere Ausbeute von etwa 20 g reinem Alkohol geben würde. Es ließen sich in Wirklichkeit ungefähr 215 g von den ursprünglich 264,7 g Alkohol bei sehr kleinem wirklichen Verlust in reinem Zustande wiedergewinnen.

Alkohole, Wasser, Benzol. Wie schon gesagt, können die einwertigen, aliphatischen Alkohole einerseits als Alkylderivate des Wassers und andererseits als Hydroxylderivate der Paraffine betrachtet werden, wobei sich die Eigenschaften der Alkohole mit wachsender Größe der Alkylgruppe von denen des Wassers entfernen und denen der Paraffine oder des Benzols nähern.

Methylalkohol. Methylalkohol und Wasser können ohne Schwierigkeit durch Destillation mit einem wirksamen Aufsatz voneinander getrennt werden, weil ihre Eigenschaften so ähnlich, und ihre Siedepunkte soweit voneinander entfernt liegen, daß sich ein Gemisch mit Minimumsiedepunkt nicht bilden kann. In der Tat ist die Siedepunkts-Konzentrationskurve nirgends auch nur angenähert horizontal.

Methylalkohol und Benzol können durch Destillation nicht voneinander getrennt werden, weil ihre Eigenschaften so unähnlich sind, daß sich ein Gemisch mit Minimumsiedepunkt bildet. Da dessen Siedepunkt viel niedriger liegt als der des binären Benzolwassergemisches, kann auch durch Zusatz von Wasser und Destillation keine Trennung erzielt werden. Eine ternäre Mischung geht nicht über, sondern die erste Fraktion besteht noch aus der konstant siedenden Benzolalkoholmischung.

Andererseits kann der Methylalkohol durch Schütteln mit Wasser leicht aus seiner Mischung mit Benzol extrahiert werden, weil der Alkohol, obgleich er sowohl mit Benzol wie mit Wasser in jedem Verhältnis mischbar ist, dem Wasser viel näher verwandt erscheint. Man darf vielleicht sagen, seine Löslichkeit in Wasser sei größer als die in Benzol.

Je größer das Molekulargewicht eines Alkohols, oder bei Isomeren, je höher sein Siedepunkt ist, um so schwieriger ist es, den Alkohol aus seiner Lösung in Benzol durch Wasser auszuziehen. Bei Isobutylalkohol verläuft dieser Vorgang schon sehr langsam.

Äthyl-, Isopropyl-, Normalpropyl- und Tertiärbutylalkohol. Äthyl-, Isopropyl-, Normalpropyl- und Tertiärbutylalkohol bilden alle, sowohl mit Wasser wie mit Benzol binäre Gemische mit Minimumsiedepunkt. Reiner Äthylalkohol kann durch Destillation, selbst aus einer sehr starken, wäßrigen Lösung nicht erhalten werden, weil sein Siedepunkt so sehr wenig höher als der der Alkohol-Wassermischung liegt. Da infolge der Ähnlichkeit der Eigenschaften der beiden Stoffe wasserentziehende Mittel auf beide in ganz ähnlicher Art wirken, so ist es nur unter ganz besonderen Bedingungen und anscheinend nur mit einem einzigen Entwässerungsmittel — nämlich frisch gebranntem Kalk — möglich, die letzten Spuren Wasser zu entfernen.

Dagegen bildet jeder der 4 Alkohole ein ternäres Gemisch mit Minimumsiedepunkt mit Benzol und Wasser. Letzteres kann daher aus hochprozentigem Alkohol durch Destillation mit Benzol entfernt werden.

Das Verfahren wurde seit 1908 von Kahlbaum in Berlin zur Herstellung von absolutem Äthylalkohol aus hochprozentigem Alkohol verwendet.

Auch Normalhexan gibt sehr gute Ergebnisse, ist aber weniger leicht als Benzol zu erhalten. Lecat hat Cyclohexan als Ersatz versucht und Chavanne[1] hat eine Reihe von Stoffen auf ihr Verhalten bei der Destillation mit Äthylalkohol und Wasser untersucht, und die Bildung verschiedener ternärer Gemische mit Minimumsiedepunkt beobachtet[2].

Isobutylalkohol. Isobutylalkohol bildet kein ternäres Gemisch mit Minimumsiedepunkt mit Benzol und Wasser. Wenn eine Mischung dieser 3 Flüssigkeiten destilliert wird, besteht der erste Teil des De-

---

[1] Chavanne: Sur une application de la méthode de Young pour la préparation de l'alcohol absolu. Bull. Soc. Chim. Belgique **27**, 205 (1913). — Siehe auch Comptes rendus **158**, 1698 (1914).

[2] Engl. P. 287607 (1928): Trennung von Flüssigkeiten durch Destillation durch Anwendung einer dritten Flüssigkeit, die ein ternäres, azeotropes Gemisch zu bilden vermag.

stillates, wie festgestellt wurde, aus dem bei 69,25° siedenden Benzolwassergemisch.

Höhere Alkohole. In der Tat kann das Benzol aus Isobutylalkohol, oder einem anderen der höher siedenden Alkohole durch Zusatz von soviel Wasser wie zur Bildung des binären Benzolwassergemisches nötig ist, und darauf folgende Destillation durch einen wirksamen Aufsatz entfernt werden. Umgekehrt kann das Wasser durch Zusatz der erforderlichen Menge Benzol und Destillation der Mischung entfernt werden.

Zusammenfassung. Es ist demnach möglich, das Wasser aus den Alkoholen mit Ausnahme des Methylalkohols durch Zusatz von Benzol und Destillation zu entfernen, und andererseits aus den höher siedenden Alkoholen das Benzol durch Zusatz von Wasser und Destillation zu beseitigen.

Atkins[1] hat das gleiche Verfahren mit Erfolg zur Entwässerung gewisser fester Stoffe, wie Lävulose verwendet. Zur feuchten Lävulose wird in einem Kolben zunächst absoluter Alkohol und dann Benzol, am besten im Überschuß, zugesetzt. Der mit einem wirksamen Aufsatz versehene Kolben wird dann auf dem Wasserbad erhitzt und das Destillat aufgefangen. Fast das ganze Wasser geht in der ersten trüben Fraktion (ternäres Alkohol-Wasser-Benzolgemisch, K. P. 64,85°) über. Die nächste Fraktion besteht aus dem bei 68,25° siedenden binären Alkohol-Benzolgemisch, mit der der Rest des Wassers übergeht. Die zurückbleibende Flüssigkeit ist wasserfreies Benzol und Alkohol. Der größte Teil davon wird abdestilliert, und die kleine, im Kolben zurückbleibende Menge wird mittels eines trockenen Luftstromes entfernt. Das Verfahren ist besonders dann wertvoll, wenn der feste Stoff bei der Temperatur, bei der das Wasser durch direkte Heizung ausgetrieben werden kann, Neigung zur Erweichung, Schmelzung oder Zersetzung zeigt.

XIX. Allgemeine Bemerkungen. Anwendungsmöglichkeiten der fraktionierten Destillation. Auswertung der experimentellen Ergebnisse, Wahl des Aufsatzes, Zahl der Fraktionen usw.

Anwendungsmöglichkeiten der fraktionierten Destillation.

Die fraktionierte Destillation kann zu verschiedenen Zwecken angewandt werden, unter denen folgende die wichtigsten sind:

[1] Atkins: Preparation of Anhydrous Solids. Trans. Chem. Soc. **107**, 916 (1915).

1. Die Reindarstellung einer einheitlichen Substanz aus einer Mischung unter möglichst geringen Verlusten.

2. Die Trennung der Bestandteile einer Mischung von qualitativ bekannter Zusammensetzung.

3. Die quantitative Bestimmung der Zusammensetzung, die qualitativ schon bekannt ist, oder die quantitative Bestimmung der Zusammensetzung eines konstant siedenden Gemisches.

4. Allgemein, eine Untersuchung über die quantitative und qualitative Zusammensetzung einer Mischung aus vielen Einzelstoffen, wenn nur die allgemeine Natur der Hauptbestandteile bekannt ist; oder wenn man nur die Anwesenheit einiger Stoffe bestimmt kennt, dagegen nicht weiß, welche anderen zugegen sein können.

I. Die Reindarstellung einer einheitlichen Substanz aus einer Mischung unter möglichst geringen Verlusten.

Die Reindarstellung einer Substanz aus einer Mischung vereinfacht sich etwas, wenn der wirkliche Siedepunkt des Hauptbestandteils schon bekannt ist.

Auf jeden Fall müssen sorgfältige Aufzeichnungen über die Temperaturstufen und über das Gewicht einer jeden Fraktion gemacht werden. Alsdann kann man entweder die Werte von $\Delta w/\Delta t$ (S. 119) berechnen, oder man kann die Gewichte des Destillates gegen die Endtemperaturen der Fraktionen auftragen.

Durch die Verwendung eines verbesserten Aufsatzes wird viel Zeit gespart. Für hochsiedende Flüssigkeiten kann der Birnenaufsatz, für leichter flüchtige der Evaporatoraufsatz besonders empfohlen werden.

Auswertung der Ergebnisse.

Erster Fall. Wenn die Auswertung der bei der Destillation einer Flüssigkeit erhaltenen Daten eine Kurve nach Art der Abb. 75 ergibt, so kann man schließen, daß eine ziemlich kleine Menge einer viel höher siedenden Verunreinigung zugegen ist, daß aber Verunreinigungen von niederem Siedepunkt als dem des Hauptbestandteils nicht vorhanden sind.

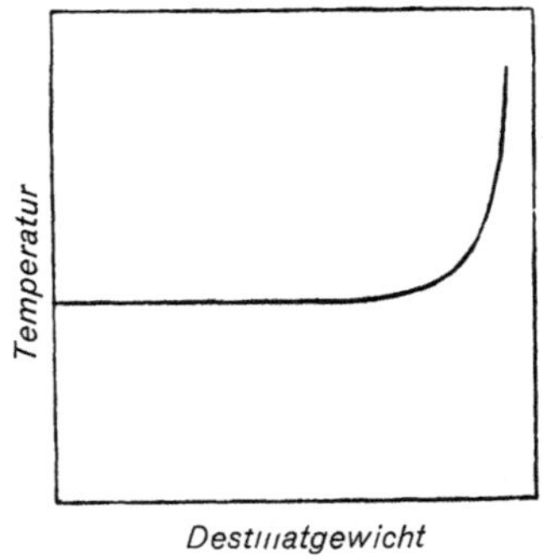

Abb. 75.

Wenn die Temperatur erst gegen Ende der Destillation einen merklichen Anstieg zeigt, so wird die erste Fraktion bei wiederholter Destillation einen vollkommen konstanten Siedepunkt zeigen. Man kann daraus schließen, daß sie sehr wahrscheinlich aus der gesuchten reinen Substanz besteht. Bei der zweiten und nachfolgenden Fraktionierung kann auf jeden Fall die Hauptmenge des Destillates der ersten Fraktion als sehr wahrscheinlich rein angesehen werden und braucht nicht weiter destilliert zu werden. Die Abtrennung der Flüssigkeit mit konstantem Siedepunkt ist in solchen Fällen sehr leicht.

Reinheitsprüfung. So lange man aber nicht aus der Art der Darstellung weiß, daß die Bildung einer Mischung, die ohne Änderung der Zusammensetzung bei praktisch der gleichen Temperatur wie die reine Flüssigkeit, destilliert, ausgeschlossen ist, kann man die Reinheit der Flüssigkeit selbst dann nicht mit absoluter Sicherheit behaupten, wenn der wirkliche Siedepunkt des reinen Stoffes bekannt ist, und wenn der beobachtete Siedepunkt mit diesem übereinstimmt.

Wenn man sicher sein kann, daß die ursprüngliche Mischung nur Stoffe enthält, die sehr nahe miteinander verwandt sind, wie z. B. Glieder von homologen Reihen, so wird die Aufgabe sehr vereinfacht, denn man kann dann mit Sicherheit schließen, daß sich keine konstant siedende Mischung bilden kann.

Wenn aber darüber ein Zweifel besteht, so ist es am vorteilhaftesten, das spezifische Gewicht des Destillates zu bestimmen, wenn das der reinen Flüssigkeit genau bekannt ist. Denn wenn sowohl der Siedepunkt wie das spezifische Gewicht des Destillates mit den entsprechenden Daten des reinen Stoffes übereinstimmen, so kann man zuversichtlich schließen, daß das Destillat wirklich rein ist. An Stelle des spezifischen Gewichtes kann der Brechungsindex, die Dampfdichte, der Schmelzpunkt (wenn die Flüssigkeit leicht zum Kristallisieren gebracht werden kann) oder irgendeine andere physikalische Konstante zum Vergleich bestimmt werden, oder es kann eine chemische Analyse der Flüssigkeit ausgeführt werden.

Hexan und Benzol. Es sei z. B. angenommen, daß die ursprüngliche Flüssigkeit hauptsächlich aus Normalhexan besteht, und daß die Vorgeschichte der Probe unbekannt ist. Es könnte also etwas Benzol zugegen sein. Eine Mischung von Normalhexan mit ungefähr 10% Benzol siedet bei fast genau der gleichen Temperatur wie reines Hexan. Die Gegenwart des Benzols könnte daher durch fraktionierte Destillation nicht bemerkt und die Verunreinigung auf diesem Wege nicht abgeschieden werden. Das hohe spezifische Gewicht des Destillates würde dagegen beweisen, daß neben dem Normalhexan ein anderer Stoff zugegen ist.

Wenn es dagegen andererseits bekannt wäre, daß das Hexan synthetisch durch Einwirkung von Natrium auf reines Propyliodid dargestellt worden ist, so wäre die Anwesenheit von Benzol ausgeschlossen.

Äthylalkohol und Wasser. Äthylalkohol mit z. B. 15—20% Wasser würde sich ebenso verhalten, wie es durch die Kurve in Abb. 75 ausgedrückt wird. In diesem Falle würde man aber selbst mit den wirksamsten Aufsätzen im ersten Teil des Destillates weder reinen Alkohol noch das reine, konstant siedende Gemisch, sondern eine Mischung mit mindestens 5, wahrscheinlich 7—8% Wasser erhalten, denn die Mischung mit konstantem Siedepunkt und einem Gehalt von 95,6% Alkohol läßt sich äußerst schwer vom Wasser trennen, obgleich zwischen den Siedepunkten der beiden ein großer Unterschied besteht.

In diesem Fall liegt der Siedepunkt des binären Alkoholwassergemisches wieder so wenig tiefer wie der des reinen Alkohols, daß Thermometerablesungen, wenn sie nicht sehr genau sind, wohl schwerlich ausreichen, diese beiden mit Sicherheit zu unterscheiden.

Isopropylalkohol und Wasser. Bei Isopropylalkohol und Wasser liegen die Verhältnisse ähnlich. Zum Unterschied vom Äthylalkohol reicht aber beim Isopropylalkohol erstens die Größe der Entfernung zwischen den Siedepunkten des reinen Alkohols und der binären Mischung aus, diese beiden ohne Schwierigkeit durch Temperaturbeobachtungen zu unterscheiden, und zweitens kann das binäre Gemisch in reinem Zustande vom Wasser abgetrennt werden.

Zweiter Fall. Abb. 76 stellt die Abtrennung einer Flüssigkeit mit konstantem Siedepunkt aus einer Mischung dar, die nur erheblich flüchtigere Verunreinigungen enthält. Die Abtrennung geht leichter vor sich als die vorhergehende, weil der am wenigsten flüchtige Bestandteil abgetrennt werden soll. Wenn die Temperatur längere Zeit konstant bleibt und gegen Ende der Destillation keinerlei Anstieg zeigt, so braucht der letzte Anteil nicht zum zweitenmal destilliert zu werden und bei den weiteren Fraktionierungen kann die Destillation abgebrochen werden, sobald das Temperaturmaximum erreicht ist. Der Rückstand kann als rein angesehen werden.

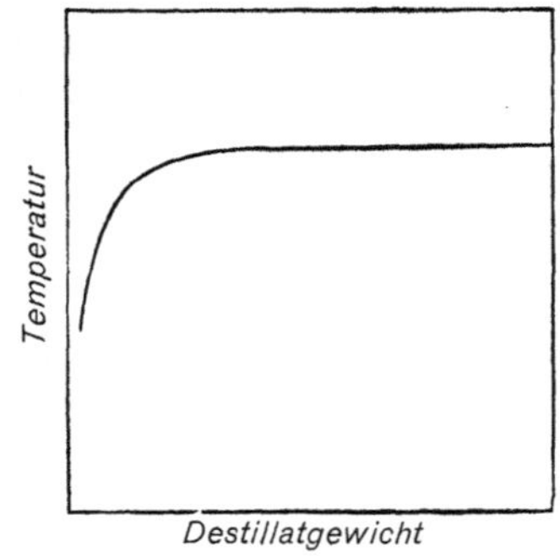

Abb. 76.

Hier ist wieder der Fall möglich, daß man es mit einem Gemisch mit Maximumsiedepunkt zu tun hat. Es könnte sich z. B. um die Abtrennung des binären Gemisches von Chloroform mit Methylacetat von einem kleinen Überschuß des Esters handeln. Diese Annahme ist aber wenig wahrscheinlich, denn man trifft Gemische mit Maximumsiedepunkt nicht so häufig wie solche mit Minimumsiedepunkt. Es ist außerdem noch möglich, wenn auch weniger wahrscheinlich, daß eine

Mischung mit Minimumsiedepunkt vorliegt, die keinen ihrer Bestandteile im Überschuß enthält, aber mit einer flüchtigeren Verunreinigung vermischt ist.

Dritter Fall. Eine Kurve wie die in Abb. 77 dargestellte ergibt sich bei der Destillation einer Flüssigkeit, die eine Verunreinigung enthält, deren Siedepunkt nicht viel höher liegt als der des Hauptbestandteils.

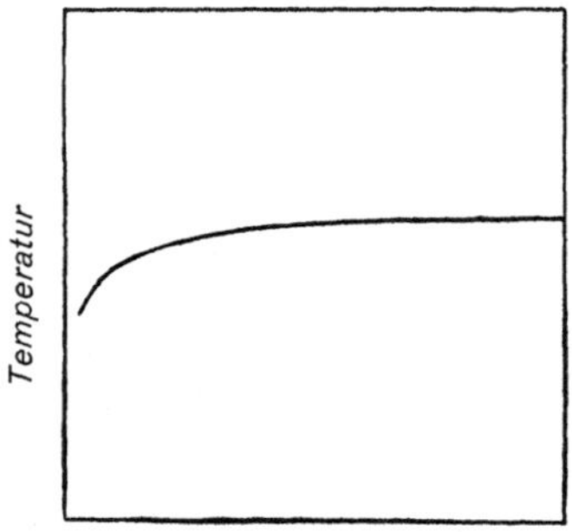

Abb. 77.

Die Reindarstellung ist in diesem Falle viel schwieriger, und es sind verschiedene Fraktionierungen erforderlich, bis der Siedepunkt der ersten Fraktion ganz konstant wird. Wenn die Siedepunkte der Bestandteile einer Mischung sehr nahe zusammen liegen und die chemische Verwandtschaft nicht sehr eng ist, so ist die Bildung von konstant siedenden Mischungen nicht unwahrscheinlich. Das ist z. B. bei Mischungen von Tetrachlorkohlenstoff und Benzol der Fall. Es ist praktisch unmöglich, entweder reinen Tetrachlorkohlenstoff oder das konstant siedende Gemisch aus Mischungen der beiden Stoffe abzutrennen. Wohl aber kann Benzol, wenn es in der ursprünglichen Mischung in großem Überschuß vorliegt, durch wiederholte Fraktionierung in reinem Zustande abgetrennt werden.

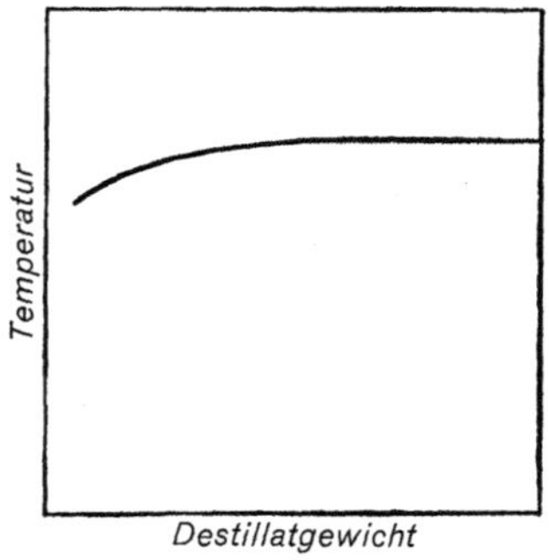

Abb. 78.

Vierter Fall. Eine Kurve wie die in Abb. 78 gezeichnete stellt das Verhalten einer jeden Mischung bei der Destillation dar, in der, wie bei der letzt erwähnten mit Benzol in großem Überschuß, der Hauptbestandteil weniger flüchtig ist, bei der aber der Unterschied in den Siedepunkten der Bestandteile gering ist. Die Abtrennung des Hauptbestandteils wäre auch in diesem Fall leichter als in dem durch Abb. 77 dargestellten. In der Tat hat Abb. 78 die gleiche Beziehung zu Abb. 77 wie Abb. 76 zu Abb. 75.

Hier kann wiederum die höchste Fraktion aus einem Gemisch mit Maximumsiedepunkt, wie z. B. Chloroform-Methylacetat (K. P. 64,5⁰) mit Chloroform (K. P. 60,5⁰) im Überschuß bestehen, oder es kann sich weniger wahrscheinlich um ein Gemisch mit Minimumsiedepunkt handeln, das eine niedriger siedende Verunreinigung enthält. Es könnte z. B. das Isopropylalkohol-Wassergemisch (K. P. 80,35⁰) mit einer kleinen Beimengung von Äthylalkohol (K. P. 77,3⁰) sein.

Fünfter und sechster Fall. Die Kurven in Abb. 79 und 80 stellen den Destillationsverlauf von Flüssigkeiten dar, die sowohl mit höheren als mit niedriger siedenden Beimengungen verunreinigt sind. Bei Abb. 79 liegen die Siedepunkte dieser Beimengungen von denen des zu isolierenden Stoffes weit entfernt, bei Abb. 80 liegen sie näher dabei. Trennungen wie diese sind sehr häufig auszuführen.

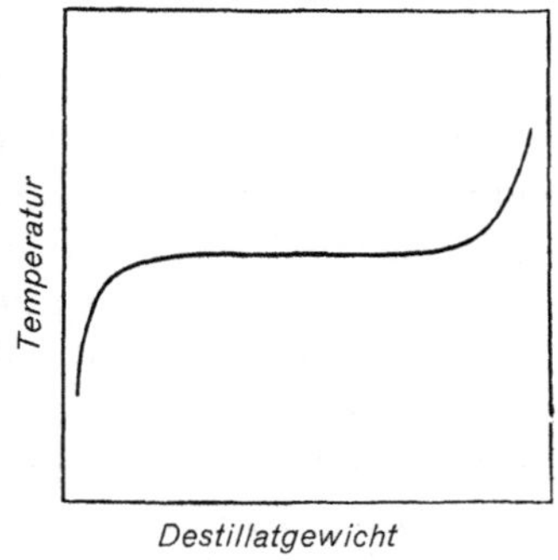

Abb. 79.

Wenn z. B. Benzol durch Behandlung mit Salpeterschwefelsäure nitriert wird, so bleibt gewöhnlich ein Teil des Benzols unverändert übrig, während eine gewisse Menge Dinitrobenzol entsteht. Hier ist der Siedepunkt des Hauptbestandteils, des Nitrobenzols, sehr viel höher als der des Benzols und weit niedriger als der des Dinitrobenzols. Die Trennung ist daher leicht. Wenn zur Darstellung reines Benzol benutzt wurde und die Mischung durch einen Birnenaufsatz mit beispielsweise 12 Birnen destilliert wird, kann man nach der zweiten oder dritten Fraktionierung mit dem Auffangen des reinen Nitrobenzols beginnen.

Wenn die Siedepunkte dagegen nicht so weit voneinander entfernt sind, wie z. B. bei der Trennung des Äthylacetats vom Methyl- und Propylacetat, so ist das Verfahren bei Benutzung eines gewöhnlichen Apparates (S. 123) sehr langwierig, und selbst mit einem „Evaporator" von 5 Abteilungen sind viele Fraktionierungen nötig (S. 180), denn der Mittelstoff ist stets schwieriger abzutrennen als die anderen.

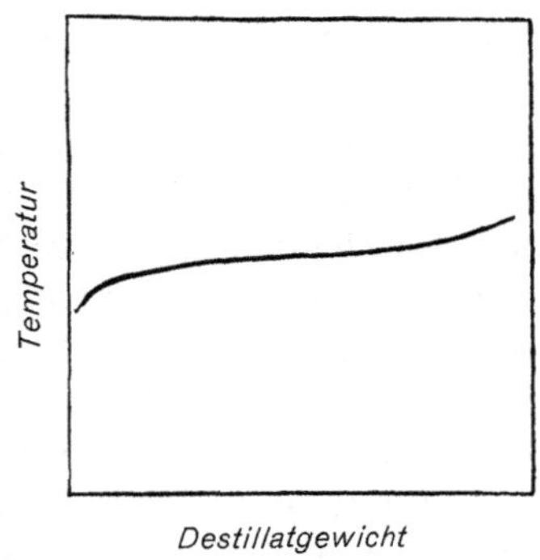

Abb. 80.

Wenn die Siedepunkte der Bestandteile sehr nahe beisammen liegen (Abb. 80), ist die Abtrennung des Mittelstoffes äußerst mühsam, und die Wahrscheinlichkeit, daß sich Gemische mit konstantem Siedepunkt bilden, ist hierbei größer als in den zuvor betrachteten Fällen.

Andere Fälle. Man trifft bisweilen auf Fälle, die noch anders gelagert sind, als hier angegeben ist. Es kann z. B. eine Flüssigkeit nur leichter siedende Verunreinigungen enthalten, aber die Siedepunkte von einigen dieser Verunreinigungen können näher, die der anderen weiter unter dem des Hauptbestandteils liegen. In diesem Falle sind die flüchtigsten Verunreinigungen leicht zu entfernen, während sich die weniger flüchtigen nur schwierig herausschaffen lassen. Die Destillation entspricht hierbei eher der durch die Kurve 78 als durch Kurve 76 dargestellten.

II. Die Trennung der Bestandteile einer Mischung von qualitativ bekannter Zusammensetzung.

Zwei Bestandteile.

Die Punkte, auf die in erster Linie zu achten ist, sind a) die Siedepunkte der reinen Bestandteile und der Unterschied zwischen diesen b) die chemische Verwandtschaft zwischen den Bestandteilen, c) die Form der Siedepunkt-Konzentrationskurve, wenn sie bestimmt werden kann.

Nahe verwandte Stoffe. Der bei weitem einfachste Fall ist der, bei dem die gemischten Stoffe chemisch nahe verwandt miteinander sind. Denn die Form der Siedepunkt-Konzentrationskurve muß dann normal oder nahezu normal sein (Kap. IV). Die Bildung von konstant siedenden Gemischen ist unmöglich, und die einzigen Punkte, die in Betracht zu ziehen sind, sind die wirklichen Siedepunkte der Bestandteile und der Unterschied zwischen ihnen.

Siedepunkte der Bestandteile. Von den wirklichen Siedepunkten hängt die Art des zu benutzenden Aufsatzes ab. Je größer der Unterschied zwischen ihnen ist, um so leichter kann die Trennung ausgeführt werden.

Nicht nahe verwandte Stoffe. Gemische von konstantem Siedepunkt. Wenn die Stoffe nicht nahe verwandt miteinander sind, so können sie konstant siedende Gemische bilden. In diesem Falle kann das Verzeichnis der zurzeit bekannten konstant siedenden Gemische (S. 55) zu Rate gezogen werden. Hier genügt es, zu bemerken, daß Wasser mit der Mehrzahl der organischen Stoffe Gemische mit Minimumsiedepunkt bildet, daß allgemein solche Mischungen am häufigsten auftreten, wenn das Molekulargewicht eines der Bestandteile im flüssigen Zustande nicht normal ist, und daß dies im allgemeinen bei solchen Bestandteilen der Fall ist, die eine Hydroxylgruppe enthalten.

Es muß weiter bedacht werden, daß, wenn die Siedepunkte zweier Stoffe nahe beieinander liegen, eine kleine Abweichung von der normalen Siedepunkt-Konzentrationskurve ausreicht, um die Bildung von konstant siedenden Gemischen zu veranlassen, oder jedenfalls die Kurve über einen großen Teil ihrer Gesamtausdehnung von einem Ende, im allgemeinen dem der tiefsten Temperatur entsprechenden, aus, nahezu horizontal zu machen. Es ist (S. 203) gezeigt worden, daß es bei so gestalteten Kurven im Bereich ihres horizontalen Teiles sehr schwer ist und unmöglich werden kann, den im Überschuß befindlichen Bestandteil abzutrennen.

Wenn eine ohne Änderung der Zusammensetzung destillierende Mischung entsteht, deren Siedepunkt weit unter dem des flüchtigeren Bestandteils liegt, wie es z. B. bei Normalpropylalkohol und Wasser, oder bei Methylalkohol und Benzol der Fall ist, oder wenn er weit oberhalb des Siedepunktes des höchst siedenden Bestandteils liegt, wie bei Salpetersäure und Wasser, so lassen sich im allgemeinen, sowohl die konstant siedende Mischung wie auch der im Überschuß befindliche Bestandteil in reinem Zustande abtrennen. Wenn dagegen der Siedepunkt sehr nahe an dem eines der Bestandteile liegt, wie es bei Äthylalkohol und Wasser (Abb. 81) oder bei Normalhexan und Benzol der Fall ist, so ist es praktisch unmöglich, diesen Bestandteil in reinem Zustande abzutrennen, und es kann selbst dann unmöglich sein, die konstant siedende Mischung abzutrennen, wenn der bei einer ganz anderen Temperatur siedende Bestandteil im Überschuß ist. So ist es in den oben angeführten Fällen, welches auch immer die Zusammensetzung der ursprünglichen Mischung sein mag, unmöglich, Normalhexan, Äthylalkohol, das binäre Hexan-Benzolgemisch oder das konstant siedende Alkohol-Wassergemisch durch fraktionierte Destillation in reinem Zustande zu gewinnen, sondern es kann nur der am schwersten flüchtige Bestandteil, Benzol oder Wasser so erhalten werden.

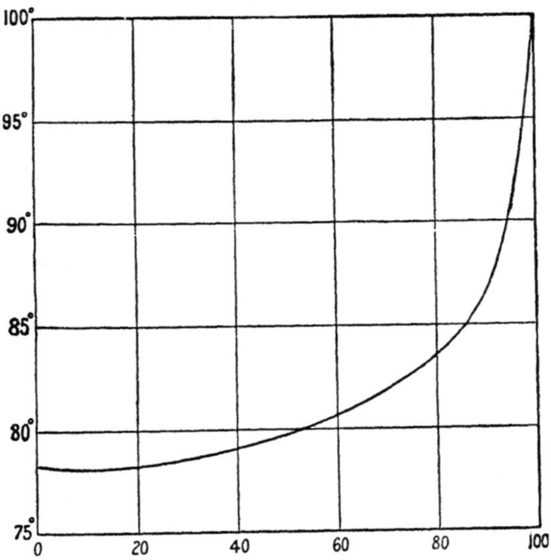

Abb. 81. Siedepunkte der Mischungen von Äthylalkohol und Wasser.

Die Zusammensetzung einer konstant siedenden Mischung hängt dagegen vom Druck ab. Wade und Merriman[1] haben für Äthylalkohol-Wassergemische nachgewiesen, daß sich der Wassergehalt des azeotropen Gemisches mit fallendem Druck verkleinert, und daß sich

[1] Wade und Merriman: Influence of Water on the Boiling Point of Ethyl Alcohol at Pressures above and below the Atmospherie Pressure. Trans. Chem. Soc. **99**, 997 (1911). Auch Merriman: The Vapour Pressures of the Lower Alcohols and their Azeotropic Mixtures with Water, ebenda **103**, 628 (1913).

bei Drucken unter ungefähr 75 mm überhaupt keine solche Mischung mehr bildet. Es müßte daher theoretisch möglich sein, aus einer Mischung dieser Substanzen sowohl Äthylalkohol als auch Wasser durch Destillation unter genügend verringertem Druck rein abzuscheiden. In der Praxis wäre dagegen die Abtrennung des Alkohols unter niedrigen Drucken ebenso schwer wie die der azeotropen Mischung unter Atmosphärendruck.

Abtrennung der Bestandteile. In Kapitel VIII ist untersucht worden, in welcher Beziehung die Zusammensetzung des Destillates zu der gesamten aufgefangenen Menge steht. Dort sind auch ausführliche Einzelheiten über die Trennung von Benzol und Toluol mittels fraktionierter Destillation durch einen gewöhnlichen und einen verbesserten Aufsatz angegeben (S. 116 u. 179.)

Erforderliche Anzahl der Fraktionen und Wahl des Aufsatzes.

Bei der Mannigfaltigkeit der in Betracht zu ziehenden Punkte ist es schwer, irgendwelche bestimmten Regeln hinsichtlich der Anzahl der Fraktionen aufzustellen, in die das Destillat unterteilt werden muß. Ihre Zahl hängt am meisten von folgenden Punkten ab:

a) der Wirksamkeit des verwendeten Aufsatzes;
b) der angenäherten Menge der einzelnen Bestandteile;
c) dem Unterschied zwischen den Siedepunkten der Bestandteile;
d) der Form der Siedepunkt-Konzentrationskurve.

Wirksamkeit des Aufsatzes. Ganz allgemeingültig kann festgestellt werden, daß bei einer gegebenen Mischung die Zahl der erforderlichen Fraktionen um so kleiner ist, je wirksamer der Aufsatz ist.

Die Menge der einzelnen Bestandteile. Die angenäherte Menge der einzelnen Bestandteile muß nicht nur zur Entscheidung über die Zahl der einzelnen Fraktionen, sondern auch hinsichtlich der Auswahl des zu verwendenden Aufsatzes in Betracht gezogen werden.

Es sei z. B. angenommen, daß aus einer Mischung von 30 g Benzol mit 270 g Toluol das Benzol so vollständig wie möglich abgetrennt werden soll.

Am zweckmäßigsten würde man für die erste Destillation den wirksamsten Aufsatz verwenden, der zur Verfügung steht. Wenn die Wiedergewinnung des Toluols als nicht besonders wichtig angesehen wird, so käme es nicht darauf an, daß nach Beendigung der Destillation die Flüssigkeit vollständig aus dem Aufsatz in den Kolben zurückfließt. Für diesen Fall könnte ein Sprudelaufsatz mit vielen Abteilungen Verwendung finden. Sehr langsame Destillation wäre vorteilhaft. Wahrscheinlich wäre es am besten, alles was unter 110,0° übergeht in einer, und das von 110,0—110,6° übergehende in einer zweiten Fraktion aufzufangen. Der große Rückstand würde dann aus reinem Toluol bestehen. Der gleiche Aufsatz könnte für die zweite Destillation verwendet werden, und das Destillat könnte in 3 oder 4 Fraktionen aufgefangen werden, deren Temperaturstufen von der Wirksamkeit des Aufsatzes abhängen würden. Mit einem Young & Thomasaufsatz von 18 Abteilungen würden wahrscheinlich nahezu 20 g Destillat unter 81,2° übergehen. Wegen der Kleinheit der jetzt erhaltenen Fraktionen müßte für die weiteren Destillationen ein Aufsatz mit weniger Abteilungen verwendet werden. Es wäre von Wichtigkeit, daß die im Aufsatz kondensierte Flüssigkeitsmenge so klein wie möglich bleibt. Ein Evaporatoraufsatz mit 5 Abteilungen wäre daher wahrscheinlich der passendste.

Wenn die ursprüngliche Mischung 270 g Benzol und 30 g Toluol enthielte, und man das Toluol wieder zu gewinnen wünscht, so wäre es wieder vorteilhaft, einen sehr wirksamen Aufsatz zu verwenden. Da es in diesem Falle sehr darauf ankäme, daß die Flüssigkeit nach Beendigung der Destillation aus dem Aufsatz möglichst vollständig in den Kolben zurückfließt, so wäre zu diesem Zweck ein Evaporatoraufsatz von vielen Abteilungen der geeignetste.

Eine Mischung dieser Zusammensetzung würde bei ihrer Destillation durch einen sehr wirksamen Aufsatz eine beträchtliche Menge nahezu reinen Benzols ergeben. Soweit es sich um die Wiedergewinnung des Toluols handelt, brauchten die ersten 100 g oder selbst noch mehr nicht wieder destilliert zu werden. Abgesehen von diesem Vorlauf könnten folgende Fraktionen aufgefangen werden: Unter 80,5, von 80,5—95,6 und über 95,6°. Wenn die Temperatur vor Beendigung der Destillation auf 110,6° steigt, besteht der Rückstand aus reinem Toluol, andernfalls muß er nochmals destilliert werden. Bei der zweiten Fraktionierung bestände das Destillat der ersten Fraktion von I aus nahezu reinem Benzol und könnte verworfen werden. Wegen der Kleinheit der noch übrigbleibenden Fraktionen müßte für die weiteren Destillationen ein Evaporatoraufsatz von nicht mehr als 5 Abteilungen verwendet werden.

Siedepunkt der Bestandteile. Bei Mischungen nahe verwandter Stoffe oder solcher, die sich bei der Destillation normal verhalten, gelingt die Trennung der Bestandteile durch Destillation um so leichter, je größer der Unterschied zwischen den Siedepunkten ist. So erfordert, wie S. 143 gezeigt wurde, eine Mischung von Normal- und Isopentan (K. P. 36,3° bzw. 27,95°) eine viel größere Zahl von Fraktionen als eine solche von Benzol und Toluol, wenn in beiden Fällen ein gleich wirksamer Aufsatz verwendet wird.

Siedepunkt-Konzentrationskurve. Wenn die Form der Siedepunkt-Konzentrationskurve normal ist, so verläuft sie in der Gegend der hohen Temperaturen steiler als bei tieferen Temperaturen. Im allgemeinen können daher die Temperaturstufen oberhalb der Mitteltemperatur etwas größer sein als unterhalb. Mit anderen Worten: In der

Gegend der höheren Temperaturen kann die Zahl der Fraktionen etwas kleiner sein. Wenn die wirklichen Siedepunkte von Mischungen der beiden Substanzen niedriger sind als die der normalen Kurve entsprechenden, so tritt dieser Unterschied oberhalb und unterhalb der Mitteltemperatur besonders hervor. Wenn die Kurve in der Nähe ihres unteren Endes sehr flach ist, muß die Zahl der Fraktionen im Gebiet der tieferen Temperaturen beträchtlich vermehrt werden, während sie oberhalb der Mitteltemperatur verringert werden kann. In den meisten Fällen fehlen aber die Daten zur Konstruktion der Siedepunkt-Konzentrationskurve. Sofern man dann nicht aus der Art der die Mischung bildenden Stoffe beurteilen kann, ob die Abweichung der wirklichen von der theoretischen Kurve wahrscheinlich groß ist oder nicht, kann man über die Zahl der letzten Endes erforderlichen Fraktionen eine Entscheidung erst dann treffen, wenn die Fraktionierung schon gewisse Fortschritte gemacht hat.

Drei Bestandteile.

Wenn drei Stoffe zugegen sind und die Mischung sich bei der Destillation normal verhält, so ist der schwerst flüchtige Bestandteil am leichtesten und der Mittelstoff am schwersten abzuscheiden.

Wenn die Bestandteile dagegen nicht nahe miteinander verwandt sind, so können sich eine oder mehrere Gemische mit konstantem Siedepunkt bilden, wodurch die Aufgabe verwickelter wird. Eine Mischung von Äthylalkohol, Benzol und Wasser z. B. zeigt bei der Destillation das Bestreben, sich a) in das konstant siedende, ternäre Gemisch, b) in eines der drei möglichen binären azeotropen Gemische und c) in den im Überschuß befindlichen reinen Bestandteil aufzuspalten. Es kann aber auch vorkommen, daß die Stoffe in der ursprünglichen Mischung in solchen Mengenverhältnissen vorliegen, daß sich nur die 2 Fraktionen a und b oder a und c oder sogar Fraktion a allein bildet. Es gibt in Wirklichkeit 12 verschiedene Wege, auf denen eine Trennung eintreten kann, oder als 13. Möglichkeit kann die Mischung unverändert destillieren (S. 201).

Ferner können die vorhandenen Stoffe imstande sein, ein oder zwei binäre, aber kein ternäres Gemisch von konstantem Siedepunkt zu bilden. Das ist z. B. der Fall bei Isoamylalkohol, Benzol und Wasser, denn die einzigen azeotropen Gemische, deren Bildung möglich ist, sind die aus Benzol und Wasser (K. P. 69,25°) oder die aus Wasser und Amylalkohol (K.P. 95,15°). Die Trennung kann also in diesen Fall in 5 verschiedenen Arten vor sich gehen, dagegen kann die Mischung unter keinen Umständen ohne Veränderung ihrer Zusammensetzung destilliert werden. Bei Anwendung der Anfangsbuchstaben A., B. und W. für die Bestandteile — Alkohol, Benzol und Wasser — gibt es folgende Trennungsmöglichkeiten:

1. Fraktion	2. Fraktion	3. Fraktion
B. W. . .	A. W. . .	A.
B. W. . .	A. W. . .	W.
B. W. . .	B. . .	A.
B. W. . .	A. W. . .	—
B. W. . .	A. . .	—

In dem Fall, daß nur ein einziges binäres Gemisch von konstantem Siedepunkt sich bilden kann, also z. B. bei einer Mischung aus Äthylalkohol (A_1), Benzol und Isoamylalkohol (A_2) gäbe es folgende 3 Trennungsmöglichkeiten:

1. Fraktion	2. Fraktion	3. Fraktion
A_1B . . .	A_1 . . .	A_2
A_1B . . .	B . . .	A_2
A_1B . . .	A_2 . . .	—

Eine eingehende Beschreibung der Trennung der drei nahe verwandten Flüssigkeiten Methylacetat, Äthylacetat und Propylacetat (sowohl mit einem gewöhnlichen wie mit einem verbesserten Aufsatz) ist in den Kapiteln VII bis XIV gegeben).

III. Die Verwendung der fraktionierten Destillation als Methode zur quantitativen Analyse

ist in Kapitel XVI ausführlich erörtert worden.

IV. Allgemeine Untersuchung der qualitativen und quantitativen Zusammensetzung einer Mischung aus vielen Einzelstoffen, wenn nur die allgemeine Natur der Hauptbestandteile bekannt ist, oder wenn man nur die Anwesenheit einiger Stoffe bestimmt kennt, dagegen nicht weiß, welche anderen zugegen sein können.

Grobe Schätzung der Zusammensetzung. Wenn eine aus vielen Einzelstoffen zusammengesetzte Mischung, deren qualitative Zusammensetzung nur teilweise bekannt ist, durch einen wirksamen Aufsatz destilliert wird, wobei das Destillat in Fraktionen von entweder gleichen Temperaturstufen oder von angenähert gleichem Gewicht aufgefangen wird, so kann man häufig eine grobe Schätzung der Siedepunkte und der Mengen der Bestandteile im ersten Fall aus den Destillatmengen, im zweiten Fall aus den Temperaturstufen, oder allgemein aus den Werten von $\Delta w/\Delta t$ erhalten.

Gründe von Unsicherheiten. Unsicherheiten können aufkommen, wenn a) zwei Stoffe mit sehr nahe beieinander liegenden Siedepunkten vorhanden sind, b) einer der Bestandteile in verhältnismäßig sehr geringer Menge zugegen ist, oder c) wenn zwei oder mehr Stoffe konstant siedende Gemische bilden.

a) Zwei bei nahezu der gleichen Temperatur siedende Bestandteile.

Wenn in der Mischung isomere Glieder einer homologen Reihe zugegen sind, so kann man in manchen Fällen mit großer Wahrscheinlichkeit annehmen, daß ihre Siedepunkte sehr nahe zusammen liegen.

Pentane im Petroleum. Als Beispiel hierfür ist schon über die Destillation des Leichtöls aus dem amerikanischen Petroleum berichtet worden[1], das hauptsächlich aus Butanen, Pentanen und Hexanen besteht. Selbst bei Verwendung des sehr wirksamen, in Abb. 53 (S. 171) gezeigten Aufsatzes scheinen die Ergebnisse der ersten Destillation die Gegenwart nur eines einzigen Stoffes zwischen den Butanen und den Hexanen mit einem Siedepunkt von ungefähr 33° anzudeuten, und erst nach wiederholten Fraktionierungen ist die Gegenwart von Normal- und von Isopentan mit den Siedepunkten 36,3 und 27,95° deutlich zu erkennen, dagegen zeigt die Tatsache, daß die Werte von $\Delta w/\Delta t$ sich für die mittleren Fraktionen vermindern, während sie darunter und darüber ansteigen, klar, daß man es nicht mit einem einheitlichen Stoff zu tun hat.

Man kann das aus Tabelle 77 entnehmen, in der die Ergebnisse der ersten 3 Fraktionierungen angegeben sind. Man erkennt, daß bei der ersten Fraktionierung die höchsten Werte von $\Delta w/\Delta t$ die der Fraktion 5 und 6 sind. Bei der zweiten haben die Fraktionen Nr. 5 und 7 die höchsten Werte, und bei der dritten die Nummern 4 und 7.

Tabelle 77.

	I.		II.		III.	
Nr. der Fraktion	Endtemperatur $= t$	$\frac{\Delta w}{\Delta t}$	t	$\frac{\Delta w}{\Delta t}$	t	$\frac{\Delta w}{\Delta t}$
	Grad		Grad		Grad	
1	—	—	28,05	?	27,95	?
2	28,5	?	29,15	68	29,15	35
3	29,9	72	30,55	71	30,5	74
4	31,3	58	31,7	123	31,5	172
5	32,85	179	32,45	204	32,3	135
6	33,85	242	33,5	140	33,3	110
7	—	—	34,45	168	34,05	193
8	35,25	136	35,4	142	34,9	142
9	36,8	74	36,8	81	36,1	117
10	41,1	17	37,8	54	37,1	88

Wenn man 5 und 6 als eine Fraktion ansieht, wären die Werte von $\Delta w/\Delta t$ bei den ersten 3 Fraktionierungen 204 bzw. 167 und 121, die

[1] Young und Thomas: Some Hydrocarbons from American Petroleum, I. Normal- and Isopentane. Trans. Chem. Soc. 71, 440 (1897).

Werte für Nr. 4 sind in den 3 Fraktionierungen 58, 123 und 172 und die für Nr. 7 sind bei der 2. und 3. Fraktionierung 168 und 193.

Noch besser ist der ganze Verlauf der Trennung in dem Diagramm Abb. 36 (S. 131) zu erkennen. Beide Pentane können durch Destillation allein oder wenigstens nach Entfernung einer kleinen Menge verunreinigender Stoffe mit Salpeterschwefelsäure in reinem Zustand erhalten werden. Es scheint dagegen nicht, daß irgendein Kohlenwasserstoff, der bei höherer Temperatur als Normalpentan siedet, so abgetrennt werden kann.

Hexane im Petroleum. Als Beispiele seien die Hexane angeführt[1]. Eine vorläufige Destillation durch einen gewöhnlichen oder mittelmäßig wirksamen Aufsatz scheint die Gegenwart eines einheitlichen, bei etwa 66° siedenden Stoffes anzudeuten. Nach einigen Fraktionierungen mit einem sehr wirksamen Aufsatz erkennt man, daß eine weitere Trennung anscheinend wie bei den Pentanen in 2 Bestandteilen eintritt, dagegen findet man nach lange fortgesetzter Fraktionierung, daß damit die Trennung ihr Ende noch nicht erreicht hat. Es wurden 2 Reihen von Fraktionierungen, die eine mit amerikanischem, die andere mit galizischem Petroleum ausgeführt.

Das verwendete Material. Das amerikanische Petroleum ging zuerst größtenteils zwischen 28 und 95° über und war sehr reich an Hexanen. Das Gewicht des zwischen 56 und 74° übergehenden Destillates betrug ungefähr 800 g. Die aromatischen Kohlenwasserstoffe wurden nicht vor der Fraktionierung durch Behandlung mit Salpeterschwefelsäure entfernt.

Aus dem galizischen Petroleum wurden die Kohlenwasserstoffe unter 40° und über 72° vorher durch Destillation größtenteils abgetrennt, und das Benzol wurde vor Beginn der fraktionierten Destillation entfernt. Das Gewicht des galizischen Petroleums war ungefähr fünfmal so groß wie das des amerikanischen.

Verwendete Aufsätze. Die Fraktionierung des amerikanischen Petroleums wurde mit einem Sprudelaufsatz nach Young und Thomas mit 12 Abteilungen ausgeführt. Zur Fraktionierung des galizischen wurde der kombinierte Sprudel- und temperaturregulierte Aufsatz verwendet, der schon für die Trennung der Pentane Abb. 53 (S. 171) gebraucht wurde.

Das galizische Petroleum enthielt, um es im voraus zu sagen, weniger Pentan und Heptan als das amerikanische, und der verwendete Aufsatz war wirksamer.

Beschreibung der Ergebnisse. In Tabelle 78 sind die Temperaturstufen und die Werte von $\Delta w/\Delta t$ für die vierte Fraktionierung des

[1] Young: Composition of American Petroleum. Trans. Chem. Soc. **73**, 905 1898).

Tabelle 78.

IV.		IV.	
Temperaturstufe	$\frac{\Delta w}{\Delta t}$	Temperaturstufe	$\frac{\Delta w}{\Delta t}$
Grad		Grad	
57 —60	9,1	66 —67	80,5
60 —61,5	31,8	67 —68	87,1
61,5—63	54,1	68 —69	90,2
63 —64	56,1	69 —70,5	60,7
64 —65	94,7	70,5—73	24,3
65 —66	102,0		

amerikanischen Petroleums angegeben. Man erkennt, daß so kurz nach Beginn der Fraktionierung die Fraktion von 65 bis 66° den höchsten Wert für $\Delta w/\Delta t$ hat. Bei den späteren Fraktionierungen fiel dagegen das Verhältnis für die entsprechende Fraktion (über 65°) stetig ab, und nach der 10. Fraktionierung hatte diese Fraktion den niedrigsten Wert.

Graphische Darstellung. Soweit die Mittelfraktion in Betracht kommt, hat die schrittweise Änderung des Wertes von $\Delta w/\Delta t$ große Ähnlichkeit

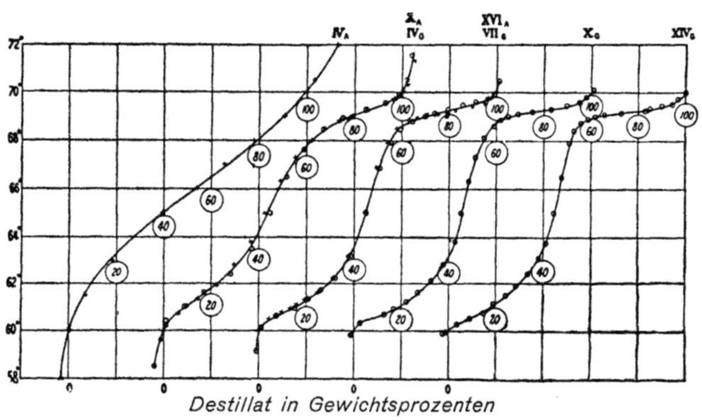

Abb. 82. Bei der fraktionierten Destillation von amerik. und galiz. Petroleum erhaltene Ergebnisse (Fraktionen von 58—72°).

mit der bei den beiden Pentanen beobachteten. In anderer Hinsicht zeigen die Fraktionierungen dagegen deutliche Unterschiede, die besonders deutlich werden, wenn man die Kurven (Abb. 82), die die Trennung der Hexane darstellen, mit den entsprechenden Kurven der Pentane (Abb. 36, S. 131) vergleicht.

Da die Menge des galizischen Petroleums viel größer als die des amerikanischen war, wurde das Gewicht des zwischen 60 und 70° übergehenden Destillates in beiden Fällen bei jeder Fraktionierung gleich 100 gesetzt. Da ferner die 10. und 16. Fraktionierung des amerikanischen Petroleums sehr nahe mit der 4. bzw. 7. des galizischen übereinstimmte, wurde für jedes dieser beiden Paare nur eine Kurve ausgezogen, auf der die Daten für das amerikanische Petroleum (wie auch in anderen Fällen) durch Kreuze und die für das galizische durch Kreise angegeben werden. Die

Fraktionierungen des amerikanischen Petroleums sind als IV_A, X_A usw., die des galizischen als IV_G, VII_G usw., bezeichnet.

Bei den Pentanen zeigten die Werte von $\Delta w/\Delta t$ nach der 5. Fraktionierung für die niedrigsten und höchsten Fraktionen einen stetigen Anstieg, bis bei der 13. Fraktionierung der letzte Anteil der Flüssigkeit ganz konstant bei 36,3° siedete, und bei der 18. Fraktionierung der erste Anteil des Destillates ganz konstant bei 27,95° überging. Mit anderen Worten: Die Kurven werden bei diesen beiden Temperaturen ganz horizontal.

Höchste Fraktionen. Bei den Hexanen wurde dagegen keine Fraktion mit vollkommen konstantem Siedepunkt erhalten, selbst dann nicht, als beim amerikanischen Petroleum die über 66° übergehende Flüssigkeit 31mal fraktioniert wurde. In der Tat zeigte auch der höchste Wert $\Delta w/\Delta t$ (bei ungefähr 69,1°) nach der 16. Fraktionierung nur noch einen sehr geringen weiteren Anstieg und verminderte sich nach der 21. Fraktionierung sogar ein wenig.

Beim galizischen Petroleum konnte nach der 11. Fraktionierung keine weitere Verbesserung des Wertes von $\Delta w/\Delta t$ für die etwas über 69° übergehende Fraktion beobachtet werden.

Die niedrigst-siedenden Fraktionen. Beim amerikanischen Petroleum wurde der höchste Einzelwert von $\Delta w/\Delta t$ für die tieferen Temperaturen in der 12. Fraktionierung erreicht. (189 bei der zwischen 60,85 und 61,0° übergehenden Fraktion). Bei der 16. Fraktionierung war der Höchstwert auf 141 für die Fraktion von 60,75—60,9 gefallen, dagegen zeigten die Werte der oberhalb und unterhalb dieser Temperatur liegenden Fraktionen Neigung zu steigen.

Beim galizischen Petroleum wurde der höchste Einzelwert von $\Delta w/\Delta t$ für die tieferen Temperaturen bei der 11. Fraktionierung erreicht. (790 für die Fraktion von 60,6—60,85°.) Bei der letzten, der 17. Fraktionierung, betrug der Höchstwert nur 626 für die zwischen 60,55 und 60,75° übergehende Fraktion, aber auch in diesem Falle schienen die Werte für die höheren und tieferen Fraktionen sich ein wenig zu erhöhen.

Auslegung der Versuche. Diese Tatsachen lassen sich durch die Annahme erklären, daß in der zwischen etwa 59 und 72° siedenden Fraktion sowohl des amerikanischen wie auch des galizischen Petroleums mindestens 4 Stoffe enthalten sind, von denen 2 nicht weit von 61°, und 2 nicht weit von 69,5° sieden. In diesem Falle müßte man zunächst die scheinbare Abtrennung einer bei ungefähr 66° siedenden Einzelsubstanz beobachten, geradeso wie bei den Pentanen zunächst die Abtrennung eines scheinbar einheitlichen, bei ungefähr 33° siedenden Bestandteils beobachtet wurde. Weiterhin müßte es dann so aussehen, als ob eine weitere Trennung in 2 Bestandteile mit Siedepunkten von annähernd

61° und 69,5° einträte, die der Trennung der beiden bei 27,95° bzw. 36,3° siedenden Pentane entspräche.

Während aber die beiden Pentane in reinem Zustande abgetrennt werden können, ist das bei den beiden Bestandteilen der Hexanfraktionen nicht der Fall. Man beobachtet im Gegenteil bei den späteren Fraktionierungen den Beginn einer weiteren Aufspaltung. Aber diese beiden endgültigen Trennungen müssen notwendigerweise viel schwieriger sein als die vorhergehenden, denn die Siedepunkte der Bestandteile jedes Paares liegen viel näher beieinander als die scheinbaren Siedepunkte der Paare selbst. Wenn sich auch eine teilweise Trennung durchführen läßt, so ist es doch äußerst zweifelhaft, ob selbst bei Verwendung des wirksamsten Aufsatzes einer der Bestandteile allein durch fraktionierte Destillation in reinem Zustand abgetrennt werden könnte.

Isohexan und Diäthylmethylmethan. Hinsichtlich der bei etwa 61° siedenden Bestandteile besteht die Möglichkeit, daß die beiden Isomeren mit den Formeln $(CH_3)_2CH—CH_2—CH_2—CH_3$ und $(C_2H_5)_2CH—CH_3$ zugegen sind, die sicher in ihren physikalischen Eigenschaften einander äußerst ähnlich sind. Es ist aber zweifelhaft, ob eines dieser Paraffine bis jetzt in vollkommen reinem Zustand dargestellt worden ist, und man kann der Genauigkeit der bis jetzt vorliegenden Bestimmungen ihrer Siedepunkte und spez. Gewichte nicht genügend Vertrauen schenken, um sich aus den Temperaturstufen oder den spez. Gewichten der Fraktionen irgendeine Meinung über das Verhältnis der Mengen dieser beiden Kohlenwasserstoffe bilden zu können.

Diisopropyl. Dagegen ist offenbar das beobachtete spez. Gewicht (im Minimum 0,6728 bei 0°/4° für die Fraktion von 60,55 bis 60,75°) etwas höher als der wahrscheinlichste Wert für Isohexan (ungefähr 0,6721 bei 0°/4°). Dies kann auf der Gegenwart einer kleinen Menge Diisopropyl, $(CH_3)_2CH—CH(CH_3)_2$ beruhen, das bei 58,1° siedet und ein etwas höheres spez. Gewicht hat. (0,67948 bei 0°/4°.) Es ist aber ebenso möglich, daß das Pentamethylen (K. P. ungefähr 50,5° spez. Gewicht 0,7506 bei 20,5°/4°), das sicher im Petroleum enthalten ist, nicht vollständig entfernt worden war.

Normalhexan und ein anderer Bestandteil. Hinsichtlich der bei etwa 69,5° siedenden Fraktionen können wir uns an folgende Tatsachen halten: Der Siedepunkt von reinem Normalhexan ist 68,95°, sein spez. Gewicht bei 0°/4° 0,67697. Aber bei der letzten Fraktionierung des galizischen Petroleums hatte die Fraktion von 69,12° bis 69,20° den höchsten Wert von $\Delta w/\Delta t$, und ihr spez. Gewicht bei 0°/4° betrug ungefähr 0,685.

Der höher siedende Anteil des amerikanischen Petroleums wurde 31mal fraktioniert. Die Fraktionen wurden dann jede für sich mehrere Male mit Salpeterschwefelsäure behandelt und dann in der Absicht, reines Normalhexan abzuscheiden, mehrmals fraktioniert. Die beste Probe, die erhalten werden konnte, siedete bei 69,05° und hatte bei 0°/4° das spez. Gewicht 0,67813.

In beiden Fällen waren die spez. Gewichte der Fraktionen über 66° höher als die des reinen Normalhexans. Bei den Fraktionen von 66° bis 69° war die Abweichung gering, oberhalb 69° stieg aber das spez. Gewicht stark an. Im Laufe der Fraktionierung wurden folgende Bestimmungen gemacht:

Tabelle 79.

Temperaturstufe Grad	spez. Gew. bei 0°/4°	Temperaturstufe Grad	spez. Gew. bei 0°/4°
66,4 —67,85	0,6793	69,4 —69,55	0,6898
68,6 —68,85	0,6802	69,5 —69,7	0,6962
68,95—69,03	0,6803	69,7 —69,95	0,7095
69,0 —69,1	0,6815	69,95—70,15	0,7157
69,25—69,4	0,6856	70,2 —74,0	0,7306

Die Tatsache, daß die Fraktionen mit den höchsten Werten von $\Delta w/\Delta t$ bei Temperaturen übergingen, die nur sehr wenig über dem Siedepunkt des reinen Normalhexans liegen (beim amerikanischen Petroleum ungefähr 69,1°, beim galizischen ungefähr 69,2°), beweist, daß entweder eine beträchtliche Menge eines anderen Stoffes mit einem nur um den Bruchteil eines Grades höheren Siedepunkt als dem des Normalhexans zugegen sein kann, oder daß eine kleinere Menge einer nicht mehr als 2 oder 3° höher siedenden Substanz vorhanden ist. Die Tatsache, daß die Trennung so schwierig ist, beweist, daß der Unterschied der Siedepunkte schwerlich größer als 3° sein kann.

Aufklärung auf Grund der spez. Gewichte. Wenn die in Tabelle 79 angegebenen spez. Gewichte der Fraktionen gegen die mittleren Temperaturen aufgetragen werden, erkennt man, daß oberhalb von 69° ein sehr plötzlicher Anstieg des spez. Gewichtes einsetzt. Dies scheint gleichfalls darauf hinzudeuten, daß der Siedepunkt des zweiten Stoffes nicht weit von dem des Normalhexans entfernt sein kann. Wenn dieser Stoff bei viel höherer Temperatur, z. B. 80° sieden würde, wäre der Anstieg sicher anfangs allmählicher, außerdem wurde S. 132 gezeigt, daß Hexamethylen, das bei 80,85° siedet, von den Hexanen durch fraktionierte Destillation getrennt werden kann.

Methylpentamethylen. Weiteres Licht brachten die Untersuchungen von Markownikoff[1], Zelinsky[2] und von Aschan[3] über das russi-

[1] Markownikoff: Über die Methylcyclopentane verschiedenen Ursprungs und einige ihrer Derivate. Berl. Ber. **30**, 1222 (1897).

[2] Zelinsky: Untersuchungen in der Hexamethylenreihe. Ebenda **30**, 387 (1897).

[3] Aschan: Über das Vorkommen von Methylpentamethylen in kaukasischen Petroleum — Äther. Berl. Ber. **31**, 1803 (1898).

sche Petroleum in diese Frage. Es wurde festgestellt, daß dieses große Mengen Hexamethylen (K. P. 80,85° s. G. 0,7968 bei 0°/4°)[1] und Methylpentamethylen (K. P. ungefähr 72° s. G. ungefähr 0,6766 bei 0°/4°) enthält. Diese beiden Stoffe wurden auch synthetisch hergestellt. Die beiden Kohlenwasserstoffe unterscheiden sich erheblich in ihrem Verhalten gegen rauchende Salpetersäure, denn Hexamethylen wird selbst in der Wärme nur langsam unter Bildung von viel Adipinsäure angegriffen, während Methylpentamethylen schon bei gewöhnlicher Temperatur unter starker Wärmeentwicklung sehr rasch reagiert, wobei Essigsäure als Hauptprodukt der Oxydation gebildet wird.

Nun werden die oberhalb 69° bis etwa 72° oder 73° übergehenden Fraktionen in der Kälte durch rauchende Salpetersäure unter großer Wärmeentwicklung angegriffen, wobei eine große Menge Essigsäure sich bildet. Man darf daher schließen, daß der im amerikanischen und galizischen Petroleum anwesende, nicht weit über dem Normalhexan siedende Stoff Methylpentamethylen ist.

Darstellung von reinem Normalhexan. Nicht nur Methylpentamethylen, sondern auch die Isohexane u. a., eine $>$CH-Gruppe enthaltende Kohlenwasserstoffe lassen sich durch Erwärmung mit rauchender Salpetersäure entfernen. Es wurde gefunden, daß wenn die zwischen 66 und 69,2° übergehenden Fraktionen des galizischen Petroleums einer längeren Erwärmung mit rauchender Salpetersäure unterzogen und danach 2- oder 3 mal destilliert wurden, fast reines Normalhexan erhalten wurde. Das aus den Fraktionen zwischen 66 und 68,95° erhaltene Normalparaffin scheint wirklich vollständig rein gewesen zu sein.

Zusammenfassung der Ergebnisse. Im vorstehenden wurde gezeigt, daß sich bei der Destillation dieses Anteils des amerikanischen oder galizischen Petroleums die zunächst als eine einheitliche Substanz mit einem Siedepunkt von ungefähr 66° erscheinende Flüssigkeit als eine Mischung von 4 Stoffen erweist, nämlich von zwei isomeren Hexanen, die bei nahezu der gleichen Temperatur 61° sieden, von Normalhexan und Methylpentamethylen mit den Siedepunkten 68,95° bzw. ungefähr 72°. Die ersten beiden Stoffe sind einander sehr ähnlich, die beiden anderen nicht.

Amylalkohole im Fuselöl. Als anderes Beispiel zweier sehr ähnlicher Flüssigkeiten, die man häufig antrifft, seien die im Fuselöl enthaltenen isomeren Amylalkohole erwähnt. Bei der Destillation durch einen gewöhnlichen Aufsatz wäre eine lange fortgesetzte Fraktionierung nötig, um die Gegenwart der beiden isomeren Amylalkohole selbst nur an-

[1] Synthetisch durch Hydrierung von Benzol nach Sabatier und Mailhe dargestellt. Sie geben den Siedepunkt zu 81° unter 755 mm und das s. G. zu 0,7843 bei 13,5° (= 0,7970 bei 0°) an. C. r. **137**, 240 (1903).

zudeuten. Ihre Siedepunkte liegen so nahe zusammen, daß die Trennung selbst mit einem außerordentlich wirksamen Aufsatz sehr schwierig ist.

Hexamethylen und ein flüchtiges Heptan. Ein anderes Beispiel des Vorhandenseins zweier bei nahezu der gleichen Temperatur siedender Stoffe in einer komplizierten Mischung bietet sich bei der Destillation des zwischen 75 und 80° übergehenden Anteils des amerikanischen oder galizischen Petroleums. Es gelang, eine Flüssigkeit von ganz konstantem Siedepunkte abzutrennen, und da daraus Derivate des Hexamethylens dargestellt werden konnten[1], wurde geschlossen, daß dieser Stoff in reinem Zustand abgetrennt worden war. Späterhin wurde aber gefunden, daß die Flüssigkeit zum Teil, aber nicht vollständig, in einer gewöhnlichen Kältemischung zum Erstarren gebracht werden konnte. Bei dieser Gelegenheit wurde durch fraktionierte Kristallisation nahezu reines Hexamethylen mit praktisch dem gleichen Siedepunkt wie zuvor erhalten, das aber nun einen scharfen Schmelzpunkt und ein merklich höheres spezifisches Gewicht hatte[2]. Der durch fraktionierte Destillation abgetrennte Stoff war offenbar nur eine Mischung zweier Kohlenwasserstoffe, nämlich des Hexamethylens mit einem Heptan, von denen das erstere in viel größerer Menge vorhanden war, und deren Siedepunkte fast identisch waren, oder aber die beiden Stoffe bilden ein Gemisch von konstantem, mit dem des Hexamethylens fast identischem Siedepunkt.

Pentamethylen und Trimethyläthylmethan. Schwierigkeiten, wie die soeben beschriebenen, treten bei der Destillation von Petroleum vielfach auf. Z. B. enthalten amerikanisches, galizisches und russisches Petroleum alle eine gewisse Menge Pentamethylen, das bei ungefähr 50° siedet. Außerdem ist aber auch ein bei nahezu der gleichen Temperatur siedendes Hexan, Trimethyläthylmethan, darin enthalten. Es scheint unmöglich zu sein, diese beiden Kohlenwasserstoffe durch fraktionierte Destillationen zu trennen.

Lecat findet, daß Normalheptan und Methylhexamethylen ein an Heptan sehr reiches azeotropes Gemisch bilden, das bei einer nur sehr wenig unter dem Siedepunkt des reinen Heptans liegenden Temperatur siedet. Es ist daher sehr wahrscheinlich, daß auch in den beiden eben beschriebenen Fällen und ebenso beim Normalhexan und Methylpentamethylen azeotrope Gemische sich gebildet haben können.

b) Ein oder mehrere Bestandteile sind in kleiner Menge zugegen.

Wenn ein oder mehrere Bestandteile einer komplizierten Mischung in verhältnismäßig sehr geringer Menge zugegen sind, so können sie

[1] Fortey: Hexamethylene from American and Galician Petroleum. Trans. Chem. Soc. **73**, 103 (1898).

[2] Young und Fortey: The Vapour Pressures, specific Volumes, and Critical Constants of Hexamethylene. Ebenda **75**, 873 (1899).

leicht übersehen werden. Das Vorhandensein dieser Stoffe kann nur dadurch entdeckt werden, daß über die Gewichte und Temperaturen der Fraktionen sorgfältige Aufzeichnungen gemacht werden, wobei die Werte von $\Delta w/\Delta t$ ausgerechnet, oder die Gewichte der Destillate gegen die Temperaturen aufgetragen werden müssen.

Im Kapitel VII (S. 132) wurde beschrieben, auf welche Art die Gegenwart einer verhältnismäßig sehr kleinen Menge Hexamethylen im amerikanischen Petroleum erkannt wurde.

Pentamethylen im Petroleum. In ähnlicher Art wurde gefunden, daß im amerikanischen Petroleum eine kleine Menge Pentamethylen (und ebenfalls Trimethyläthylmethan) enthalten ist[1].

Die erste Fraktionierung aller zur Verfügung stehenden Destillate, die aus Petroläther mit dem kombinierten Sprudel- und temperaturregulierten Aufsatz erhalten worden und zwischen 37 und 60° aufgefangen worden waren, gab keinen Hinweis auf die Gegenwart irgendeines in der Nähe von 50° siedenden Stoffes, wie man aus Tab. 80 erkennt.

Tabelle 80.

I.		II.		IV.		VII.	
Temperaturstufe	$\frac{\Delta w}{\Delta t}$	Temperaturstufe	$\frac{\Delta w}{\Delta t}$	Temperaturstufe	$\frac{\Delta w}{\Delta t}$	Temperaturstufe	$\frac{\Delta w}{\Delta t}$
Grad		Grad		Grad		Grad	
36 —37	47,4	36 —37	47,8	36,8—42,0	5,0	45,0 —49,35	3,8
37 —40	22,2	37 —39	11,8	42,0—47,7	3,1	49,35—50,1	34,9
40 —45	3,1	39 —42	5,9	47,7—50,7	12,9	50,1 —51,3	16,0
45 —50	6,2	42 —47	4,0	50,7—53,4	12,6	51,3 —53,7	6,7
50 —54	12,2	47 —51	6,0	53,4—56,2	7,8		
54 —57,5	22,6	51 —54	16,5	56,2—58,6	10,3		
57,5—59,5	24,7	54 —57	14,4	58,6—59,6	15,7		
59,5—60,4	39,0	57 —59,2	17,8				
		59,2—60,1	38,9				

Endfraktionierung.

Temperaturstufe	Δw	$\frac{\Delta w}{\Delta t}$	spez. Gew. bei 0°/4°
Grad			
47,3 —49,45	11,5	5,3	0,7029
49,45—49,55	16,3	163,0	0,7035
49,55—50,35	16,0	20,0	0,6975
50,35—56,4	15,0	2,5	

Bei der zweiten Destillation war dagegen der Wert von $\Delta w/\Delta t$ für die Fraktion 51 bis 54° schon etwas höher als der für die darüber liegende und viel höher als der für die darunter liegende.

Bei der 4. Fraktionierung war das Maximum ganz klar erkennbar, und der Wert von $\Delta w/\Delta t$ in der Nähe von 50° wuchs bei den nachfolgenden Destillationen ständig an, indem er von 12,9 in der 4. auf 34,9 in der 7. und auf 48,0 in der 9. wuchs.

[1] Young: a. a. O.

Die Stoffmenge war zu klein, um eine Fortsetzung der Trennung mit dem kombinierten Sprudel- und temperaturregulierten Aufsatz zu gestatten. Es wurden aber 6 weitere Fraktionierungen mit einem Sprudelaufsatz von 12 Abteilungen ausgeführt, wobei der Wert von $\Delta w/\Delta t$ für die Fraktion von 49,45° bis 49,55° auf 163,0 stieg.

Das Destillat, 16,3 g, lieferte bei der Oxydation mit Salpetersäure Glutarsäure, enthielt also Pentamethylen. Das spezifische Gewicht 0,7035 bei 0°/4° war dagegen zu niedrig, und die Dampfdichte 39,2 zu hoch für reines Pemtamethylen (s. G. 0,751 bei 15°/15°, Dampfdichte 35). Da die berechnete Dampfdichte des Hexans 43 ist, scheint das Destillat aus einer Mischung von Pentamethylen und Trimethyläthylmethan in angenähert gleichem Mol-Verhältnis bestanden zu haben. Das stimmt ganz mit den Ergebnissen von Markownikoff[1] überein, welcher nachwies, daß diese beiden Kohlenwasserstoffe im russischen Petroleum anwesend sind, daß dagegen die Menge des Pentamethylens und der anderen Naphtene im Vergleich zu der der Paraffine viel größer im russischen Petroleum ist als im amerikanischen.

Chloroform. Einen interessanten Fall stellt das Chloroform dar. Es wurde gefunden, daß aus Aceton hergestelltes Chloroform zur Anästhesierung dem aus Alkohol hergestellten merklich unterlegen war. Die wahrscheinlichste Erklärung dafür schien die Anwesenheit kleiner Mengen reizend wirkender Zersetzungsprodukte, wie Chlor, Phosgen oder Salzsäure in dem aus Aceton hergestellten Chloroform zu sein. Diese Frage wurde von Wade und Finnemore[2] untersucht. Sie fanden, daß weder eine gewöhnliche Destillation, noch eine Behandlung mit Schwefelsäure mit darauffolgendem Waschen, Trocknen und einer Rektifizierung durch einen Birnenaufsatz irgendwelche Unterschiede zwischen einerseits aus Aceton, andererseits aus Alkohol dargestellten Chloroformproben zutage treten ließen.

Das Problem wurde schließlich mit Hilfe eines Evaporatoraufsatzes von 5 Abteilungen, der bei allen nachfolgenden Destillationen benutzt wurde, von ihnen gelöst. Daß Chloroform und Alkohol eine Mischung mit Minimumsiedepunkt bilden, wurde von Thayer[3] nachgewiesen, und Wade und Finnemore isolierten und untersuchten nicht nur dieses binäre azeotrope Gemisch, sondern außerdem auch ein ternäres Chloroform-Alkohol-Wassergemisch, das konstant bei 55,5° siedet und 4,0% Alkohol und 3,5% Wasser enthält. Nun enthält Chloroform zu Anästhesierungszwecken stets ein wenig Alkohol und eine Spur Wasser, und

---

[1] Markownikoff: Aus dem Gebiete der zyklischen Verbindungen. Liebigs Ann. **301,** 154 (1898).

[2] Wade und Finnemore: Influence of Moist Alcohol and Ethyl Chloride on the Boiling Point of Chloroform. Trans. Chem. Soc. **85,** 938 (1904).

[3] Thayer: Boiling Point Curves. Journ. Amer. Chem. Soc. **3,** 36 (1899).

man fand, daß bei aus Aceton dargestelltem Anästhesierungschloroform die Destillation bei 55,5° begann, und daß auch die Bildung der binären Chloroformalkoholmischung, die bei 59,4° siedet, deutlich erkennbar war. Bei aus Alkohol dargestelltem Chloroform begann dagegen die Destillation bei 54°.

Es schien daher, daß das „Aceton"-Chloroform keine Fremdsubstanzen außer Alkohol und Wasser, die stets zugegen sind, enthielt, daß aber im „Alkohol Chloroform" eine kleine Menge einer flüchtigen Verunreinigung enthalten war. Man vermutete, daß dies Äthylchlorid sein könnte, und man fand, daß bei der Destillation vom Chloroform, das 0,5% Alkohol, eine Spur Wasser und 0,2% Äthylchlorid enthielt, die Flüssigkeit bei 51° zu sieden anfing, und daß die Merkmale des binären Chloroformalkoholgemisches verwischt waren. Bei 0,1% Äthylchlorid begann die Destillation bei 52,65°, und die Anzeichen für die Bildung des binären Chloroformalkoholgemisches waren deutlich erkennbar.

Endlich gelang der direkte chemische Nachweis der Anwesenheit von Äthylchlorid in den ersten Fraktionen nicht nur der Mischungen, denen kleine Mengen dieses Körpers zugesetzt worden waren, sondern auch des aus Alkohol dargestellten Chloroforms. Dagegen konnten nicht die geringsten Anzeichen seines Vorhandenseins in den ersten Fraktionen von „Aceton"-Chloroform entdeckt werden. Es war damit bewiesen, daß die überlegenen anästhesierenden Eigenschaften des „Alkohol"-Chloroforms auf die Anwesenheit einer Spur Äthylchlorid—wahrscheinlich ungefähr 0,05% — zurückzuführen sind, und es wurde von Herrn Rowell im Guys Hospital gefunden, daß „Aceton"-Chloroform, dem ein wenig Äthylchlorid zugesetzt worden war, mit aus Alkohol dargestelltem Chloroform therapeutisch identisch ist. Wade und Finnemore nehmen an, daß der Zusatz einer weiteren Menge Äthylchlorid eine noch bessere Wirkung durch Herabsetzung der Induktionszeit und die allgemeine Leichtigkeit der Anästhesierung ausüben würde. Der Verdampfungsverlust ist selbst dann, wenn das Chloroform bis zu 1% Äthylchlorid enthält, gering.

c) Mischungen von konstantem Siedepunkt.

Wenn zwei oder mehrere Bestandteile ein Gemisch mit konstantem Siedepunkt bilden, sind die Schwierigkeiten bei der Auslegung der Versuchsergebnisse erheblich größer.

Benzol im amerikanischen Petroleum. Wenn man z. B. amerikanisches Petroleum der Destillation unterwirft, die Fraktionen 30—60°, 60—90° und 90—120° auffängt, und dann jede Fraktion mit einer Mischung von starker Salpetersäure mit Schwefelsäure behandelt, findet man, daß aus der Fraktion von 60—90° eine beträchtliche Menge Dinitrobenzol, und aus der Fraktion zwischen 90 und 120° Dinitrotoluol erhalten wird. Diese Ergebnisse legen den Schluß nahe, daß im amerikanischen Petroleum Benzol und Toluol enthalten ist, und in der Tat wurde dies schon vor langer Zeit von Schorlemmer festgestellt.

Wenn man dagegen das Destillat, statt es in 3 großen Fraktionen aufzufangen, in 9 kleine, mit Stufen von je 10° zerlegen wollte, so würde man nach wiederholter Destillation finden, daß bei der Behandlung einer jeden Fraktion mit dem Säuregemisch das Dinitrobenzol ziemlich ausschließlich aus dem zwischen 60 und 70° übergehenden Destillat, und das Dinitrotoluol aus dem zwischen 90 und 100° übergehenden Destillat erhalten wird, obgleich die Siedepunkte des Benzols und Toluols 80,2 und 110,6° sind.

Mögliche Erklärungen dieser Tatsachen. Zur Erklärung dieser Tatsachen kann man zwei Annahmen machen: Entweder a) ist nicht Benzol oder Toluol im amerikanischen Petroleum enthalten, sondern irgendwelche anderen, tiefer siedenden Bestandteile, aus denen Dinitrobenzol bzw. Dinitrotoluol, durch Einwirkung der Salpeterschwefelsäure entstehen, oder b) Benzol und Toluol gehen in ihrer Mischung mit den im Petroleum enthaltenen Paraffinen 14—15° unter ihren wirklichen Siedepunkten über.

Die erste Annahme wurde, soweit es sich um die Umwandlung eines anderen Kohlenwasserstoffes als Benzol in Dinitrobenzol handelt, wirklich von einem Beobachter gemacht. Aber es ist als praktisch sicher anzunehmen, daß die zweite die richtige ist, denn es wurde — wie schon gesagt — gefunden, daß wenn eine Mischung von Normalhexan (K. P. 68,95°) mit z. B. 10% Benzol destilliert wird, das Benzol sich nicht abtrennen läßt, sondern mit dem Hexan bei 68,95° übergeht. Die Tatsache, daß bei der Destillation des amerikanischen Petroleums der größte Teil des Benzols unter 69° (hauptsächlich bei 65—66°) übergeht, findet schließlich ihre Erklärung in der Anwesenheit isomerer Hexane, die bei tieferer Temperatur als Normalhexan sieden, und auch den Siedepunkt des Benzols herabdrücken.

Äthylalkohol, Benzol und Wasser. Über das Verhalten von Mischungen aus Äthylalkohol, Benzol und Wasser ist schon (S. 201) berichtet worden. Es soll aber noch darauf hingewiesen werden, daß bei der Destillation einer Mischung gleicher Gewichtsteile Benzol mit 95%igem Alkohol durch einen sehr wirksamen Aufsatz der Stoff mit dem höchsten Siedepunkt, das Wasser, in der ersten der drei Fraktionen übergeht, in die sich das Destillat aufspalten läßt, und daß der Rest des Benzols in der zweiten Fraktion übergeht, während die dritte Fraktion oder der Rückstand aus demjenigen Bestandteil, der für sich den niedrigsten Siedepunkt hat, nämlich dem Alkohol besteht.

Aliphatische Säuren und Wasser. Wenn weiter eine Mischung von Ameisen-, Essig- und Buttersäure mit Wasser destilliert wird, so strebt sie, sich in 3 oder mehrere der folgenden Bestandteile aufzuspalten:

1.	Buttersäure-Wasser (Mischung mit Minimumsiedepunkt)	99,4
2.	Wasser	100,0
3.	Ameisensäure	100,7
4.	Ameisensäure-Wasser (Mischung mit Maximumsiedepunkt	107,3
5.	Essigsäure	118,5
6.	Buttersäure	163,5

Bei Gegenwart von viel Wasser geht die ganze Buttersäure in der niedrigst siedenden Fraktion über, während die letzte Fraktion aus Essigsäure besteht, wenn viel davon zugegen war. Obgleich aber die Essigsäure mit Wasser kein Gemisch mit Minimumsiedepunkt bildet, ist es doch sehr schwierig, die Säure durch Destillation aus ihrer verdünnten, wäßrigen Lösung abzuscheiden, und wenn die Säuremenge verhältnismäßig klein ist, so kann sie vollständig mit dem Wasser bei Temperaturen unter 107° übergehen. In diesem Fall besteht die letzte Fraktion aus dem konstant siedenden Ameisensäure-Wassergemisch. Die Säuren gehen in diesem Falle also in der umgekehrten Reihenfolge ihrer Siedepunkte über. Hecht[1] fand, daß bei der Destillation einer Mischung von Essig-, Butter- und Önanthsäure mit viel Wasser die ganze Önanthsäure im ersten Anteil des Destillates überging, daß der mittlere Anteil hauptsächlich Buttersäure enthielt, während der letzte Anteil Essigsäure enthielt, die von den beiden anderen nahezu befreit war. Hecht weist darauf hin, daß Essigsäure mit Wasser in allen Verhältnissen unter beträchtlicher Wärmeentwicklung mischbar ist; Buttersäure ist ebenfalls mit Wasser in allen Verhältnissen mischbar, man beobachtet dabei aber nur eine sehr kleine Wärmetönung, während Önanthsäure nahezu unlöslich in Wasser ist.

Die Bestimmung der qualitativen und quantitativen Zusammensetzung von Mischungen der Fettsäuren ist ein schwieriges Problem. Die vorgeschlagenen Analysenmethoden beruhen entweder 1. auf dem Verhältnis der Löslichkeiten der Säuren oder ihrer Salze, oder 2. auf dem Verhältnis der Destillationsgeschwindigkeiten der Säuren oder ihrer Ester. Die auf der Destillationsgeschwindigkeit der mit Wasserdampf flüchtigen Säuren beruhenden Methoden sind von Reilly[2] geprüft und diskutiert worden. Dieser hat auch ein Verfahren ausgearbeitet, nach dem eine einheitliche Säure in verdünnter, wäßriger Lösung identifiziert, oder die prozentualen Mengen zweier oder mehrerer Säuren in verdünnter Lösung bestimmt werden können.

---

[1] Hecht: Über Isoheptylsäure aus β-Hexyljodür. Liebigs Ann. **209**, 321 (1881).

[2] Reilly: The Determination of the Volatile Fatty Acids by an Improved Distillation Method. Sci. Proc. Royal Dubl. Soc. **15** (N. S.), 513 (1919).

Butterfett. Butterfett ist eine komplizierte Mischung der Glyceride, einer beträchtlichen Zahl von Fettsäuren. Die Zusammensetzung schwankt zweifellos ein wenig, aber Tabelle 81 gibt auf jeden Fall eine Vorstellung über die Art und die verhältnismäßigen Mengen dieser Glyceride.

Tabelle 81.

Glyceride		Prozent
Dioxy-Stearinsäure. .	$C_{18}H_{34}(OH)_2O_2$	1,04
Oleinsäure	$C_{18}H_{34}O_2$	33,95
Stearinsäure	$C_{18}H_{36}O_2$	1,91
Palmitinsäure	$C_{16}H_{32}O_2$	40,51
Myristinsäure	$C_{14}H_{28}O_2$	10,44
Laurinsäure	$C_{12}H_{24}O_2$	2,73
Caprinsäure	$C_{10}H_{20}O_2$	0,34
Caprylsäure	$C_8H_{16}O_2$	0,53
Capronsäure.	$C_6H_{12}O_2$	2,32
Buttersäure	$C_4H_8O_2$	6,32

Bei der Analyse von Butterfett werden, wenn sowohl die löslichen (Reichert-Wollny-Meißl-Methode), als auch die unlöslichen (Polenskemethode) flüchtigen Fettsäuren bestimmt werden sollen, 5 g Fett, 20 g Glycerin und 2 ccm 50%iges, in Wasser (nicht in Alkohol) gelöstes Ätznatron in einem 300 ccm-Kolben erwärmt, bis die Verseifung vollständig ist. Die Seife wird in 90 ccm heißen Wassers gelöst. Es werden 50 ccm Normalschwefelsäure und ungefähr 0,1 g feingepulverter Bimsstein zugesetzt, worauf die Mischung destilliert wird. Die Destillationsgeschwindigkeit wird so bemessen, daß 110 ccm in ungefähr 20 Minuten übergehen. Die Vorlage (ein Kolben) wird dann durch einen 25 ccm Zylinder ersetzt und die Destillation abgebrochen. Das gut gekühlte Destillat im Kolben wird nach einigem Stehen filtriert, vom Filtrat werden 100 ccm zur Bestimmung der löslichen, flüchtigen Säuren verwendet. Die unlöslichen, flüchtigen Säuren werden aus dem Kolben, dem Zylinder und dem Kühler sorgfältig gesammelt, in Alkohol gelöst und für sich bestimmt.

Von den in der Butter vorhandenen Fettsäuren ist die Buttersäure die einzige, die mit Wasser in allen Verhältnissen mischbar ist. Sie bildet mit Wasser ein azeotropes Gemisch, das nach Lecat unter Normaldruck bei 99,4° siedet und 18,4% Buttersäure enthält.

Man kann daher sicher annehmen, daß die ganze in der Butter ent haltene Buttersäure in den 110 ccm des Destillates enthalten ist. Was die höheren Säuren betrifft, so verringert sich deren Wasserlöslichkeit mit wachsendem Molekulargewicht. Palmitin-, Stearin- und Ölsäure sind auf jeden Fall praktisch unlöslich. Alle diese höheren Säuren bilden natürlich azeotrope Gemische — die von Lecat als „heterogene" Gemische bezeichnet werden — mit Wasser, aber die Dampfdrucke von Palmitin-, Stearin-, Olein und Dioxy-Stearinsäure sind so niedrig, daß die mit Wasserdampf übergehenden Mengen außerordentlich gering sein müssen.

V. H. Kirkham[1], Regierungsanalytiker, Ostafrika, dessen Laboratorium in Nairobi 5500 Fuß über dem Meeresspiegel liegt, erhielt bei der Analyse von Butter mit der Polenskemethode dauernd sehr kleine Werte. Er wurde dadurch veranlaßt, den Einfluß des Druckes auf die Reichert-Meißl- und Polenskewerte zu untersuchen und fand, daß mit wachsendem Druck die Reichert-Meißl-Zahl langsam stieg, während die Polenskezahl sehr rasch anstieg.

Kirkham führte Bestimmungen der löslichen und der unlöslichen Fettsäuren bei Drucken zwischen 100 und 1000 mm aus und fand, daß die Polenskezahlen sich befriedigend wiedergeben ließen durch die Formel $V = \frac{v\,(P-k)}{p-k}$, in der V und v die den Drucken P bzw. p entsprechenden Polenskezahlen sind, und in der die Konstante k gleich 45 ist.

Die Reichert-Meißl-Zahlen stimmen ziemlich gut mit der Formel $V - k' = \frac{(v-k')\log P}{\log p}$ überein.

Die beobachteten und berechneten Werte sind in Tabelle 82 angegeben.

Tabelle 82.

Druck in mm	Reichert-Meißl-Zahlen		Polenskézahlen	
	beobachtet	berechnet	beobachtet	berechnet
100	22,34	22,58	0,19	0,19
180	24,43	24,19	0,48	0,48
250	25,57	25,10	0,75	0,73
380	26,93	26,23	1,14	1,19
450	27,13	26,69	1,61	1,44
627	27,60	27,60	2,06	2,07
760	27,99	28,12	2,68	2,55
900	28,17	28,60	—	—
1000	28,05	28,87	3,40	3,40

Mit anderen Worten: Die Polenskézahlen sind ungefähr proportional den Gesamtdrucken, steigen aber etwas rascher als diese, während die Reichert-Meißl-Zahlen in sehr grober Annäherung den Logarithmen der Drucke proportional sind, aber etwas langsamer als diese steigen.

Die Dampfdrucke einiger Fettsäuren sind für eine Reihe von Temperaturen bekannt. Obgleich diese Temperaturen im allgemeinen über 100° liegen, geben sie doch die Möglichkeit, den Säuregehalt im Destillat bei der Wasserdampfdestillation dieser Säuren bei verschiedenen

[1] Kirkham V. H.: The Effect of Pressure upon the Polenské and Reichert Meissl-Values. The Analyst 45, 293 (1920).

Gesamtdrucken unter der Voraussetzung zu berechnen, daß die Dampfdichten dieser höheren Säuren normal, und daß die Säuren in Wasser nicht löslich sind.

Tabelle 83. Myristinsäure, $D = 114$; Wasser, $D = 9$.

T^0 C	Dampfdrucke		$\frac{P_A\ D_A}{P_w\ D_w}$	Prozentgehalt an Säure im Destillat	Gesamtdruck	$\frac{\text{Gesamtgehalt an Säure}}{\text{Gesamtdruck}} \cdot 10^4$
	Säure	Wasser				
190,8	10,0	9 609	0,013 18	1,301	9 619	135
207,6	20,0	13 655	0,018 55	1,821	13 675	133
217,4	30,0	16 550	0,022 96	2,245	16 580	135
223,5	40,0	18 573	0,027 28	2,656	18 613	143
		Laurinsäure, D = 100; Wasser, D = 9.				
164,5	8,0	5 210	0,017 06	1,64	5 218	314
174,1	12,0	6 576	0,020 28	1,99	6 588	302
185,9	20,0	8 625	0,025 76	2,51	8 645	291
195,5	30,0	10 633	0,031 35	3,04	10 663	285
203,0	40,0	12 437	0,035 73	3,45	12 477	277
		Önanthsäure, D = 65; Wasser, D = 9.				
144,0	50,0	3 040	0,1188	10,62	3 090	3436
160,0	100	4 652	0,1552	13,44	4 752	2828
199,6	400	11 582	0,2494	19,96	11 982	1666
221,0	760	17 722	0,3097	23,65	18 482	1280

Man erkennt, daß bei Myristinsäure der berechnete Säuregehalt im Destillat gerade ungefähr proportional dem Gesamtdruck ist. Bei Laurinsäure steigt zwar der Gehalt an Säure mit dem Gesamtdruck, der Anstieg geht aber verhältnismäßig langsamer. Bei Önanthsäure ist noch ein Wachsen des Säuregehaltes im Destillat zu bemerken, aber das Verhältnis des Säuregehaltes zum Gesamtdruck fällt mit steigendem Druck stark ab.

Obgleich Buttersäure und die Säuren von noch niedrigerem Molekulargewicht mit Wasser in allen Verhältnissen mischbar sind, kann man die Werte von $\frac{P_A\ D_A}{P_W\ D_W}$ berechnen, um festzustellen, wie sie sich bei der Wasserdampfdestillation verhalten würden, wenn sie wasserunlöslich wären und normales Molekulargewicht hätten. Die Berechnung zeigt, daß, wenn diese Bedingungen erfüllt wären, die Konzentration des Destillates bei Buttersäure mit steigendem Gesamtdruck viel langsamer ansteigen würde, als bei Önanthsäure, während der Gehalt an Essigsäure sich in Wirklichkeit vermindern würde.

Man kann daher als eine wahrscheinlich ausnahmslos gültige Regel annehmen, daß bei der Wasserdampfdestillation der unlöslichen aliphatischen Säuren bei einer Reihe verschiedener Drucke die Säurekonzentration im Destillat mit steigendem Gesamtdruck verhältnismäßig um so rascher ansteigt, je höher das Molekulargewicht der Säure ist. Die von Kirkham erhaltenen Ergebnisse befinden sich in Übereinstimmung mit dieser Regel. Das Problem wird aber — wie er ausführt — erheblich kompliziert durch die Tatsache, daß die destillierte Mischung außer dem Wasser noch eine große Menge Glycerin, in dem die höheren Säuren nahezu unlöslich sind, und außerdem noch Natriumsulfat und etwas freie Schwefelsäure enthält. Ebenso sind verhältnismäßig sehr große Mengen Palmitin- und Oleinsäure zugegen, mit denen die niederen Säuren in allen Verhältnissen mischbar sind, und die selbst bei der Destillationstemperatur fast nicht flüchtig sind. Andererseits ist Kapryl- und Kaprinsäure nur in verhältnismäßig sehr geringer Menge zugegen.

Die Gegenwart einer großen Menge nicht flüchtiger Säuren würde sicher die Flüchtigkeit kleiner Mengen der niederen Homologen vermindern. Damit stimmt überein, daß — wie Herr Kirkham mir mitteilt — durch Zusatz von Margarine zur Butter nicht nur die Polenskezahl, sondern sogar die Reichert-Meißl-Zahl merklich erniedrigt wird.[1]

Alkohole und Wasser. Alle Alkohole außer dem Methylalkohol bilden mit Wasser Gemische mit Minimumsiedepunkt. Da aber die Siedepunkte der binären Gemische jedenfalls bis zum Amylalkohol in der gleichen Reihenfolge wie die der Alkohole selbst aufeinander folgen, kommen solche Umkehrungen, wie sie bei den Säuren beobachtet werden, nur dann vor, wenn die Wassermenge im Verhältnis zur Menge des löslichen Alkohols so groß ist, daß der Siedepunkt der aus dem löslichen Alkohol und Wasser bestehenden Mischung nicht weit von 100° entfernt ist (siehe S. 316).

Durch die Gärung von Zucker werden außer dem Äthylalkohol viel kleinere Mengen von Isopropyl-, Normalpropyl-, Isobutyl- und Normalbutylalkoholen und inaktivem und aktivem Isoamylalkohol gebildet.

Die Siedepunkte dieser Alkohole (mit Ausnahme dessen des aktiven Isoamylalkohols, dessen Siedepunkt sich aber nur wenig von dem der inaktiven Verbindung unterscheidet) und die ihrer azeotropen Gemische mit Wasser sind in Tabelle 84 angegeben.

Wenn das Produkt der Gärung oder die „Maische" durch einen sehr wirksamen Aufsatz, z. B. durch die Coffeykolonne, destilliert wird, so werden, abgesehen von leichter siedenden Verunreinigungen, wie Acetaldehyd, die als besondere Fraktion abgeschieden werden, a) das azeotrope Äthylalkohol-Wassergemisch mit einem kleinen Überschuß

---

[1] Virtanen und Pulkki: Flüchtigkeit wasserlöslicher organischer Substanzen mit Wasserdampf, Journ. Amer. Chem. Soc. **50**, 3138 (1928).

Wasser und b) Fuselöl, enthaltend die höheren Alkohole und Wasser mit einer gewissen Menge Äthylalkohol aufgefangen.

Die Butyl- und Amylalkohole sind nur teilweise mischbar mit Wasser. In der Hauptsache sind Amylalkohole vorhanden. Beim Kühlen und Stehenlassen bilden sich zwei Schichten, von denen die obere aus den Alkoholen mit ein wenig Wasser besteht, während die untere die Hauptmenge des Wassers mit einer gewissen Menge darin gelöster Alkohole, hauptsächlich Äthyl- und Isopropylalkohol, enthält.

Tabelle 84.

	Siedepunkt (760 mm)	
	Alkohol	azeotrope Mischung
Äthylalkohol . . .	78,30	78,15
Isopropylalkohol . .	82,44	80,37
Normalpropylalkohol	97,20	87,72
Isobutylalkohol . .	108,06	89,82
Normalbutylalkohol.	117,5 [1]	92,25 [2]
Isoamylalkohol . .	132,05	95,15

Wenn die obere Schicht zum zweitenmal destilliert wird, geht zu Anfang das Wasser in Form eines oder mehrerer azeotroper Gemische über, danach können die Alkohole selbst aufgefangen werden. Die Trennung der trockenen Alkohole sollte leichter sein als die ihrer azeotropen Gemische mit Wasser, denn die Unterschiede in den Siedepunkten sind im ersten Fall viel größer. Nur die beiden Isoamylalkohole lassen sich nicht ohne große Schwierigkeiten voneinander trennen. Dagegen gibt Golodetz[3] an, daß er bei Benutzung eines wirksamen Aufsatzes mittels der Wasserdampfdestillation eine bessere Trennung mit Wasser nichtmischbarer Stoffe erzielt hat, als ohne Dampf[4] [5].

XX. Sublimation.

Sublimation und Destillation.

Die Vorgänge der Sublimation und der Destillation sind sehr nahe verwandt miteinander. Tatsächlich besteht in der Praxis keine unverrückbare Grenze zwischen ihnen.

Die Verdampfung eines wärmebeständigen Stoffes kann sich auf drei verschiedenen Wegen vollziehen: 1. Der Stoff ist unter gewöhnlichen

[1] Reilly: Sci. Proc. Royal Dubl. Soc. **15** (N. S.), 597 (1919).

[2] Lecat: a. a. O.

[3] Golodetz: Über fraktionierte Destillation mit Wasserdampf. Ztschr. f. physik. Ch. **78**, 641 (1912). — Journ. Soc. Chem. Ind. **31**, 215 (1912).

[4] Redgrove: Die Theorie der Dampfdestillation. Perfumery essential oil record **19**, 453 (1929).

[5] Backer und Pettibone: Graphische Schnellmethode zur Berechnung von Fragen der Destillation mit Wasserdampf. Ind. Engin. Chem. **21**, 562 (1929).

Bedingungen flüssig; wenn er erhitzt wird, siedet er bei einer bestimmten, vom Druck abhängigen Temperatur, 2. der Stoff ist fest; wenn er erwärmt wird, schmilzt er bei einer gewissen Temperatur, und wenn er weiter erhitzt wird, siedet er wie eine gewöhnliche Flüssigkeit; 3. der Stoff ist fest, bei der Erhitzung schmilzt er aber nicht, sondern verflüchtet sich bei einer bestimmten, vom Druck abhängigen Temperatur.

Ebenso kann auch die Kondensation des Dampfes auf 3 Wegen stattfinden: 1. Es tritt nur Verflüssigung ein; 2. es tritt zunächst Verflüssigung und dann Verfestigung ein; 3. es tritt der direkte Übergang von dem gasförmigen in den festen Zustand ein.

Der Ausdruck „Destillation“ wird auf die Verdampfung und darauf folgende Kondensation der unter 1. angeführten Art angewandt. Er sollte auch auf die Verfestigung und Kondensation der unter 2. angeführten Art angewandt werden, wenn also eine wirkliche Flüssigkeit in Dampf verwandelt wird, und bei der Kondensation zuerst wieder entsteht.

Der Ausdruck „Sublimation“ dürfte eigentlich nur dann verwendet werden, wenn die Zustandänderungen der unter 3. angeführten Art entsprechen. In diesem Falle würde er aber nur selten Anwendung finden können. Dagegen kann ein Stoff, wenn er unter gewissen Umständen erhitzt wird, zunächst schmelzen und dann sieden, bei der Kühlung aber direkt aus dem gasförmigen in den festen Zustand übergehen. Dieser Vorgang wird gewöhnlich ebenfalls als Sublimation bezeichnet.

Tripelpunkt. In Wirklichkeit können die meisten Stoffe, je nach dem Druck, unter dem die Verdampfung und Verdichtung vor sich geht, sowohl destilliert, wie sublimiert werden. Dies ist am besten aus der graphischen Darstellung der Abb. 83 verständlich, in der die Temperaturen auf der Ordinate, die Drucke auf der Abszisse aufgetragen sind.

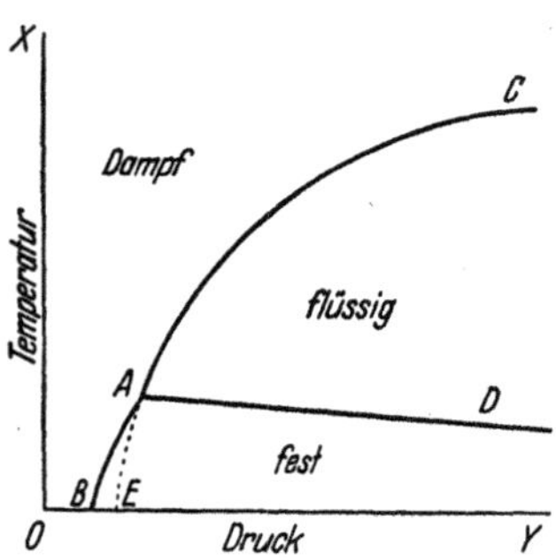

Abb. 83.

Die Kurve AC stellt die Siedepunkte eines Stoffes, die Kurve AB seine Verflüchtigungs-(Sublimierungs-)punkte und die Kurve AD seine Schmelzpunkte unter verschiedenen Drucken dar. Die 3 Kurven schneiden einander im Punkt A, der von James Thomson der „Tripelpunkt“ genannt wurde. Die Temperatur von A, dargestellt durch den senkrechten Abstand von der Horizontalachse OY, gibt den Schmelzpunkt des Stoffes unter dem durch den waagerechten Abstand zwischen A und der senkrechten Achse OX dargestellten Druck (Tripelpunktdruck) an. Dieser ist praktisch der gleiche wie der Schmelzpunkt unter Atmosphärendruck. Im allgemeinen ist er um einen kleinen Bruchteil eines Grades niedriger, bei Eis dagegen 0,0075^0 höher als dieser. Der Punkt A stellt außerdem sowohl den Sublimationspunkt des festen, als auch den Siedepunkt des flüssigen Körpers unter dem Tripelpunktdruck dar.

Wenn ein fester Stoff unter einem Druck, der höher ist als der Tripelpunktdruck, erhitzt wird, so steigt seine Temperatur, bis der Schmelzpunkt erreicht ist. Nach der Verflüssigung steigt die Temperatur wieder weiter, bis die Flüssigkeit ihren Siedepunkt erreicht hat. Der Schmelzpunkt und der Siedepunkt unter einem gegebenen Druck werden durch den Schnittpunkt einer senkrechten diesen Druck darstellenden Linie mit den Kurven AD, bzw. AC angegeben.

Wenn der Druck dagegen niedriger als der Tripelpunktdruck ist, so kann der feste Stoff nicht schmelzen, sondern verflüchtigt sich bei der Erwärmung ohne vorausgehendes Schmelzen bei einer Temperatur, die durch den Schnittpunkt der senkrechten, den konstanten Druck darstellenden Linie mit der Kurve AB gegeben ist. Ein fester Stoff kann nicht geschmolzen werden, wenn der Druck niedriger als der Tripelpunktdruck ist, wohl aber kann eine Flüssigkeit unter gewissen Umständen unter ihren Erstarrungspunkt gekühlt werden, ohne fest zu werden. Sie kann sogar bei einer unterhalb ihres Erstarrungspunktes liegenden Temperatur zum Sieden gebracht werden. Dies wird durch die punktierte Linie AE, die einfach eine Fortsetzung der Kurve AC ist, angedeutet.

Der Tripelpunktdruck der verschiedenen Stoffe ist sehr verschieden. In der großen Mehrzahl aller Fälle ist er weit niedriger als der Atmosphärendruck, wirkliche Sublimation tritt daher unter gewöhnlichen Verhältnissen nur selten ein.

Tabelle 85 gibt die Schmelzpunkte, die Siedepunkte unter Normaldruck und die Tripelpunktdrucke einiger Stoffe an. Von einigen anderen konnten keine vollständigen Angaben erhalten werden.

Der Tripelpunktdruck von Kohlendioxyd liegt über 5 Atm. Wenn man also die Flüssigkeit aus einem Zylinder, in dem man sie unter Druck aufgespeichert hatte, ausströmen läßt, so wird der Teil, der der Verdampfung entgeht, sofort fest und kann nicht wieder in einem offenen Gefäß geschmolzen werden, sondern verflüchtigt sich allmählich bei einer Temperatur von ungefähr —78^0.

Arsentri- und Pentoxyd verflüchtigen sich bei der Erwärmung unter Atmosphärendruck ohne zu schmelzen, und Hexachlorbenzol verflüchtigt sich aus dem festen Zustande, wenn der Druck ein wenig erniedrigt wird. Wenn dagegen der Druck ein wenig erhöht wird, schmilzt es und siedet dann. Wasser kann unter einem Druck von

Tabelle 85.

Substanz	Schmelzpunkt	Siedepunkt (760 mm)	Tripelpunktdruck
	Grad	Grad	mm
Wasser	0	100	4,6
Essigsäure	16,4	118,5	9,45
Benzol	5,6	80,2	35,9
Brom	− 7,1	58,7	44,5
Stickstoff	− 214,0	− 193,1	60
Jod	114,3	184,3	91
Campher	180	204	380
Quecksilberchlorid . . .	288	303	554
Hexachloraethan	188 (ungefähr)	188 (ungefähr)	1 Atm.
Arsentrioxyd	200 (ungefähr)	?	ein wenig über 1 Atm.
Aluminiumchlorid . . .	180—185	?	ein wenig über 1 Atm.
Arsenik	$>$500	?	$>$1 Atm.
Kohlendioxyd	− 57 (ungefähr)	(− 78,2)	ungefähr 5,3 Atm.

weniger als 4,6 mm als beständige Flüssigkeit nicht existieren. Unterhalb dieses Druckes kann Eis nicht geschmolzen werden, sondern verflüchtigt sich durch Wärmezufuhr bei einer unter 0° liegenden Temperatur.

Sublimationspunkt. Die Kurve *BA* stellt nicht nur den Sublimationspunkt eines festen Stoffes unter verschiedenen Drucken, sondern auch die Dampfdrucke des festen Stoffes bei verschiedenen Temperaturen dar[1], geradeso wie die Kurve *AC* neben den Siedepunkten auch die Dampfdrucke des Stoffes in flüssigem Zustande angibt. Der Sublimationspunkt eines festen Stoffes kann daher in genau derselben Art definiert werden, wie der Siedepunkt einer Flüssigkeit.

Der Sublimationspunkt eines festen Stoffes ist die höchste Temperatur, die der feste Stoff unter einem gegebenen Druck seines eigenen Dampfes erreichen kann, wenn er mit vollständig freier Oberfläche verdampft, und wenn die Wärme die Oberfläche von außen her erreicht.

Daltons Gesetz der Partialdrucke. Daltons Gesetz der Partialdrucke gilt für den Sublimationspunkt eines festen Stoffes genau so, wie es für den Siedepunkt einer Flüssigkeit (S. 27) gilt. Nur vom Partialdruck des eigenen Dampfes, der mit dem Gesamtdruck nicht übereinzustimmen braucht, hängt die Temperatur ab.

[1] Young: Nature **24,** 239 (1881). Pettersson: ebenda S. 167. Ramsay und Young: Trans. Roy. Soc. **175,** 37 und 461 (1884). — Philos. Magazine (V), **23,** 61 (1887). Fischer; Wied. Ann. **28,** 400 (1886). Ferche: ebenda **44,** 265 (1891).

Jod.

Wenn etwas Jod in einer Porzellanschale erhitzt, und ein kalter Glastrichter oder eine Platte darüber gehalten wird, so schmilzt und siedet das Jod in der Schale, am Trichter oder der Platte lagern sich dagegen Kristalle von festem Jod ab. Der schwere Joddampf sammelt sich in der Schale, so daß sein Partialdruck in dem das Jod umgebenden Gasraum schnell über den Tripelpunktdruck, 91 mm, steigt. Das Jod schmilzt daher. Bevor der heiße Dampf aber die kalte Glasfläche erreicht hat, hat er sich so stark mit Luft verdünnt, daß der Partialdruck unter den Tripelpunktdruck fällt. Bei eintretender Verdichtung scheidet sich das Jod daher gleich im festen Zustande ab. Bei der Reinigung von rohem Jod durch „Sublimation" wird in Frankreich das Jod in Steinzeugretorten *AA* (Abb. 84) erhitzt. Diese stehen in einem Sandbad *B* und sind ringsherum von Sand umgeben, so daß in den oberen Teilen der Retorten und in ihren Hälsen keine Kondensation eintreten kann. Die kurzen Hälse der Retorten sind mit großen Steinzeugvorlagen *CC* verbunden, so daß sich der Joddampf beim Eintritt in die Vorlage rasch mit Luft verdünnt, der Partialdruck fällt unter den Tripelpunktdruck, und das Jod geht vom gasförmigen Zustand sogleich in den festen Zustand über. Die engen, senkrechten Rohre *DD* dienen dazu, die Luft, oder den Wasserdampf, wenn das Jod feucht ist, entweichen zu lassen.

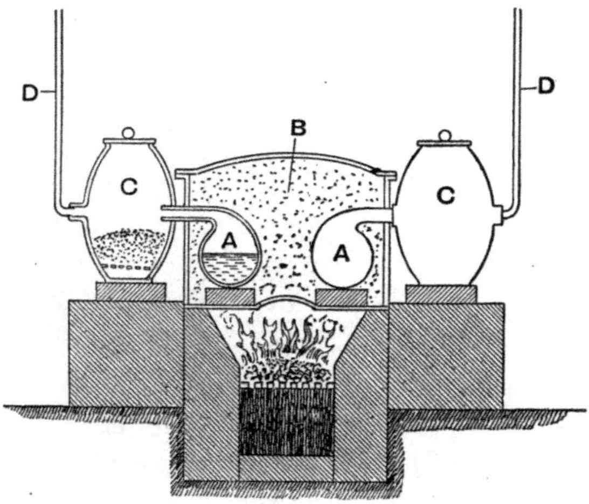

Abb. 84.

Die Sublimation des aus „Caliche" oder rohem Natriumnitrat in Peru und Chile dargestellten Jods wird in gußeisernen Retorten ausgeführt, die mit einer Reihe von weiten, zylindrischen Steinzeugvorlagen oder „udells" verbunden sind. Diese hängen so miteinander zusammen, daß der Kühler im ganzen Ähnlichkeit mit einem weiten Abflußrohr hat. Das Prinzip ist in beiden Fällen das gleiche.

Schwefel.

Die Reinigung des Schwefels durch „Sublimation", unter Bildung von Schwefelblumen, wird auf ziemlich ähnliche Art ausgeführt. Der

Tripelpunktdruck des Schwefels liegt allerdings weit niedriger als der des Jods. Wenn Schwefel in einer gewöhnlichen Glasretorte zum Sieden gebracht wird, so kann man stets die Bildung einer kleinen Menge Schwefelblumen im oberen Teil der Retorte beobachten, solange die Luft noch nicht vertrieben ist. Wenn dagegen nach vollständiger Austreibung der Luft der Dampf sich im Retortenhals niederschlägt, so

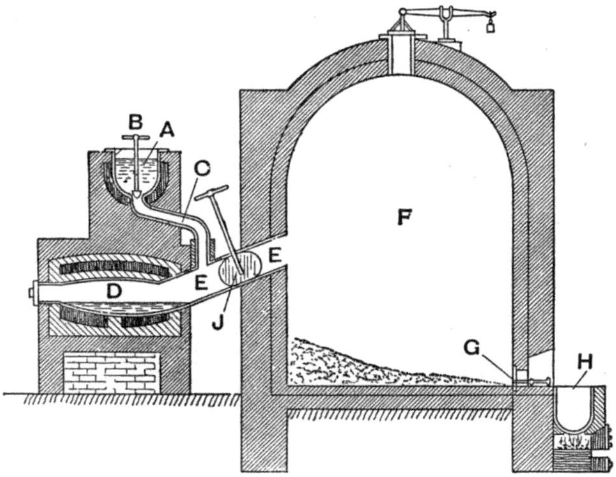

Abb. 85.

bildet sich flüssiger Schwefel. Im technischen Betrieb wird roher Schwefel im Kessel *A* (Abb. 85) geschmolzen, Von dort aus fließt er mit durch das Ventil *B* geregelter Geschwindigkeit durch das Rohr *C* in die Retorte *D*. Hier wird er zum Sieden gebracht, und der Dampf streicht durch das weite Rohr *EE* in die große, gemauerte Kammer *F*. Der Schwefeldampf verteilt sich in der Luft, so daß sein Partialdruck plötzlich abfällt und die Verdichtung geht unter Bildung von Schwefelblumen vor sich, solange die Temperatur der Kammer erheblich unter dem Schmelzpunkt des Schwefels bleibt. Wenn man aber die Temperatur der Kammer über ungefähr 112^0 steigen läßt, so kondensiert sich flüssiger Schwefel, den man durch ein Loch *G* in der Wand erforderlichenfalls abfließen läßt und im Kessel *H* auffängt. Die Kammer kann von der Retorte mittels der Klappe *J* abgeschlossen werden, worauf ein Arbeiter durch eine Seitentür die Kammer betreten kann.

Anthracen.

Bei der Reinigung von Rohanthracen mittels Durchleitens von überhitztem Wasserdampf und Kondensation des Dampfes in einer Kammer mittels kalter Wasserstrahlen wirkt der Dampf als indifferentes Gas und der Partialdruck des Anthracens liegt beim Eintritt der Kondensation wahrscheinlich unter dem Tripelpunktdruck.

Arsenoxyde.

Der Tripelpunktdruck von Arsentri- und Pentoxyd liegt höher als der Atmosphärendruck. Wenn diese Stoffe erhitzt und ihre Dämpfe kondensiert werden, tritt also eine wirkliche Sublimation ein. Die in Schlesien für Arsenpentoxyd angewandte Methode wird durch Abb. 86 erläutert. Das rohe, durch Rösten arsenhaltiger Pyrite oder anderer arsenhaltiger Erze erhaltene Arsenpentoxyd wird in die eisernen Kessel *AA* gebracht, von denen jeder durch seine eigene Heizung *BB* geheizt wird. Am oberen Ende der Kessel befinden sich eiserne Zylinder *CC*, die mit Hauben *DD* bedeckt sind. Die Arsenoxyde gehen, soweit sie nicht in den Zylindern verdichtet werden, durch die Rohre *EE* in eine oder mehrere Kammern *F*. Das sublimierte Oxyd wird entweder je nach der Temperatur, bei der das Verfahren ausgeführt wird, als harter, glasiger Kuchen, oder als lose zerbröckelnde Masse gewonnen.

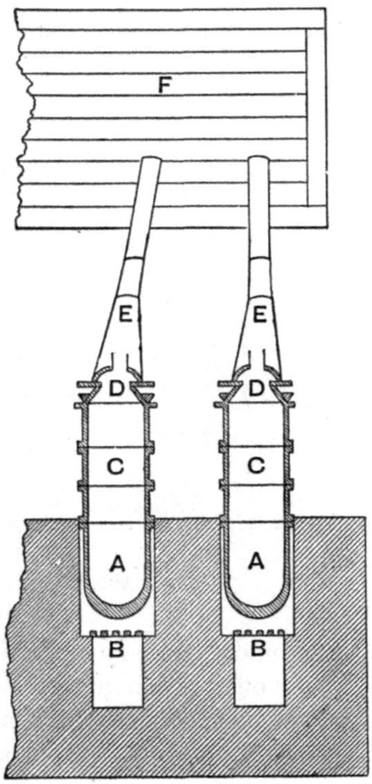

Abb. 86.

In Wales wird der glasige „weiße Arsenik" oder das Arsenikglas dadurch gewonnen, daß man die Sublimation sich unter etwas gesteigertem Druck vollziehen läßt. Das rohe Oxyd wird in einem gußeisernen Tiegel erhitzt, auf den ein glockenförmiger Deckel mit einem Loch an der Spitze aufgesetzt ist. Nachdem das rohe Oxyd eingebracht ist, wird das Loch durch einen Pflock verschlossen, so daß der Druck beim Erhitzen der Pfanne bis zu einem gewissen Grade steigt. Das weiße Arsenik verdichtet sich am Deckel als durchscheinendes Glas.

Bei der Darstellung von Arsenpentoxyd durch Rösten arsenhaltiger Erze, oder wenn die Sublimation in einem Ofen stattfindet, durch den sowohl die Arsenoxyddämpfe als auch die Heizgase strömen, zeigt das leichte Sublimat große Neigung, sich als Staub mitreißen zu lassen. Man führt daher die Gase gewöhnlich durch sehr lange Kamine oder durch eine Reihe von Staubkammern. Neuerdings werden auch in manchen Fällen elektrische Methoden angewandt, um ein Absetzen der feinen Teilchen zu erzielen.

Ammoniumchlorid.

Wenn Ammoniumchlorid erwärmt wird, schmilzt es nicht, sondern erleidet fast vollständige Dissoziation in Ammoniak und Chlorwasserstoff. Wenn die Temperatur fällt, vereinigen sich diese Stoffe wieder. Die Reinigung des Ammoniumchlorids durch Sublimation unterscheidet sich daher von der der Arsenoxyde insofern, als hier an Stelle von Verdampfung und Verdichtung Dissoziation und Wiedervereinigung eintritt. Aber die in der Praxis angewandten Methoden sind sehr ähnlich. Das rohe Ammoniumchlorid wird in großen, gußeisernen Kesseln *A* (Abb. 87) erhitzt und das Sublimat bildet sich an den flachen oder konkaven Eisendeckeln *B*, die auf den Kesseln liegen.

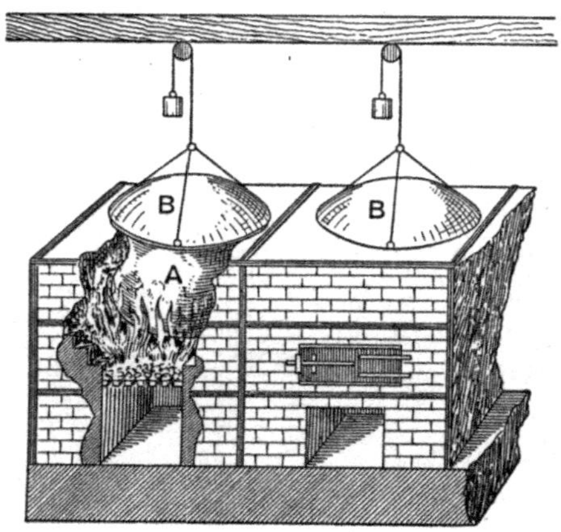

Abb. 87.

Auch kleinere Steinzeug- oder Glasgefäße werden zur Sublimation von Ammoniumchlorid verwendet, und das rohe Chlorid wird manchmal mit Tierkohle gemischt, um die vom Teer herrührenden, färbenden Stoffe zu entfernen. Manchmal wird auch Calciumsuperphosphat oder Ammoniumphosphat zugesetzt, um das Mitsublimieren etwa vorhandenen Eisenchlorids zu verhüten.

Es ist selbstverständlich, daß bei der Sublimation Vorrichtungen in der Art der Kolonnen bei der Destillation nicht angewendet werden können, und daß, wenn der Dampf durch Rohre geführt wird, diese sehr weit sein müssen, um Verstopfungen zu vermeiden.

Anhang.

Temperaturkorrektion des Barometerstandes.

Der Luftdruck wird im allgemeinen in Millimetern Quecksilbersäule ausgedrückt, die bei 0° abgelesen, oder auf diesen Wert umgerechnet werden. In der Praxis wird die Höhe *H* des Barometerstandes bei Zimmertemperatur *t* abgelesen, und der Wert bei 0° mittels einer der beiden folgenden Gleichungen berechnet:

Tabelle 86. Glasskala. Werte von 0,000 172 *Ht*.

t	Höhe der Quecksilbersäule						
	720	730	740	750	760	770	780
10	1,25	1,25	1,25	1,3	1,3	1,35	1,35
11	1,35	1,4	1,4	1,4	1,45	1,45	1,45
12	1,5	1,5	1,55	1,55	1,55	1,6	1,6
13	1,6	1,65	1,65	1,7	1,7	1,7	1,75
14	1,75	1,75	1,8	1,8	1,85	1,85	1,9
15	1,85	1,9	1,9	1,95	1,95	2,0	2,0
16	2,0	2,0	2,05	2,05	2,1	2,1	2,15
17	2,1	2,15	2,15	2,2	2,2	2,25	2,3
18	2,25	2,25	2,3	2,3	2,35	2,4	2,4
19	2,35	2,4	2,4	2,45	2,5	2,5	2,55
20	2,5	2,5	2,55	2,55	2,6	2,65	2,7
21	2,6	2,65	2,65	2,7	2,75	2,75	2,8
22	2,7	2,75	2,8	2,85	2,9	2,9	2,95
23	2,85	2,9	2,95	2,95	3,0	3,05	3,1
24	2,95	3,0	3,05	3,1	3,15	3,2	3,2
25	3,1	3,15	3,2	3,2	3,25	3,3	3,35
26	3,2	3,25	3,3	3,35	3,4	3,45	3,5
27	3,35	3,4	3,45	3,5	3,55	3,6	3,65
28	3,45	3,5	3,55	3,6	3,65	3,7	3,75
29	3,6	3,65	3,7	3,75	3,8	3,85	3,9
30	3,7	3,75	3,8	3,85	3,9	3,95	4,0

Tabelle 87. Messingskala. Werte von 0,000 161 *Ht*.

t	720	730	740	750	760	770	780
10	1,15	1,2	1,2	1,2	1,2	1,25	1,25
11	1,3	1,3	1,3	1,35	1,35	1,35	1,4
12	1,4	1,4	1,45	1,45	1,45	1,5	1,5
13	1,5	1,55	1,55	1,55	1,6	1,6	1,65
14	1,6	1,65	1,65	1,7	1,7	1,75	1,75
15	1,75	1,75	1,8	1,8	1,85	1,85	1,9
16	1,85	1,9	1,9	1,95	1,95	2,0	2,0
17	1,95	2,0	2,05	2,05	2,1	2,1	2,15
18	2,1	2,1	2,15	2,15	2,2	2,25	2,25
19	2,2	2,25	2,25	2,3	2,3	2,35	2,4
20	2,3	2,35	2,4	2,4	2,45	2,5	2,5
21	2,45	2,45	2,5	2,55	2,55	2,6	2,65
22	2,55	2,6	2,6	2,65	2,7	2,75	2,75
23	2,65	2,7	2,75	2,75	2,8	2,85	2,9
24	2,8	2,8	2,85	2,9	2,95	3,0	3,0
25	2,9	2,95	3,0	3,0	3,05	3,1	3,15
26	3,0	3,05	3,1	3,15	3,2	3,2	3,25
27	3,15	3,15	3,2	3,25	3,3	3,35	3,4
28	3,25	3,25	3,35	3,4	3,45	3,45	3,5
29	3,35	3,4	3,45	3,5	3,55	3,6	3,65
30	3,5	3,5	3,55	3,6	3,65	3,7	3,75

1. $H_0 = H - 0{,}000172\,Ht$, wenn die Skala auf das Glas geäzt ist, oder

2. $H_0 = H - 0{,}000161\,Ht$, wenn eine Messingskala benutzt wird.

In Tabelle 86 sind die Werte von 0,000172 Ht für jeden Grad zwischen 10° und 30° und für Drucke zwischen 720 und 780 mm in Abständen von 10 mm angegeben. In Tabelle 87 sind die Werte von 0,000161 Ht für die gleichen Temperaturen und Drucke angegeben. Wenn die Ablesungen unter 720 mm liegen, ist es bequemer die Korrektionen für 10—30° gegen die Drucke von z. B. 0—800 mm um je 2° fortschreitend auf Millimeterpapier aufzutragen. Die Korrektion für jeden beliebigen Druck bis 800 mm bei jeder beliebigen Temperatur zwischen 10 und 30° kann dann leicht aus dem Diagramm bestimmt werden.

Destillation des Acetons und Normalbutylalkohols im großen.

Joseph Reilly, M. A., D. Sc., F. R. C. Sc. I., F. I. C., Chemiker der Royal Naval Cordite Factory, Holton Heath Dorset und F. R. Henley, M. A., F. I. C.

XXI. Aceton.

Aceton wird im großen nach mehreren, vollständig verschiedenen Verfahren dargestellt. Die wichtigsten von diesen sind:

1. Gärungsprozesse;
2. die Zersetzung von aus verschiedenen Quellen stammenden Calciumacetat;
3. die Umwandlung von Essigsäure in Aceton in Gegenwart von Katalysatoren;
4. die Darstellung aus rohem Holzgeist. Bis jetzt ist es allerdings noch nicht gelungen, durch Destillation daraus reines Aceton zu gewinnen.

Da das Aceton auf jeden Fall mit beträchtlichen Mengen Wasser gemischt ist, sollen zuerst einige allgemeine Angaben über die Trennung von Mischungen aus Aceton und Wasser gemacht werden. Die Entfernung der verschiedenen flüchtigen Verunreinigungen soll getrennt davon in der eingehenderen Beschreibung der Destillation des rohen, aus den verschiedenen Quellen stammenden Acetons behandelt werden, da die zu entfernenden Verunreinigungen für jeden Fall andere sind.

1. Abtrennung des Acetons von Wasser durch Destillation von Mischungen dieser Stoffe.

Der Dampf hat stets einen höheren Acetongehalt als die kochende Flüssigkeit. Es gibt keine allgemeine Regel, die die Zusammensetzung von Dampf und Flüssigkeit in jedem Falle angibt. Aber Tabelle 88 gibt die Ergebnisse von Versuchen an, die mit einer großen Zahl von Mischungen angestellt worden sind.

Tabelle 88. Gewichtprozente Aceton in der Flüssigkeit und im Dampf, nach H. Bergström. Siedepunkte [] H. R. Carveth, () I. H. Pettit[1].

Siedepunkt der Flüssigkeit °C	Aceton in der Füssigkeit Gewichtsproz.	Aceton im Dampf Gewichtsproz.	Siedepunkt der Flüssigkeit °C	Aceton in der Flüssigkeit Gewichtsproz.	Aceton im Dampf Gewichts-prozente
(56,9)	100	100	[73,3]	17,5	86
	99	99,5		15	84,2
[57,2]	95	97,5	[77,16]	12,5	81,93
	90	96,3	(81,1)	11	79,95
[58,3]	89	96,18		10	78,4
[58,9]	85,5	95,76	[80,7]	9,5	77,6
	80	95,3		8	74,4
[60,7]	76,5	95,02		7	71,2
[60,45]	72	94,72		6	67,4
	70	94,6		5	62,6
(61,6)	65,5	94,33	[88,7]	4,5	59,3
(62,4)	60,5	94,03		3	47,0
[62]	55	93,6	[94,63]	2	36,0
	50	93,3		1	20,4
(64,4)	45,5	93,03		0,5	11,0
(65,3)	40,5	92,55		0,4	8,93
[65,9]	36	91,94		0,3	6,85
(67)	33,5	91,56		0,2	4,78
(70,7)	24,5	89,59	99,8	0,1	2,7
	20	87,6			

Tabelle 89[2] zeigt die geringst mögliche Wärmemenge, die im Dephlegmator einer Kolonne abgeführt werden muß, um 1 kg Aceton aus verschiedenen Mischungen von Aceton und Wasser herzustellen. Wie bei Äthylalkohol und Wasser, erreicht diese Menge ein Minimum, in diesem Fall, wenn die Mischung 50—55% Aceton enthält.

Tabelle 90 zeigt die Zusammensetzung von Dampf und Flüssigkeit auf jedem Boden einer Rektifizierkolonne. Ein Vergleich mit den entsprechenden Tabellen über die Destillation von Äthylalkohol und Wasser zeigt, daß bei Aceton und Wasser weniger Böden in der Kolonne erforderlich sind, und daß die im Rückflußkühler abzuführende Wärmemenge kleiner ist.

[1] Bergström, H.: Stockholm Aftryk ur Bitrang til Jem-Kontorets Annale. 1912. Carveth, H. R.: Journ. Phys. Chem. **3**, 193 (1899). Pettit, J. H.: Journ. Phys. Chem. **3**, 349 (1899).

[2] Hausbrandt, E.: Rektifizier- und Destillierapparate, 1916, S. 164.

Tabelle 89. Aceton und Wasser.

Geringst mögliche Wärmemenge in großen Kalorien, die im Dephlegmator abzuführen ist, um 1 kg Aceton von 99,75 Gewichtsprozent aus Acetonwassermischungen von 95,5—1 Gewichtsprozent darzustellen.

Acetongehalt in Gewichtsprozenten		Kalorien	Acetongehalt in Gewichtsprozenten		Kalorien
Flüssigkeit	Dampf		Flüssigkeit	Dampf	
95,5	97,75	—	35	91,8	55,9
95	97,5	132,9	30	91,0	59,5
90	96,3	87,7	25	89,0	66,8
85	95,7	70,2	20	87,6	81,7
80	95,3	60,5	15	84,2	108,0
75	94,9	55,4	10	78,4	154,0
70	94,6	52,3	9	76,8	168,9
65	94,3	50,3	8	74,4	192,4
60	94	49,8	7	71,2	225,1
55	93,6	49,6	6	67,4	269,3
50	93,3	49,6	5	62,6	332,6
45	93,0	49,7	2	36,0	994,3
40	92,5	51,7	1	20,0	2188,8

Tabelle 90. Aceton und Wasser. Rektifizierkolonne.

Acetongehalt in Flüssigkeit und Dampf in Gewichtsprozenten auf jeden Boden einer Kolonne, wenn zur Darstellung von 10 kg Aceton von 99, 75 Gewichtsprozent im Rückflußkühler 1500, 3000, 5000 Kalorien abgeführt werden.

Nr. des Bodens von oben	Aceton in der Flüssigkeit in Gewichtsprozenten	Aceton im Dampf in Gewichtsprozenten	Aceton in der Flüssigkeit inGewichtsprozenten	Aceton im Dampf inGewichtsprozenten	Aceton in der Flüssigkeit inGewichtsprozenten	Aceton im Dampf inGewichtsprozenten
	1500 Kalorien		3000 Kalorien		5000 Kalorien	
	99,5	99,75	99,5	99,75	99,5	99,75
1	99	99,5	99	99,5	99	99,5
2	98,75	99,4	98,6	99,3	98,5	99,25
3	98,6	99,3	97,9	98,98	96,6	98,3
4	98,27	99,11	96,9	98,48	94,5	97,39
5	97,9	98,98	95,75	97,87	86,5	95,83
6	97,0	98,5	93,1	97,06	26	90,03
7	96,1	98,13	83	95,53	4,66	60,46
8	95,6	97,78	24,6	89,63	3,7	53,07
9	95,2	97,6	18,3	86,56	3,6	52,5
10	94,2	97,3	6,1	67,81		
11	93	97	5,5	65,13		
12	92,1	96,89				
13	88,25	96,09				
14	69,1	94,56				
15	22	88,48				
16	11	80,1				
17	10,75	79,5				
18	10,4	78,95				

XXII. Darstellung von Aceton und n-Butylalkohol durch Gärung.

Die Bildung von n-Butylalkohol und anderen Alkoholen bei der Gärung von kohlehydrathaltigem Material ist seit langem bekannt. Die Gegenwart von Jodoform bildenden Stoffen unter den Gärungsprodukten ist gelegentlich beschrieben worden. Das Auftreten von Aceton als Produkt der Gärung von Kohlehydraten wurde zuerst von Schardinger[1] beobachtet, der diesen Stoff zusammen mit Essig- und Ameisensäure erhielt. Die Reindarstellung eines Gärungserregers, der Aceton und n-Butylalkohol aus stärkehaltigen Stoffen bildet, ist Fernbach und Strange[2] zu verdanken. Seit der anfänglichen Entdeckung sind viele andere Verfahren zur Darstellung von Aceton und n-Butyl- oder Äthylalkohol durch Zerlegung von Kohlehydraten unter bakterieller Einwirkung beschrieben worden.

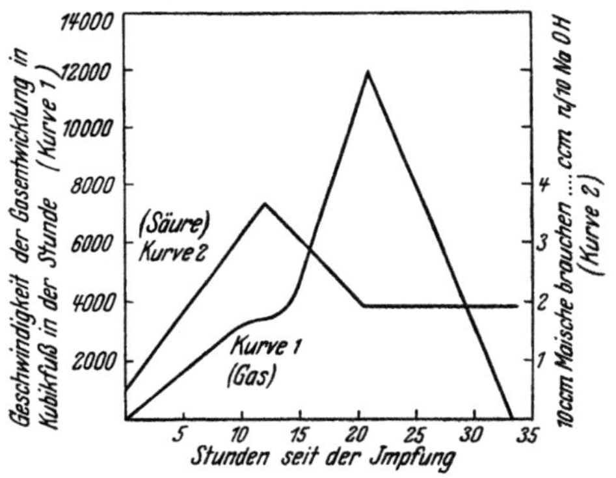

Abb. 88.

Tabelle 91 gibt die bei den gewöhnlichen Verfahren der „Aceton-n-Butylalkoholgärung" erhaltenen Stoffausbeuten an.

Bei einer normalen Gärung steigt die Acidität der Maische von einem sehr geringen Anfangswert an bis zu einem 13—17 Stunden nach der Impfung erreichten Maximum. (Die Zeit bis zur Erreichung dieses Punktes hängt von der Menge des Impfstoffes, der Temperatur der Maische und anderen Einflüssen ab.) Wenn die höchste Acidität in 6,5%iger Maische erreicht ist, so verbrauchen 10 ccm Maische 3,5—4,5 ccm N/10 Alkali. Wenn dieser Punkt erreicht ist, tritt eine sehr merkbare Beschleunigung in der Bildung von Aceton, n-Butylalkohol, Kohlendioxyd und Wasserstoff ein. Die Acidität fällt langsam auf einen konstanten Wert ab, bei dem 10 ccm Maische zur Neutralisation 1,5—2,5 ccm N/10 Alkali benötigen (s. Abb. 88, Kurve 2).

Die Geschwindigkeit der Gasentwicklung ist in Kurve 1, Abb. 88, die Zusammensetzung des Gases in Tabelle 92[3] angegeben.

---

[1] Schardinger: Zentralbl. Bakter., Part. II. 18, 748 (1907).
[2] Fernbach und Strange: Engl. Patent 1912, 21 073.
[3] Reilly, Hickinbottom, Henley und Thaysen: Biochem. Journ. 2, 229 (1920), vol. XIV.

Tabelle 91.

1000 lb Mais enthalten 650 lb Stärke, das Volumen der Maische (6,5% Mais) beträgt 1540 Gallonen.

		lb	Gehalt an Kohlenstoff
650 lb Stärke ergeben		70 Aceton	43,5
		163 n-Butylalkohol	105,7
	3410 Kubikfuß CO_2 27° 760 mm	390 CO_2	106,3
1 Vol. Maische löst bei 38° 0,3 Vol. CO_2 von 0°, 760 mm[1]	74 Kubikfuß CO_2 0° 760 mm in Lösung	9,2 CO_2 in Lösung	2,5
	2090 Kubikfuß H_2, 27° 760 mm	11 H_2	—
	Restacidität [2]	12 „Säuren“	5,7
		655,2	263,7

Theoretisch entsprechen 650 lb Stärke 722 lb Hexose oder 288,8 lb Kohlenstoff.

Ausbeuteberechnung in Prozent der vergorenen Stärke.

100 g Stärke entsprechen 111,1 g Hexose und enthalten 44,4 g Kohlenstoff

100 g Stärke ergeben	10,77 g Aceton	mit 6,68 g	Kohlenstoff
	25,07 g n-Butylalkohol	16,21 g	„
	61,41 g Kohlendioxyd	16,75 g	„
	1,60 g Wasserstoff	—	„
	1,80 g Restacidität	0,85 g	„
	100,65 g	40,49 g	

Geschwindigkeit der Gasentwicklung, Anstieg und Abfall der Acidität während der Gärung.

Die Kurven in Abb. 88 zeigen den Wechsel

1. in der Geschwindigkeit der Gasentwicklung, und
2. in der Acidität während einer Gärung. Die Kurven stellen das

[1] Ein Raumteil destilliertes Wasser löst bei 38° 0,55 Raumteile CO_2 0° 760 mm bei einem Kohlensäuredruck von 760 mm. Bei 38° ist der Druck des Wasserdampfes 49,3 mm, der wirkliche Gasdruck ist also 710,7 mm. Da das Gas aus 40 Vol.-% H_2 und 60 Vol.-% CO_2 besteht, ist der Partialdruck des CO_2 gleich 426,4 mm. Bei diesem Druck ist das Kohlendioxyd zu 0,31 Raumteilen von 0° 760 mm in einem Raumteil Flüssigkeit löslich. Die Gärungsflüssigkeiten enthalten Stoffe, die die Löslichkeit des CO_2 beeinflussen und zum Teil erhöhen können. Bestimmungen des CO_2 in einer Reihe von Gärungsflüssigkeiten ergaben zwischen 0,15 und 0,52 Raumteile CO_2 in einem Raumteil Maische gelöst. Zur Berechnung wurde ein etwas niedrigerer Wert (0,3) gewählt als der Löslichkeit des Kohlendioxyds in Wasser bei 38° entspricht.

[2] Die Restacidität wurde unter der Annahme berechnet, daß sie zu 56,5 Gewichtsprozent durch Essigsäure und zu 43,5 Gewichtsprozent durch Buttersäure verursacht wird. Der nicht flüchtige Anteil wurde für die Berechnung als Buttersäure eingesetzt.

Mittel aus 12 Gärungen 6,5 %iger Maismaische (40 000 Gallonen) mit 4,7% Impfstoff dar.

Die Acidität ist in ccm N/10 Alkali gemessen, die zur Neutralisation von 10 ccm Maische verbraucht wurden, nachdem die Lösung zur Entfernung des Kohlendioxyds aufgekocht worden war. Als Indikator diente Phenolphtalein.

Man bemerkt, daß mit wachsender Acidität eine Zeitlang die Geschwindigkeit der Gasentwicklung stetig ansteigt. Sie wird dann konstant (in einigen Fällen läßt sie sogar etwas nach). Sobald die Acidität abfällt, steigt die Geschwindigkeit der Gasentwicklung rasch bis zu einem Maximum an und fällt dann sehr schnell bis zum Ende der Gärung ab. Die Gasentwicklung wurde jede Stunde bestimmt, die Acidität wurde alle 3 Stunden gemessen. Die Acidität am Ende der Gärung ist im allgemeinen höher als zur Zeit der Impfung der Maische.

Zusammensetzung des Gases.

Über die Zusammensetzung des während der Gärung entwickelten Gases wurden Bestimmungen ausgeführt. Tabelle 92 gibt die Ergebnisse eines dieser Versuche an.

Die Gärungsgefäße waren zu ungefähr drei Dritteln mit Maische gefüllt, der Raum über dieser war vor der Impfung mit Luft erfüllt.

Tabelle 92.

Zeit 28. VI. 1916	Gasentwicklung Kubikfuß in der Stunde	Zusammensetzung des Gases	
		CO_2	H_2
		Prozent	Prozent
4 nachmittags	—	—	—
7 „	253	23,0	77,0
8 „	834	31,9	68,1
9 „	822	42,2	57,8
10 „	660	47,4	52,6
11 „	760	51,6	48,4
29. VI. 1916			
9,30 vormittags	1186	62,0	38,0

Von 9 Uhr 30 vormittags des 29. VI. 1916 bis zum Ende der Gärung, die 36 Stunden dauerte, blieb der Gehalt an Kohlendioxyd der gleiche. Im ganzen entwickelten sich 42 694 Kubikfuß Gas. Der höhere Wasserstoffgehalt des in der ersten Zeit entwickelten Gases ist zum Teil auf die größere Löslichkeit des Kohlendioxyds zurückzuführen.

Die Bildung von Aceton und n-Butylalkohol in verschiedenen Stufen der Gärung ist in Tabelle 93 angegeben.

Tabelle 93.

Zeit	Acidität	Verhältnis Essigsäure zu Buttersäure	in 1 Liter Maische sind enthalten Aceton und n-Butylalkohol-Mischung
9,0 nachmittags	1,0	1 : 0,5	nichts
11,0 „	1,5	1 : 0,62	nichts
12,15 vormittags	2,0	1 : 0,9	eine Spur
5,30 „	3,7	1 : 1,25	1 ccm
3,15 nachmittags	2,0	1 : 0,28	4 ccm
4,30 „	1,6	1 : 0,25	5 ccm

Als Acidität ist die Zahl der ccm N/10 Alkali angegeben, die zur Neutralisation von 10 ccm Maische nötig waren.

Es kann auch eine Würze, ähnlich der bei der alkoholischen Gärung zur Herstellung von Äthylalkohol verwendeten, genommen werden. Die Flüssigkeit enthält, nachdem die Gärung einer stärkehaltigen Maische zu Ende ist, gewöhnlich 0,6% Aceton und 1,4% n-Butylalkohol und eine viel kleinere Menge Äthylalkohol. Wenn Würze verwendet wird, kann die Konzentration viel höher steigen.

Das Destillationsverfahren.

Die Destillation der fertig vergorenen Maische wird entweder in einer für diesen Zweck etwas abgeänderten Coffeykolonne oder in der Acetonkolonne von Blair, Campbell und M'Lean vorgenommen. Beide Kolonnen stellen in einem Arbeitsgang fast reines Aceton dar. Wenn aber das Aceton zur Darstellung von Nitrozellulosepulver benutzt werden soll, muß es zum zweiten Male destilliert werden, um das Kohlendioxyd und Spuren von Stoffen, die die Haltbarkeit des Pulvers beeinflussen, zu entfernen. Diese letzte Destillation wird diskontinuierlich in einer Blase mit sehr wirksamer Fraktionierkolonne ausgeführt.

Vorläufige Destillation in einem Coffeyapparat
(siehe Abb. 121, S. 344).

Die ausgegorene Maische wird in gewöhnlicher Art in den Apparat eingeführt, aber ihre Temperatur liegt zwischen 35 und 40° C. Beim Abwärtsfließen durch das Maischerohr in der Rektifizierkolonne muß ihre Temperatur in der Höhe des Spritbodens, wo das Aceton aus dem Apparat abgezogen wird, etwas unter 56° bleiben. Der Unterschied zwischen 35 und 56° ist so klein, daß es schwierig ist, die Temperatur auf dem Spritboden niedrig genug zu halten. Um diese Schwierigkeit zu überwinden, kann entweder das Maischerohr innerhalb der Rektifizierkolonne tiefer angebracht und oben durch eine unabhängige Kaltwasserschlange ersetzt werden, oder die Temperatur der Maische kann durch Mischung mit kaltem Wasser erniedrigt werden.

Wenn die Maische die Rektifiziersäule verlassen hat, tritt sie oben in die Abtreibsäule ein, fließt hierin nach unten und tritt am unteren Ende als erschöpfte Maische frei von Aceton und n-Butylalkohol aus.

Das am Boden der Rektifiziersäule abfließende Kondensat besteht hauptsächlich aus einer verdünnten Lösung von n-Butylalkohol. Es wird wieder auf die Spitze der Abtreibsäule zurückgepumpt.

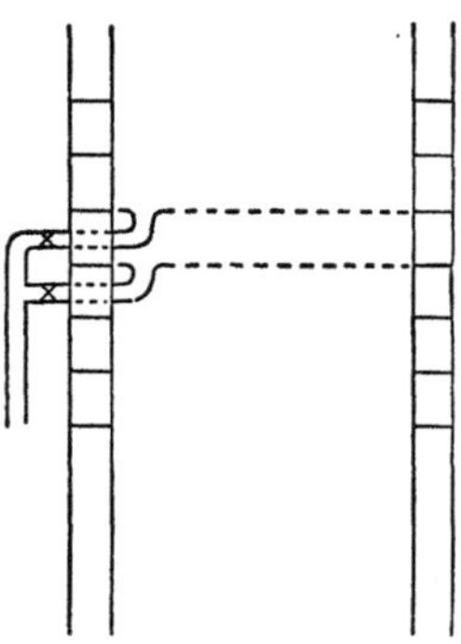

Abb. 89.

Es ist Vorsorge getroffen, daß der n-Butylalkohol von einem der tieferen Böden der Rektifizierkolonne abfließt. Die Vorrichtung, mit der die Flüssigkeit vom Boden abgezogen wird, ist in Abb. 89 gezeigt. Wenn der Apparat gleichmäßig arbeitet, kann stetig ein azeotropes Gemisch von n-Butylalkohol und Wasser abfließen. Dies wird dann in einem Kühler gekühlt und fließt in ein Scheidegefäß, in dem sich zwei Schichten bilden. Die obere besteht aus 85% n-Butylalkohol und 15% Wasser, die untere aus 12% n-Butylalkohol und 88% Wasser. Die untere Schicht wird auf die Spitze der Abtreibsäule zurückgepumpt. Wenn sehr konzentrierte Maische destilliert wird, fließt das n-Butylalkohol-Wassergemisch am unteren Ende der Rektifizierkolonne ab. Auf jeden Fall enthält der gewonnene n-Butylalkohol etwas Äthylalkohol und Aceton. Es ist sehr wichtig, einen gleichmäßigen Abfluß des n-Butylalkohols aus der Rektifizierkolonne aufrecht zu erhalten, um zu verhüten, daß er allmählich in der Kolonne aufwärts steigt und das Acetondestillat verunreinigt. Das Aceton fließt von dem Spritboden ab. Die in der Maische gelösten Gase verlassen den Apparat durch ein Rohr, das vom oberen Ende der Rektifiziersäule in die Luft führt. Sie nehmen eine sehr kleine Menge Aceton mit, das durch Waschen der Abgase mit Wasser wieder gewonnen werden kann. Das Aceton fließt von dem Spritboden in einen Kühler, wo seine Temperatur auf 15° herabgesetzt wird. Sein spezifisches Gewicht beträgt ungefähr 0,800. Da das Aceton nur bei einer Temperatur von ungefähr 56° C mit den Gasen in Berührung war, ist sein Gehalt an gelöstem Kohlendioxyd viel kleiner, als wenn das Aceton in Gegenwart des Gasüberschusses gekühlt würde. Dieser Punkt ist bei der Verwendung des Acetons zur Herstellung von Nitrozellulosepulver von erheblicher Bedeutung.

Mit Coffeys Apparat kann Aceton mit einem Reinheitsgrad von über 99% hergestellt werden, und der gleichzeitig abfließende n-Butylalkohol enthält weniger als 1% Aceton.

Der kontinuierliche Acetonapparat von Blair Campbell und M'Lean (Abb. 90). Die vergorene Maische wird in einer Siedekolonne mit Böden nach Art der unter Alkoholdestillation (S. 333) beschriebenen Glockenböden destilliert. Die Maische fließt von dem Behälter *A* durch den Regulator *B* und den Vorwärmer *C*, in dem sie durch Wärmeaustausch mit der erschöpften Maische erwärmt wird. Sie tritt dann gerade oberhalb des obersten Bodens in die Abtrieb- oder Kochkolonne ein und fließt als erschöpfte, praktisch aceton- und butylalkoholfreie Maische durch ein Syphonrohr am unteren Ende der Kolonne ab. Bei *Z* wird unterhalb des untersten Bodens Dampf eingeleitet, dessen Zufuhr automatisch durch den Regulator *G* geregelt wird. Der aufsteigende Dampf sprudelt auf jeder Platte durch eine Flüssigkeitsschicht von ungefähr 1 Zoll Höhe. Der an der Spitze der Kochkolonne ausströmende Dampf tritt durch das Rohr *H* am unteren Ende der Rektifizierkolonne ein. Diese ist von gleicher Art wie die Kochkolonne und wie diese mit Glockenböden versehen.

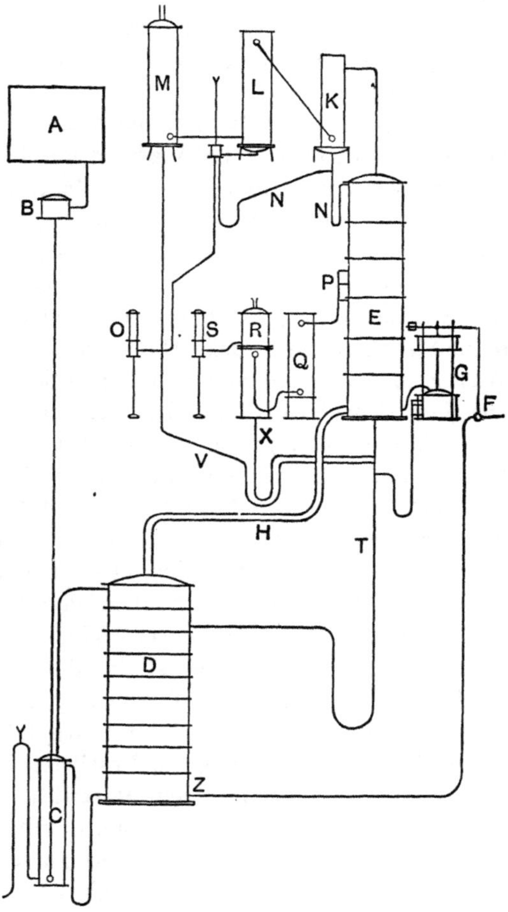

Abb. 90.

Der an der Spitze der Rektifizierkolonne austretende Dampf strömt in einen wassergekühlten Röhrendephlegmator *K*, der den nötigen Rücklauf für die Rektifizierkolonne erzeugt. Der durch diesen Dephlegmator nichtkondensierte Anteil des Dampfes strömt oben in einen Wasserkühler ein und wird hier vollständig verdichtet. Ein Teil des hier erzeugten Kondensats fließt als fertiges Aceton zu dem Schauglas *O*, ein anderer Teil wird zusammen mit der im Dephlegmator *K* kondensierten

Flüssigkeit durch das Rohr *N* auf die Spitze der Rektifiziersäule geleitet. Das ursprünglich in der Maische gelöste Gas wird vom unteren Ende des Kühlers *L* zu einem Gaswäscher *M* geleitet. Dieser besteht aus einem mit Koksstücken gefüllten, mit Wasser berieselten Turm. Dadurch werden die Gase von Aceton befreit, und die so entstandene, verdünnte, wäßrige Acetonlösung fließt durch ein Syphonrohr *V* in die Kochkolonne zurück.

Entfernung des n-Butylalkohols aus der Rektifizierkolonne. Das (azeotrope) n-Butylalkohol-Wassergemisch fließt durch eines der mit Hähnen versehenen Rohre *P* aus der Rektifizierkolonne ab. Das n-Butylalkohol-Wassergemisch wird zunächst in einer in Wasser liegenden Kühlschlange *Q* gekühlt und fließt dann in ein Scheidegefäß *R*. Die untere, aus einer gesättigten, wäßrigen Lösung von n-Butylalkohol mit Spuren von Aceton bestehende Schicht fließt durch das Rohr *X* in die Siedekolonne zurück. Die obere, aus einer gesättigten Lösung von Wasser in n-Butylalkohol bestehende Schicht fließt bei dem Schauglas aus dem Scheidegefäß ab. Der Apparat fließt ungefähr 48 Stunden lang sehr gleichmäßig, nachher aber beginnt die Temperatur des in den Dephlegmator strömenden Dampfes über 56° C zu steigen, und es macht Schwierigkeiten, sie auf ihrer normalen Höhe zu halten. Der Grund für diese Erscheinung liegt darin, daß sich allmählich Äthylalkohol oberhalb des Bodens, von dem aus der n-Butylalkohol abfließt, in der Rektifizierkolonne ansammelt. Um diese Schwierigkeit zu überwinden, muß dem Apparat statt Maische Wasser zugeführt werden. Die Destillation wird dann fortgesetzt, bis die Temperatur am unteren Ende der Rektifizierkolonne auf 100° gestiegen ist. Hierdurch wird die Rektifizierkolonne vom angesammelten Äthylalkohol befreit. Das während dieses Vorganges aufgefangene Destillat, das etwas Äthylalkohol enthält, wird zusammen mit dem Rest des rohen Acetons bei der Enddestillation verarbeitet. Man könnte wohl auch eine an Äthylalkohol angereicherte Flüssigkeit in einer geeigneten Höhe aus der Rektifizierkolonne abziehen, aber dies ist noch nicht versucht worden.

Überwachung der Anlage. Der Maischestrom wird durch den bei der Alkoholdestillation, S. 341, Abb. 117, beschriebenen Regulator überwacht. Der Zustrom von Dampf zur Siedekolonne wird mittels des unter Alkoholdestillation, S. 342, Abb. 118, beschriebenen Apparates selbsttätig geregelt. Der Abfluß von Aceton und n-Butylalkohol aus dem Apparat wird durch Schaugläser, ähnlich dem auf S. 342 beschriebenen, reguliert. Die Temperatur am unteren Ende der Rektifizierkolonne und die des in den Dephlegmator strömenden Dampfes muß sorgfältig konstant gehalten werden. Wenn das Aceton nicht rasch genug aus dem Apparat abläuft, fängt die Temperatur am unteren Ende der Rektifizierkolonne an zu fallen, und die Trennung der beiden Schichten des n-Butylalkohol-Wassergemisches geht infolge der Anwesenheit von zu viel Aceton nicht mehr sauber vor sich. Wenn das Aceton zu rasch abläuft, steigt die Temperatur des Dampfes beim Eingang in den Dephlegmator sehr bald über 56° C. Es ist auch wichtig, den Druck in der Rektifizierkolonne sehr gleichmäßig zu halten. Für diesen Zweck sind am Boden und nahe der Spitze der Rektifizierkolonne Manometer angebracht.

Mit dieser Anlage kann Aceton in einer Reinheit von über 99% erhalten werden, aber die Gegenwart von Spuren von Verunreinigungen macht es doch für die unmittelbare Verwendung zur Herstellung von rauchlosem Pulver ungeeignet. Um diese Verunreinigungen zu entfernen, wird das Aceton nach Zusatz einer kleinen Menge Ätznatron in einer absatzweise arbeitenden Blase erneut destilliert.

In der Praxis fließt das Aceton im allgemeinen in geringerer Stärke aus dem Apparat ab, da dadurch die wirksame Entfernung des n-Butylalkohols aus der Kolonne etwas erleichtert wird. Nötig ist dies aber nicht.

Letzte Reinigung des durch Gärungsvorgänge gewonnenen Acetons.

Zwei für diesen Zweck verwendbare Blasenarten sind in Abb. 91[1] und Abb. 92 gezeigt. Die Blase (Abb. 91 oder 92) wird mit ungefähr 4800 Pfund Rohaceton aus dem ersten Apparat beschickt. Die Beschickung wird mit direktem Dampf, der durch die Bohrungen einer unten in der Blase angebrachten Dampfschlange in die Flüssigkeit eingeblasen wird, langsam erwärmt. Dadurch wird die Hauptmenge des im rohen Aceton gelösten Gases ausgetrieben, bevor sich im Kühler ein Kondensat bildet. Sobald die Gasentwicklung aufhält, wird der Dampf abgestellt, die nötige Menge Natronlauge, enthaltend ungefähr 8 Pfund Natriumhydroxyd, zugesetzt und mit der Erwärmung fortgefahren.

Das in Coffeys Apparat hergestellte Rohaceton enthält so wenig Kohlendioxyd gelöst, daß die vorherige Anwärmung unnötig ist, und das Ätznatron zugesetzt werden kann, sobald die Blase beschickt ist.

Das Destillat wird in 3 Fraktionen aufgefangen:

1. Der Vorlauf in einer Menge von ungefähr 125 Pfund, oder 2,6 Gewichtsprozent der Beschickung, bestehend aus fast reinem Aceton. Er enthält aber noch zu viel Kohlendioxyd, als daß er den Vorschriften entsprechen könnte, und muß einer zweiten Destillation über Alkali unterworfen werden.

2. Die zweite Fraktion besteht aus gutem Aceton, das keiner weiteren Behandlung bedarf. Diese Fraktion macht ungefähr 74 Gewichtsprozent der Beschickung aus.

---

[1] Es kann ein Apparat ähnlich dem auf S. 329 für die Rektifikation von Äthylalkohol geschilderten benutzt werden.

3. Die dritte Fraktion mit einem spezifischen Gewicht von mehr als 0,802, beträgt ungefähr 23,3% der Beschickung. Die Aufsammlung dieser Fraktion wird unterbrochen, wenn das spezifische Gewicht des

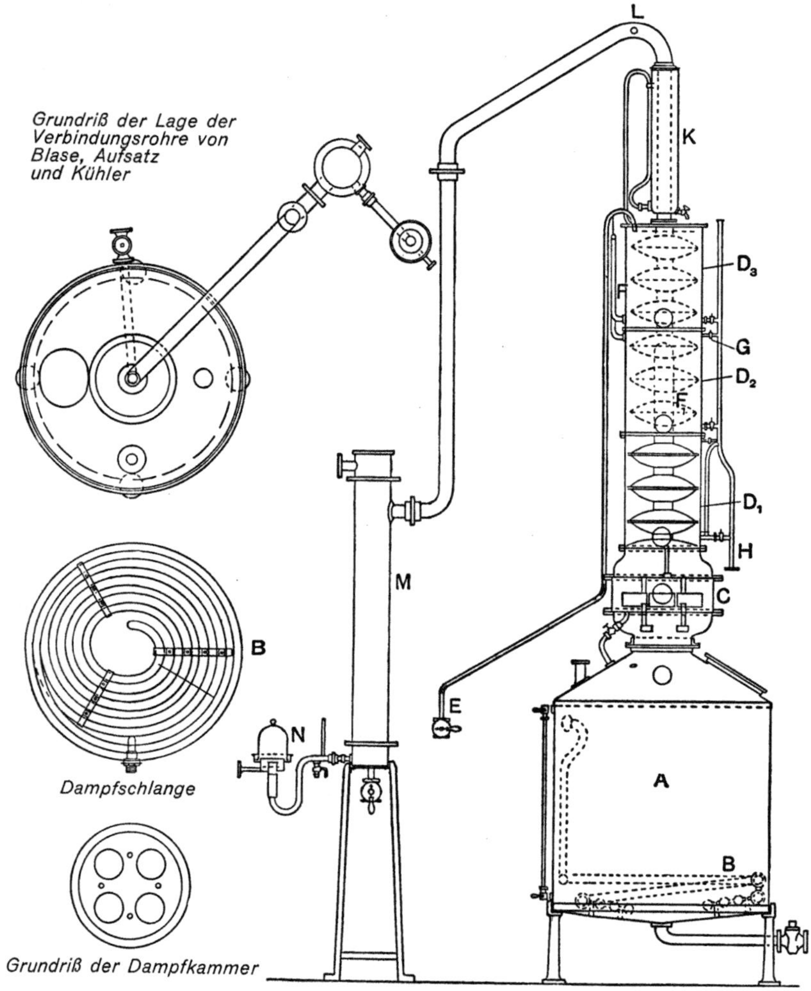

Abb. 91. Apparat zur Acetonrektifikation von J. Dore & Co., London.

A Blase, *B* Dampfschlange, *C* Dampfraum (ohne Wassermantel), D_1, D_2, D_3 mit Wassermantel versehene Abteilungen der Kolonne; *E* Kaltwasserleitung zu den Wassermänteln von D_1, D_2, D_3; *F* Syphon von D_3 nach D_2; F_1 Syphon von D_2 nach D_1; *G* Entlüftungsrohre der Wassermäntel; *H* Ablaßrohr für das Wasser in den Mänteln; *K* Hilfskühler; *L* Dämpfeableitrohr; *M* Kühler; *N* Schauglas.

Destillates auf 1,0 steigt. Diese Fraktion wird nach Zusatz von Ätznatron und Permanganat wieder destilliert.

Zweite Destillation der dritten oder „schweren" Fraktion. Diese zweite Destillation der dritten Fraktion wird in Blasen von der gleichen Art wie die schon beschriebenen ausgeführt. Es werden drei Fraktionen aufgefangen:

1. Aceton mit einem spezifischen Gewicht von weniger als 0,802, dessen Menge ungefähr 13% der Beschickung ausmacht.

2. „rohe Ketone", die ungefähr 70% der Beschickung bilden. Diese Fraktion wird erneut destilliert.

3. n-Butylalkohol und Wasser, die ungefähr 3 Gewichtsprozent der Beschickung ausmachen.

Der Rückstand besteht aus Wasser.

Erneute Destillation der zweiten oder „Rohketonfraktion". Die erneute Destillation dieser Fraktion ergibt drei Fraktionen:

1. Aceton, 3,5 Gewichtsprozent der Beschickung;

2. „Feinketone", 87,0% der Beschickung;

3. n-Butylalkohol und Wasser, 9,5% der Beschickung.

Fraktion 2 wird nicht weiter behandelt. Sie scheint zu einem erheblichen Teil aus Äthylalkohol, n-Butylalkohol und Wasser zu bestehen.

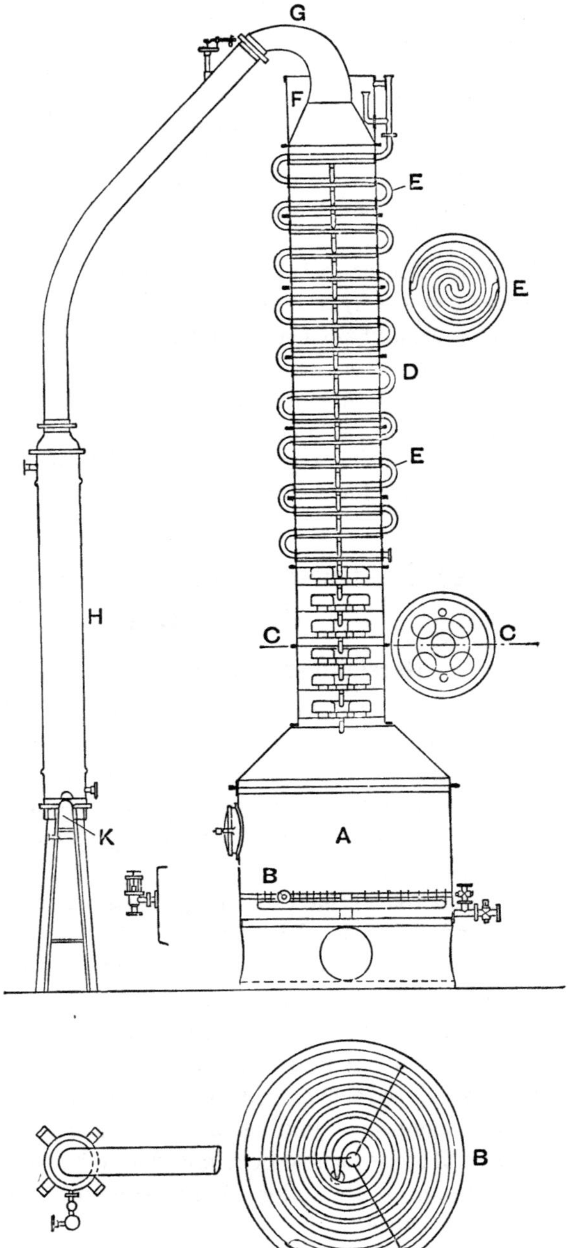

Abb. 92. Apparat zur Acetonrektifikation von J. Miller & Co., Glasgow.

A Blase; *B* Dampfschlange; *C* Untere Abteilung der Kolonne, ohne Wasserkühlung; *D* Oberer Teil der Kolonne mit Kühlrohren *E* auf jedem Boden; *F* Wasserbad; *G* Dämpfeableiterohr; *H* Kühler; *K* Schauglas.

Eine Probe davon ergab bei der Fraktionierung im Laboratorium folgende Fraktionen:

K. P. 65—70° C	3,3%
75—80° C	34,8%
80—85° C	1,6%
85—92° C	4,7%
n-Butylalkohol und Wasser	52,6%

Tabelle 94 gibt eine schematische Darstellung dieser Destillationen.

Der Bazillus acetoäthylicus ist imstande, Kohlehydrate in eine Mischung von Äthylalkohol, Aceton und Ameisensäure zu zerlegen. Die Ausbeute an Aceton beträgt 8—9%, die an Alkohol 14% bis 20 Gewichtsprozent des vergorenen Kohlehydrates[1]. Die beste Temperatur zum Wachstum und zur Gärung ist 43° C. Der Vorgang findet in Gegenwart von Calciumcarbonat statt. Das Verfahren ist vom kommerziellen Standpunkt aus in der Anlage der Commercial Solvents Corporation in Terre Haute, Indiana[2] untersucht worden.

Außerdem ist Aceton in industriellem Maßstab noch aus Seetang und Blattang hergestellt worden[3].

XXIII. Herstellung von Aceton nach anderen als Gärungsverfahren.

Darstellung von Aceton aus Calcium-usw.-acetat.

Aceton wird technisch durch die trockene Destillation verschiedener Acetate dargestellt, wobei im allgemeinen Calciumacetat (techn. „Graukalk" genannt) oder Bariumacetat verwendet werden. Im allgemeinen wird ein einheitliches Acetat angewandt, obgleich auch die Verwendung von Mischungen zweier Acetate empfohlen worden ist (Franz. Patent 1911, Nr. 439 732).

Graukalk enthält im allgemeinen ungefähr 80% Calciumacetat, während die restlichen 20% aus Wasser und verschiedenen Verunreinigungen bestehen. Zu den letzteren gehören geringe Mengen Calciumformiat, Calciumpropionat und Salze anderer organischer Säuren.

Calciumacetat zersetzt sich beim Erhitzen auf ungefähr 380°, wobei es Aceton und einen Rückstand von Calciumcarbonat liefert, aber gleichzeitig zersetzen sich auch die als Begleitstoffe vorhandenen verunreinigenden Calciumsalze und es bilden sich Acetaldehyd und verschiedene höhere Ketone, zusammen mit deren Kondensationsprodukten. Dazu bilden sich noch andere Verunreinigungen (wie Dumasin) und teerähnliche Stoffe.

---

[1] Northrop, Ashae und Senior: Journ. Biol. Chem. **39**, 1 (1919).
[2] Vgl. Arzberger, Peterson und Fred: Journ. Biol. Chem. **44**, 465.
[3] Journ. Ind. and Engin. Chem. **10**, 858 (1918) und Journ. Soc. Chem. Ind. **35**, 565 (1916).

Tabelle 94. Vergorene Maische.

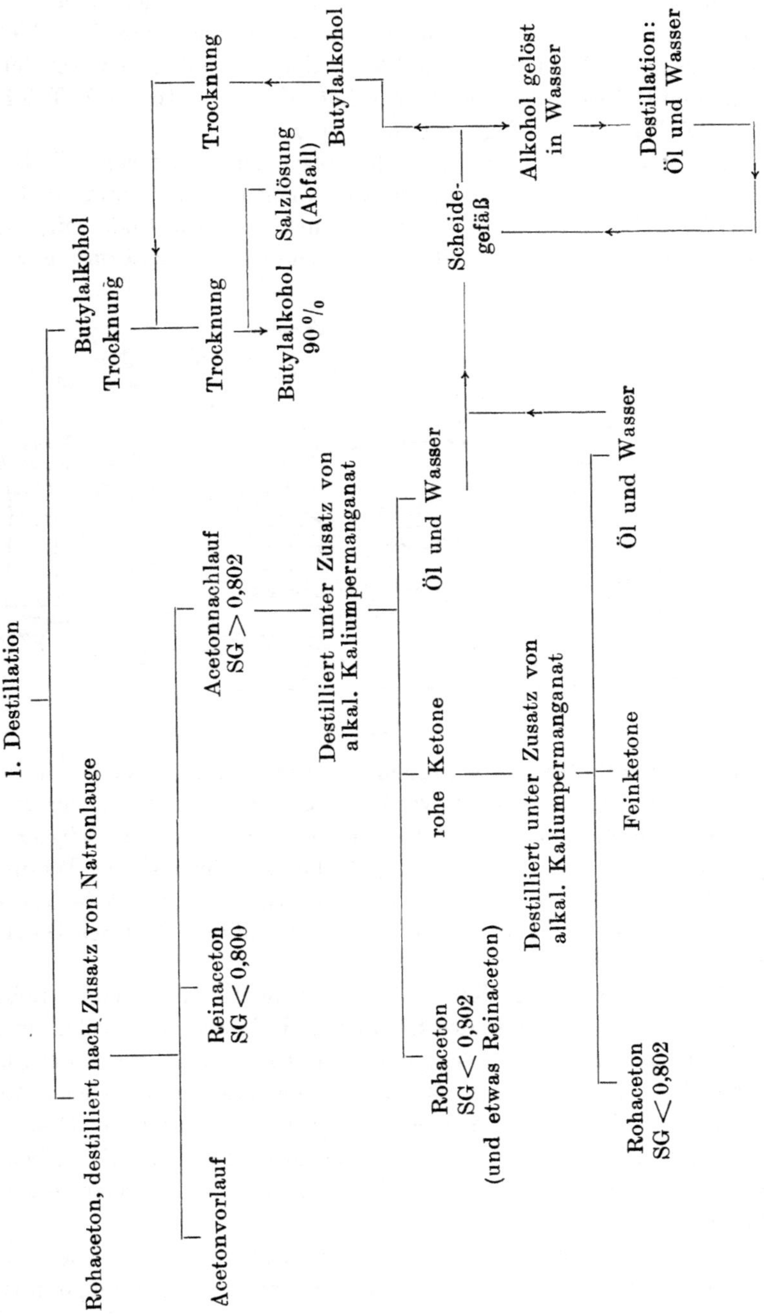

Die Destillation des Calciumacetats wird im allgemeinen in einer flachen, runden Retorte mit einem Fassungsvermögen von 300—700 Pfd. ausgeführt. Abb. 93 zeigt eine Skizze der gewöhnlichen Form der verwendeten Retorte (die in liebenswürdiger Weise von Herrn W. T. Thomson, F. I. C. zur Verfügung gestellt wurde).

Die Heizung der Retorte erfolgt durch direktes Feuer. Es ist eine Rührvorrichtung vorgesehen, und die Ableitungsrohre sind mit Stäben versehen, die durch Stopfbüchsen gehen und am Ende eine eiserne Scheibe tragen, so daß die Rohre während der Destillation von Zeit zu

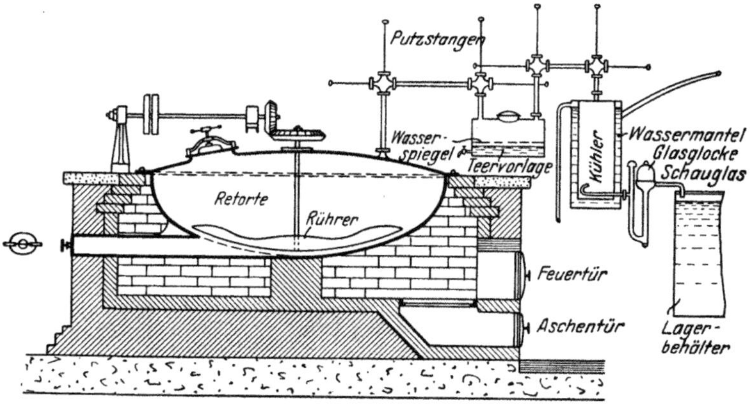

Abb. 93.

Zeit von Staub, Teer usw. gereinigt werden können. Nachdem die Retorte beschickt worden ist, wird das Rührwerk in Gang gesetzt und zunächst mäßig geheizt, da Aceton und Wasser bei gemäßigter Temperatur abgegeben werden. Man geht langsam bis auf eine Temperatur von 380° C, bei der die Zersetzung des Acetats lebhaft fortschreitet. Gegen Schluß wird Dampf durchgeblasen, um den Rest des Destillates hinüber zu spülen.

Der Dampf aus der Retorte strömt zunächst durch einen Behälter, in dem die Hauptmenge des Staubes und Teeres zurückgehalten wird. Aceton- und Wasserdämpfe, gemischt mit flüchtigen Verunreinigungen, gehen hindurch, werden in einem Schlangenkühler kondensiert und in einem galvanisierten Behälter aufgefangen. Gegen Ende der Destillation wird der Inhalt des Staub- und Teerbehälters mit einer Dampfschlange beheizt, um alles Aceton, das sich mit dem Teer kondensiert haben kann, auszutreiben.

Das Destillat wird mit Wasser verdünnt, bis ein spezifisches Gewicht von 0,960 erreicht ist. Die Flüssigkeit wird dann gut umgerührt und bleibt 12 Stunden stehen. Teer, höhere Ketone usw., die in die Höhe steigen, werden durch einen Hahn in einen daneben stehenden Behälter abgelassen. Zu der rohen, das Aceton enthaltenden Flüssigkeit werden dann 3,5 Pfund Natriumhydroxyd auf 1000 Gallonen Flüssigkeit zugesetzt. Die Flüssigkeit wird dann gut durchgerührt und in eine Rektifizierblase gebracht. Der Zusatz von Natriumhydroxyd verhindert, daß flüchtige Säuren ins Destillat übergehen.

Es werden zwei Fraktionen aufgefangen, deren Weiterbehandlung in Tabelle 95 angegeben ist. Der Schwefelsäurezusatz hat den Zweck, ein Übergehen von Aminen in das Destillat zu verhindern. Es wird eine Blase von gleicher Art benutzt wie bei der Schlußdestillation des durch Gärung dargestellten Acetons.

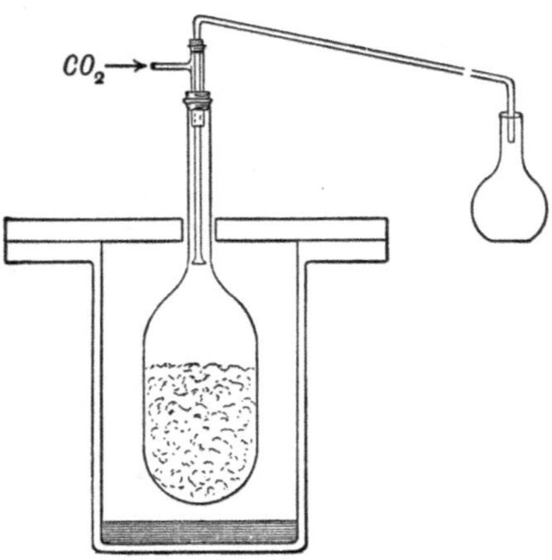

Abb. 94.

Die Anwesenheit von Alkali (von freiem Kalk) im Calciumacetat wird als einer hohen Ausbeute nachteilig angesehen. Becker[1] bläst einen Strom von Kohlendioxyd in den geheizten Kessel mit Calciumacetat, um die Bildung von freiem Kalk zu verhindern. Zur Darstellung von Ketonen durch thermische Zersetzung gewisser Calciumsalze in einem Strom von Kohlendioxyd gibt es einen früheren Beleg als die Arbeit von Becker. S. Young[2] stellte nämlich im Jahre 1891 Dibenzylketon durch Erhitzen von trockenem phenylessigsaurem Calcium in einem Strom von Kohlendioxyd in guter Ausbeute her. Eine kurze Beschreibung des von ihm laboratoriumsmäßig benutzten Apparates und seiner Arbeitsweise sei angegeben: Das bei 130° getrocknete Calciumsalz wurde in einem weiten, zylindrischen Glaskolben gebracht, an den ein engeres Rohr angeschmolzen war. Der Kolben wurde durch den Dampf von Schwefel, der in einem mit Flansch und schwerem, eisernem Deckel versehenen Eisenkessel siedete, erhitzt. Das schon erwähnte enge Rohr war mit einem Gummistopfen versehen, durch den ein T-Rohr ging. Durch das T-Rohr und das enge Rohr ging ein Stück eines Barometerrohres, das an seinem unteren Ende konisch erweitert war. Es wurde durch einen Kork mit dem T-Rohr verbunden. Nachdem das T-Rohr und der Kork an ihre Stelle gebracht worden waren, wurde das Barometerrohr, wie in Abb. 94 abgebildet, gebogen. Möglicherweise könnte das Schwefelbad vorteilhaft durch ein aus einer Mischung von

[1] Ztschr. f. angew. Ch. **20,** 206 (1907).
[2] Trans. Chem. Soc. **59,** 621 (1891).

Tabelle 95.

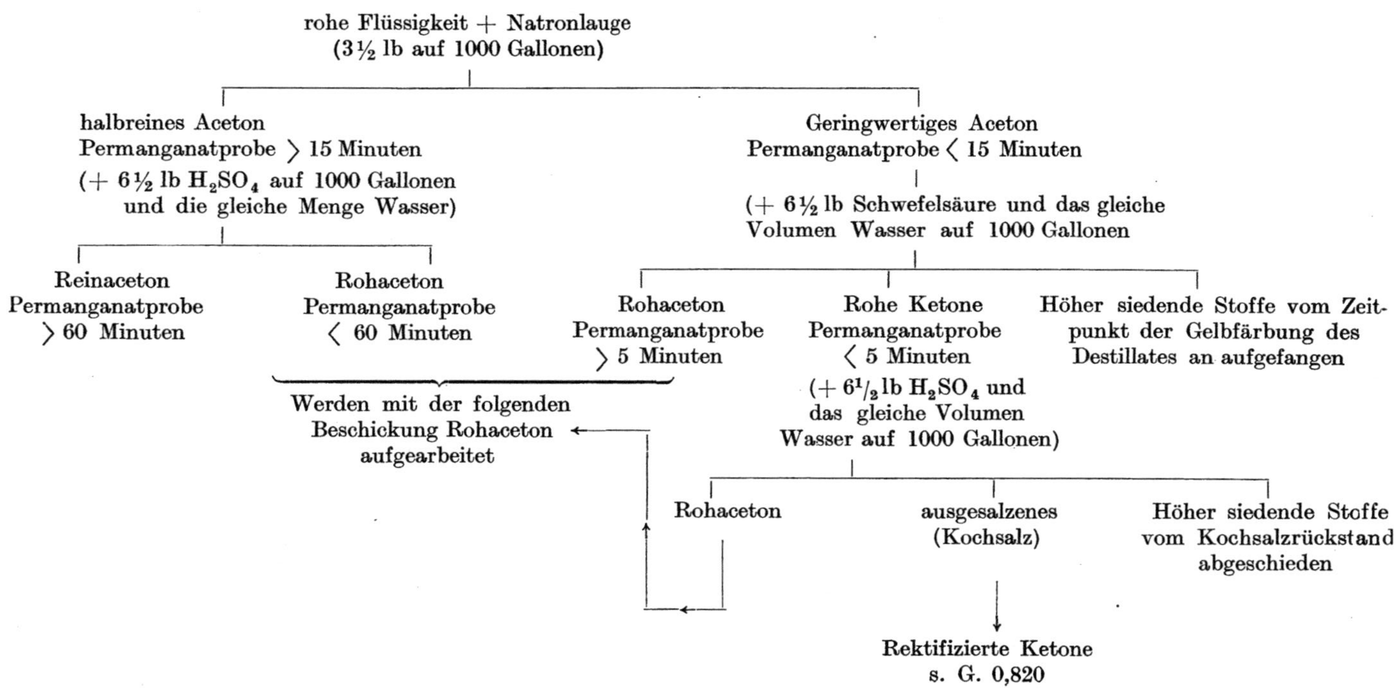
rohe Flüssigkeit + Natronlauge
(3½ lb auf 1000 Gallonen)
halbreines Aceton
Permanganatprobe > 15 Minuten
(+ 6½ lb H_2SO_4 auf 1000 Gallonen
und die gleiche Menge Wasser)
Geringwertiges Aceton
Permanganatprobe < 15 Minuten
(+ 6½ lb Schwefelsäure und das gleiche
Volumen Wasser auf 1000 Gallonen
Reinaceton
Permanganatprobe
> 60 Minuten
Rohaceton
Permanganatprobe
< 60 Minuten
Rohaceton
Permanganatprobe
> 5 Minuten
Rohe Ketone
Permanganatprobe
< 5 Minuten
Höher siedende Stoffe vom Zeitpunkt der Gelbfärbung des Destillates an aufgefangen
Werden mit der folgenden
Beschickung Rohaceton
aufgearbeitet
(+ 6½ lb H_2SO_4 und
das gleiche Volumen
Wasser auf 1000 Gallonen)
Rohaceton
ausgesalzenes
(Kochsalz)
Höher siedende Stoffe
vom Kochsalzrückstand
abgeschieden
Rektifizierte Ketone
s. G. 0,820

Kalium- und Natriumnitrat in gleichem Molverhältnis bestehendes Bad ersetzt werden. Die Temperaturgrenzen für die Destillation liegen zwischen 370 und 446°.

Die durch die direkte Berührung des Acetats mit den heißen Wänden der Retorte verursachte Überhitzung wird durch eine von F. H. Meyer, Hannover, hergestellte Retortenanordnung weitgehend vermieden.

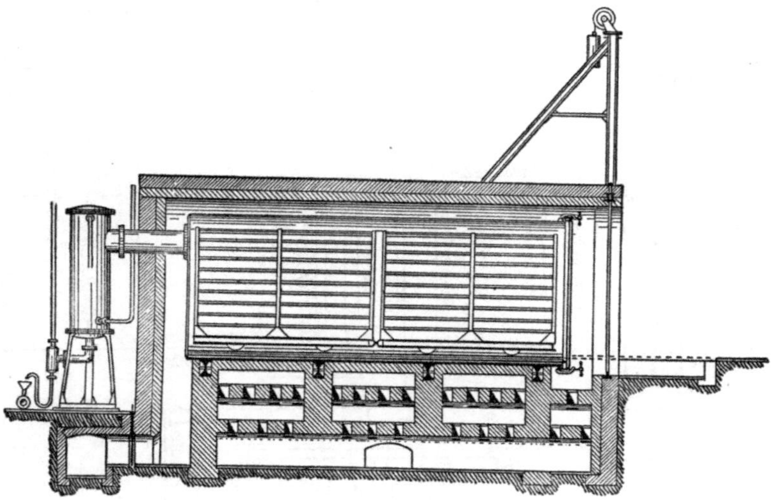

Abb. 95.

Abb. 95 zeigt eine Retorte dieser Art. Das Acetat wird in Schichten auf einen durchlöcherten Wagen gebracht, der vollständig in die Retorte hineingefahren wird. Bei diesem Verfahren kann eine erschöpfte Beschickung leicht herausgezogen und eine frische mit geringem Wärmeverlust wieder hineingebracht werden, wobei der stauberzeugende Vorgang des Herausziehens des verbrauchten Kalkes vermieden wird.

Ein Verfahren, das einige Ähnlichkeit mit dem oben beschriebenen hat, besteht darin, einen kontinuierlichen Strom von rohem Holzessig über ein erhitztes Acetat, das Aceton bilden kann, zu leiten[1].

Umwandlung von Essigsäure in Aceton in Gegenwart eines Katalysators.

Wenn Dämpfe von Essigsäure durch luftdichte Gefäße streichen, die mit Kalk oder Baryt gesättigtes, poröses Material enthalten, so tritt eine gute Umwandlung in Aceton ein[2].

Die in Shawinigan Falls, Canada, zur Darstellung von Aceton aus synthetischer Essigsäure entwickelten Methoden sind kürzlich von Ma-

[1] Journ. Soc. Chem. Ind. **25,** 634 (1906); **26,** 1002 (1907); **27,** 277 (1908).

[2] Journ. Soc. Chem. Ind. **18,** 128, 828 (1899). Bauschlicker: D. R. P. 81 914.

theson[1] beschrieben worden. Bei der Versuchsanlage wurden 3 Rohre von 4 Zoll Durchmesser und 6 Fuß Länge verwendet. Sie wurden mittels einer elektrischen Widerstandsheizung geheizt, und die Säure wurde vor ihrem Eintritt ins Rohr verdampft. Der Katalysator bestand aus mit einer kleinen Menge Magnesia gemischtem Calciumhydroxyd, das auf Bimsstein niedergeschlagen war. Die Ausbeute betrug ungefähr 95% der Theorie. Bei dem Versuch, das Verfahren ins Große zu übertragen,

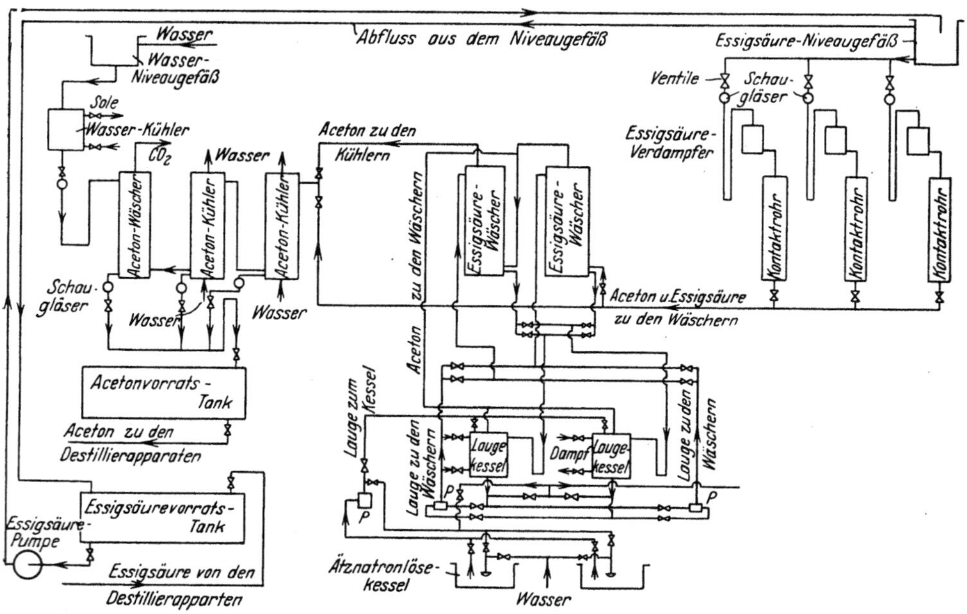

Abb. 96.

stieß man anfänglich auf Schwierigkeiten, die durch das Problem der Wärmeübertragung verursacht wurden. Abb. 96 zeigt eine Skizze des bei den Shawinigan Falls ausgeführten Acetonverfahrens. Die zur Umsetzung dienenden Gefäße bestehen aus Stahlrohren von 13 Fuß Länge und 12 Zoll Durchmesser, die elektrisch geheizt werden. Sie waren mit gußeisernen Kugeln gefüllt, auf die der Katalysator aufgebracht wurde, indem die Kugeln in den breiförmigen Katalysator getaucht, und im Rohr durch einen Luftstrom getrocknet wurden. Von diesen Rohren wurden 72 Stück aufgestellt. Die Anlage genügte zur Darstellung von täglich 10 Tonnen Aceton. Abb. 97 zeigt die Einzelheiten eines der Umsetzungsrohre.

Das Gemisch der Dämpfe von Wasser, Aceton und unveränderter Essigsäure aus 24 von diesen Rohren wurde in einer Hauptleitung ver-

[1] Canadian Chem. Journ., Aug. 1919.

einigt, die zu den Alkaliwäschern führte, deren Temperatur durch die Eigenwärme der Gase auf 98⁰ gehalten wurde. Die durch die Wäscher gegangenen Acetonwasserdämpfe wurden zu einer 20%igen wäßrigen Acetonlösung kondensiert. Diese Mischung wurde in einer gewöhnlichen, kontinuierlich arbeitenden Acetonblase rektifiziert. Das Temperaturoptimum der Umwandlung lag bei 485⁰. Jedes Rohr war mit 3 Thermoelementen versehen, von denen Leitungen zu einer Hauptschalttafel führten. Die Temperatur ließ sich dadurch leicht konstant halten, daß die Widerstandsspulen parallel geschaltet waren, so daß jede einzelne der parallelen Windungen bei Temperaturschwankungen ausgeschaltet werden konnte.

Eisen hat auf die Umsetzung einen nachteiligen Einfluß, aber diese Schwierigkeit wurde dadurch be eitigt, daß die Wandungen des Rohres mit dem Katalysator selbst überzogen wurden. Kupfer ist für die Rohre der geeignetste Stoff, aber sein Preis ist sehr hoch. Nach ungefähr 14 Tagen muß der Katalysator erneuert werden. Zu dem Zweck werden die Kugeln frisch mit der Kontaktmasse umhüllt.

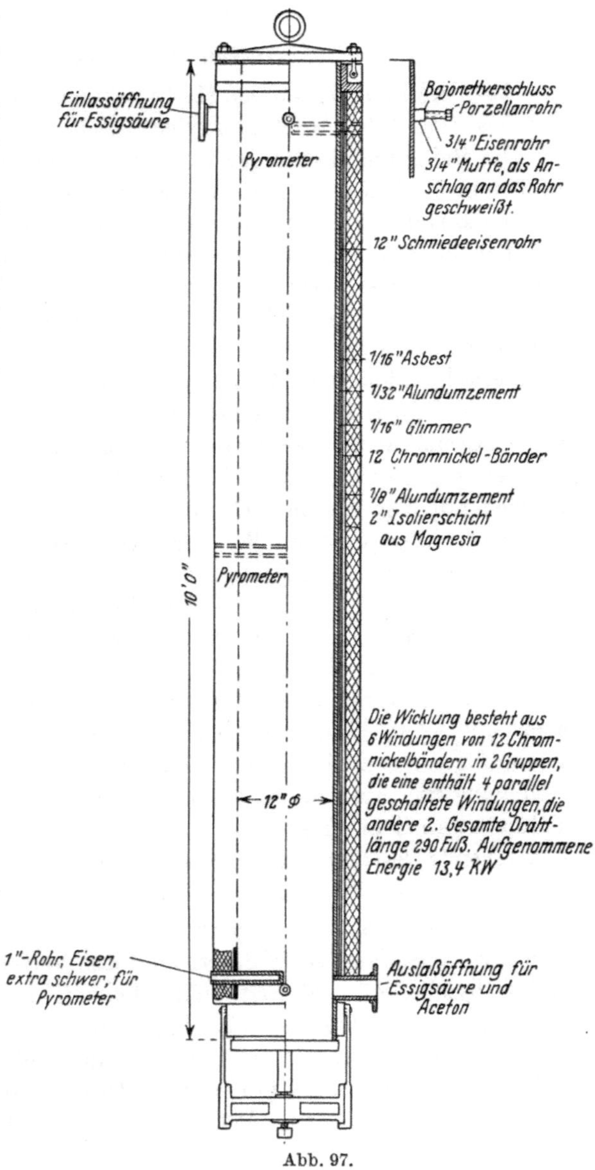

Abb. 97.

Die durchschnittliche Ausbeute des Verfahrens beträgt ungefähr 85%, und das danach hergestellte Aceton entspricht den strengsten Anforderungen des Handels.

Aceton aus Holzgeist.

Das Verfahren, im großen Methylalkohol und Aceton zu trennen, ist von Mariller[1] beschrieben worden.

Die Reinigung des so gewonnenen Acetons ist dagegen bis jetzt im großen noch nicht gelungen. Versuche dazu wurden in Kanada von den Herren Barbet Sohn & Cie. aus Paris gemacht, aber sie geben an, daß es ihnen nicht gelungen ist, ein Endprodukt mit mehr als 92% Aceton zu erhalten. Gewisse Verunreinigungen, besonders Methylalkohol, blieben zurück im Aceton und ließen sich weder durch Rektifikation, noch durch chemische Behandlung entfernen.

Methylalkohol und Aceton geben ein bei 55,95° C siedendes, binäres, azeotropes Gemisch mit 86,5% Aceton im Destillat. Obgleich die Existenz azeotroper Gemische von Alkohol, Methylalkohol und esterartigen Stoffen, wie z. B. Methylacetat nicht endgültig erwiesen ist, siedet doch in Wirklichkeit solch eine ternäre Mischung bei annähernd konstanter Temperatur. Bei der Destillation von Holzgeist besteht die Möglichkeit zur Bildung verschiedener azeotroper, binärer und wahrscheinlich auch ternärer Gemische und aus diesem Grunde ist es praktisch unmöglich, durch Destillation und Fraktionierung allein ein reines Aceton zu erhalten.

Aceton und Schwefelkohlenstoff geben ein bei 39,25° siedendes, azeotropes Gemisch mit einem Gehalt von 34 Gewichtsprozent Aceton. Hierauf gründeten Duclaux und Lavzenberg[2] ein Verfahren zur Reinigung von Aceton. Hierbei wird dem Aceton das 1,7fache seines Volumens an Schwefelkohlenstoff zugesetzt: Das zwischen 38 und 40° übergehende Destillat wird mit Wasser extrahiert und die wäßrige Lösung destilliert. Das reine Aceton wird von 56,1—56,3° aufgefangen.

Wenn Methylalkohol zugegen ist, wie es bei der aus Holzgeist gewonnenen Mischung der Fall ist, muß das Verfahren geändert werden, da Methylalkohol und Schwefelkohlenstoff ein bei 37,5° siedendes azeotropes Gemisch geben. Man läßt in diesem Fall die azeotropen Gemische von der Extraktion mit Wasser einige Zeit über Calciumcarbonat stehen und setzt zur extrahierten wäßrigen Lösung vor ihrer Fraktionierung Kupfersulfat zu. Auf diesem Wege soll sich der größte Teil des Methylalkohols entfernen lassen.

---

[1] Mariller: La distillation fractionnée, S. 402 (1917).

[2] Bull. Soc. Chem. (IV), 779—782 (1920). Vgl. auch Journ. Chem. Soc. (A) **118**, 1, 818 (1920).

Aceton aus einer anderen Quelle.

Ein anderes Verfahren, das zur Darstellung von Aceton empfohlen worden ist, beruht auf der Einwirkung eines reduzierenden Mittels oder eines Amins auf eine einbasische Säure oder einen Ester[1].

XXIV. Wiedergewinnung von Aceton.

Bei Verfahren, bei denen Aceton als Lösungsmittel benutzt wird, ist es oft möglich, die Hauptmenge des Acetons aus der Luft der Trockenöfen wiederzugewinnen. Zu seiner Wiedergewinnung aus zum Trocknen von Nitrocellulosepulver dienenden Trockenöfen und aus verschiedenen anderen Quellen ist von Robertson und Rintoul[2] ein wirtschaftlich arbeitendes Verfahren ausgearbeitet worden. Bei der Trocknung von Pulver streicht Luft von ungefähr 40° C über das acetonhaltige Pulver. Die feuchte Luft, die eine geringe Menge Acetondampf enthält, wird durch galvanisierte Eisenrohre aus den Trockenöfen abgezogen und zu den Türmen geleitet, die eine 30%ige Lösung von Natriumbisulfit enthalten. Diese Lösung absorbiert das Aceton schnell, indem sich eine Verbindung C_3H_6O, $NaHSO_3$ bildet. Ein Gebläse oder Exhaustor fördert die Acetonluftmischung durch die, je nach Erfordernis hintereinander oder parallel geschalteten Türme, in denen der Luftstrom auf das herabrieselnde Bisulfit trifft. Die Reihenfolge, in der das Acetonluftgemisch in die verschiedenen Türme eintritt, und der Weg, auf dem das zum Teil gesättigte Bisulfit in den Türmen umläuft, wird so gewählt, daß auf die wirtschaftlichste Art die beste Absorption erzielt wird. Etwa durch Oxydation gebildetes Natriumsulfat kristallisiert beim Stehen der Bisulfitlösung aus. Die acetongesättigte Bisulfitlösung wird in die Rohblase gebracht, wo sie mäßig gekocht wird. Das absorbierte Aceton wird dadurch in Freiheit gesetzt, ohne daß die Natriumbisulfitlösung erhebliche Zersetzung erleidet. Sie kann daher erneut verwendet werden. Die überdestillierte, wäßrige Lösung von Aceton enthält geringe Mengen Schwefeldioxyd. Es wird daher Ätznatron zugesetzt, um vor der endgültigen Destillation und Rektifikation des Acetons das Schwefeldioxyd zu binden. Diese letzten Stufen des Verfahrens können in den gewöhnlichen Acetonblasen, wie sie oben beschrieben wurden, ausgeführt werden.

Die Acetondämpfe können auch durch Absorption in Wasser wiedergewonnen werden.

Zur Absorption der Dämpfe von Stoffen, wie Aceton und Äther sind noch verschiedene andere Flüssigkeiten vorgeschlagen worden,

[1] P. de la Fresnaye und E. Cadorat de la Gabiniere: Franz. Pat. 1912, Nr. 451 374; Auszug Journ. Soc. Chem. Ind. **32**, 625 (1913).

[2] Engl. Pat. 1901, Nr. 25 993, 25 994.

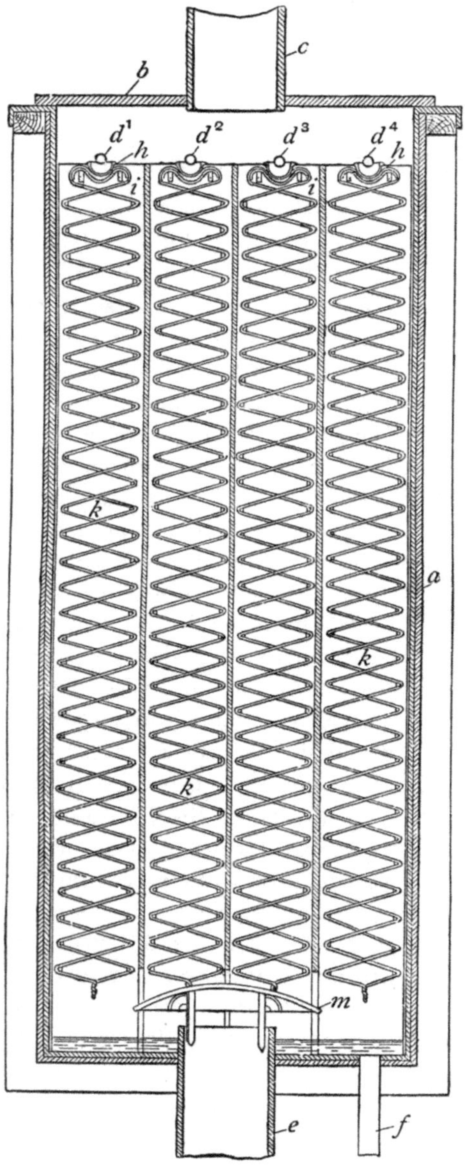

Abb. 98.

z. B. Kresol[1], Glycerin[2] und Ölemulsionen[3]. Verschiedene Alkohole, darunter Butylalkohol[4], sind zur Absorption von Äthylalkohol und Äther, allerdings nicht auch ausdrücklich für Aceton, vorgeschlagen worden.

Eine besondere Ausführungsform eines Turmes, in dem das Aceton aus der Acetonluftmischung sehr vorteilhaft im großen absorbiert werden kann, ist gleichfalls von Robertson und Rintoul (Abb. 98) erdacht worden. Dieser Turm hat viereckigen Querschnitt und ist bei Anwendung von Bisulfitlösung mit Blei ausgelegt. Im Inneren des Turmes sind Holzrahmen angebracht, auf die parallele Fäden aufgewickelt sind, an denen die Flüssigkeit entlang geführt wird. Es werden vorzugsweise Fäden oder Schnüre mit eingewobenen Fasern verwendet, um den Dämpfen eine große Berührungsfläche zu bieten. Die Dämpfe strömen der Länge nach durch den Turm. Der Turm ist mit einem Deckel *b* versehen, durch den ein Rohr *c* zur Ableitung der Dämpfe führt. Der Turm ist am Boden, abgesehen von einem Einleitungsrohr *e* für die Gase und einem anderen zum Ab-

[1] Bregeat, J.: Engl. Pat. 1917, Nr. 128640, 131938; siehe auch Engl. Pat. 1917, Nr. 127309.
[2] Engl. Pat. 1907, Nr. 9941, 23888.
[3] Engl. Pat. 1915, Nr. 7098. [4] D. R. P. 1909, Nr. 207554.

leiten der Absorptionsflüssigkeit dienenden Rohr *f*, verschlossen. Er ist durch Zwischenwände in verschiedene Räume oder Kammern eingeteilt. Über einer jeden Kammer ist eine Zweigleitung d^1, d^2, d^3, d^4 usw. des Hauptrohres zur Zuleitung der Absorptionsflüssigkeit entlanggeführt. Unmittelbar unter einem jeden Zuführungsrohr liegt eine Rinne oder ein Trog, der sich aus einem inneren Teil *h* und einem äußeren *i* zusammensetzt, die so ineinander angeordnet sind, daß die Bänder oder Schnüre, die zwischen ihnen hindurchgehen, durch die aus dem inneren Trog *h*, dessen Rand entsprechend eingekerbt ist, überlaufende Flüssigkeit hindurchgehen.

Die Fäden sind vorzugsweise in folgender Art angeordnet: Ein in jede Abteilung oder Kammer des Turmes passendes Gestell ist aus Querriegeln *k*, *k* aufgebaut, die zwischen zwei Endplatten verlaufen. Die obersten Querhölzer dienen dazu, die Tröge *h*, *i* zu tragen, während die Fäden zwischen den anderen Riegeln ausgespannt sind. Der Inhalt einer jeden Kammer des Turmes kann, wenn er in dieser Anordnung ausgeführt ist, bequem in einem Stück herausgehoben werden, wenn es zur Prüfung oder Überholung notwendig ist. Die die Rahmen trennenden Zwischenwände können ganz weggelassen werden. Dann müssen sich die Fasern zweier nebeneinander liegender Rahmen fast berühren.

Die Fäden werden über den Rand des unteren Teiles des Troges *i* hinüber und dann in einem Winkel von 75° zur Turmwand parallel zueinander in solchem Abstand, daß die kleinen Fasern zweier nebeneinander liegender Fäden sich noch etwas durchdringen, nach unten geführt. Sie gehen dann über einen der Querstäbe *k* und werden dann im Winkel zu ihrer vorigen Richtung abwärts geführt, bis sie die entgegengesetzte Seite des Turmes erreicht haben. Hier laufen sie um einen anderen Stab *k* usw. im Zickzack von einer Seite auf die andere bis zum Boden des Turms. Jede Schicht bildet mit der vorhergehenden einen Winkel von ungefähr 30°. Dadurch, daß sich die parallelen Fäden von einer Seite des Turmes oder einer Abteilung bis zur anderen erstrecken, wird eine Reihe von Sieben gebildet, durch die das zu behandelnde Gas hindurchstreichen muß.

Zur gleichmäßigeren Verteilung des Gases, und um ein Eindringen der Flüssigkeit in das Gasleitungsrohr *e* zu verhüten, ist eine passende Glocke *m* vorgesehen. Die Arbeitsweise des Turmes ist folgende: Aus einem, nahe am oberen Teile des Turmes befindlichen Behälter läßt man eine absorbierende Lösung ausfließen oder hebert sie herüber und läßt sie an den Fäden nach unten laufen. Da sie auf ihrem Laufe über die große Menge einander durchkreuzender Fasern sich zerteilt, bietet diese Lösung dem durch den Turm aufsteigenden, eingeblasenen oder angesaugten Gas eine sehr große Oberfläche an wirksamer Flüssigkeit dar, ohne dem Gasstrom einen merklichen Widerstand entgegenzusetzen.

Da der Dampfdruck des Acetons bei niedrigen Temperaturen klein ist, so müßte es auch möglich sein, es zu kondensieren, indem man die Dämpfe durch mit flüssigem Ammoniak oder flüssiger Luft gekühlte Gefäße leitet. Bei aus Pulvertrockenöfen herrührenden Acetonluftgemischen wäre diese Methode nicht bequem, da im Dampfgemisch kleine Mengen Nitroglycerin anwesend sein können, falls es nicht vorher abgeschieden wurde. In dem geschlossenen System von Nikolsky[1] zirkulieren die Dämpfe durch eine mit Chlorcalciumlauge gespeiste Kühleinrichtung, wobei die Lauge durch flüssiges Kohlendioxyd oder Ammoniak gekühlt wird.

Aceton kann auch dadurch aus der Luft entfernt werden, daß man die Mischung über trockene Celluloseester leitet, die das Aceton durch Absorption zurückhalten[2].

XXV. Die Prüfung von Aceton und Normalbutylalkohol.

Aceton.

Eigenschaften.

Das Aceton ist eines der wichtigsten in der chemischen Industrie gebrauchten organischen Lösungsmittel. Es dient (für sich oder in Mischungen) als Lösungsmittel für verschiedene Explosivstoffe (z. B. Nitrocellulose), für Celluloid, Acetylcellulose, Acetylen und außerdem noch für Gerbsäure, Fette und Harze. Aceton wird außerdem bei der Synthese mancher organischer Verbindungen (z. B. Chloroform, Sulfonal usw.) benutzt. Acetonbisulfit wird in gewissen photographischen Entwicklern verwendet. Durch Reduktion geht Aceton in eine Mischung von Isopropylalkohol und Pinakon über. Wasserentziehende Mittel verwandeln es in Mesityloxyd und Phoron.

Aceton ist eine leichtbewegliche, farblose, hygroskopische Flüssigkeit, die mit Wasser, Äthylalkohol, Äthyl- und Amylacetat, Äther und Chloroform in allen Verhältnissen mischbar ist. Aus seiner wäßrigen Lösung kann es durch Calciumchlorid abgeschieden werden. Mit Natriumjodid gibt Aceton eine kristallisierte Verbindung (NaI, $3\,C_3H_6O$). Über diese Verbindung kann Aceton leicht gereinigt werden (Shipsey und Werner[3]).

Die Dichte des reinen Acetons beträgt nach Beobachtungen neuerer Forscher:

---

[1] Engl. Pat. 1906, Nr. 3661. [2] Wohl: Engl. Pat. 1911, Nr. 23995.
[3] Trans. Chem. Soc. **103**, 1255 (1913).

0,79123 20°/4° Reilly und Ralph[1],
0,79082 20°/4° Price[2],
0,7912 20°/4° Bramley[3]

Sein Ausdehnungskoeffizient ist 0,0016.

Siedepunkt	56,2° bis 56,3°/760 mm — angenäherte Änderung des Siedepunktes für 1 mm Druckänderung 0,03° C.
Schmelzpunkt	— 94,9°
kritische Temperatur	232,6°[4]
kritischer Druck	52,2 Atm.[4]

Der Dampfdruck des Acetons bei verschiedenen Temperaturen ist in Tabelle 96 angegeben.

Tabelle 96.

Temperatur	Dampfdruck des Acetons in Millimetern Quecksilbersäule				
	Regnault[5]	Sameshima[6]	Taylor[7]	Price[8]	Paranjpé[9]
°C					
50	620,9	612,5	607,0	620,9	—
45	—	510,5	505,0	510,8	—
40	420,2	421,5	416,0	425,3	—
35	—	346,4	343,0	348,1	—
30	281,0	282,7	281,0	284,6	—
25	—	229,2	229,0	232,0	—
20	179,6	184,8	182,5	186,3	—
15	—	—	—	—	151,8
10	—	—	—	—	117,4
5	—	—	—	—	90,36
0	—	—	—	—	69,51
—5	—	—	—	—	53,27
—10	—	—	—	—	40,12
—15	—	—	—	—	30,02
—20	—	—	—	—	22,05
—25	—	—	—	—	16,26
—30	—	—	—	—	11,70
—35	—	—	—	—	8,32
—40	—	—	—	—	5,81
—45	—	—	—	—	3,92
—50	—	—	—	—	2,54

[1] Sci. Proc. Royal Dublin Soc. **15**, 598 (1919).

[2] Trans. Chem. Soc. **115**, 1125 (1919).

[3] Trans. Chem. Soc. **109**, 455 (1916). [4] Lecat, L'Azéotropisme.

[5] Landolt und Börnsteins Tabellen (eine aus Regnaults Ergebnissen berechnete Interpolationsformel für die Dampfdrucke des Acetons wurde von Ramsay und Young Physico-Chemical Tables, John Castell Evans. Vol. I., S. 512 angegeben).

[6] Journ. Amer. Chem. Soc. **40**, 1482 (1918).

[7] Journ. Physical Chem. **4**, 436 (1900). [8] Trans. Chem. Soc. **115**, 1125 (1919).

[9] Journ. Indian Inst. Sci. **2**, Part. V, 55 (1919).

Die Viskosität des Acetons bei 50^0 $(n) = 0{,}00245$ c. g. s.

Der Brechungskoeffizient bei 15^0 $\mu_D = 1{,}360$.

Palmer[1] gibt folgende Werte des Brechungskoeffizienten des Acetons für die Wasserstofflinien C und F an:

Wasserstofflinie C 1,35633, Wasserstofflinie F 1,36296.

Tabelle 97 gibt die Explosionsgrenzen von Acetonluftgemischen an, wie sie von White und Price[2] unter Verwendung verschiedener Eisen- und Glasrohre bei 20^0 erhalten wurden.

Tabelle 97.

Stoff und Durchmesser des Rohres	Prozent Aceton in der Grenzmischung und Richtung					
	aufwärts		waagerecht		abwärts	
	obere Grenze	untere Grenze	obere Grenze	untere Grenze	obere Grenze	untere Grenze
Eisen 5 cm . .	—	3,80	—	3,90	—	4,00
Eisen 15 cm .	12,40	2,88	12,40	2,89	10,90	3,11
Glas 5 cm . .	12,20	2,89	9,15	3,04	8,35	3,15

Prüfungen.

Nachdem in der Fabrik das Aceton und der n-Butylalkohol voneinander getrennt worden sind, wird die Reinheit dieser Verbindungen auf folgende Art geprüft:

Zur Analyse des Acetons gehört die Bestimmung des spezifischen Gewichtes, das bei zur Pulverfabrikation bestimmtem Aceton nicht höher als 0,800 bei $15^0/15^0$ sein darf. Es soll frei von färbenden Verunreinigungen und mit Wasser in allen Verhältnissen ohne Trübung mischbar sein. Bei der Verdampfung soll es nur eine geringe Spur eines Rückstandes hinterlassen. Die Abwesenheit gewisser Verbindungen wird durch die Permanganatprobe bestimmt. Bei dieser Prüfung wird 1 ccm einer 0,1%igen Kaliumpermanganatlösung zu 100 ccm Aceton zugesetzt. Die Lösung wird bei 15^0, vor direktem Licht geschützt, gehalten. Die vom Permanganat herrührende charakteristische Rosafärbung darf nicht vor Ablauf von 30 Minuten verschwinden. Bei dem wie oben beschrieben dargestellten Aceton kommt es häufig vor, daß die Rosafärbung mehrere Stunden bestehen bleibt.

Auf alkalische Reaktion wird dadurch geprüft, daß eine verdünnte (mit 50% Wasser versetzte) Lösung mit N/20 Schwefelsäure unter Verwendung von Paranitrophenollösung als Indikator titriert wird.

Der durch die Gegenwart geringer Spuren Kohlendioxyd und flüchtiger Säuren (z. B. Essigsäure) hervorgerufene Säuregehalt soll 0,002%,

[1] Palmer: Analyst **45**, 302 (1920).

[2] Trans. Chem. Soc. **115**, 1491 (1917).

berechnet als Kohlendioxyd, nicht übersteigen. Das Aceton muß von nichtflüchtigen Säuren frei sein. Der Gesamtsäuregehalt wird wie folgt bestimmt: Eine Mischung gleicher Teile von Aceton und neutralem Wasser wird mit N/20 Kaliumhydroxydlösung unter Verwendung von Phenolphthalein als Indikator titriert. Auf nicht flüchtige Säuren wird wie folgt geprüft: 50 ccm Aceton werden mit 50 ccm neutralem Wasser, dem einige Tropfen Phenolphthalein zugesetzt wurden, und das durch Zusatz eines Tropfens N/20 Kaliumhydroxydlösung gerade rosa gefärbt worden ist, vermischt. Das Aceton wird im Wasserbad weggedampft. Die rosa Farbe muß bleiben oder wiederkehren und dadurch die Abwesenheit nicht flüchtiger Säuren anzeigen.

Nur Spuren aldehydartiger und anderer ammoniakalische Silberlösung reduzierender Stoffe sind erlaubt. Auf diese Verunreinigungen wird mittels einer Lösung geprüft, die durch Lösen von 3 g Silbernitrat, 3 g Ätznatron und 20 g wäßrigem Ammoniak (spezifisches Gewicht 0,9) in Wasser und Auffüllen auf 100 ccm hergestellt wird. 2 ccm dieser Lösung werden zu 10 ccm mit einer gleichen Menge destillierten Wassers verdünntem Acetons zugesetzt. Man läßt die Mischung 15 Minuten lang im Dunkeln stehen. Die Flüssigkeit wird dann vom ausgefallenen Silber abgegossen und untersucht, ob noch ein Silberüberschuß vorhanden ist. Bejahendenfalls nimmt man an, daß der Gehalt an „Aldehyd“ im Aceton weniger als $1^0/_{00}$ beträgt.

n-Butylalkohol.

Die Verwendung des n-Butylalkohols in der Industrie ist verhältnismäßig jungen Datums, und seine industriellen Anwendungsmöglichkeiten sind noch nicht recht entwickelt. Seine wichtigste Verwendung wird er wahrscheinlich als Lösungsmittel finden[1]. Schon als er nur erst als Laboratoriumsprodukt bekannt war, wurde seine Verwendung als Lösungsmittel für Celluloseester von R. Schüpphaus (U. S. Pat. Nr. 410204, 1898. Auch Mosenthal, J. S. C. I. 1904) empfohlen. Abkömmlinge des n-Butylalkohols, wie z. B. n-Butylacetat, dürften ausgedehnte industrielle Verwendung finden.

Außerdem findet der n-Butylalkohol in der synthetischen organischen Chemie Verwendung. Aus n-Butylalkohol können Verbindungen wie n-Amylalkohol, n-Valeriansäure und Methyläthylketon in guter Ausbeute dargestellt werden. Dieser letztere Stoff wurde schon industriell aus n-Butylalkohol hergestellt[2]. Auch die n-Butylaniline, n-Butyltoluidine und Amino-Butylbenzole sind untersucht worden[3].

---

[1] Vgl. U. S. Pat. Nr. 1321611 und 1341745.

[2] Weizmann und Legg: Can. Pat. 1920, Nr. 202135.

[3] Reilly und Hinckinbottom: Trans. Chem. Soc. **113**, 99 (1918); **117**, 103 (1920).

Die Schließung mehrerer Alkoholdestillationen in Rußland und in den Vereinigten Staaten infolge der Einführung der Prohibition wird die Zahl der verfügbaren Fuselölquellen verringern, mit dem Ergebnis, daß wahrscheinlich eine gesteigerte Nachfrage nach einigen Ersatzstoffen, wie z. B. n-Butylalkohol, einsetzen wird.

Der aus den Scheidegefäßen der beiden beschriebenen kontinuierlichen Destillationsapparate ablaufende n-Butylalkohol besteht aus einer gesättigten Lösung von Wasser in n-Butylalkohol mit Spuren von Äthylalkohol. Aus dieser Mischung kann eine beträchtliche Menge Wasser durch Aussalzen mit Kochsalz entfernt werden. Der industriellen Zwecken dienende n-Butylalkohol wird im allgemeinen auf diese Art hergestellt und enthält nicht mehr als 10% Wasser. Er wird im allgemeinen als Butylalkohol 90 Gewichtsprozent verkauft. Als Verunreinigung ist meistens vom Entwässerungsverfahren zurückgebliebenes Salz zugegen. Außerdem sind im n-Butylalkohol des Handels oft geringe Mengen Aceton —0,5— 1% — und einige niedere Alkohole enthalten. Um reinen n-Butylalkohol zu erhalten, muß die rohe Flüssigkeit aus dem Aussalzapparat erneut destilliert werden.

Über ein Verfahren zur Entfernung der letzten Spuren Wasser durch Destillation in Gegenwart von Benzol ist in einer früheren Abteilung dieses Buches berichtet worden.

n-Butylalkohol hat die Dichte 0,80974 bei 20°/4° und siedet bei 117,6° bei 763 mm.

Brechungsindex	μ_α = 1,399 09
Molrefaktion	35,45[1]
Schmelzpunkt	—79,7°
kritische Temperatur	287,1°
kritischer Druck	48,27 Atm. (?)[2]

Der Siedepunkt des azeotropen Gemisches von n-Butylalkohol und Wasser liegt bei 92,25°. Das Gemisch ist heterogen. Es enthält näherungsweise 37 Gewichtsprozent Wasser.

n-Butylalkohol ist eine farblose, in 20%iger Salzsäure vollständig lösliche Flüssigkeit. Die Reinheit des Alkohols kann mittels der kritischen Lösungstemperatur einer ternären Mischung des Alkohols mit wäßriger Salzsäure geprüft werden. Die obere kritische Lösungstemperatur ist 43,55°, die untere 9,6°. Die kritische Lösungstemperatur ist gegen Verunreinigungen sehr empfindlich[3].

---

[1] Brühl: Annalen **203,** 16 (1880). In der Literatur scheint der Unterschied zwischen n- und Isobutylalkohol manchmal nicht genügend beachtet zu werden. Wahrscheinlich sind manche der in der Literatur für n-Butylalkohol verzeichneten Werte nicht an der reinen Substanz gemessen worden.

[2] Nach Lecat: Da für Isobutylalkohol ein ähnlicher Wert angegeben wird, ist der hier verzeichnete Wert wahrscheinlich zu hoch.

[3] Orton und Jones: Trans. Chem. Soc. **116,** 1194 (1919).

Mischung von Aceton und n-Butylalkohol.

Die im Aceton oder in n-Butylalkohol vorhandene Menge Wasser kann, solange keine anderen Stoffe zugegen sind, aus Dichtekurven erschlossen werden. Die Kurven Abb. 99 u. 100[1] sind aus den in Tabelle 98 und 99 angegebenen Daten konstruiert.

Aus Abb. 99 kann die Dichte aller möglichen Mischungen von Aceton, n-Butylalkohol und Wasser bestimmt werden.

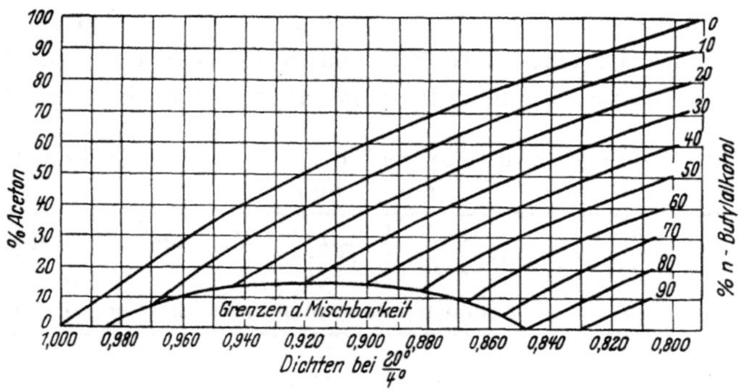

Abb. 99.

Tabelle 98. Tabelle der Dichte und Kontraktion von Acetonwassergemischen.

Aceton %	$D\frac{20^0}{20^0}$ gefunden	$D\frac{20^0}{4^0}$ gefunden	$D\frac{20^0}{4^0}$ berechnet	Vol. 1 g gefunden	Vol. 1 g berechnet	Kontraktion %
100	0,79231	0,79091	0,79091	1,26437	1,26437	—
94,98	0,80832	0,80689	0,79923	1,2393	1,2512	0,951
89,58	0,82367	0,82221	0,80841	1,2162	1,2370	1,681
79,92	0,85171	0,85020	0,82535	1,1762	1,2116	2,922
71,10	0,87370	0,87215	0,84154	1,1466	1,1883	3,509
57,46	0,90629	0,90469	0,86753	1,1054	1,1527	4,103
50,03	0,92220	0,92057	0,88250	1,0863	1,13315	4,134
37,49	0,94667	0,94499	0,90893	1,0581	1,1002	3,827
29,62	0,95949	0,95779	0,92635	1,0441	1,0795	3,279
19,31	0,97480	0,97307	0,95012	1,0277	1,0525	2,356
9,93	0,98707	0,98532	0,97290	1,0149	1,02785	1,260

Die zur Bestimmung des Wassers brauchbaren Verfahren sind, außer den auf Bestimmung der Dichte beruhenden, auf die Verwendung von Reagenzien beschränkt, die nur mit dem Wasser reagieren oder sich verbinden, ohne auf die anderen beiden Verbindungen eine Einwirkung zu äußern. Als solche können Calciumcarbid oder entwässerte Salze be-

[1] Reilly und Ralph: a. a. O.

nutzt werden. Ein viel einfacheres und genaueres Verfahren beruht darauf, das Aceton nach einem der hierzu geeigneten Verfahren nach passender Verdünnung mit Wasser zu bestimmen. Dazu ist eine Abänderung des von Messinger[1] oder Deniges[2] empfohlenen Verfahrens anwendbar. Es gibt gute Ergebnisse.

Das Verfahren wird im einzelnen wie folgt ausgeführt:

Die Probe wird mit destilliertem Wasser so weit verdünnt, daß 10 ccm der verdünnten Lösung nicht mehr als 0,005 g Aceton enthalten. 10 ccm der verdünnten Lösung werden mit 5 ccm 20 %iger Sodalösung versetzt. Dazu gibt man aus einer Bürette 25 ccm N/10 Jodlösung. Die Temperatur wird 15 Minuten lang unter zeitweiligem Schütteln auf 15° C ge-

Tabelle 99. Dichte und Kontraktion von n-Butylalkohol-Wassergemischen.

n-Butyl-alkohol %	$D\frac{20^0}{20^0}$ gefunden	$D\frac{20^0}{4^0}$ gefunden	$D\frac{20^0}{4^0}$ berechnet	Vol. von 1 g gefunden	Vol. von 1 g berechnet	Kontraktion %
100	0,81097	0,80953	0,80953	1,2353	1,2353	—
98,93	0,81318	0,81174	—	—	—	—
97,89	0,81538	0,81394	0,81277	1,2286	1,2304	0,143
96,96	0,81731	0,81586	—	—	—	—
95,97	0,81935	0,81790	—	—	—	—
95,06	0,82108	0,81962	0,81716	1,2201	1,2238	0,302
93,98	0,82234	0,82088	—	—	—	—
93,02	0,82513	0,82367	0,82036	1,2141	1,2190	0,402
91,97	0,82689	0,82543	—	—	—	—
90,96	0,82883	0,82736	—	—	—	—
89,96	0,83066	0,82919	0,82522	1,2060	1,2118	0,479
89,26	0,83216	0,83068	—	—	—	—
88,06	0,83436	0,83288	—	—	—	—
83,03	0,84345	0,84196	0,83633	1,1877	1,1957	0,666
80,64	0,84777	0,84627	—	—	—	—
79,94	0,84917	0,84770	0,84140	1,1797	1,1885	0,740
7,90	0,98862	0,98687	0,98018	1,0133	1,0202	0,676
7,32	0,98946	0,98771	0,98164	1,0124	1,0188	0,628
7,06	0,98968	0,98793	—	—	—	—
6,11	0,99111	0,98936	0,98421	1,0108	1,0160	0,511
5,05	0,99244	0,99068	—	—	—	—
3,95	0,99382	0,99202	0,98913	1,00805	1,0110	0,291
3,05	0,99532	0,99356	—	—	—	—
2,27	0,99651	0,99474	—	—	—	—
2,00	0,99678	0,99502	0,99364	1,0050	1,0064	0,139
1,61	0,99742	0,99566	—	—	—	—
1,04	0,99830	0,99653	—	—	—	—
0,61	0,99888	0,99711	0,99681	1,0029	1,0032	0,030

[1] Ber. **21**, 3366 (1888). [2] Compt. rend. **127**, 963 (1898).

halten. Es werden dann 5 ccm 20%iger Salzsäure (von gleichem Gehalt wie die 20%ige Natronlauge) zugesetzt. Das freigemachte Jod wird unter Verwendung von Stärke als Indikator mit N/10 Thiosulfat zurücktitriert. Wenn X den Überschuß an N/10 Jod in Kubikzentimeter bedeutet, gibt der Ausdruck (25—X) 0,967 das in 10 ccm der verdünnten Probe enthaltene Aceton in Milligramm an.

Die Bestimmung des n-Butylalkohols erfordert längere Zeit. Sie kann mittels einer Abänderung des Verfahrens von Verley und Bolsing zur Hydroxylbestimmung ausgeführt werden[1].

Zu einer Mischung von n-Butylalkohol, Aceton und Wasser von bekanntem Gewicht wird eine zum vorhandenen Wasser, dessen Menge angenähert aus der Dichte geschätzt wird, im Verhältnis stehende Menge

Tabelle 100. Mischungen von n-Butylalkohol, Aceton und Wasser.

Aceton	Wasser	n-Butylalkohol	Dichte $\frac{20^0}{4^0}$
9,93	90,07	—	0,98532
9,44	85,63	4,93	0,97903
8,92	80,95	10,13	0,97087
19,31	80,69	—	0,97307
18,33	76,61	5,06	0,96668
17,36	72,54	10,10	0,95837
16,38	68,44	15,18	0,94947
15,40	64,36	20,24	0,93976
29,62	70,38	—	0,95779
26,59	63,19	10,22	0,94255
24,01	57,05	18,94	0,92763
21,12	50,18	28,70	0,91155
37,49	62,51	—	0,94499
33,69	56,17	10,14	0,93079
29,86	49,80	20,34	0,91421
26,11	43,53	30,36	0,89916
22,37	37,30	40,33	0,88498
50,03	49,97	—	0,92057
45,01	44,95	10,04	0,90754
39,84	39,79	20,37	0,89434
35,06	35,01	29,93	0,88264
30,02	29,98	40,00	0,87080
28,23	22,20	49,57	0,86012
57,46	42,54	—	0,90469
51,53	38,15	10,32	0,89338
45,85	33,95	20,20	0,88211

Aceton	Wasser	n-Butylalkohol	Dichte $\frac{20^0}{4^0}$
40,06	29,68	30,26	0,87153
34,41	25,46	40,13	0,86157
22,92	16,95	60,13	0,84291
71,10	28,90	—	0,87219
63,56	25,83	10,61	0,86467
56,80	22,09	20,11	0,85980
49,89	20,22	29,89	0,85059
42,60	17,31	40,09	0,84366
35,50	14,43	50,07	0,83741
79,92	20,08	—	0,85020
63,81	16,02	20,17	0,84026
47,51	12,19	40,30	0,83107
31,95	8,02	60,03	0,82300
15,97	4,01	80,02	0,81559
89,58	10,42	—	0,82222
80,55	9,37	10,08	0,82045
71,75	8,35	19,90	0,81880
62,72	7,30	29,98	0,81705
54,11	6,30	39,59	0,81559
44,81	5,21	49,98	0,81423
35,85	4,17	59,98	0,81321
18,01	2,09	79,90	0,81111
95,10	4,90	—	0,80690
30,86	—	69,14	0,80360
50,00	—	50,00	0,79976
70,47	—	29,53	0,79637

[1] Ber. **34**, 3354 (1901).

wasserfreies Natriumsulfat zugesetzt. Die Mischung wird mehrere Male mit Xylol extrahiert. Der Kohlenwasserstoffextrakt wird auf ein bekanntes Volumen aufgefüllt, eine abgemessene Menge wird mit einem Überschuß einer Lösung von Essigsäureanhydrid in Pyridin langsam auf einem Sandbad erhitzt. Die Mischung befindet sich dabei in einem großen, mit Rückflußkühler versehenen Kolben. Im allgemeinen reicht eine zweistündige Erwärmung aus, um vollständige Veresterung zu erzielen.

Der Überschuß an Essigsäureanhydrid wird auf gewöhnlichem Wege bestimmt und der Gehalt an n-Butylalkohol daraus berechnet. Bei Mischungen aus Aceton, n-Butylalkohol und Wasser genügt die Bestimmung der Dichte der Lösung zusammen mit der Bestimmung eines der Bestandteile nach einem der oben angegebenen Verfahren, um die Zusammensetzung der Mischung zu berechnen. Man habe z. B. gefunden, daß eine Mischung aus Aceton, n-Butylalkohol und Wasser eine Dichte von 0,8842 bei $20^0/4^0$ hat. Der Acetongehalt sei durch Analyse zu 27,9% bestimmt. Nun liegen alle Mischungen mit der Dichte 0,8842 auf einer Kurve, die zwischen den stark ausgezogenen, mit 0,880 und 0,900 bezeichneten Linien des Dreieckdiagrammes (Abb. 100) verläuft. Ebenso liegen alle Mischungen mit 27,9% Aceton auf einer, zur Grundlinie des Diagramms parallelen Geraden. Der Schnittpunkt dieser beiden Linien zeigt den Prozentgehalt an Alkohol und Wasser in dieser Mischung an. In dem hier gewählten Beispiel würde man einen Alkoholgehalt von 35,6 und einen Wassergehalt von 36,5 % finden. Bei der Ablesung der prozentualen Zusammensetzung von n-Butylalkohol und Wasser ist es sehr vorteilhaft, das Dreieckdiagramm in eine solche Lage zu bringen, daß die gesuchte Substanz die obere Spitze des Dreiecks bildet, wobei sie gleichzeitig den Punkt bezeichnet, an dem dieser Stoff zu 100% anwesend ist.

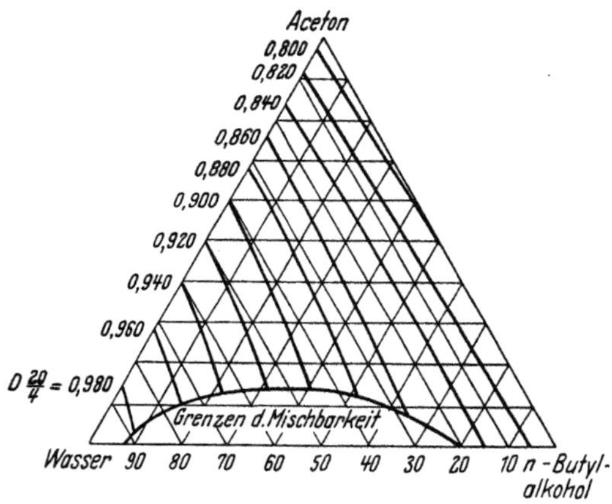

Abb. 100.

Tabelle 100 gibt in einem großen Bereiche die Dichte von Mischungen aus Aceton, n-Butylalkohol und Wasser an, während Tabelle 101 die Zusammensetzung gesättigter Lösungen dieser 3 Stoffe angibt.

Tabelle 101. Gesättigte Lösungen von Aceton, n-Butylalkohol und Wasser bei 20°.

n-Butyl-alkohol	Aceton	Wasser	Dichte $\frac{20^0}{4^0}$
7,90	—	92,10	0,8969
12,00	9,26	78,74	0,9670
18,64	11,62	69,74	0,9484
24,68	12,65	62,67	0,934
28,15	12,95	58,90	0,9260
36,91	13,42	49,67	0,9071
47,02	13,10	39,88	0,8874
53,86	11,65	34,49	0,8764
63,68	8,28	28,04	0,8633
79,94	—	20,06	0,8477

Destillation von Alkohol im großen.

Von F. R. Henley, M. A., F. I. C. und Joseph Reilly, M. A., D. Sc., F. R. C. Sc. I., F. I. C. Chemiker der Royal Naval Cordite factory Holton Heath, Dorset.

XXVI. Destillation von Mischungen von Äthylalkohol und Wasser.

Theoretisches.

Ein sehr großer Teil des zur Zeit produzierten Alkohols wird durch Gärung von Zucker, der von Weintrauben, Zuckerrüben, Melasse, Getreide oder Holz herstammt, dargestellt. Die Form des zur Destillation benutzten Apparates hängt von der Natur der vergorenen Flüssigkeit und der erforderlichen Qualität des Fertigproduktes ab. Vom Gesichtspunkt des Destillateurs aus lassen sich die in den zu destillierenden Flüssigkeiten enthaltenen Stoffe in 3 Klassen einteilen. 1. die flüchtigen Gärungsprodukte: 1—12% Äthylalkohol, kleine Mengen höhere Alkohole im Betrage von etwa 0,05—0,7% des Rohsprits, hauptsächlich Isoamylalkohol, Amylalkohol und kleinere Mengen Propylalkohol, Aldehyde, Säuren, Ester und Furfurol; 2. große Mengen Wasser, 3. der feste, aus den benutzten Rohstoffen und der Hefe stammende Rückstand. Die Darstellung eines durch Destillation soweit wie möglich von Wasser und den Nebenerzeugnissen der Gärung befreiten Alkohols wird in zwei getrennten Stufen ausgeführt:

1. die eigentliche Destillation, d. h. die Abtrennung der flüchtigen von den nichtflüchtigen Bestandteilen der gegorenen Maische durch Kochen in einem geeigneten Gefäß.

2. Die Rektifikation, die Abtrennung des Äthylalkohols und der anderen flüchtigen Gärungsprodukte in möglichst reinem Zustande mittels der Fraktionierung.

Bevor die wirklich in technischem Maßstab angewandten Verfahren zur Darstellung von starkem Alkohol beschrieben werden, wird es zweckmäßig sein, die Theorie der Destillation

1. von Mischungen von Äthylalkohol und Wasser,

2. von Mischungen aus Äthylalkohol und Wasser mit den anderen Gärungsprodukten

abzuhandeln, soweit sie bis jetzt bekannt ist. Sie bildet die Grundlage für den Entwurf und den Betrieb der Destillationsapparate.

Destillation von Mischungen aus Äthylalkohol und Wasser.

Wenn eine Mischung von Äthylalkohol und Wasser gekocht wird, so hat im allgemeinen der entstehende Dampf einen höheren Alkoholgehalt als die ursprüngliche Mischung. Es gibt keine einfache, in jedem Fall gültige Regel über den Zusammenhang des Alkoholgehaltes der Flüssigkeit mit dem des Destillates. Es sind aber sehr viele Untersuchungen angestellt worden, um diese Beziehung bei einer großen Zahl verschiedener Mischungen festzustellen und deren Siedepunkte zu bestimmen.

Die von Sorel (Distillation et rectification industrielle, 1899) und Lord Rayleigh[1] erhaltenen Resultate sind in Tabelle 102 und Abb. 101 wiedergegeben.

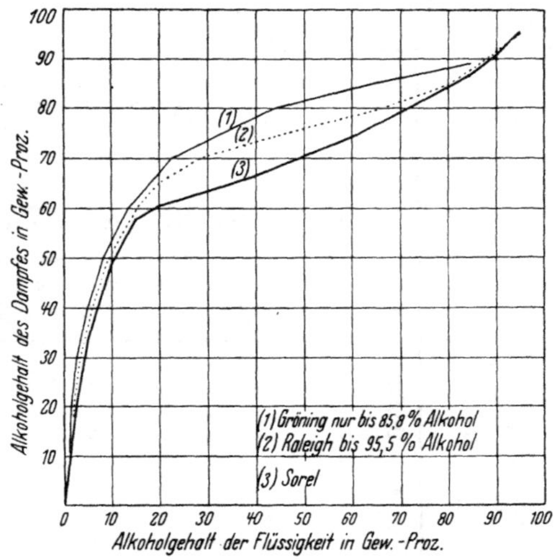

Abb. 101.

Es ist bemerkenswert, daß das Verhältnis des Alkoholgehaltes im Dampf zu dem in der Flüssigkeit sehr groß ist, solange Mischungen von geringem Alkoholgehalt gekocht werden, wie man es an der Steilheit der Kurve auf der linken Seite der Abbildung erkennt. Bei steigendem Alkoholgehalt der Flüssigkeit dagegen wird die Kurve nahezu horizontal und zeigt dadurch an, daß im Dampf nicht viel mehr Alkohol enthalten ist, als in der gekochten Flüssigkeit.

An einem bestimmten Punkte, an dem die wäßrige, alkoholische Flüssigkeit einen bestimmten Alkoholgehalt hat, hat der daraus entwickelte Dampf die gleiche Zusammensetzung wie die Flüssigkeit. Nach Young und Fortey[2] liegt dieser Punkt bei einem Gehalt von 95,57 Gewichtsprozent Alkohol. Wade und Merriman[3] geben annähernd die gleiche

[1] Rayleigh: Philos. Magazine (6), **4**, 521 (1902).

[2] Trans. Chem. Soc. **81**, 717 (1902). [3] Ebenda **99**, 997 (1911).

Tabelle 102.

Siedepunkt °C	Sorel		Lord Rayleigh		Siedepunkt °C	Sorel		Lord Rayleigh		Siedepunkt °C	Sorel		Lord Rayleigh	
	Alkohol in der Flüssigkeit Gew.-Proz.	Alkohol im Dampf Gew.-Proz.	Alkohol in der Flüssigkeit Gew.-Proz.	Alkohol im Dampf Gew.-Proz.		Alkohol in der Flüssigkeit Gew.-Proz.	Alkohol im Dampf Gew.-Proz.	Alkohol in der Flüssigkeit Gew.-Proz.	Alkohol im Dampf Gew.-Proz.		Alkohol in der Flüssigkeit Gew.-Proz.	Alkohol im Dampf Gew.-Proz.	Alkohol in der Flüssigkeit Gew.-Proz.	Alkohol im Dampf Gew.-Proz.
—	—	—	99,234	99,239	80,65	64	76,50	—	—	—	31	63,79	—	—
—	—	—	95,55	95,45	80,75	63	76,08	—	—	84,7	30	63,44	—	—
—	94	94,61	—	—	—	62	75,60	—	—	84,8	29	63,10	—	—
—	93,51	94	—	—	80,95	61	75,1	—	—	85	28	62,72	—	—
—	93	93,41	—	—	—	60	74,61	—	—	85,2	27	62,30	—	—
—	92,79	93	92,41	92,84	81,1	59	74,19	—	—	—	26	62,08	25,86	68,03
—	92	92,37	—	—	81,2	58	73,76	58	78,59	85,7	25	61,75	—	—
—	91	91,6	—	—	—	57	73,76	—	—	—	24	61,44	—	—
—	90	91	—	—	—	56	72,85	—	—	86,2	23	61,12	—	—
—	89	90,38	—	—	81,4	55	72,56	—	—	86,4	22	60,80	—	—
—	88	89,76	—	—	—	54	72,13	—	—	86,7	21	60,54	—	—
—	87	89	—	—	81,6	53	71,78	—	—	87,0	20	60,14	—	—
—	86	88,27	85,94	88,49	81,7	52	71,38	—	—	87,4	19	59,75	—	—
78,4	85	87,65	—	—	—	51	71	—	—	87,7	18	59,3	—	—
—	84	87,06	—	—	81,9	50	70,63	—	—	87,9	17	58,82	—	—
—	83	86,49	—	—	82	49	70,25	—	—	88,25	16	58,39	—	—
79,3	82	85,7	82,21	86,22	—	48	69,88	—	—	—	15	57,50	—	—
79,4	81	85,3	—	—	82,28	47	69,50	—	—	—	14	56,47	—	—
—	80	84,8	—	—	—	46	69,13	—	—	—	13	55,17	—	—
79,55	79	84,3	—	—	—	45	68,76	45,62	74,12	—	12	53,36	—	—
—	78	83,7	—	—	82,6	44	68,38	—	—	90,6	11,3	52	—	—
79,7	77	83,2	77,39	84,14	82,75	43	68	—	—	—	10	48,61	9,88	51,45
—	76	82,59	—	—	—	42	67,67	—	—	—	9	46,13	—	—
79,75	75	82,08	—	—	82,95	41	67,29	—	—	92,6	8	43,66	—	—
—	74	81,45	—	—	83,1	40	66,94	—	—	93,29	7,28	40	—	—
79,95	73	80,90	—	—	83,3	39	66,61	—	—	93,8	6,3	38	—	—
—	72	80,38	—	—	83,4	38	60,35	—	—	—	5,0	33,49	—	—
—	71	79,9	—	—	83,5	37	65,87	—	—	95,8	4,0	29,54	3,98	31,59
80,2	70	79,36	—	—	83,7	36	65,43	—	—	—	3,0	24,8	—	—
80,3	69	79	—	—	—	35	65,04	—	—	—	2,0	17,5	1,97	17,5
80,4	68	78,42	—	—	83,85	34	64,74	—	—	98,2	1,5	13,8	—	—
—	67	77,93	—	—	84,15	33	64,42	—	—	—	1,0	9,52	—	—
80,5	66	77,45	66,06	79,76	84,3	32	64,12	—	—	—	0,5	4,96	—	—
80,6	65	76,98	—	—	—	—	—	—	—	—	0,105	1,0	—	—

Zahl an, nämlich 95,59%. Eine Mischung von dieser Zusammensetzung siedet bei einer etwas tieferen Temperatur als jede beliebige andere Mischung (s. Tabelle 103). Nach Noyes und Warfel[1] beträgt die Temperaturerniedrigung gegenüber dem Siedepunkt reinen Äthylalkohols 0,126°, während sie nach Merriman[2] 0,15° beträgt.

Durch Destillation allein kann ein Alkohol von mehr als 95,57 Gewichtsprozent nicht dargestellt werden. Tabelle 102 kann nicht ohne weiteres zur Berechnung der Zahl der Böden verwendet werden, die in einer Rektifizierkolonne zur Herstellung von Alkohol irgendeiner gewünschten Konzentration aus einer gegebenen Mischung nötig ist. Wenn z. B. die zu destillierende Flüssigkeit 10% Alkohol enthält, enthält der daraus entwickelte Dampf 48,61% (Sorel) Alkohol. Aus der durch vollständige Kondensation hieraus entstehenden Flüssigkeit entwickelt sich ein Dampf mit 69—70% Alkohol usw.

Tabelle 103. Noyes und Warfels Tabelle.

Alkoholstärke in Gew.-Proz.	Siedepunkt	Alkoholstärke in Gew.-Proz.	Siedepunkt
100	78,300	85	78,645
99	78,243	80	79,050
98	78,205	75	79,505
97	78,181	65	80,438
96	78,174	55	81,77
95	78,177	48	82,43
94	78,195	35	83,87
93	78,227	26	85,41
92	78,259	20	87,32
91	78,270	10	91,80
90	78,323	0	100,00

In Wirklichkeit ist es aus wirtschaftlichen Gründen nicht möglich, die gesamte zur Verfügung stehende Dampfmenge auf jeden Boden zu kondensieren und sie dann wieder zu verdampfen. Es kann nur ein Teil des Dampfes kondensiert werden. Die daraus entstehende Flüssigkeit entwickelt einen Dampf, der weniger Alkohol enthält als im vorhergehenden Falle. Die Anreicherung des wässerigen Alkohols geht bei seinem Aufsteigen von Boden zu Boden langsamer vor sich als im Idealfall. Je mehr von dem ursprünglich entwickelten Dampf kondensiert wird, um so mehr nähern sich die Verhältnisse dem Idealfall.

Wenn eine beliebige Mischung von Äthylalkohol und Wasser gekocht wird, so fällt der Alkoholgehalt der Flüssigkeit Schritt für Schritt ab und gleichlaufend damit fällt auch der Alkoholgehalt des in jedem Augenblick entwickelten Dampfes, vorausgesetzt, daß der Alkoholgehalt nicht gerade gleich oder größer als derjenige der konstant siedenden Mischung ist — ein Fall, der in der Praxis, wo man von geringgrädigem Alkohol ausgeht, niemals vorkommen kann.

[1] Amer. Chem. Soc. **23**, 463 (1901).
[2] Trans. Chem. Soc. **103**, 628 (1913).

Tabelle 104.

Siedepunkt °C	Gewicht des Rückstandes	Alkoholgehalt in Gew.-Proz.	Siedepunkt °C	Gewicht des Rückstandes	Alkoholgehalt in Gewichtsprozenten	Siedepunkt °C	Gewicht des Rückstandes	Alkoholgehalt in Gew.-Proz.
79,1	1000	85,8	81,9	56,6	50,2	86,6	27,6	21,3
79,2	536	83,2	82,1	53,3	48,3	87,1	26,7	19,6
79,4	355	80,7	82,4	50,2	46,3	87,7	25,9	17,9
79,6	264	78,3	82,6	47,6	44,4	88,3	24,7	16,3
79,7	208	75,9	82,8	45,2	42,5	89,0	24	14,6
79,9	172	73,6	83	43,1	40,7	89,7	23,2	13
80,1	146	71,3	83,3	41,1	38,8	90,6	22,3	11,3
80,3	127	69,1	83,5	39,2	37	91,5	21,5	9,7
80,5	111	66,8	83,8	37,6	35,2	92,6	20,7	8,1
80,6	99,3	64,6	84,1	36	33,4	93,9	19,9	6,4
80,8	89,9	62,5	84,4	34,6	31,6	95,2	19,0	4,8
81	82,0	60,4	84,7	33,3	29,9	96,6	18,1	3,2
81,2	75,3	58,3	85	32	28,1	98,2	17,1	1,6
81,3	69,5	56,2	85,3	30,8	26,4	100	14,5	0,0
81,5	64,7	54,2	85,7	29,7	24,7	—	—	—
81,7	60,4	52,2	86,2	28,6	23	—	—	—

E. Donitz[1] hat die Tabelle 104 aufgestellt, die die Menge und die Zusammensetzung des Destillates und der Flüssigkeit in jedem beliebigen Punkt des Verlaufs der Destillation einer Mischung von Alkohol und Wasser angibt. Diese Tabelle beruht auf Grönings Zahlen für die Destillation von Alkoholwassermischungen (Abb. 101). Es ist dazu zu bemerken, daß die von verschiedenen Forschern angegebenen Zahlen erhebliche Unterschiede untereinander aufweisen.

Unter Verwendung dieser Tabelle können folgende Aufgaben gelöst werden:

1. Bei gegebenem Gesamtgewicht und gegebener Zusammensetzung der ursprünglichen Mischung und gegebener Zusammensetzung des Rückstandes die Menge und die Zusammensetzung des Destillates zu finden.

Beispiel:

Gewicht der ursprünglichen Flüssigkeit	= 1 kg
Zusammensetzung der ursprünglichen Flüssigkeit	= 50 Volumprozent
Zusammensetzung des Rückstandes	= 10 Volumprozent
50 Volumprozent	= 42,5 Gewichtsprozent
10 Volumprozent	= 8,1 Gewichtsprozent

Siehe die Tabelle:
Von 45,2 kg mit 42,5 % bleiben 20,7 kg mit 8,1 % übrig.
Von 1 kg mit 42,5 % bleiben also 0,458 kg mit 8,1 % übrig.
1 — 0,58 = 0,542 kg sind übergegangen, und der Alkoholgehalt des Destillates beträgt $\frac{1 \cdot 42{,}5 - 0{,}458 \cdot 8{,}1}{0{,}542} = 71{,}5$ Gewichtsprozent.

[1] Maercker-Dellbrück: Spiritus-Fabrikation 1908, S. 694.

2. Welcher Bruchteil muß aus Mischungen verschiedenen Alkoholgehalts abdestilliert werden, bis der Alkohol vollständig im Destillat enthalten ist, und wie hoch ist der Alkoholgehalt des Destillates?

Beispiel:

1000 kg Flüssigkeit enthalten 14 Volumprozent Alkohol.
14 Volumprozent = 11,3 Gewichtsprozent.

Aus Tabelle 104 ist zu entnehmen:
22,3 kg müssen bis auf 15,5 kg abdestilliert werden,
1000 kg müssen also bis auf 650,2 kg abdestilliert werden.
Es werden also 349,2 kg überdestilliert, der Alkoholgehalt des Destillates beträgt 32,3 Gewichtsprozent.

3. Wenn das bei 2 erhaltene Destillat zum zweiten Mal destilliert wird, bis aller Alkohol übergegangen ist, und dieses Verfahren wiederholt wird, wie hoch wäre dann der Alkoholgehalt der aufeinanderfolgenden Destillate? Durch Wiederholung der in 2 erklärten Berechnungsweise für die weiteren Destillationen kann man die Zahl der Destillationen finden, die nötig sind, um einen verdünnten Alkohol auf eine beliebige Konzentration anzureichern.

Eine 11,3% enthaltene Mischung von Alkohol und Wasser muß fünfmal destilliert werden, bis der Alkoholgehalt des Destillates 83 Gewichtsprozent beträgt.

Stärke des 1.	Destillates:	32,3	Gewichtsprozent
„ „ 2.	„	55	„
„ „ 3.	„	70,3	„
„ „ 4.	„	78,5	„
„ „ 5.	„	83,0	„

Das Ergebnis dieser Berechnungen bezieht sich auf den Fall, daß eine Verdichtung der Dämpfe im oberen Teil des Destillierapparates soweit wie möglich verhindert wird. Auf Apparate mit Rektifizierkolonnen ist diese Berechnungsweise nicht anwendbar.

Die Destillation von Mischungen aus Äthylalkohol und Wasser ist von E. Hausbrand, Rektifizier- und Destillierapparate 1916 behandelt worden. Er gibt die theoretischen Grundlagen für die wirkliche Wirkungsweise der verschiedenen Teile des Destillationsapparates an und teilt Tabellen mit, die den Alkoholgehalt des Dampfes und der Flüssigkeit über jedem beliebigen Boden in der Rektifizier- und Abtriebsäule unter verschiedenen Arbeitsbedingungen angeben[1].

Die Rektifizierkolonne

(s. die Abb. 104, 121, 124, 126, 127).

Die Böden der Kolonne sollen die gleichmäßige Verteilung des aufsteigenden Dampfes in der Flüssigkeit auf dem Boden bewirken. Der

[1] Vgl. Gay, L. Chimie et Industrie 4, 178—188 (1920).

Dampf sollte bei seinem Eintritt in die Flüssigkeit auf jedem Boden vollständig kondensiert werden und an seiner Stelle sollte sich ein vollkommen neuer Dampfanteil entwickeln. Um eine vollständige Mischung des Dampfes und der Flüssigkeit auf dem Boden zu erleichtern, muß die von oben nach unten fließende kondensierte Flüssigkeit gleichmäßig über den ganzen Boden verteilt werden. Es dürfen keine Flüssigkeitstropfen durch den aufsteigenden Dampf von einem Boden zum nächsten mit hinauf gerissen werden.

Zusammensetzung und Menge des in die Blase zurückfließenden Kondensats. Wenn ein sehr großer Teil des in der Blase entwickelten Dampfes kondensiert wird, so ist die Zusammensetzung des Kondensats näherungsweise gleich der des entwickelten Dampfes. Wenn ein sehr kleiner Teil des Dampfes kondensiert wird, ist die Zusammensetzung des Kondensats annähernd gleich der der ursprünglichen Flüssigkeit in der Blase. Der unkondensiert bleibende Dampf enthält im ersten Fall mehr Alkohol als im zweiten. Wenn ein großer Teil des in der Blase entwickelten Dampfes kondensiert wird, so wächst der Alkoholgehalt des Dampfes bei seinem Aufsteigen in der Kolonne von einem Boden zum nächsten sehr stark an, und eine verhältnismäßig kleine Bödenzahl genügt, um hoch konzentrierten Alkohol zu erzeugen. Aber der großen Menge in die Blase zurücklaufenden Kondensats entspricht auch ein verhältnismäßig hoher Wärmeverbrauch in der Blase.

Wenn andererseits nur ein kleiner Teil des Dampfes kondensiert wird, so wächst der Alkoholgehalt des unkondensiert bleibenden Dampfes bei seinem Ansteigen in der Kolonne von einem Boden zum nächsten nur wenig an, und es sind viele Böden erforderlich, um Alkohol von der gleichen Stärke wie vorher zu erzeugen. Da aber die in die Blase zurückfließende Kondensatmenge kleiner als im ersten Fall ist, ist der Wärmeverbrauch der Blase für das gleiche Ausbringen an Fertigprodukt geringer.

In der Praxis sollte die Zahl der Böden so groß wie nur irgendmöglich sein, um die Heizkosten zu verringern.

Kondensator oder Dephlegmator (s. Abb. 116). Die Aufgabe des Dephlegmators ist 1. die zum wirksamen Arbeiten der Böden in der Kolonne nötige Kondensatmenge zu erzeugen, 2. kann er in gewissem Ausmaße den Alkoholgehalt des zum Kühler durchströmenden, unkondensierten Dampfes steigern. Diese Wirkung wird nur dann in einigermaßen merklichem Ausmaße erzielt, wenn der Alkoholgehalt des eintretenden Dampfes niedrig ist. Um diesen Zweck so weit wie möglich zu erreichen, sollte der Dampf möglichst langsam durch den Dephlegmator streichen, und die Temperaturdifferenz zwischen Kühlflüssigkeit und Dampf sollte möglichst gering sein. Der Dampf soll im Dephlegmator nach oben, die Kühlflüssigkeit nach unten strömen. Ferner muß ein großer Teil des Dampfes kondensiert werden und dafür gesorgt werden, daß das Kondensat in möglichst kleinen Tropfen anfällt, um eine möglichst vollständige Berührung zwischen Dampf und kondensierter Flüssigkeit zu sichern.

Diese Erfordernisse sind zum Teil in den besten deutschen Dephlegmatoren, die in Wirklichkeit richtiger als Apparate mit vereinigter Rektifizier- und Kühlwirkung angesehen werden können, verwirklicht. Sie gestatten, die Kolonne mit ein paar Böden weniger auszurüsten, aber ihre Konstruktion ist kompliziert und es ist fraglich, ob nicht eine etwas höhere Rektifizierkolonne mit gewöhnlichem Röhrendephlegmator mit Rücksicht auf die Einfachheit seiner Konstruktion vorzuziehen ist.

Außerdem dient der Dephlegmator noch dazu, die zu destillierende Maische, die in vielen kontinuierlichen Apparaten die Stelle des Kühlwassers vertritt, vorzuwärmen.

Verwendung von Maische an Stelle von Wasser als Kühlflüssigkeit im Dephlegmator. Wenn der Alkoholgehalt der Maische nicht mehr als 9% beträgt, reicht die Maische allein aus, den nötigen Rückfluß für die Rektifizierkolonne zu erzeugen, wenn der Alkoholgehalt des Fertigproduktes 90—92 Volumprozent (85,7 bis 88,3 Gewichtsprozent) nicht übersteigt. Wenn dagegen Spiritus mit 94,6 Gewichtsprozent Alkohol erzeugt werden soll, reicht die Maische nur dann zur Erzeugung des erforderlichen Rücklaufes aus, wenn ihr Alkoholgehalt nicht über 3% liegt.

Platz des Dephlegmators. Wenn der Dephlegmator oben über der Rektifizierkolonne angebracht ist, so ist die auf den obersten Böden befindliche Kondensatmenge sehr groß und wird beim Abfließen nach unten hin immer kleiner. Wenn dagegen verschiedene Dephlegmatoren in Zwischenräumen tiefer an der Kolonne angebracht sind, so erhalten die obersten Böden nur wenig Kondensat, obwohl die gesamte, in die Blase zurücklaufende Flüssigkeitsmenge in beiden Fällen die gleiche ist.

Diese letzte Anordnung ist nicht so wirksam wie die vorige und erfordert mehr Böden in der Kolonne als nötig wäre, um das gleiche Ergebnis mit einem über der Rektifizierkolonne angebrachten Dephlegmator zu erzielen.

Soll die Rektifizierkolonne gegen Wärmeverlust geschützt werden? Wenn die Kolonne aus Metall hergestellt ist, kann ein beträchtlicher Wärmeverlust durch Strahlung und Konvektion eintreten. Wenn die Maische im Dephlegmator vorgewärmt wird, wird dadurch eine beträchtliche Wärmemenge abgeführt. Umgekehrt bewirkt der auf der ganzen Außenseite der Kolonne eintretende Wärmeverlust eine gewisse Verdichtung des Dampfes. Wie vorher dargestellt wurde, ist es aber vorteilhafter, die ganze Rücklaufmenge den obersten Böden der Kolonne zuzuführen. Die durch Wärmeverluste der Außenfläche einer Kolonne verursachte Kondensation hat eine ähnliche Wirkung wie verschiedene in Abständen an der Kolonne entlang angebrachte Dephlegmatoren und sollte daher vermieden werden.

Der stündliche Wärmeverlust bei einer Temperaturdifferenz von 1° C zwischen der Oberfläche und der umgebenden Luft beträgt für 1 qm Oberfläche angenähert:

Kupfer	5— 6,5	Kalorien
Schmiedeeisen	8— 9	„
Gußeisen	9—10	„

Das folgende Beispiel zeigt, ein wie großer Teil der einer Blase zugeführten Wärmemenge auf diesem Wege verloren gehen kann.

	Liter	Liter
Verarbeitete Maische pro Stunde . .	1000	10 000
Für eine Ausbeute von 100 l Spiritus würde der Wärmeverlust betragen:		
	Kalorien	Kalorien
Für nichtisolierte Kolonnen	3000	600
Für gutisolierte Kolonnen	600	120

Die zur Darstellung von 100 l Sprit erforderliche Wärmemenge beträgt etwa 9—12 000 Kalorien.

Der Verlust ist bei der größeren Blase viel geringer, aber selbst hier beträgt er noch mindestens 5% der zugeführten Gesamtwärmemenge, wenn die Kolonne nicht isoliert ist. Bei isolierten Kolonnen ist der Verlust auf 1% der ganzen zugeführten Wärmemenge herabgedrückt.

Diskontinuierlich arbeitende Apparate.

Berechnung der geringst möglichen Rücklauf- und Wärmemenge.

Tabelle 105 zeigt, daß zur Darstellung von 1 kg Spiritus mit 94,61 Gewichtsprozent Alkohol um so mehr Rücklauf erzeugt und um so mehr Wärme der Blase zugeführt werden muß, je niedriger der Alkoholgehalt der zu destillierenden Flüssigkeit ist. Aber die Menge der zur Darstellung erforderlichen Wärme nimmt nicht gleichmäßig mit der Zunahme des Alkoholgehaltes der zu destillierenden Flüssigkeit ab, vielmehr wird bei einem Alkoholgehalt der zu destillierenden Flüssigkeit von ungefähr 26 Gewichtsprozent ein Minimum erreicht. Oberhalb dieses Alkoholgehaltes steigt die erforderliche Wärmemenge wieder allmählich an.

Wenn die Blase mit 90%igem Spiritus beschickt ist, so fällt die zur Erzeugung von 1 kg Fertigprodukt erforderliche Wärme- und Rücklaufmenge ab, bis der Alkoholgehalt der in der Blase gebliebenen Flüssigkeit auf ungefähr 26 Gewichtsprozent gesunken ist. Nachher tritt ein langsames Steigen ein, bis gegen Ende der Destillation die nötigen Rücklauf- und Wärmemengen sehr groß werden. Der Dephlegmator muß natürlich imstande sein, die größte Rücklaufmenge zu erzeugen, die im Verlauf der ganzen Destillation erforderlich werden kann, um eine bestimmte Ausbeute am Endprodukt zu erzielen. Ebenso muß auch die Wärmequelle in der Lage sein, die im Betrieb erforderliche Spitzenleistung zu liefern.

Zahl der Böden. Wie schon erwähnt, hängt die Zahl der Böden von dem Alkoholgehalt der zu destillierenden Flüssigkeit, von dem Gehalt des Fertigproduktes und von der durch den Dephlegmator abgeführten Wärmenge ab. Die Tabellen 106 und 107 geben die günstigsten Werte an, die unter verschiedenen Arbeitsbedingungen theoretisch möglich sind.

Tabelle 105.

In der Tabelle ist die geringste theoretisch mögliche Wärmemenge (in kg-Kalorien) angegeben, die im Dephlegmator dem aus der Rektifizierkolonne einströmenden Dampf entzogen werden muß, um aus der in der Blase befindlichen Flüssigkeit, deren Alkoholgehalt zwischen 0,052 Gewichtsprozent und 92,79 Gewichtsprozent liegt, 1 kg Spiritus von 94,61 oder 85,76 Gewichtsprozent zu erzeugen. Es wird vorausgesetzt, daß die Flüssigkeiten vor Eintritt in die Blase auf ihren Siedepunkt vorgewärmt waren.

Alkoholgehalt der Flüssigkeit im Apparat in Gew.-Proz.	Auf 1 kg erzeugten Alkohols v. 94,61 Gew.-Proz. werden im Dephlegmator Wärmeeinheiten abgeführt	Auf 1 kg erzeugten Alkohols v. 85,76 Gew.-Proz. werden im Dephlegmator Wärmeeinheiten abgeführt	Alkoholgehalt der Flüssigkeit im Apparat in Gew.-Proz.	Auf 1 kg erzeugten Alkohols v. 94,61 Gew.-Proz. werden im Dephlegmator Wärmeeinheiten abgeführt	Auf 1 kg erzeugten Alkohols v. 85,67 Gew.-Proz. werden im Dephlegmator Wärmeeinheiten abgeführt
92,79	819	—	8,95	717	641
92,29	1048	—	8,21	775	701
91,38	1022	—	7,66	837	765
88,33	870	—	7,28	907	836
85,69	731	—	6,30	977	913
82,14	661	—	5,76	1 070	1 003
78,49	577	103	5,13	1 167	1 091
74,89	542	140	4,54	1 259	1 190
71,2	530	236	4,19	1 400	1 320
67,12	514	262	3,50	1 531	1 460
62,99	494	284	3,09	1 695	1 626
58,58	489	307	2,88	1 888	1 821
53,56	457	315	2,60	2 108	2 038
48,31	455	322	2,31	2 380	2 320
43,00	452	327	2,07	2 690	2 646
37,07	443	337	1,79	3 116	3 064
31,16	434	337	1,52	3 635	3 598
25,97	430	335	1,35	4 364	4 298
19,91	435	346	1,07	5 365	5 329
15,57	448	374	0,84	6 865	6 799
13,63	478	407	0,63	9 450	9 370
12,37	512	442	0,42	14 490	14 420
11,30	559	488	0,21	29 690	29 620
10,63	607	536	0,105	59 950	59 800
9,66	658	587	0,052	120 000	119 900

Tabelle 106.

Alkoholgehalt der Flüssigkeit und des Dampfes auf jedem Boden einer Rektifizierkolonne in Gewichtsprozent, wenn die im Dephlegmator abgeführte Wärmemenge 5000, 6000, 8000, 15000 Calorien auf 10 kg dargestellten Alkohols mit 85,76 Gewichtsprozent Alkohol entspricht.

Nr. des Bodens von oben	5 000 Kalorien		6 000 Kalorien		8 000 Kalorien		15 000 Kalorien	
	Alkoholgehalt der Flüssigkeit Gew.-Proz.	Alkoholgehalt des Dampfes Gew.-Proz.	Alkoholgehalt der Flüssigkeit Gew.-Proz.	Alkoholgehalt des Dampfes Gew.-Proz.	Alkoholgehalt der Flüssigkeit Gew.-Proz.	Alkoholgehalt des Dampfes Gew.-Proz.	Alkoholgehalt der Flüssigkeit Gew.-Proz.	Alkoholgehalt des Dampfes Gew.-Proz.
	82	85,76	82	85,76	82	85,76	82	85,76
1	77,1	83,4	77,1	83,30	77,06	83,15	76,1	82,8
2	73,0	80,7	72,9	80,70	71,0	79,5	67,2	78,0
3	67,5	78,2	66,1	77,65	60,0	74,59	50,6	70,9
4	61,39	75,2	57,7	73,6	46,4	69,5	19,0	59,6
5	55,18	72,2	45,34	68,9	21,33	60,6	6,15	37,2
6	45,60	69,10	28,12	62,7	10,85	50,5	3,71	28,98
7	33,70	64,70	12,97	55,01	7,68	42,7	3,20	27,85
8	18,80	59,78	10,09	48,87	—	—	—	—
9	12,50	54,25	—	—	—	—	—	—
10	11,3	51,90	—	—	—	—	—	—

Kontinuierliche Apparate. Die Maischekolonne.

Bei Apparaten dieser Art wird die zu destillierende Flüssigkeit kontinuierlich mit gleichbleibender Geschwindigkeit einer Maischekolonne zugeführt, deren Aufbau ähnlich dem der Rektifizierkolonne ist (siehe Abb. 104, 121, 125, 127). Die Maische fließt auf den obersten Boden der Kolonne und strömt abwärts bis zum Ausflußrohr. Sie verläßt die Kolonne fast vollständig frei von Alkohol. Die Wärmezufuhr erfolgt durch direkten Dampf. Er wird am unteren Ende der Kolonne zugeführt und hält die Flüssigkeit auf allen Böden im Kochen. Die Maischekolonne hat die Aufgabe, die Maische möglichst vollständig von Alkohol zu befreien. Die dazu nötige Wärmemenge steigt mit wachsendem Alkoholgehalt der zu destillierenden Maische (Tabelle 108).

Tabelle 109 zeigt die auf jedem Boden einer Maischekolonne erzielten Ergebnisse, wenn der Alkoholgehalt der Maische und der Wärmeverbrauch sich ändern, die unten aus der Kolonne abfließende Flüssigkeitsmenge dagegen unverändert bleibt.

Wenn z. B. die ursprüngliche Maische 8,45% Alkohol enthält, so sind, wenn der Wärmeverbrauch 20000 Kalorien beträgt, nur 7 Böden nötig, beträgt er dagegen nur 10000 Kalorien, so sind über 17 Böden nötig.

Tabelle 107.

Alkoholgehalt der Flüssigkeit und des Dampfes auf jedem Boden einer Rektifizierkolonne in Gewichtsprozent, wenn die im Dephlegmator abgeführte Wärmemenge 16000 und 30000 Kalorien auf 10 kg dargestellten Alkohols mit 94,61 Gewichtsprozent Alkohol entspricht.

Nr. des Bodens von oben	16000 Kalorien		30000 Kalorien		Nr. des Bodens von oben	16000 Kalorien		30000 Kalorien	
	Flüssigkeit	Dampf	Flüssigkeit	Dampf		Flüssigkeit	Dampf	Flüssigkeit	Dampf
	93,77	94,61	93,77	94,61	16	90,54	91,65	50,18	70,70
1	93,75	94,00	93,75	94,00	17	90,20	91,06	13,00	55,30
2	93,56	93,90	93,52	93,77	18	89,81	90,90	3,20	25,20
3	93,33	93,70	93,27	93,62	19	89,41	90,50	1,99	17,72
4	93,28	93,63	92,24	92,74	20	88,32	90,00	—	—
5	93,18	93,54	92,00	92,52	21	87,20	89,20	—	—
6	93,15	93,49	91,00	91,58	22	86,20	88,40	—	—
7	92,90	93,35	90,80	91,46	23	85,20	87,40	—	—
8	92,73	93,16	90,20	91,10	24	83,20	86,60	—	—
9	92,45	92,97	89,75	90,65	25	80,15	84,90	—	—
10	92,25	92,75	88,50	90,19	26	77,50	83,40	—	—
11	92,08	92,64	87,10	89,10	27	71,80	80,20	—	—
12	91,43	92,45	85,00	87,73	28	62,45	75,70	—	—
13	91,35	92,00	81,90	85,85	29	43,75	68,30	—	—
14	91,24	91,91	77,00	83,07	30	12,57	54,40	—	—
15	91,00	91,74	68,00	78,62	31	4,09	33,02	—	—

Tabelle 108. Maischekolonne.

Zur Erzeugung von 100 kg alkoholfrei ablaufenden Wassers sind der Maischekolonne bei der Verarbeitung von Maische, deren Alkoholgehalt zwischen 15 und 0,5 Gewichtsprozent liegt, theoretisch mindestens folgende Wärmemengen in Kalorien zuzuführen:

Alkoholgehalt Gewichtsprozent		Kalorien	Alkoholgehalt Gewichtsprozent		Kalorien
Flüssigkeit	Dampf		Flüssigkeit	Dampf	
15	57,50	12 320	7	39,54	8 600
14	56,47	11 610	6	37,00	8 100
13	55,17	11 000	5	33,49	7 600
12	53,36	10 025	4	29,54	6 600
11	51,00	10 000	3	24,80	6 360
10	48,61	9 800	2	17,50	6 050
9	46,13	9 650	1	9,52	5 750
8	43,66	9 500	0,5	4,96	5 600

Die in Tabelle 105 angegebene Wärmemenge stellt nicht nur die Wärmemenge dar, die erforderlich ist, um die Maische von Alkohol zu befreien, sondern auch die zur Verstärkung des Alkohols in der Rektifizierkolonne nötige.

Tabelle 109. Maischekolonne.

Wenn auf 100 kg aus der Kolonne abfließenden Wassers der Maischekolonne 10 000, 12 000, 20 000, 50 000 und 125 000 Kalorien zugeführt werden, so hat der Alkoholgehalt von Flüssigkeit und Dampf auf jedem Boden der Kolonne folgende Werte:

Nr. des Bodens von unten	10 000 Kalorien		12 000 Kalorien		20 000 Kalorien		50 000 Kalorien		125 000 Kalorien	
	Alkohol in der Flüssigkeit Gew.-Proz.	Alkohol im Dampf Gew.-Proz.	Alkohol in der Flüssigkeit Gew.-Proz.	Alkohol im Dampf Gew.-Proz.	Alkohol in der Flüssigkeit Gew.-Proz.	Alkohol im Dampf Gew.-Proz.	Alkohol in der Flüssigkeit Gew.-Proz.	Alkohol im Dampf Gew.-Proz.	Alkohol in der Flüssigkeit Gew.-Proz.	Alkohol im Dampf Gew.-Proz.
21	10,2	49,0	—	—	—	—	—	—	—	—
20	10,07	48,84	—	—	—	—	—	—	—	—
19	9,78	48,0	—	—	—	—	—	—	—	—
18	9,11	46,4	—	—	—	—	—	—	—	—
17	8,14	44,84	14,2	56,7	—	—	—	—	—	—
16	7,25	41,01	13,7	56,0	—	—	—	—	—	—
15	6,54	38,5	12,7	54,7	—	—	—	—	—	—
14	5,22	34,2	11,15	51,3	—	—	—	—	—	—
13	3,82	28,74	9,26	46,8	—	—	—	—	—	—
12	2,74	21,84	7,20	41,01	—	—	—	—	—	—
11	1,624	16,24	4,94	33,0	—	—	—	—	—	—
10	0,990	9,90	3,057	24,0	22,5	60,6	—	—	—	—
9	0,561	5,61	1,73	15,57	21,0	60,4	41,24	67,41	60,4	74,8
8	0,349	3,49	1,09	10,0	15,1	57,5	41,1	67,33	60,0	74,5
7	0,221	2,21	0,593	5,98	8,45	44,6	40,0	67,00	58,5	73,75
6	0,141	1,41	0,325	3,25	3,71	27,5	35,6	65,3	54,3	72,25
5	0,090	0,90	0,178	1,78	1,47	13,0	19,1	59,8	39,7	66,85
4	0,0583	0,583	0,1	1,0	0,53	5,3	5,28	35,5	22,8	55,00
3	0,0371	0,371	0,059	0,59	0,195	1,95	1,125	10,68	3,44	25,00
2	0,024	0,241	0,033	0,33	0,0721	0,721	2,33	2,33	0,485	3,85
1	0,0156	0,156	0,018	0,18	0,0268	0,268	0,048	0,48	0,069	0,693
	0,01	0,10	0,01	0,10	0,01	0,10	0,01	0,10	0,01	0,10

Diese Gesamtwärmemenge umfaßt folgende Teilbeträge: 1. die latente Verdampfungswärme, die dem Kühler durch das Endprodukt zugeführt wird; 2. wenn die Maische im Dephlegmator vorgewärmt wird, so wird sie dem obersten Boden der Maischekolonne mit einer Temperatur zugeführt, die über ihrer Eintrittstemperatur in den Dephlegmator, aber unter ihrem Siedepunkt liegt. Sie kann im Dephlegmator nicht bis auf ihren Siedepunkt erwärmt werden, denn die Temperatur des hochprozentigen Alkoholdampfes im Dephlegmator beträgt nur ungefähr 78—85° C, und es ist unmöglich, die Maische auf höher als 8—10° unter der Temperatur der Dämpfe im Dephlegmator liegende Temperaturen zu erwärmen. Es muß daher in der Maischekolonne noch Wärme zugeführt werden, um die Temperatur der Maische bis zu ihrem Siedepunkt auf den obersten Böden der Maischekolonne zu erwärmen.

3. Zur Erzeugung des nötigen Rücklaufs in der Rektifizierkolonne wird im Dephlegmator Wärme abgeführt. Diese Wärmemenge muß ursprünglich der Maischekolonne zugeführt worden sein. Sie wird durch die Wärmemenge dargestellt, die die Maische bei ihrer Vorwärmung im Dephlegmator aufgenommen hat.

Auf Rechnung dieser drei Punkte kommt der Hauptteil des Wärmebedarfs der Anlage, zusammen stellen sie die in Tabelle 105 angegebene Gesamtwärme dar.

Um aber den Gesamtwärmebedarf der Destillieranlage darzustellen, müssen noch drei weitere kleinere Wärmemengen berücksichtigt werden, nämlich

a) die Wärmemenge, die nötig ist, die Temperatur des Rücklaufs von der Höhe, mit der er den Dephlegmator verläßt, auf die auf dem ersten Boden der Maischekolonne herrschende zu steigern;

b) die Wärmemenge, die nötig ist, um die Temperatur der Maische von ihrem Siedepunkt auf dem obersten Boden der Maischekolonne bis auf die Temperatur zu steigern, mit der sie unten aus der Maischekolonne abfließt (ungefähr 102 °C). Bei der Berechnung der Dampfmenge, die zur Deckung des Gesamtwärmebedarfs der Anlage zuzuführen ist, muß die Temperatur, mit der die abgetriebene Maische aus der Maischekolonne abfließt, in Rechnung gesetzt werden. Diese Temperatur liegt bei etwa 102 °C. Daraus folgt, daß 1 kg Sattdampf $637 - 102 = 535$ Kalorien an die Flüssigkeit in der Kolonne abgibt.

c) Ersatz der unvermeidlichen Wärmeverluste der Anlage durch Strahlung usw.

Um festzustellen, wieviel Böden in der Rektifizier- und Maischekolonne sein müssen, und welche Größe der Dephlegmator haben muß, um Spiritus von einer bestimmten Konzentration zu liefern, kann folgender Weg eingeschlagen werden: Zunächst muß der Alkoholgehalt der Flüssigkeit und des Dampfes auf dem obersten Boden der Maischekolonne bestimmt werden. Dieser hängt ab von dem Alkoholgehalt der Maische und von der Temperatur, auf die die Maische im Dephlegmator vorgewärmt wurde. Tabelle 110 gibt die nötigen Angaben für Maische mit 1, 5, 7 und 10 Gewichtsprozent Alkohol. Man erkennt, daß der Alkoholgehalt der Flüssigkeit und des Dampfes auf dem obersten Boden der Maischekolonne um so niedriger ist, je höher die Temperatur der Maische liegt.

Wenn man den Alkoholgehalt auf dem obersten Boden der Maischekolonne festgestellt hat, so kann man den Tabellen 106 und 107 entnehmen, wie groß die Anzahl der Böden in der Rektifizierkolonne und die Wirkung des Dephlegmators sein muß, um den Alkoholgehalt auf den erforderlichen Grad zu bringen.

Die Zahl der dazu nötigen Böden findet man in Tabelle 107, die außerdem den Wärmebedarf der Anlage, wie schon erklärt, angibt.

An einem bestimmten Beispiel soll klargemacht werden, wie die in den Tabellen gemachten Angaben hinsichtlich der Maische- und Rektifizierkolonne so miteinander vereinigt werden können, daß daraus die sparsamsten theoretisch möglichen Arbeitsbedingungen zu erkennen sind.

Beispiel: Aus 112,8 kg Maische mit 10 Gewichtsprozenten Alkohol von 20° soll Sprit mit einem Alkoholgehalt von 85,76 Gewichtsprozenten dargestellt werden, wobei die Maische im Dephlegmator auf 70° C vorgewärmt wird.

Tabelle 110.

Alkoholgehalt von Flüssigkeit und Dampf auf dem obersten Boden der Maischekolonne in Gewichtsprozent bei verschiedenem Alkoholgehalt und verschiedener Temperatur der Maische.

Alkoholgehalt der Maische	0°	10°	20°	30°	50°	70°	90°	Temperaturdifferenz zwischen der vom Dephlegmator kommenden Maische und ihrem Siedepunkt auf dem obersten Boden der Kolonne
1	9,52	11,2	13,8	17,5	27,5	38,5	50,2	Alkoholgehalt d. Dampfes
	1,0	1,25	1,5	2,0	2,0	6,45	10,7	„ d. Flüssigkeit
5	33,49	35,5	38,1	41,5	48,61	55,17	58,15	„ d. Dampfes
	5	5,6	6,33	7,5	10	13	15,75	„ d. Flüssigkeit
7	39,54	42,6	45,5	48,81	54,8	58,1	58,9	„ d. Dampfes
	7	7,80	8,7	10,05	12,65	15,6	17,5	„ d. Flüssigkeit
10	48,61	51,5	54,2	55,6	58,39	59,4	60,3	„ d. Dampfes
	10	11,15	12,3	13,55	16	18,1	20,2	„ d. Flüssigkeit

Unter diesen Umständen ist der Alkoholgehalt der Flüssigkeit und des Dampfes auf dem obersten Boden der Maischekolonne 12,3 und 54,2 Gewichtsprozent (s. Tabelle 110).

Aus Tabelle 109 ist zu entnehmen, daß der geringst mögliche Wärmeverbrauch zur Erzeugung von 100 kg praktisch alkoholfrei aus der Maischekolonne abfließenden Wassers bei einem Alkoholgehalt der Flüssigkeit von 12,7% auf dem obersten Boden 12000 Kalorien beträgt, und daß die Zahl der in der Maischekolonne erforderlichen Böden 15 ist.

Tabelle 106 zeigt, daß, wenn auf 10 kg Endprodukt der gewünschten Stärke (85,76 Gewichtsprozent) die geringst mögliche Wärmemenge von 5 000 Kalorien im Dephlegmator abgeführt wird, die Kolonne 8 Böden haben muß.

Es soll nun versucht werden, den Wärmebedarf der Anlage im gegebenen Falle auf einem anderen Wege abzuschätzen.

Als Grundlage der Berechnung sei angenommen, daß 100 kg abgetriebene Maische praktisch frei von Alkohol aus der Maischekolonne abfließen. Diese Flüssigkeitsmenge würde aus 112,8 kg der ursprünglichen Maische entstehen. Vorausgesetzt ist, daß die Menge des für Heizzwecke verwendeten Dampfes, die sich in der Maische kondensiert, außer Betracht bleibt. Aus 112,8 kg der ursprünglichen Maische würden also 13,16 kg Fertigspiritus mit 85,76 Gewichtsprozent Alkohol entstehen. Die spezifische Wärme der Maische sei zu 1,01 angenommen, die latente Verdampfungswärme von Wasser und Alkohol sei 544 bzw. 205. Alsdann wird der Gesamtwärmebedarf der Anlage, wie schon S. 304 angegeben, durch folgende Posten dargestellt:

1. Verdampfungswärme des am Ende des Apparates austretenden Fertigprodukts. Gesamtmenge des Fertigprodukts 13,16 kg mit 11,28 kg Alkohol und 1,88 kg Wasser.

Diese Wärmemenge beträgt demnach:

$$11{,}28 \cdot 205 + 1{,}88 \cdot 544 = 3335{,}1 \text{ Kalorien.}$$

2. Die zur Temperatursteigerung der Maische von ihrer Vorwärmungstemperatur bis zu ihrem Siedepunkt auf dem obersten Boden der Maischekolonne nötige Wärmemenge. Aus Tabelle 102 folgt, daß der Siedepunkt der auf dem obersten Boden der Maischekolonne befindlichen Flüssigkeit 90° C ist. Die Maische ist auf 70° vorgewärmt, die zur Überwindung dieser Temperaturdifferenz erforderliche Wärmemenge beträgt:

$$112{,}8 \cdot 1{,}01\,(90 - 70) = 2278{,}5 \text{ Kalorien.}$$

3. Die von der Maische im Dephlegmator aufgenommene Wärmemenge beträgt:

$$112{,}8 \cdot 1{,}01\,(70 - 20) = 5696{,}4 \text{ Kalorien.}$$

Hierzu kommt noch die Wärmemenge, die zur Deckung der drei kleinen auf S. 305 angegebenen Zusatzposten nötig ist. Diese berechnet sich auf 884 Kalorien. Über ihre Berechnung siehe Hausbrand[1].

Diese vier Posten ergeben zusammen 12,194 Kalorien als Gesamtwärmebedarf der Anlage. Beim Vergleich dieses Wertes mit den in den Tabellen 106 und 109 angegebenen erkennt man, daß der gesamte errechnete Wärmebedarf der Anlage nahezu gleich dem in den Tabellen gegebenen ist.

Beim Vergleich der Angabe der Tabelle 106 über die im Dephlegmator abzuführende Wärmemenge mit der durch Berechnung gefundenen muß man beachten, daß sich erstere auf die Darstellung von 10 kg Alkohol bezieht, während die wirklich erhaltene Menge 13,16 kg beträgt.

Aus Tabelle 105 ist zu entnehmen, daß die geringste, im Dephlegmator abzuführende Wärmemenge zur Darstellung von 1 kg Alkohol von 85,76 Gewichtsprozent aus 12,3%igem 442 Kalorien beträgt. Die zur

[1] A. a. O. S. 92.

Darstellung von 13,16 kg solchen Sprits erforderliche Wärmemenge beträgt daher mindestens 5816 Kalorien, ein Wert, der nur sehr wenig größer ist, als der bei der Berechnung erhaltene von 5696 Kalorien.

In diesem Falle reicht die Maische theoretisch allein aus, den nötigen Rücklauf für die Rektifizierkolonne zu erzeugen. Hätte aus der gleichen Maische ein Endprodukt mit 94% Alkohol dargestellt werden sollen, so hätte dem Dephlegmator neben der Maische noch eine beträchtliche Menge kalten Wassers zugeführt werden müssen.

Es sei nochmals daran erinnert, daß die in den Tabellen angegebenen Werte den geringsten theoretisch möglichen Wärmebedarf darstellen. Praktisch müßte man daher bei dem oben durchgerechneten Fall außer der Maische noch eine gewisse Menge Kühlwasser verwenden (s. S. 299).

XXVII. Destillation von Mischungen aus Wasser und Äthylalkohol in Gegenwart der anderen flüchtigen Gärungserzeugnisse.

Die Aufgabe, den Äthylalkohol vom Wasser abzutrennen, ist im Vorhergehenden behandelt. Es bleibt noch die Rektifikation oder die Entfernung der flüchtigen Nebenerzeugnisse zu betrachten. Die Hauptmenge dieser Stoffe entsteht durch die Gärung. Einige von ihnen bilden sich aber auch durch chemische Veränderungen, die während der Destillation eintreten. Zur letzteren Klasse gehören gewisse Ester, die sich durch die Einwirkung von Säuren auf die in der gegorenen Maische vorhandenen Alkohole bilden. Die Entfernung dieser Säuren ganz zu Anfang der Destillation vermindert die Menge der entstehenden Ester. Zu den flüchtigen Nebenerzeugnissen gehören folgende Stoffe[1]:

Aldehyde,	Acetal,
n-Propylalkohol,	Glycerin,
Isopropylalkohol,	Fettsäuren, einschl. Ameisensäure,
n-Butylalkohol,	Äthylacetat und Formiat,
Isobutylalkohol,	Äthylbutyrat,
Isoamylalkohol,	Äthylisovaleriansäure-Ester,
d-Amylalkohol,	Isoamylacetat,
Hexyl- und Heptylalkohole,	Isoamylisovaleriansäure-Ester
Furfurol,	Terpene.
Isobutylglykol,	

Unter den Nebenerzeugnissen kann man grob zwei Klassen unterscheiden: 1. „Vorlaufstoffe", die vor dem Äthylalkohol ins Destillat überzugehen streben, und 2. die „Nachlaufstoffe", die das nicht tun. Eine

[1] Harden: Alcoholic Fermentation **1914**, S. 85. Maercker-Dellbrück: Spiritusfabrikation **1908**, S. 761. Windisch: Arb. Kais. Gesund. **8**, 228 (1892).

sichere Entscheidung über die Zugehörigkeit der Stoffe zu einer dieser Gruppen kann indessen nicht getroffen werden, da einige der Nebenerzeugnisse bei welchselnder Zusammensetzung der zu destillierenden Flüssigkeit von der ersten in die zweite Gruppe übergehen.

Die im Vorlauf übergehenden Stoffe lassen sich aus verdünnter alkoholischer Lösung (aus vergorener Maische) leichter entfernen als aus konzentrierten alkoholischen Lösungen, die nicht einer vorherigen Reinigung unterzogen wurden. Im Anfangsstadium der Beheizung der vergorenen Maische wird die Flüssigkeit praktisch einer Wasserdampfdestillation unterworfen. Infolge der im Vergleich zum Alkohol verhältnismäßig geringen Menge von Verunreinigungen enthalten die ersten Fraktionen des Destillates die Hauptmenge der in der ursprünglichen vergorenen Maische vorhandenen Verunreinigungen (des Fuselöls). Auch die vorhandenen esterartigen Verunreinigungen gehen mit Wasserdampf leicht über, daher sind auch diese Stoffe in der ersten Fraktion enthalten.

Destillation von Mischungen aus Alkohol und Wasser.

Bei der Destillation von Flüssigkeitsmischungen werden gewöhnlich vier Gruppen unterschieden:

a) nicht mischbare Flüssigkeiten;

b) teilweise mischbare Flüssigkeiten;

c) chemisch ähnliche, in allen Verhältnissen mischbare Flüssigkeiten;

d) chemisch unähnliche, aber in allen Verhältnissen mischbare Flüssigkeiten.

Da die Mischung von Äthylalkohol und Wasser zur Gruppe d gehört, sollen die übrigen Gruppen (a, b und c) hier nur kurz erwähnt werden, ausführlicher sind sie an früheren Stellen dieses Buches behandelt worden. Bei nicht mischbaren Flüssigkeiten (Gruppe a) hängt der Siedepunkt jeder Einzelflüssigkeit in der Mischung vom Partialdruck ihres eigenen Dampfes ab und wird im allgemeinen von der Gegenwart der anderen Stoffe nicht beeinflußt. Da die Bestandteile dieser Mischungen als unabhängig voneinander betrachtet werden können, sind die Gesetze, nach denen die Destillation solcher Mischungen verläuft, einfach, und die aus den bekannten Dampfdrucken der Flüssigkeiten theoretisch berechneten Daten stimmen sehr nahe mit den experimentell gefundenen überein. Diese Gesetze sind im wesentlichen von Naumann[1], Pierre und Puchot[2] und Brown[3] entwickelt worden.

Bei der Aufarbeitung der Nebenprodukte vergorener Flüssigkeiten trennen sich Gemische manchmal in zwei Schichten, z. B. Gemische aus

---

[1] Ber. **10**, 1421, 1877 (1879). [2] Compt. rend. **73**, 599; **74**, 224.
[3] Trans. Chem. Soc. **37**, 547 (1879).

höheren Alkoholen und Wasser. Diese Mischungen gehören zu der in der Gruppe b aufgeführten Art.

Bei Mischungen von zur Gruppe c gehörigen Flüssigkeiten kann die Beziehung zwischen Dampfdruck und Molarzusammensetzung durch eine gerade Linie dargestellt werden. Für Gemische, z. B. aus Brombenzol und Chlorbenzol, trifft diese Beziehung genau zu[1]. Die Beziehung zwischen der Zusammensetzung der Flüssigkeitsmischung und der des daraus entwickelten Dampfes kann entsprechend Browns Formel ausgedrückt werden durch:

$$\frac{m'_A}{m'_B} = \frac{m_A}{m_B}\frac{P_A}{P_B}$$

in der m'_A und m'_B die Mengen der beiden Stoffe im Dampf, m_A und m_B ihre Mengen in der flüssigen Mischung und P_A und P_B die Dampfdrucke der reinen Stoffe beim Siedepunkt der Mischung bedeuten. Durch Ersatz des Verhältnisses P_A/P_B durch eine Konstante c wurde eine bessere Übereinstimmung zwischen beobachteten und berechneten Werten erzielt. Wie früher in diesem Buche nachgewiesen wurde, stimmen die Ergebnisse der Brownschen Versuche nicht gut mit dieser Formel überein, und die bisher vorliegenden experimentellen Ergebnisse führen augenscheinlich zu dem Schluß, daß die Formel nur auf solche Flüssigkeitsgemische anwendbar ist, bei denen die Beziehung $P = MP_A + (1 - M) P_B$ zutrifft. In dieser bezeichnet P den Dampfdruck der Mischung, P_A und P_B die Dampfdrucke der beiden reinen Stoffe bei der gleichen Temperatur und M die molekulare Konzentration des Stoffes A[2].

Duhem und Margules schlugen unabhängig voneinander die Formel

$$\frac{d \log P_A}{d \log M} = \frac{d \log P_B}{d \log (1-M)}$$

für die Beziehung zwischen der molaren Zusammensetzung der flüssigen Mischung und den Partialdrucken P_A und P_B der Bestandteile im Dampf vor. Die Formeln von Lehfeldt und von Zawidski beruhen auf dieser Formel. Das graphische Verfahren von Margules, das auf der Messung der Neigung der Totaldruckkurve an ihren beiden Enden beruht, wurde durch die folgende Arbeit von Rosanoff und Mitarbeitern[3] in Zweifel gesetzt. Letztere haben ein allgemeines Gesetz entwickelt, das durch die Formel

$$\frac{dP}{dM} = (1/K) \log [P_A (1 - M)/P_B M]$$

---

[1] Vgl. Brown: Trans Chem. Soc. **35**, 541; **37**, 49 (1880); **39**, 304 u. 517 (1881). Young und Fortey: Trans. Chem. Soc. **81**, 768, 902 und **83**, 45 (1903) usw.

[2] Vgl. Young: Proc. Royal Dublin Soc. **15**, 47 (1920).

[3] Journ. Amer. Chem. Soc. **1911** — **1920.**

wiedergegeben werden kann, in der

$$(1/K) = (P_A - P_B)/(\log P_A - \log P_B)$$

ist.

Man kann sich die Alkohole aus Wasser durch Ersatz eines Wasserstoffatomes durch eine Alkylgruppe entstanden denken. Sie können aber auch als Hydroxylderivate der gesättigten Parraffine betrachtet werden. Von beiden Gesichtspunkten aus wurde dieser Gegenstand von Young[1] in seiner Untersuchung über die Verwandtschaft der Alkohole mit dem Wasser einerseits, mit den Paraffinen andererseits studiert. Im allgemeinen verringert sich der Einfluß der OH-Gruppe und vermehrt sich der der Alkylgruppe beim Aufsteigen in der Linie vom Wasser zu den höheren Alkoholen. Die Dampfdrucke von Mischungen aus Methylalkohol und Wasser liegen überall zwischen denen der Einzelbestandteile, und die die Beziehung zwischen dem Dampfdruck und der Molarzusammensetzung von Methylalkohol-Wassermischungen darstellende Kurve weicht nur sehr wenig von einer Geraden ab. Der größte Abstand zwischen der die Dampfdrucke darstellenden Kurve und einer die beiden Enden der Kurve verbindenden geraden Linie beträgt in einem gewissen Maß 43 mm. Im gleichen Maßstab beträgt der größte Abstand zwischen diesen Linien bei Mischungen von Äthylalkohol und Wasser 315 mm*. Betreffs weiterer Untersuchungen über die Verwandtschaft verschiedener Alkohole zu Wasser siehe frühere Kapitel dieses Buches. Das Verhalten von Mischungen aus Methylalkohol und Wasser deutet darauf hin, daß diese Mischungen mehr in die Gruppe c als in die Gruppe d gehören, während bei Äthylalkohol-Wassergemischen die Beziehung zur Gruppe d vorherrscht. Bei den höheren löslichen Alkoholen, wie z. B. den Butyl- und Amylalkoholen, ist die Zugehörigkeit zur Gruppe d innerhalb der Grenzen der Löslichkeit ganz vollständig. Wenn man bei diesen die für nicht mischbare oder für chemisch nahe verwandte mischbare Flüssigkeiten geltenden Formeln anwendet, so erhält man große Abweichungen zwischen den berechneten und beobachteten Werten.

Eine Untersuchung über die Dampfdrucke von Mischungen der Gruppe d wurde zuerst im 19. Jahrhundert von Gay-Lussac (1815), Boit (1816), Magnus (1836), Regnault (1853) und später von Berthelot, Young u. a. unternommen. Dagegen verdankt man Duclaux[2] die erste Zusammenfassung der früheren Arbeiten über die Untersuchung der Destillation verdünnter Lösungen gewisser Stoffe (z. B. von Alkoholen oder Fettsäuren) und die Feststellung einer Beziehung zwischen den Mengen der Bestandteile in der zu destillierenden Flüssigkeit und ihren Mengen in den Dämpfen.

---

[1] Trans. Chem. Soc. **81**, 707 (1902).

* Konowaloff: Wied. Ann. **14**, **34** (1881).

[2] Ann. de Chim. et de Physique. 1878 und später.

Destillation verdünnter, wäßriger Lösungen mit Wasserdampf flüchtiger Stoffe.

Duclaux untersuchte ursprünglich vom analytischen Standpunkt aus die Frage, mit welcher Geschwindigkeit verschiedene Stoffe mit Wasserdampf übergehen. Er destillierte eine bekannte Menge einer verdünnten Lösung von flüchtigen Säuren oder Alkoholen und fing das Destillat in mehreren gleichen Fraktionen auf. Indem er die Säure- oder Alkoholmenge in jeder Fraktion in Prozenten der gesamten überdestillierten Menge ausdrückte, erhielt er eine Reihe von Konstanten, die zur Identifizierung der verschiedenen Säuren oder Alkohole dienten. Bei Mischungen zweier Säuren oder Alkohole folgte jeder Bestandteil näherungsweise seinem eigenen Destillationsgesetz. Es ließ sich, einerlei ob entweder Alkohole oder Säuren vorlagen, die gleiche Berechnungsweise anwenden, und da die Destillation der flüchtigen Säuren zuerst untersucht wurde, soll ein typisches Beispiel der Destillation einer verdünnten Säurelösung angeführt werden:

Eine Lösung von höchstens 1—2 g der Säure wird auf 110 ccm aufgefüllt und unter Verwendung eines gewöhnlichen Liebig-Kühlers aus einem Kolben von 200—300 ccm Inhalt abdestilliert. Es werden aufeinander folgende Fraktionen von je 10 ccm aufgefangen. Eine jede Fraktion wird der Reihe nach titriert, so daß der Säuregehalt aller 10 Fraktionen berechnet werden kann. Die Titration einer jeden Fraktion wird in Prozenten des Säuregehaltes von 100 ccm Destillat angegeben.

Beispielsweise wurden bei der Destillation einer Lösung einer flüchtigen Säure durch Titration einer jeden Fraktion folgende Werte erhalten:

	ccm	Zusammen ccm	Prozente der Gesamtmenge
1.	4,1	4,1	15,5
2.	3,5	7,6	28,8
3.	3,1	10,7	40,6
4.	2,85	13,55	51,3
5.	2,65	16,2	61,4
6.	2,45	18,65	70,6
7.	2,2	20,85	79,0
8.	2,1	22,95	86,9
9.	1,75	24,7	93,6
10.	1,7	26,4	100,0
Gesamttitration für 100 ccm	26,4		

Nach diesem Verfahren wurden Tabellen aufgestellt, die den Säuregehalt in allen Fraktionen, berechnet auf die in 100 ccm Destillat enthaltene Säuremenge, angeben.

Folgende Tabelle gibt die nach diesem Verfahren von Duclaux erhaltenen Werte.

Destillat ccm	Essigsäure	Propionsäure	n-Buttersäure
20	15,2	24,0	33,6
30	23,4	35,3	47,5
40	32,0	46,2	60,0
50	40,9	56,8	70,6
60	50,5	66,7	79,5
70	60,9	76,2	86,5
80	71,9	85,0	92,5
90	84,4	93,0	97,0

Duclaux findet, daß bei Mischungen zweier Säuren jede Säure ihrem eigenen Destillationsgesetz folgt. Diese Annahme ist nicht streng richtig, aber der dadurch entstandene Fehler liegt im allgemeinen unterhalb der Versuchsfehler.

Daraus folgt, daß wenn eine zwei flüchtige Säuren enthaltende Mischung destilliert wird, die entsprechenden Zahlen zwischen denen der beiden Säuren liegen und ein Kennzeichen für die Zusammensetzung der Mischung bilden. An folgendem Beispiel kann man dies erkennen: Eine Mischung, die auf 1 Mol Essigsäure 1,25 Mol Buttersäure enthielt, gab bei der Destillation nach Duclauxs Methode folgende Ergebnisse:

	Prozente der Gesamtmenge
30 ccm	36,7
40 „	47,6
50 „	57,4
60 „	66,7
70 „	75,2
80 „	82,4

Bei Essigsäure und Buttersäure sind die entsprechenden Werte für 30 ccm Destillat 23,4 bzw. 47,5. Wenn man annimmt, daß die Säure anfangs Buttersäure ist, der sich später steigende Mengen Essigsäure beimischen, so stellt der Unterschied zwischen den Werten der Zahlen für Buttersäure und den entsprechenden experimentell gefundenen Zahlen ein Maß für die Menge der in der Mischung vorhandenen Essigsäure dar. Danach ist der molare Anteil der in der Lösung vorhandenen Essigsäure

$$\frac{47{,}5 - 36{,}7}{47{,}5 - 23{,}4} = 0{,}448.$$

Ähnlich ergibt sich für die Fraktion von 40 ccm der molare Anteil der Essigsäure zu

$$\frac{60{,}0 - 47{,}6}{60{,}0 - 32{,}0} = 0{,}443;$$

für 60 ccm

$$\frac{79{,}5 - 66{,}7}{79{,}5 - 50{,}5} = 0{,}442.$$

Die Berechnungsart kann durch die allgemeine Formel:

$\frac{C_1 - C_3}{C_1 - C_2}$ = dem molaren Anteil der niederen Säure in der Mischung dargestellt werden. In dieser ist C_1 die Destillationskonstante der Säure 1 mit der höheren Destillationskonstanten, C_2 die Destillationskonstante der Säure 2 mit der niederen Destillationskonstanten und C_3 die Destillationskonstante der Mischung von 1 und 2.

Ähnlich ist der molare Anteil der Säure von höherem Molekulargewicht durch den allgemeinen Ausdruck

$\frac{C_3 - C_2}{C_1 - C_2}$ = dem molaren Anteil der Säure von höherem Molekulargewicht gegeben.

Die Analyse von Mischungen unbekannter Säuren ist ziemlich langwierig. Es müssen an Probemischungen Berechnungen angestellt werden, bis eine bestimmte Mischung für das Verhältnis der vorhandenen Säuren konstante Ergebnisse liefert. Durch graphische Darstellung der bei Mischungen bekannter Zusammensetzung zu erwartenden Ergebnisse lassen sich die Berechnungen vereinfachen.

Da die ursprüngliche, von Duclaux angegebene Methode bei verschiedenen Forschern keine übereinstimmenden Ergebnisse zeitigte, wurde eine ganze Reihe von Versuchsarbeiten ausgeführt mit dem Ziel, diesen Fehler zu beseitigen. Es wurde gefunden, daß durch Konvektion und Strahlung verursachte Wärmeverluste aus dem bloß liegenden Teil des Kolbens und des Aufsatzes zu unregelmäßigen Ergebnissen führen. Um dies zu vermeiden, wurden verschiedene Anordnungen gebraucht. Es ist ratsam, den freiliegenden Teil des Kolbens nicht auf einer Temperatur zu halten, die höher als die Dampftemperatur ist, da sonst durch Verspritzen und vollständiges Verdampfen von Tröpfchen der Lösung Fehler entstehen. Das beste Verfahren, eine Kondensation zu verhüten, besteht darin, den Kolben mit einem Dampfmantel zu umgeben.

Bei Säuren kann der Gehalt des Destillates durch einfache Titration bestimmt werden. Für Alkohole dagegen gibt es keine so direkte Bestimmungsmethode. Die von Duclaux[1] angewandte „Tropfenmethode" beruht darauf, daß die Oberflächenspannung von Mischungen der Alkohole mit Wasser sich mit steigendem Alkoholgehalt vermindert.

Die Koeffizienten von Duclaux, Sorel und Barbet.

Die ursprüngliche Gleichung Duclauxs kann durch die Formel

$$\frac{da}{db} = c\,\frac{a}{a+b}$$

wiedergegeben werden, in der a und b den Gehalt der ursprünglichen Mischung an Alkohol bzw. Wasser in Volumprozenten und da und db ebenso den Gehalt an Alkohol und Wasser im Dampf bedeuten. Die obige Beziehung läßt sich durch eine Hyperbel darstellen. Die Werte von c liegen bei den verdünnten Lösungen verschiedener Alkohole zwischen 10,9 bei Methylalkohol und 50 für Amylalkohol oder 61 für Caprylalkohol. Der Koeffizient c wächst mit steigendem Molekulargewicht des Alkohols, und die höheren Alkohole gehen bei der Destillation ihrer wäßrigen Lösungen leichter über als die niederen.

[1] Ann. Inst. Pasteur 9, 575 (1895).

In Kapitel XXVI sind Grönings Werte für die Verteilung von Alkoholwassergemischen erwähnt. Auf Grund des Studiums dieser Werte kam Sorel zu seiner Untersuchung über die Destillation von Alkoholwassermischungen[1]. Er verwendete eine Kupferretorte von 5 l Inhalt, die in ein Glycerinbad mit 4 l Flüssigkeit tauchte. Das Destillat wurde in ungefähr 40 gleichen Fraktionen aufgefangen, und der Alkoholgehalt einer jeden Fraktion aus dem spezifischen Gewicht bestimmt. Wenn die Volumina auf der Abszisse und die Konzentration der zurückbleibenden Flüssigkeit auf der Ordinate aufgetragen werden, erhält man die von Sorel sogenannte „Reinigungskurve" der ursprünglichen Flüssigkeit. Wenn in einem beliebigen Augenblick V das Volumen des Rückstandes und A die Konzentration der Flüssigkeit nach Gay Lussac, d. h. den Alkoholgehalt der Mischung in Volumprozenten und U die Konzentration des Destillates nach Gay Lussac, d. h. den Alkoholgehalt der destillierten Fraktion in Volumenprozent bedeutet, dann ist in jedem Augenblick

$$Va = (V - dV)(a - da) + dVU$$

oder

$$U = a + \frac{da}{dV}$$

Den Wert von U erhält man aus der Reinigungskurve, indem man den Winkel der Tangente bestimmt.

Mariller[2] verwendet besonders die Konstante K, die gewöhnlich als Löslichkeits- oder Anreicherungskoeffizient bezeichnet wird. Sie ist durch folgende Gleichung definiert:

$$K = \frac{\text{Alkoholgehalt des Dampfes in Gewichtsprozent}}{\text{Alkoholgehalt der Flüssigkeit in Gewichtsprozent}}$$

oder in obiger Schreibweise:

$$\frac{da}{a} = \frac{100\,c}{ac + 100}$$

Bei verdünnter 1 %iger Alkohollösung ist der Anreicherungskoeffizient K nach Sorels Berechnungen 9,9, und dieser Wert fällt mit wachsendem a allmählich ab. Bei $a = 50$ ist $K = 1{,}5$. Zwischen $a = 50$ und $a = 95{,}47$ fällt K von 1,3—1. Die entsprechenden Werte von K nach Duclauxs und Grönings Zahlen sind nahezu gleich, liegen aber etwas höher als die aus Sorels Daten berechneten.

Während Duclaux sich mit dem Problem der Destillation verdünnten Alkohols hauptsächlich vom analytischen Standpunkt aus befaßte, beschäftigten sich sowohl Sorel wie besonders Barbet mit dem Problem der technischen Ausführung der Destillation von gegorenen

[1] Comptes rendus 1892.

[2] Le Bulletin de l'Association des Chimistes **1911**, 473—490 und La Distillation fractionnée, 23.

Flüssigkeiten. Wenn S das Gewicht der Verunreinigungen darstellt, die in 1 kg des aus Gärungsflüssigkeiten entwickelten Dampfgemisches enthalten sind, und s das Gewicht der Verunreinigungen in 1 kg der ursprünglichen Flüssigkeit bedeutet, dann ist nach Sorel

$$S = K_1 s + K_2 s^2 + K_3 s^3 + \dots$$

Wenn s als klein angesehen wird, ist $S = K_1 s$.

Die Destillation von Mischungen aus Äthylalkohol, höheren Alkoholen, verschiedenen Estern usw. und Wasser wurde über weite Alkoholkonzentrationen hin von Barbet untersucht (La Rectification et les colonnes rectificatrices 1895, S. 46)[1].

Das Verhältnis

$$\frac{\text{Gehalt an Verunreinigungen im Äthylalkohol des Destillates}}{\text{Gehalt an Verunreinigungen im Äthylalkohol der Flüssigkeit}}$$

bezeichnete er durch K'. Diese Konstante ist als „Reinigungskoeffizient" bekannt. Wenn

$$k' = \frac{\text{Gehalt an Verunreinigungen (z. B. Amylalkohol usw.) im Dampf}}{\text{Gehalt an Verunreinigungen (z. B. Amylalkohol usw.) in der Flüssigkeit}}$$

(in Gewichtsprozenten) ist, dann ist

$$K' = \frac{k'}{K}$$

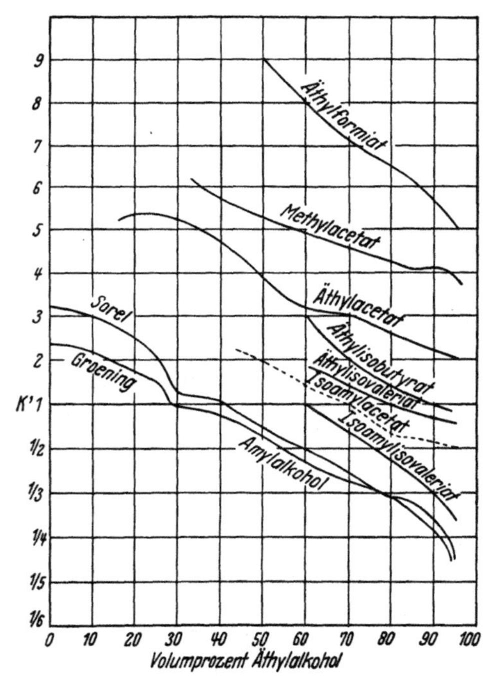

Abb. 102.

Mit anderen Worten: K' gibt an, wieweit die Destillation diese Verunreinigungen aus dem Alkohol entfernen kann, wenn von der vorhandenen Wassermenge abgesehen wird. Dieser „Reinigungskoeffizient" hat größere praktische Bedeutung als der Anreicherungskoeffizient, ebenso sind die Versuchsanordnungen Barbets den in Destillationsanlagen herrschenden Verhältnissen besser angepaßt als die Sorels.

Abb. 102 gibt die Werte von K' für verschiedene, in vergorenen Flüssigkeiten vorkommende Verunreini-

[1] Siehe auch Sorel: Comptes rendus **118**, 1213 (1894). — La Rectification de l'alcool **1894**, 18—33. — Société d'encouragement Bulletin de mai **1891**, 226, 240.

gungen an. An der Stelle, wo $K' = 1$ wird, tritt ein Wechsel in der Richtung des Reinigungsverlaufs ein. Solange K' größer als 1 ist, ist der Alkoholdampf reicher an der Verunreinigung als der Alkohol in der ursprünglichen Flüssigkeit. Wenn $K' = 1$ ist, ist die Konzentration der Verunreinigung in Flüssigkeit und Dampf die gleiche. Wenn schließlich K' kleiner als 1 ist, so zeigt die Verunreinigung das Bestreben, sich in der Flüssigkeit anzureichern.

Es möge hier darauf hingewiesen werden, daß bei den von Sorel untersuchten Flüssigkeiten der Gehalt an Verunreinigungen in der Ausgangsflüssigkeit niemals 2% überschritt. In der Praxis überschreitet dagegen die Konzentration einiger Verunreinigungen in gewissen Stadien der Rektifikation den Wert von 2% beträchtlich. Ihr Verhalten hängt weitgehend von ihren Dampfdrucken unter den verschiedenen Bedingungen ab. Bei solchen Verunreinigungen, wie Amylalkohol, beeinflußt die Bildung einer Mischung mit Wasser, die einen Maximumdampfdruck aufweist, das Ergebnis erheblich. In der Praxis ist ferner stets mehr als eine Verunreinigung vorhanden, wodurch die Werte von K' in gewissem Ausmaß beeinflußt werden. In allen Fällen fallen die Werte von K' mit steigendem Alkoholgehalt der Flüssigkeit. Dies rührt z. T. daher, daß mit steigendem Alkoholgehalt die Siedetemperatur der Flüssigkeit und mit ihr der Dampfdruck der Verunreinigung fällt. Ein anderer Faktor, der das Ergebnis in gleicher Richtung beeinflußt, ist die große Löslichkeit aller Verunreinigungen in Alkohol, und die sehr geringe Löslichkeit der meisten von ihnen in Wasser. Mit Ausnahme des Propylalkohols und aldehydartiger Körper sind die meisten Verunreinigungen unlöslich oder nur teilweise löslich in Wasser.

Von der Tatsache, daß die Nachlaufprodukte sich aus verdünnten alkoholischen Lösungen leichter als aus konzentrierten entfernen lassen, wird bei mindestens einer Art moderner Destillationsanlagen Gebrauch gemacht. Nach dem Patent von E. Guillaume[1] werden die zu reinigenden alkoholhaltigen Flüssigkeiten, wenn nötig, soweit verdünnt, daß die sonst den Nachlauf bildenden Produkte, z. B. Amylalkohol, sich bei der Destillation in bezug auf die Äthylalkohol-Wassermischung wie Vorlaufprodukte verhalten. Diese Flüssigkeiten werden alsdann in einer kontinuierlich arbeitenden Destillationskolonne destilliert. Sie muß eine genügende Trennstärke und hinreichend viele Böden haben, um die Hauptmenge der bisher als Nachlaufprodukte angesehenen Stoffe gleichzeitig mit den sogenannten Vorlaufprodukten abzuscheiden, so daß nur ein praktisch reines Gemisch von Wasser und Äthylalkohol bis zum Ablauf der Kolonne gelangt.

---

[1] Engl. Pat. 5794 (1902).

Destillation von wäßrigen Alkohollösungen bei konstantem Volumen.

Die Arbeiten von Duclaux, Sorel und Barbet beschäftigten sich mit der Destillation alkoholhaltiger Lösungen unter Veränderung ihres Volumens. Hier soll eine kurze Betrachtung über die Destillation wäßriger Lösungen flüchtiger Stoffe bei konstantem Volumen eingeschoben werden[1].

Auf Grund ihrer Untersuchungen über die Destillation wäßriger Phenollösungen bei konstantem Volumen kamen Naumann und Müller[2] zu dem Schluß, daß bei konstant gehaltenen Temperatur- und Druckverhältnissen die überdestillierende Substanzmenge proportional der im Kolben vorhandenen Substanzmenge war. Sie leiteten für das Verhältnis der im Kolben vorhandenen zu der bei jeder Fraktion überdestillierenden Stoffmenge und ebenso für das Verhältnis der Konzentration einer Fraktion zu der der vorhergehenden Verhältniszahlen ab. Stein[3] destillierte wäßrige Lösungen gewisser Stoffe im Wasserdampfstrom und beobachtete gewisse Regelmäßigkeiten bei der Destillation. Um die Übergangsgeschwindigkeit auszudrücken, wurden die Werte nach der Formel

$$\frac{1}{v}\log\frac{a}{a-x}$$

berechnet, in der v das Volumen des Destillates, a die ursprünglich vorhandene Stoffmenge und x die überdestillierte Stoffmenge bedeutet. Nach Nernsts Verteilungssatz ist der Quotient aus der Konzentration in der Dampfphase und der Konzentration in der Flüssigkeitsphase eine Konstante. Es wird die Annahme gemacht, daß das Verhältnis der Bestandteile im Destillat bei Gleichgewicht gleich dem in der Dampfphase ist. Diese Annahme ist wahrscheinlich nicht streng richtig, kommt aber, wenn die Destillation langsam und gleichmäßig ausgeführt wird, der Wahrheit ziemlich nahe.

Wenn x die im Destillat nach dem Übergehen des Volumens v enthaltene Alkoholmenge,
a die anfänglich im Destillationsgefäß vorhandene Alkoholmenge,
ϱ die Dichte des Wasserdampfes im Destillationsgefäß,
σ das Gewicht des Wassers in der Volumeinheit des Destillates
und dx die in der Destillatmenge dv übergehende Alkoholmenge bedeutet, so ist $\frac{\varrho\, dx}{\sigma\, dv}$ angenähert gleich der Konzentration in der Dampfphase und $\frac{a-x}{V}$ angenähert gleich der Konzentration in der

[1] Vgl. Reilly und Hickinbottom: Proc. Royal Dublin Soc. **15**, 37, 514.
[2] Ber. **1901**, 34, 224. [3] Journ. pr. Chem. **88**, 83 (1913).

Flüssigkeitsphase. Hierin bedeutet V das konstante, im Kolben befindliche Flüssigkeitsvolumen. Nun ist

$$\frac{\varrho\, d x}{\sigma\, d v} = + k \frac{a - x}{V},$$

$$\frac{d x}{d v} = + \frac{k \sigma}{\varrho V}(a - x) = + \lambda (a - x),$$

woraus folgt

$$x = a(1 - e^{-\lambda v}), \quad \text{oder} \quad a - x = a e^{-\lambda v}$$

$$\frac{a}{a - x} = e^{\lambda v},$$

$$\lambda = \frac{1}{v} \log_e \frac{a}{a - x},$$

oder

$$A = \frac{1}{v} \log_{10} \frac{a}{a - x}.$$

A ist also unter der Vorraussatzung, daß $\frac{\varrho}{\sigma}$ konstant ist, gleichfalls konstant. Man erkennt leicht, daß der auf S. 315 benützte Koeffizient K mit der eben abgeleiteten Destillationskonstanten A durch folgende Gleichung verknüpft ist:

$$K = \frac{\text{Konzentration in der Dampfphase} \cdot \sigma}{\text{Konzentration in der Flüssigkeitsphase} \cdot \varrho} = \frac{k \sigma}{\varrho} = \lambda V = A \cdot V \cdot 2{,}3062.$$

Die Destillationskonstante A ändert ihren Wert in gewissem Betrage mit der Alkoholkonzentration (vgl. die Destillationskonstanten bei der Destillation 0,8 und 4,8%iger alkoholhaltiger Lösungen). Die Werte von A können streng nur mit den Werten von K für verdünnte Lösungen verglichen werden. Z. T. können die Temperaturänderungen der wäßrigen Alkohollösungen die Ursache für die Veränderung der Destillationskonstante sein.

Ein anderer, störender Einfluß kann von der Assoziation des Alkohols herrühren. Murray[1] hat Material beigebracht, das zugunsten der Ansicht spricht, daß im flüssigen Zustand die Moleküle assoziiert sind, daß die Assoziation in wäßrigen Lösungen aber nicht vollständig ist. Wenn bei der angewandten Konzentration in der Lösung noch assoziierte Moleküle vorhanden sind, so tritt im Verlauf der Destillation eine dauernde Änderung im Assoziationszustande ein. Unter diesen Umständen trifft Nernsts Verteilungssatz nicht genau zu. Das bisher vorliegende Versuchsmaterial spricht allerdings stark zugunsten der Ansicht, daß, falls irgendwelche Verbindungskräfte zwischen Alkohol und Wasser bestehen, sie sehr schwach sein müssen[2].

Die bisher gegebenen Berechnungen beziehen sich auf den Fall, daß nur ein Alkohol in der Lösung vorliegt. Die theoretische Behand-

[1] Amer. Chem. Journ. **30**, 193 (1903).

[2] Reilly und Hickinbottom: Proc. Royal Dublin Soc. 1921.

lung von Mischungen kann wie folgt abgeleitet werden: Es bedeuten a und b die anfänglich im Destillationsgefäß vorhandenen Mengen der beiden Alkohole, x_n und y_n bedeuten die in n Fraktionen überdestillierten Mengen. Wir erhalten $a - x_n = a e^{-\lambda_1 n f}$ für den ersten Alkohol,

$b - y_n = b e^{-\lambda_2 n f}$ für den zweiten Alkohol

oder $$a + b - (x_n + y_n) = a e^{-\lambda_1 n f} + b e^{-\lambda_2 n f}$$

Der Bruchteil, der von den ursprünglich vorhandenen Alkoholen zurückgeblieben ist, beträgt

$$1 - \frac{x_n + y_n}{a + b} = \frac{a}{a + b} e^{-\lambda_1 n f} + \frac{b}{a + b} e^{-\lambda_2 n f}$$

Wenn man m für $\frac{a}{a + b}$ und n für $\frac{b}{a + b}$ schreibt, stellen m und n das Verhältnis dar, in dem die Alkohole anfangs vorhanden waren. $m + n$ wird dann gleich 1.

Dann ist $\frac{x_n + y_n}{a + b} = \frac{\text{Prozent überdestillierter Alkohol}}{100} = \frac{P_n}{100}$.

Man erhält also

$$1 - \frac{P_n}{100} = m e^{-\lambda_1 n f} + n e^{-\lambda_2 n f}.$$

Wird darin für $e^{-\lambda_1 f}$ gesetzt c_1 und für $e^{-\lambda_2 f}$ c_2 so

erhält man $$1 - \frac{P_n}{100} = m c_1^n + n c_2^n.$$

Wenn man die in n Fraktionen übergehende prozentuale Menge des ersten Alkohols p_n', die des zweiten ebenso p_n'' schreibt, erhält man

$$1 - \frac{p_n'}{100} = c_1^n \qquad 1 - \frac{p_n''}{100} = c_2^n,$$

$$1 - \frac{P_n}{100} = m\left(1 - \frac{p_n'}{100}\right) + n\left(1 - \frac{p_n''}{100}\right),$$

oder

$$P_n = m p_n' + n p_n''.$$

Wenn eine Mischung von Alkoholen in verdünnter Lösung destilliert wird, so destilliert jeder Alkohol mit einer Geschwindigkeit, die unabhängig von den anderen Alkoholen, nur von seiner eigenen Konzentration abhängt.

Die Destillationskonstante A verschiedener niederer Alkohole ist bei konstantem Volumen bestimmt worden[1]. Die Ergebnisse sind in Tabelle 111 angegeben.

Man erkennt, daß die Destillationskonstanten der Alkohole annähernd regelmäßig mit dem Molekulargewicht wachsen. Der Einfluß anderer Verunreinigungen, z. B. von Aldehyden, Estern usw., ist nicht in Betracht gezogen, da deren Menge viel geringer als die der höheren Alkohole

[1] Reilly und Hickinbottom: Proc. Royal Dublin Soc. 1921.

ist. Ihre Destillationskonstanten können aber aus den in Tabelle 111 angegebenen Koeffizienten berechnet werden.

Tabelle 111.

Destillat-gewicht	Im Destillat vorhandener Alkohol in % der gesamten Alkoholmenge	$\frac{1}{v} \log \frac{a}{a-x}$
	Methylalkohol 200 ccm der Lösung enthielten 9,0 g Methylalkohol	
10,14 g	23,2	0,0113
20,01 g	40,5	0,0113
29,97 g	55,1	0,0116
50,55 g	72,8	0,0112
	Äthylalkohol 200 ccm der Lösung enthielten 1,62 g Äthylalkohol	
10,52 g	41,7	0,0222
21,17 g	64,4	0,0211
31,38 g	77,3	0,0205
41,74 g	84,0	0,0191
52,22 g	88,4	0,0179
	200 ccm der Lösung enthielten 9,62 g Äthylalkohol	
9,71 g	32,1	0,0173
19,51 g	55,1	0,0178
29,65 g	72,2	0,0187
39,36 g	82,2	0,0190
49,31 g	88,1	0,0187
59,29 g	91,0	0,0176
Alkohol	Gramm Alkohol in 100 ccm Lösung	
n-Propylalkohol	5,0	0,026
n-Butylalkohol	9,7	0,030
Isobutylalkohol	6,9	0,047
sec. Butylalkohol	5,6	0,050
Isoamylalkohol	4,3	0,053

Der Wert $\frac{1}{v} \log \frac{a}{a-x}$ ist, wie auf S. 319 ausgeführt wurde, gleich $\frac{k\sigma}{\varrho v}$, und wenn man $\frac{\sigma}{\varrho}$ als konstant ansieht, ist $\frac{1}{v} \log \frac{a}{a-x}$ umgekehrt proportional dem anfänglich im Destillationsgefäß vorhandenen Flüssigkeitsvolumen. Dieser Wert schwankt auch etwas mit der Konzentration der destillierten Flüssigkeit, es müssen daher bei der Bestimmung von Destillationskonstanten der obigen Art das Anfangsvolumen der destillierten Flüssigkeit und ihre Konzentration angegeben werden.

Wie man aus der Tabelle 111 erkennt, ist die Destillationskonstante A des Äthylalkohols niedriger als die entsprechenden Konstanten der höheren Alkohole. Bei vergorener Maische bestehen die vorhandenen höheren Alkohole (das Fuselöl) im wesentlichen aus einer Mischung von viel Isoamylalkohol mit kleineren Mengen von Isobutyl- und anderen Alkoholen. Im Vergleich zum Äthylalkoholgehalt ist die gesamte vorhandene Menge Fuselöl klein (1:20). Wie man deutlich erkennt, zeigt das Fuselöl bei der Destillation vergorener Maische Neigung, sich in den ersten Fraktionen des Destillates anzureichern. Aus den Werten der Destillationskonstanten kann für jede bekannte Mischung von Äthylalkohol und Fuselöl eine Tabelle berechnet werden, die angibt, bis zu welchem Maße die Trennung der Alkohole in den verschiedenen Fraktionen des Destillates möglich ist. Die Gegenwart anderer Verunreinigungen, wie z. B. von Estern, beeinflußt diese Berechnungen.

Entfernung der Nebenprodukte durch Rektifikation.

Da zur Entfernung der flüchtigen Nebenprodukte bei diskontinuierlicher Rektifikation andere Mittel angewandt werden als bei kontinuierlicher, sollen diese beiden Fälle getrennt abgehandelt werden.

Diskontinuierliche Rektifikation.

Der Apparat wird mit Rohsprit von ungefähr 38 Gewichtsprozent gefüllt, denn die Entfernung der Verunreinigungen aus hochprozentigem Alkohol ist schwieriger.

Der Rohsprit enthält organische Säuren, die mit den verschiedenen Alkoholen, die zugegen sind, unter Bildung von Estern reagieren. Bei der diskontinuierlichen Rektifikation tritt diese Reaktion in höherem Maße ein, denn bei dieser bleiben die Säuren länger als bei der kontinuierlichen Rektifikation in Berührung mit konzentriertem Alkohol. Es ist daher zweckmäßig, die Säuren vorher durch Zusatz von Natronlauge zu neutralisieren.

Der Rohsprit darf aber nicht vollständig neutralisiert werden, denn dann können Amine in Freiheit gesetzt werden, die dem Alkohol einen unangenehmen Geruch verleihen.

Verhalten verschiedener Beimengungen. Beimengungen, deren K' sehr hoch ist, wie Äthylformiat, Methylacetat und Äthylacetat (siehe Abb. 102) gehen ganz zu Anfang über.

Aus Gründen, die später erklärt werden sollen, läßt man die Konzentration des Alkohols auf den Böden der Rektifizierkolonne bis zu ihrem Maximum ansteigen, bevor man mit dem Auffangen des Vorlaufs beginnt.

Unter diesen Umständen werden Verunreinigungen, wie die bisher betrachteten, aus der Blase leicht entfernt, dagegen ist ihre Abtrennung von dem konzentrierten Alkohol auf den höheren Böden der Kolonne viel schwieriger. Die Folge davon ist, daß das Destillat noch längere Zeit durch diese Beimengungen verunreinigt ist. Bei Stoffen, wie Äthylisobutyrat, treten ähnliche Schwierigkeiten, aber in noch unangenehmerer Form auf. Für diesen Stoff ist bei einer Alkoholstärke von 89,7 Gewichtsprozent $K'=1$, so daß er sich in der Nähe des Bodens, auf dem Alkohol von dieser Konzentration steht, anreichert. Dieser Boden liegt aber in gefährlicher Nähe des Bodens, aus dem das Endprodukt abgezogen wird, so daß sehr leicht eine dauernde Verunreinigung des Destillates möglich ist.

Die Verunreinigung des Fertigprodukts durch dem Vorlauf angehörende Stoffe läßt sich zu einem erheblichen Teil dadurch vermeiden, daß man den Äthylalkohol von einem Punkt der Kolonne abzieht, der einige Böden unter der Spitze der Kolonne liegt. Die Vorlaufprodukte gehen dann, mit Äthylalkohol gemischt, bis in die Spitze der Kolonne und treten von da in den Dephlegmator ein. Die Hauptmenge dieser Mischung verdichtet sich und läuft auf den obersten Boden der Kolonne zurück. Ein kleiner, an Vorlaufprodukten reicher Teil davon geht aber unverdichtet durch den Dephlegmator hindurch und wird gesondert aufgefangen. Bei diesem, zuerst von Barbet angewandten und von ihm „Pasteurisation“ genannten Verfahren wird der Alkohol weitgehend frei von Vorlaufprodukten erhalten.

Verunreinigungen von der Art des Amylalkohols, deren K' niedrig ist, werden so lange wie möglich in der Blase oder in den tiefer gelegenen Teilen der Kolonne zurückgehalten. Um ein Übergehen des Amylalkohols ins Destillat vollkommen zu vermeiden, muß auf den oberen Böden der Kolonne eine sehr hohe Äthylalkoholkonzentration aufrecht erhalten werden, und der Alkoholgehalt des Destillates darf nicht unter 93,8 Gewichtsprozent liegen. Um das zu erreichen, muß die Kolonne mit einer sehr hohen Bödenzahl ausgerüstet sein.

Da Amylalkohol diejenige flüchtige Verunreinigung ist, die in größter Menge zugegen ist, muß er schon zu Beginn der Rektifikation möglichst vollständig zurückgehalten werden. Um ein Aufsteigen des Amylalkohols in den oberen Teil der Kolonne und daraus folgende Verunreinigung des Fertigprodukts zu vermeiden, bringt man den Alkoholgehalt der Flüssigkeit auf den Böden vor dem ersten Auffangen des Destillates auf hohe Werte.

Der Amylalkohol liegt in höchster Konzentration an dem Punkt der Kolonne vor, an dem die Konzentration an Äthylalkohol 33,4 Gewichtsprozent ist. Hier ist sein $K'=1$. Gegen Ende der Rektifikation steigt der Punkt, an dem die Alkoholstärke 33,4 Gewichtsprozent beträgt, infolge der Abnahme der in der Blase verbliebenen Äthylalkoholmenge in der Kolonne langsam in die Höhe. Das Destillat enthält daher gegen Ende der Destillation immer mehr Amylalkohol.

Die Gefahr, daß Amylalkohol ins Destillat mit übergeht, wächst in dem Maße, wie die Rektifikation fortschreitet, denn, da sein K' mit fallendem Alkoholgehalt in der Blase ansteigt, wächst der in der Kolonne befindliche Bruchteil der gesamten vorhandenen Menge Amylalkohol mit fallender Alkoholkonzentration der Blasenfüllung.

Verunreinigungen von der Art des Isoamylacetats, Isobutylalkohols und Propylalkohols verhalten sich ähnlich wie Amylalkohol, lassen sich aber infolge ihrer Eigenschaft, sich dort in der Kolonne anzusammeln, wo der Alkoholgehalt 62,5—73,5 Gewichtsprozent beträgt, schwieriger als Amylalkohol zurückhalten.

Die Destillation einer Mischung dreier Bestandteile und deren kontinuierliche Trennung wurde kürzlich von Gay[1] untersucht. Es wurden Formeln zur Berechnung der Zusammensetzung der verschiedenen Fraktionen ausgearbeitet und Regeln aufgestellt, nach denen sich die obersten und untersten Grenzen der Wärmemengen angeben lassen, die mit richtigem Betrieb der Fraktionier- und Rektifizierkolonne vereinbar sind.

Kontinuierliche Rektifikation.

Der zu rektifizierende Rohsprit wird mit einem Alkoholgehalt von 33,4—38 Gewichtsprozent in den Apparat eingeführt. Man hat gefunden, daß in diesem Falle eine Neutralisation der Flüssigkeit vor der Rektifikation nicht nötig ist, da die Säuren bei der vorherigen Reinigung größtenteils entfernt werden, und nicht lange mit dem konzentrierten Alkohol in Berührung bleiben.

Der Rohsprit wird in eine Kolonne, die in ihren Grundzügen Ähnlichkeit mit der Maischekolonne eines kontinuierlichen Apparates hat, kontinuierlich oben eingeführt. Am unteren Ende wird Dampf eingeblasen.

Die Vorlaufprodukte gehen, mit etwas Äthylalkohol gemischt, oben über. Um sie von letzterem möglichst zu befreien, werden oberhalb des Bodens auf den der Rohspiritus aufgegeben wird, noch einige Böden angebracht.

Die an der Spitze der Kolonne abströmenden Dämpfe enthalten viel Vorlaufprodukte, deren K' größer als 1 ist. Der rohe Alkohol fließt in der Kolonne abwärts, wird dabei immer mehr von Vorlaufprodukten befreit und verläßt schließlich den Boden der Kolonne mit erheblich verringertem Gehalt an Vorlaufprodukten, aber mit fast unverändertem Gehalt an Äthylalkohol und höheren Alkoholen.

Diese vorläufige Reinigung erstreckt sich im allgemeinen nur auf die Entfernung von Stoffen, deren K' bei der größten, in der Reinigungskolonne vorkommenden Alkoholkonzentration erheblich über 1 liegt.

Die weniger flüchtigen Nebenprodukte werden erst in der Endrektifizierkolonne entfernt.

---

[1] Chimie et Industrie **4,** 735—748 (1920); Journ. Chem. Soc. **120,** II, 85 (1921).

Der teilweise gereinigte Alkohol wird dann in den unteren Teil einer Rektifizierkolonne eingespeist, in der er durch unter den Speiseboden eingeführten Dampf zum Sieden gebracht wird. Die Verteilung der verschiedenen Bestandteile der Mischung tritt ganz so wie in der Kolonne eines diskontinuierlich arbeitenden Rektifizierapparates ein.

In diesem Fall bleibt aber während der ganzen Rektifikation die Zusammensetzung von Dampf und Flüssigkeit in jedem Punkt der Kolonne konstant. Das ist insofern sehr wichtig, als die verschiedenen Bestandteile von den Punkten der Kolonne, an denen sie sich anreichern, kontinuierlich abgezogen werden können. Bei der diskontinuierlich arbeitenden Anlage ist dies im allgemeinen nicht möglich, oder wenigstens ist die Kontrolle viel schwieriger, da diese Punkte sich mit fortschreitender Rektifizierung dauernd ändern.

Der Rest der Vorlaufprodukte geht, mit einer gewissen Menge Äthylalkohol vermischt, kontinuierlich durch den oben auf der Kolonne angebrachten Dephlegmator unverdichtet hindurch. Der Äthylalkohol fließt von einem etwas tiefer liegenden Boden ab.

Verunreinigungen in der Art des Isoamylacetats, Isobutylalkohols und Propylalkohols werden kontinuierlich von dem Punkt der Kolonne abgezogen, an dem der Alkoholgehalt ungefähr 68—73,5 Gewichtsprozent beträgt. Amylalkohol wird an einem Punkt abgezogen, an dem der Alkoholgehalt 33,4 Gewichtsprozent beträgt.

Die Abführung dieser beiden Klassen von Nebenprodukten wird erst dann begonnen, wenn sie Zeit gehabt haben, sich beträchtlich anzureichern. Das tritt im allgemeinen erst dann ein, wenn der Apparat ungefähr zwei Tage gearbeitet hat. Wegen der Gefahr der Verunreinigung des Feinsprits ist es aber nicht ratsam, die Verunreinigungen über ein gewisses Maß hinaus sich ansammeln zu lassen. Aus diesem Grunde enthalten die Abläufe immer noch viel Äthylalkohol und müssen für sich fraktioniert oder, wenn die Verunreinigung nur wenig in Wasser löslich ist, durch Waschen mit Wasser und Dekantieren gereinigt werden.

Ein Vergleich der beiden, eben beschriebenen Rektifikationsverfahren zeigt, daß die immer gleichen Betriebsverhältnisse des kontinuierlichen Arbeitsverfahrens in Verbindung mit der vorherigen Reinigung des verdünnten Alkohols eine viel leichtere und wirksamere Entfernung der flüchtigen Nebenprodukte ermöglichen, ein Erfolg, der hauptsächlich dadurch erzielt wird, daß die Vorlaufprodukte unter den günstigsten Bedingungen weitgehend entfernt werden und die höheren Alkohole und andere, weniger flüchtige Verunreinigungen durch dauerndes Abziehen daran gehindert werden, in der Kolonne aufzusteigen und an den Punkt zu gelangen, von dem der Feinsprit abläuft.

XXVIII. Apparate und Verfahren in der Praxis.

Diskontinuierliche Destillation. — Das „Pot Still".
(Abb. 103).

Bei den frühesten Arten der Destillationsanlagen wurden die beiden Vorgänge der Destillation und der Rektifikation im gleichen Gefäß ausgeführt. Die Rektifikation gelang dabei nur sehr unvollständig. Eine bestimmte Menge der vergorenen Maische wurde in einem großen Kessel zum Kochen gebracht und der dabei erzeugte Dampf wurde direkt, ohne durch irgendeine Rektifiziervorrichtung geführt zu werden, in einen Kühler geleitet. Das Destillat wurde alsdann zum zweiten Male destilliert, und dieser Vorgang mußte mehrere Male wiederholt werden, bis hochprozentiger Alkohol erzeugt war. Zur Entfernung der Aldehyde und höheren Alkohole wurde das Destillat bei der letzten Destillation in drei Fraktionen aufgefangen. Das erste Destillat, „foreshots" genannt (Vorlauf) enthielt — abgesehen vom Äthylalkohol — den größten Teil der Aldehyde und Ester, die Mittelfraktion enthielt die Hauptmenge des Äthylalkohols und die dritte, „feints" genannt, (Nachlauf), enthielt den größten Teil der höheren Alkohole.

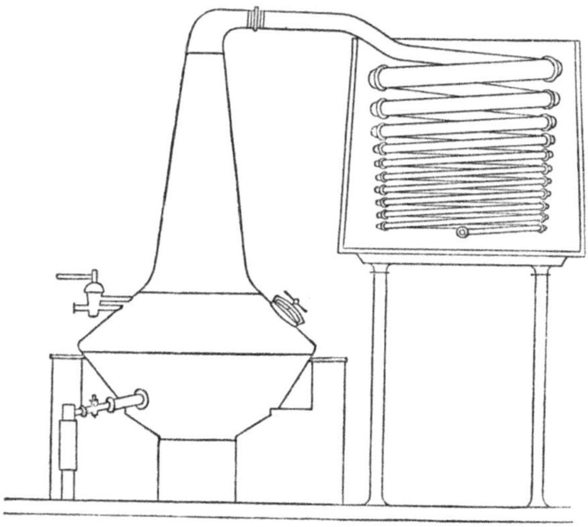

Abb. 103.

Die Anlage war einfach, das Verfahren war aber, sowohl in bezug auf Zeit- als auch auf Materialverbrauch sehr unwirtschaftlich, und der fertige Alkohol enthielt noch beträchtliche Mengen höherer Alkohole und Aldehyde. Bei der Herstellung von Wisky, Brandy und Rum ist die Anwesenheit gewisser Mengen dieser Nebenprodukte erwünscht, weil sie dem Produkt den charakterischen Geschmack und Geruch verleihen. Aus diesem Grunde wird die Destillation dieser Getränke noch manchmal auf diese Art in dem sogenannten „Pot Still" ausgeführt. Abb. 103 zeigt ein feuerbeheiztes „Pot Still". Bei den frühesten Formen dieser Apparate war der Hals nicht so hoch wie bei dem in der Abbildung gezeichneten. Die Verlängerung des Halses wurde zu dem Zweck vorgenommen, die Flüssigkeit am Überschäumen in den Kühler zu hindern (in der Blase tritt nämlich eine starke Schaumentwicklung auf) und eine gesteigerte Rektifizierwirkung zu erzielen. Viele, jetzt in Schottland verwendete „Pot Still" sind mit „purifiers" (Reinigern) verbunden, die aus runden, zwischen dem Hals und dem Kühler angebrachten, wassergekühlten Gefäßen bestehen. Das von ihnen erzeugte Kondensat fließt in die Blase zurück. In einigen Fällen bestehen die „Reiniger" aus einer Art wasserdurchflossener Röhrenkühler. In Irland sind die „Pot Stills" viel größer, sie haben dort ein Fassungsvermögen von bis zu 20000 Galonen. Das Verbindungsrohr zwischen dem oberen Teil der Blase und dem Kühler, das sogenannte „Lyne Arm" ist 30—40 Fuß lang und von einem Trog umgeben, durch den Wasser fließt, dessen Geschwindigkeit reguliert werden kann. Am anderen Ende des „Lyne Arm" ist ein Rohr angebracht, das dazu dient, die im „Lyne Arm" kondensierte Flüssigkeit in die Blase zurückzuleiten. Ähnliche Rückflußrohre sind manchmal zwischen der Kühlschlange und der Blase angebracht. Durch Hähne kann die Geschwindigkeit des durch diese Rückflußrohre fließenden Flüssigkeitsstromes geregelt werden. Der Punkt, an dem das „Lyne Arm" in den Kühler mündet, liegt häufig 35—40 Fuß über dem höchsten Punkt der Blase. Bei einer solchen Länge des „Lyne Arm" muß offenbar eine erhebliche Rektifikation des Destillates in ihm eintreten.

In Schottland wird die Destillation in zwei Stufen ausgeführt. Die Maische, die häufig hauptsächlich zur Verhinderung des Schäumens mit Seife versetzt wird, wird in der Maischeblase destilliert. Es wird nur eine Fraktion aufgefangen, und die Destillation wird abgebrochen, wenn das Araeometer anzeigt, daß das Destillat keinen Alkohol mehr enthält. Der Blasenrückstand fließt als Abfall fort.

Das Destillat wird in eine zweite Blase, die sogenannte „Low wines"-(Schwach-Sprit)Blase gebracht und zum zweiten Male destilliert. Jetzt werden drei Fraktionen aufgefangen: 1. Foreshots, 2. Whisky, 3. Feints. Das Aufsammeln der letzten Fraktion ist beendet, wenn nach den Angaben des Araeometers das Destillat keinen Alkohol mehr enthält. Der Blasenrückstand fließt als Abfall fort. Der Punkt, an dem eine neue Fraktion aufgefangen werden muß, kann aus dem Alkoholgehalt des Destillates und aus dem Auftreten oder Nichtauftreten einer Trübung bei Zusatz von Wasser zu einer Deatillatprobe bestimmt werden. Die Entscheidung darüber hängt aber weitgehend von der Erfahrung und dem Verständnis des Bedienungsmannes ab. Die erste und dritte Fraktion werden miteinander gemischt, und entweder einer folgenden Beschickung der „low wines" Blase zugesetzt, oder vorzugsweise getrennt aufgearbeitet. Der Gehalt der Mittelfraktion beträgt ungefähr 60 Gewichtsprozent. In Irland werden im allgemeinen drei Blasen benutzt, und das Destillat wird in mehr Fraktionen aufgefangen. In diesem Fall beträgt der Gehalt der Whiskyfraktion ungefähr 80 Gewichtsprozent[1].

Der Alkoholgehalt der mittleren oder Whiskyfraktion hat einen merklichen Einfluß auf ihren Gehalt an Verunreinigungen. Wie schon angegeben, streben gewisse flüchtige Verunreinigungen danach, sich in der Apparatur dort anzusammeln, wo der Alkoholgehalt 68—73,5 Gewichtsprozent beträgt. Wenn der Gehalt des Destillates nur bis auf etwa 60% gebracht wird, geht ein großer Teil dieser Stoffe ins Destillat über. Bei einem Gehalt von etwas über 80% dagegen kondensieren sie sich zu einem wesentlichen Bruchteil in dem „Lyne Arm" und fließen in die Blase zurück.

Die Reinigungskoeffizienten der anderen Verunreinigungen schwanken mit dem Äthylalkoholgehalt der Mischung. Ihr Gehalt im Whisky hängt daher auch in gewissem Maße von dem Alkoholgehalt ab, bis zu dem die Vorläufe und die Whiskyfraktion abgefangen wurden.

Um allzu ungehindertes Übergehen des Amylalkohols in die Whiskyfraktion zu verhindern, wird der Alkoholgehalt des Destillates recht hoch gebracht, bevor man mit dem Abfangen beginnt. In diesem Fall ist die Abtrennung des Aldehyds und der Ester schwieriger. Diese Stoffe sind dann bei Beendigung der Vorlauffraktion noch nicht vollständig abgeschieden und gehen zum Teil in die Whiskyfraktion über. Die Art des erzeugten Whiskys hängt daher von der Menge und der Natur der im Rohsprit enthaltenen Verunreinigungen und von der Art, wie die Destillation geleitet wurde, ab.

Diskontinuierliche Rektifizierapparate.

Der in den bisher beschriebenen Apparaten erzeugte Alkohol ist für manche Zwecke nicht rein genug. Zur Darstellung eines hochkonzentrierten Alkohols, der nur Spuren flüchtiger Verunreinigungen enthält, ist ein Apparat mit einer sehr wirksamen Fraktionierkolonne erforderlich. Abb. 104 zeigt schematisch eine solche Anlage. Die verschiedenen Arten der in diesen Kolonnen angebrachten Böden sind bei der kontinuierlichen Rektifikation beschrieben. Am meisten wird der Glockenboden verwendet.

Prüfungen über die Wirksamkeit der verschiedenen Bodenformen sind von Barbet u. a. ausgeführt worden. Da die verschiedenen Arbeitsbedingungen die erhaltenen Ergebnisse sehr wesentlich beeinflussen, ist es schwer, einen richtigen Vergleich zwischen ihnen zu treffen. Die Böden mit den verbesserten Glocken und gerichteter Strömung scheinen

---

[1] Schidrowitz, P.: Journ. Inst. Brewing **1906**, 496.

mindestens ebenso gute Ergebnisse zu liefern wie die anderen.

Die Zahl der Böden in der Kolonne ist sehr beträchtlich. Die Tabelle 112[1] gibt den Alkoholgehalt der Flüssigkeit auf den Böden einer diskontinuierlich arbeitenden Rektifizierkolonne in Volumprozenten an. Es ist bemerkenswert, daß der Alkoholgehalt auf sehr vielen dieser Böden über 95 Volumprozenten liegt.

Es wird damit, wie schon ausgeführt, der Zweck verfolgt, den Amylalkohol (und andere Nebenprodukte von ähnlichem Verhalten) bis zu einem möglichst späten Stadium der Destillation am Übergang ins Destillat zu hindern. Die Einzelheiten der Blasen und Kolonnen weisen in der Praxis ebenso wie die Zahl der aufgefangenen Fraktionen und der erreichte Reinheitsgrad erhebliche Unterschiede auf.

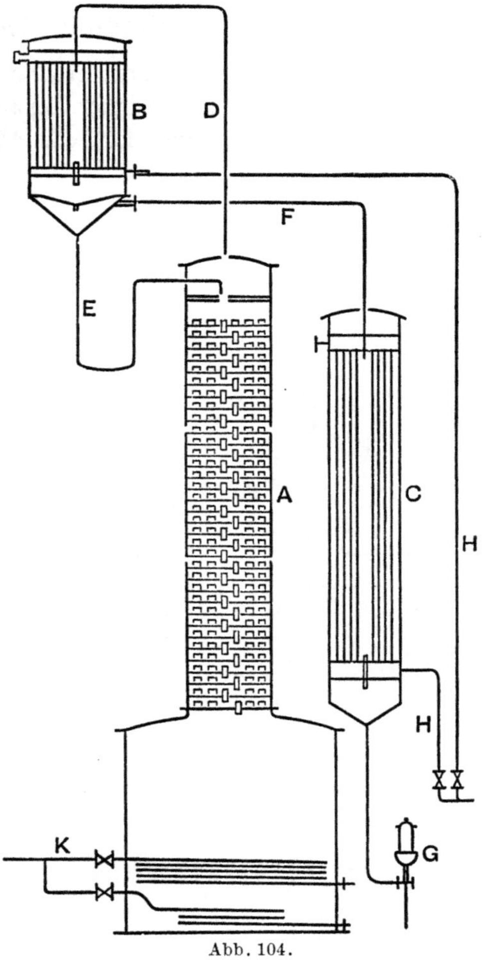

Abb. 104.

A Rektifizierkolonne, *B* Dephlegmator, *C* Kühler für Feinsprit, *D* Dämpfeleitung, *E* Rücklaufleitung, *F* Ableitung der im Dephlegmator nicht kondensierten Dämpfe in den Kühler, *G* Schauglas, *H* Kaltwasserleitung, *K* Dampfrohre.

Tabelle 112. Alkoholgehalt der Flüssigkeit auf den Böden einer Rektifizierkolonne in der Mitte der Destillation.

Nr. des Bodens von unten	Alkohol Volumprozent	Nr. des Bodens von unten	Alkohol Volumprozent	Nr. des Bodens von unten	Alkohol Volumprozent
49	96,3	29	95	9	92
44	95,9	24	94,6	4	87,5
39	95,6	19	94	Blase	33,6
34	95,3	14	93		

[1] Aus Sorel: Rectification de l'alcohol, S. 55. 1895.

Kontinuierliche Destillation.

Das einfache „Pot-Still" kann große Maischemengen nicht wirtschaftlich verarbeiten. Es wurden daher Apparate erdacht, die kontinuierlich mit Maische gespeist werden können. Abb. 105 gibt eine schematische

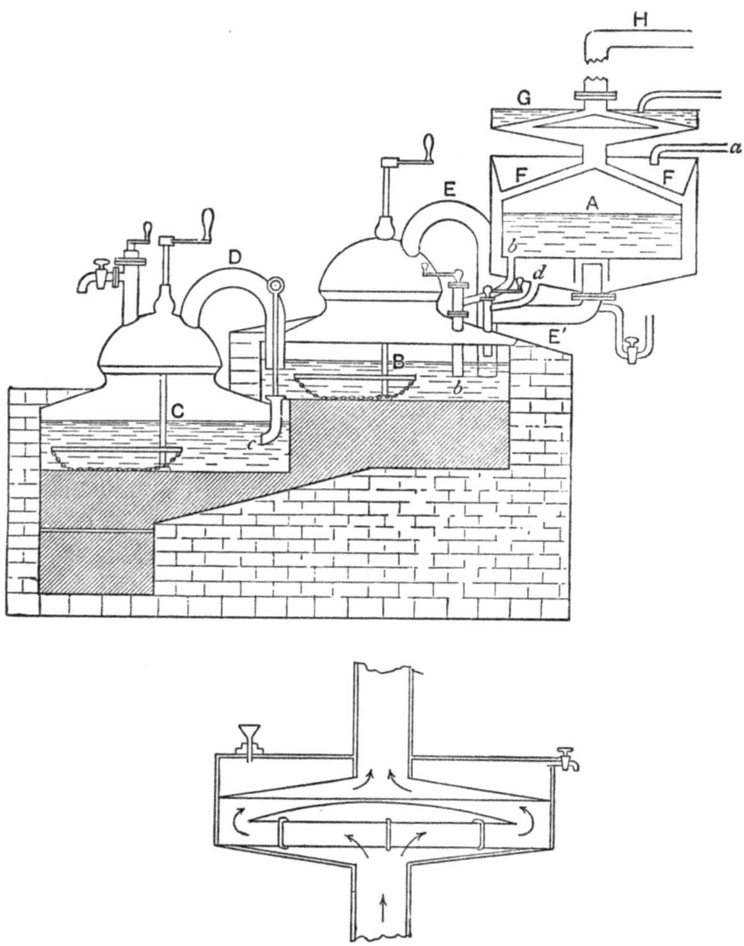

Abb. 105.

Darstellung einer der ältesten Anlagen dieser Art, die von Pistorius eingeführt wurde.

Die Maische fließt aus dem Rohr *a* in den Vorwärmer (economiser) *A*, von da aus durch das Rohr *bb* nach *B* und endlich durch das Rohr *c* nach *C*. *A* und *B* bleiben dabei mit Maische gefüllt. Die Blase *C* wird entweder, wie in der Zeichnung angegeben, durch eine Feuerung, oder durch Dampf geheizt, und die Maische wird dauernd mit einer Kette gerührt. Die schwachen Alkoholdämpfe strömen durch das Rohr *D* in den zweiten Heizkessel *B*, wo sie sich verdichten und die Maische zum Sieden aufheizen. Die Abwärme der Heizung wird auf gleiche Art nutzbar gemacht. Die höherprozentigen Dämpfe aus *B* strömen nun durch das Rohr *EE'* in den Außenraum von *A*, wo sich verdünnter Alkohol verdichtet und durch das Rohr *d* nach *B* zurückfließt. Sie steigen dann durch die enge Verbindung *FF* in den Dephlegmator *G* auf, der in vergrößertem Maßstab darunter abgebildet ist. Nachdem sie zwei oder mehrere dieser Dephlegmatoren passiert haben, strömen sie stark alkoholhaltig durch das Rohr *H* zum Kühler. Das hier angewandte Verfahren, die in einer Blase erzeugten Dämpfe in die Flüssigkeit einer zweiten strömen zu lassen, stellt den ersten Schritt auf dem Wege der Entwicklung zu den modernen Formen der Kolonnenböden dar, die die Verstärkung des Alkohols nach ganz dem gleichen, mehrfach hintereinander angewandten Verfahren erreichen.

Einer der ersten in England angewandten, wirksamen kontinuierlichen Apparate mit Bödenkolonne war der von Äneas Coffey 1831 erfundene. Anlagen dieser Art werden noch heutzutage häufig benutzt (s. Abb. 121). Die Maische wird in einem „analyser“ (Maische- oder Abtriebsäule) destilliert. Der dabei erzeugte Dampf wird in eine zweite, sogenannte Rektifizierkolonne geleitet, in der die Hauptmenge des Wassers und der Nebenprodukte der Gärung entfernt werden. Diese Anordnung bildete die Grundlage der meisten, bis auf den heutigen Tag benutzten kontinuierlichen Anlagen, die alle eine Art Abtrieb- oder Maischekolonne in Verbindung mit einer Rektifizierkolonne haben. Bevor einige moderne Anlagen beschrieben werden, soll über die wesentlichen Teile der verschiedenen Arten von Maische- und Rektifizierkolonnen berichtet werden.

Abtrieb- oder Maischekolonnen.

Das kontinuierliche Verkochen der Maische wird auf verschiedenen Wegen ausgeführt, die alle das miteinander gemeinsam haben, daß die Maische in einer Kolonne irgendeiner Art in Berührung mit einem aufsteigenden Dampfstrom abwärtsfließt. Hierdurch wird die Maische von den flüchtigen Gärungserzeugnissen befreit und fließt am Boden der Kolonne als „spent wash“ (ausgekochte Maische) ab.

Die dazu verwendeten Kolonnenarten zerfallen in zwei Abteilungen:

1. Sprudelkolonnen,
   a) Bödenkolonnen,
   b) Schrägkolonnen,
2. Vollkolonnen.

Bödenkolonnen erreichen ihr Ziel, jedes Teilchen der zu destillieren den Maische in innige Berührung mit dem Dampf zu bringen, dadurch, daß sie die Maische in dünnen Schichten, durch die der Dampf hindurchsprudeln muß, über eine Reihe von Böden hinwegfließen lassen. Dieses Ziel wird in den Bödenkolonnen besser als in den Vollkolonnen erreicht, sie sind aber bei Verwendung dickflüssiger Maische schwieriger zu regulieren. Die Schrägkolonne ist ein Versuch, die Vorteile beider Arten bei der Verwendung dickflüssiger Maische zu vereinigen. Durch Wärmeaustausch mit der unten aus der Maischekolonne abfließenden ausgekochten Maische oder durch Verwendung als Kühlflüssigkeit an Stelle von Kühlwasser im Dephlegmator oder Kühler wird die in die Abtriebkolonne eingespeiste Maische im allgemeinen schon auf eine ziemlich hohe Temperatur vorgewärmt. Dadurch wird eine beträchtliche Wärmeersparnis erzielt.

1. Verschiedene Arten von Kolonnenböden. Siebböden. Bei Coffeys Apparat enthält die Abtrieb- oder Maischekolonne eine Reihe von Kupferplatten, die waagerecht mit Zwischenräumen von je 9 Zoll angeordnet sind.

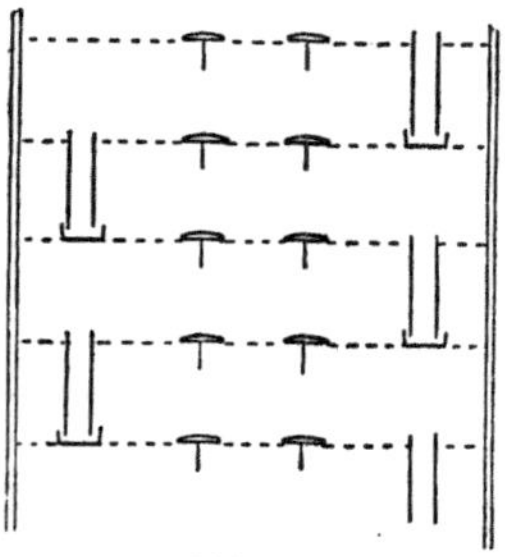

Abb. 106.

Bei allen Bödenkolonnen ist sehr darauf zu achten, daß die Böden vollkommen waagerecht liegen, so daß die Flüssigkeit über den ganzen Boden hin gleichmäßig hoch steht. Die Böden sind mit 1 Zoll voneinander entfernten Löcher versehen. Die Zahl der Böden beträgt 20 bis 24. Durch jeden Boden geht, wie Abb. 106 zeigt, ein kupfernes Rohr, dessen Ende ungefähr 1 Zoll über den durchbohrten Boden hinausragt. Das untere Ende des Rohres taucht in eine kleine, auf dem darunterliegenden Boden angebrachte Pfanne. Jeder Boden ist mit einfachen, in der Abbildung dargestellten Sicherheitsventilen versehen, um das Auftreten eines zu hohen Druckes zwischen einem Plattenpaar, der durch Verstopfung der Löcher oder durch plötzliche Verstärkung der Dampfzufuhr zur Maischekolonne verursacht werden kann, zu verhindern. Die Wirkungsweise dieser Böden soll unter Bezugnahme auf die Abbildung von Coffeys Apparat (Abb. 121) erklärt werden.

Die Maische, die vorher in dem Maischerohr durch die Rektifizierkolonne geflossen und dabei vorgewärmt worden ist, fließt auf den obersten Boden der Maischekolonne und strömt im Zickzackweg durch die Tropf- oder Überflußrohre von einem Boden zum nächsten, wobei sie auf jedem Boden eine Flüssigkeitsschicht von ungefähr 1 Zoll Tiefe bildet. Der nach unten fließenden Maische strömt Dampf entgegen, der unten in die Kolonne eingeblasen wird. Der gebildete Dampf steigt durch die Löcher nach oben und sprudelt durch die auf den Böden stehende Flüssigkeit. Der Druck des Dampfes reicht aus, ein Abströmen der Flüssigkeit durch die Löcher zu verhindern. Wenn aber der dazu nötige Druck nicht aufrecht erhalten wird, fließt die Flüssigkeit auf den Boden durch die Löcher nach unten, und der Inhalt der Kolonnen ist verloren. (Diesen Nachteil vermeidet die im Nachfolgenden beschriebene Art von Böden. Diese entleeren sich nicht von selbst, wenn zufällig der Druck zu niedrig wird.) Die zu destillierende Flüssigkeit wird in sehr innige Berührung mit dem Dampf gebracht, und es wird eine sehr wirksame Abtrennung der flüchtigen Gärungserzeugnisse erzielt. Die durch ein Syphonrohr am Boden der Kolonne abfließende, ausgekochte Maische ist praktisch frei von Alkohol. Die Länge des Syphonrohres bestimmt den Höchstdruck in der Kolonne. Diese Art von Böden arbeitet mit dünnflüssigen und mäßig dickflüssigen Maischen gut, verstopft sich aber leicht bei sehr dickflüssigen Maischen, wie sie in einigen ausländischen Spritfabriken verwendet werden. Der größte Nachteil der Siebböden liegt darin, daß ihre Durchbohrungen durch das Durchströmen der Dämpfe sich nach und nach vergrößern. Wenn sie zu groß geworden sind, müssen die ganzen Böden ersetzt werden, was einen vollständigen Abbau der Kolonne erforderlich macht.

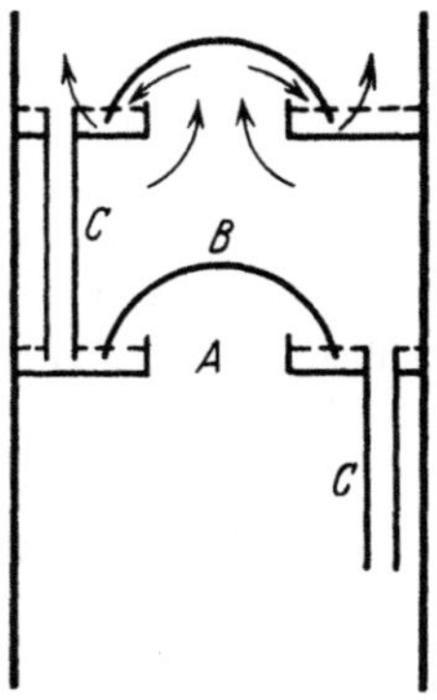

Abb. 107.

Glockenböden. Bei einer anderen Art von Maischekolonnen fließt die Flüssigkeit durch Rückflußröhren, die ähnlich denen in Coffeys Apparat sind, von einem Boden zum nächsten. Ein etwas höherer Flüssigkeitsstand als bei den Siebböden wird auf jedem Boden gehalten, der aber in diesem Fall nicht durch den Druck der aufsteigenden Dämpfe getragen wird. Die Löcher in den Böden sind durch eine verhältnismäßig kleine Zahl breiterer Öffnungen ersetzt, deren jede mit der in Abb. 107 schematisch gezeichneten Vorrichtung bedeckt ist. Der Dampf strömt durch das in der Mitte gelegene Rohr *A* (Abb. 107), dessen oberer Rand über die Oberfläche der Flüssigkeit hinausragt, und wird dann durch die Glocke *B* gezwungen, durch die auf dem Boden stehende Flüssigkeit zu sprudeln. Die Tiefe dieser Flüssigkeitsschicht wird durch die Höhe bestimmt, bis zu der das Ende des Tropf- oder Überflußrohres *C* über die Platte hinausragt. Die Tiefe der Flüssigkeitsschicht, durch die der Dampf sprudelt, ist durch den Niveauunterschied zwischen dem Rand der Glocke *B* und dem Ende des Überflußrohres *C* bestimmt. Abb. 108 zeigt die Anordnung der Glocken auf dem Boden. Abb. 109 stellt eine von Barbet erfundene Glockenform dar.

Die seitlichen Schlitze haben den Zweck, den Dampf bei seinem Eintritt in die Flüssigkeit zu zerteilen. Abb. 110 zeigt eine bei der Verarbeitung dickflüssiger Maische zu verwendende Glockenart. Die Kegelform hat den Zweck, die Ablagerung fester Substanz aus der Maische zu verhindern. Die Wirksamkeit dieser Böden hängt von der richtigen Anordnung dieser Durchlässe und Glocken auf der Oberfläche der Böden ab. Sie müssen so angeordnet sein, daß die Maische gleichmäßig über den Boden fließen kann.

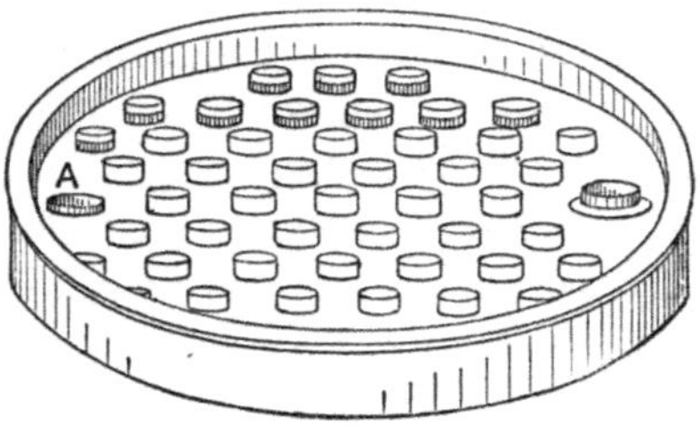

Abb. 108.

Bei richtiger Anordnung verstopft sich diese Bödenart, selbst bei dickflüssiger Maische nicht und hat gegenüber den Siebböden den Vorteil, daß die Glocken eine nach der andern ohne Abbau der Kolonne ersetzt werden können, wenn die Schlitze abgenutzt sind. Die Flüssigkeit bleibt auch dann auf dem Boden stehen, wenn zufällig der Druck zu niedrig wird.

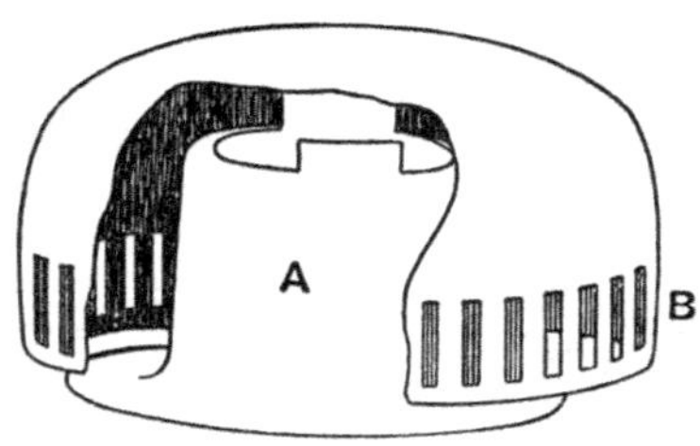

Abb. 109.

Schrägkolonnen. Abb. 111 zeigt die Guillaume sche Schrägkolonne. Dieser Apparat besteht aus einem oberen und unteren Teil, die zwecks Reinigung leicht getrennt werden können. Die untere Hälfte ist mit hochstehenden Leitplatten *d* versehen, die abwechselnd kurz vor einer Seitenwand aufhalten.

Die oben durch das Rohr 1 eintretende Maische fließt in dem durch Pfeile angedeuteten Zickzacklauf die Kolonne hinab. Die Strömungsgeschwindigkeit wird durch ein bei *A* angebrachtes Ventil reguliert. Die ausgekochte Maische fließt bei *B* aus der Kolonne ab. Die obere Hälfte ist mit nach unten stehenden Stauplatten (3) versehen, die sich quer über die ganze Breite der Kolonne erstrecken.

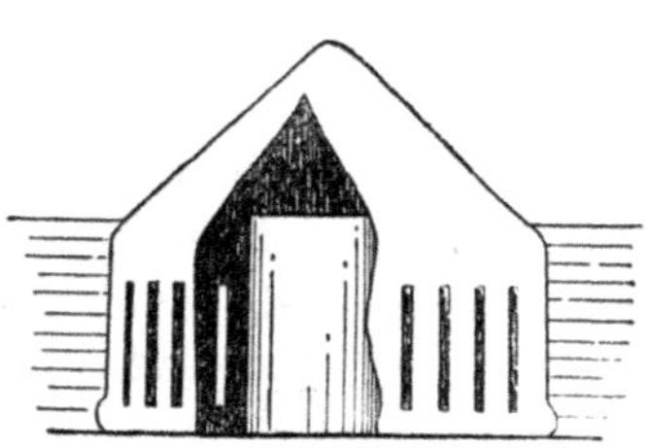

Abb. 110.

Der Dampf tritt unten durch das Rohr 2 in die Kolonne ein. Auf seinem Wege in der Kolonne aufwärts muß er unter jeder der an der oberen Hälfte der Kolonne angebrachten herabhängenden Stauplatten (3) hindurchströmen. Dabei sprudelt er durch die abwärts fließende Maische und nimmt alle flüchtigen Gärungsprodukte mit sich.

Diese Kolonne soll mit dickflüssiger Maische sehr gut arbeiten. Es wird ein gleichmäßigeres Fließen der Flüssigkeit als in der gewöhnlichen Bödenkolonne erzielt. Das ist deswegen von Wichtigkeit, da dadurch eine vollständigere Entfernung der flüchtigen Stoffe erreicht wird. Verstopfungen irgend eines Teils des Flüssigkeitsweges treten kaum ein.

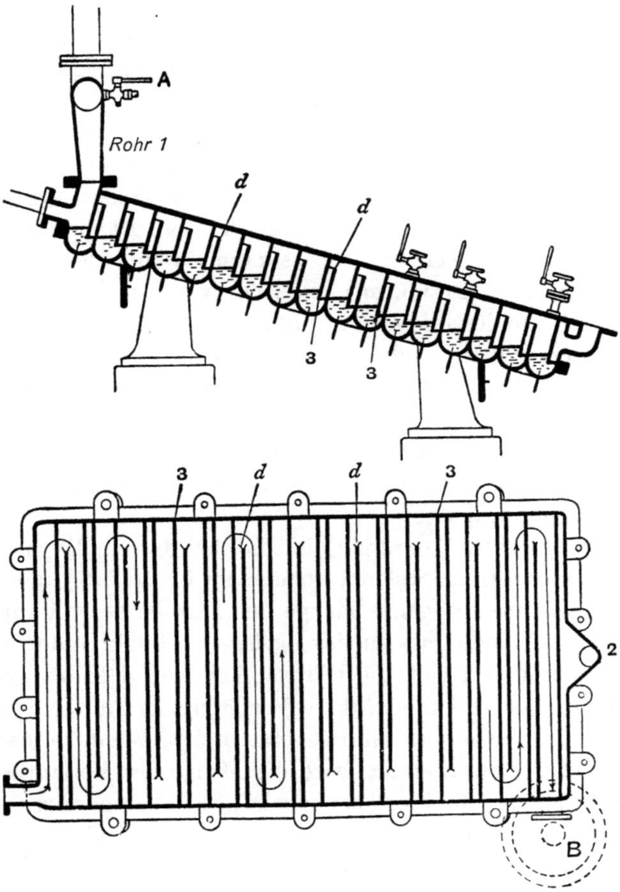

Abb. 111.

Sie ist außerdem gedrängter und niedriger als irgend eine der anderen Arten von Maischekolonnen. Da das obere Ende dieser Kolonne so niedrig liegt, kann das unten aus der Rektifizierkolonne kommende Kondensat durch sein eigenes Gewicht in sie eintreten. Bei einer hohen Maischekolonne ist dies nur dann der Fall, wenn man über ein außergewöhnlich hohes Gebäude verfügt[1,2].

[1] Sorel, R. G.: Über einem Rektifikator verminderter Höhe. Bull. Assoc. Chimistes **46**, 608 (1928).

[2] Sorel, A. M. Y.: Franz. Patent 632459.

2. Die Vollkolonne. Die „Vollkolonne“ ist vollständig mit Maische gefüllt. Die an der Spitze eintretende und am Boden abfließende Maische wird durch eine große Menge in der Kolonne angebrachter Lenkplatten, wie sie in Abb. 127 *D* abgebildet sind, gezwungen, einen langen Weg in der Kolonne zurückzulegen. Der Dampf tritt am Boden ein. Diese Kolonne ist nicht so wirksam wie die mit Böden versehenen Kolonnenarten, da es unmöglich ist, eine so gründliche Mischung von Dampf und Flüssigkeit in ihr zu erzielen, sie neigt aber bei Verarbeitung dickflüssiger Maische nicht so sehr zu Verstopfungen.

Vorwärmer. Bevor die vergorene Maische in die Siedekolonne einströmt, wird sie in einem Wärmeaustauscher vorgewärmt. Die Maische kann entweder als Ersatz für das Kühlwasser im Kühler, im Dephlegmator oder, wie es bei Coffeys Anlage der Fall ist, in der Rektifizierkolonne verwendet werden, oder es kann ein besonderes Gefäß angeordnet sein, in dem ein Wärmeaustausch zwischen der heißen, ausgekochten und der zu destillierenden, kalten Maische eintritt. Die erstere Methode hat den Vorzug, gedrängt und sparsam im Aufbau zu sein. Sie erfordert keine besondere Apparatur, ist aber bei der Verarbeitung sehr dickflüssiger Maische nicht anwendbar. Es möge schon hier erwähnt werden, daß die in Coffeys Apparat zur Maischevorwärmung angewandte Anordnung im Hinblick auf die Ausnutzung der Rektifizierkolonne nicht ideal ist.

Theoretisch die beste Anordnung ist die, bei der ein Dephlagmator an der Spitze der Rektifizierkolonne angebracht ist, so daß jedem Boden der Rektifizierkolonne die ganze Menge des Destillates voll zukommt. Wenn ein Teil des Kondensats an tiefer gelegenen Punkten der Kolonne erzeugt wird, vermindert sich die Wirksamkeit der Rektifizierkolonne, s. S. 299. Allerdings wird die stärkste Verflüssigung an der Spitze der Kolonne, wo die Maische kalt eintritt, stattfinden. Wenn sie dann verhältnismäßig warm geworden ist, wird die Menge der Vorlaufprodukte und des Äthylalkohols, die kondensiert wird, erheblich geringer werden.

Bei dickflüssiger Maische muß der Vorwärmer besonders mit Rücksicht darauf konstruiert werden, daß sich keine festen Stoffe aus der Maische ablagern können, und daß die Reinigung und die Entfernung von Verstopfungen, sollten sich solche einmal bilden, leicht ist. Einerlei welches Destillationssystem gewählt wird, es geht stets eine große Wärmemenge ungenutzt verloren, falls sie nicht für mit der Destillation nicht in direktem Zusammenhang stehende Zwecke nutzbar gemacht werden kann.

Rektifikation.

Bei den ältesten Destillationsanlagen wurde der Alkohol durch wiederholte Fraktionierung verstärkt. In einem diskontinuierlich arbeitenden Apparat war dies ein langsames und unwirtschaftliches Verfahren. Gegenwärtig wird die Destillation und Rektifikation in der Mehrzahl der Fälle im kontinuierlichen Verfahren ausgeführt. Die Endrektifizierung dagegen wird häufig in einer diskontinuierlich arbeitenden Apparatur vorgenommen. Bei einigen Systemen verläuft die kontinuierliche Destillation unabhängig von der kontinuierlichen Rektifikation, bei anderen sind diese beiden Vorgänge miteinander verknüpft und werden gleichzeitig ausgeführt. Bei ersteren wird der durch Destillation erzeugte Dampf niedergeschlagen. Mit der dadurch gewonnenen Flüssigkeit wird eine unabhängig arbeitende Rektifizieranlage gespeist. Bei der zweiten Art werden die bei der Destillation entstehenden alkoholhaltigen Dämpfe direkt in einen Rektifizierapparat geleitet. Letzteres Verfahren ist offensichtlich wärmewirtschaftlich günstiger. Das Verfahren der Rektifikation selbst ist in beiden Fällen im wesentlichen das gleiche. Die Zahl der Böden, die nötig sind, um in der Rektifizierkolonne Sprit einer bestimmten Stärke zu erhalten, hängt ab 1. von dem Alkoholgehalt der Maische, 2. von dem Alkoholgehalt der von der Abtriebkolonne gelieferten Dämpfe, 3. von der vom Dephlegmator gelieferten Rückflußmenge. Unter im übrigen gleichen Verhältnissen ist die erforderliche Rücklaufmenge und damit der Dampfverbrauch um so niedriger, je größer die Zahl der Böden ist.

Rektifizierkolonnen. Die verschiedenen Verfahren stimmen, so sehr sie sich in den Einzelheiten unterscheiden, alle darin überein, daß sie eine oder mehrere Fraktionierkolonnen verwenden, aus denen die verschiedenen Fraktionen, die aufgefangen werden sollen, gleichzeitig abgezogen werden. Die in Gebrauch befindlichen Kolonnen können wie bei den Maischekolonnen in folgende Klassen eingeteilt werden:

1. Kolonnen mit Böden,
2. Schrägkolonnen,
3. Kolonnen mit Füllkörpern,
4. Sprühkolonnen.

1. Kolonnen mit Böden. Die beiden bei der Besprechung der Maischekolonnen schon erwähnten Arten von Bödenkolonnen werden häufig auch als Rektifizierkolonnen benutzt.

Beide Arten geben gute Resultate, die Siebbödenkolonnen (Abb. 106) haben aber den Nachteil, daß der durch die Löcher aufsteigende Dampf gern kleine Flüssigkeitströpfchen zum nächst höheren Boden mit sich reißt. Dieser Nachteil wird bei der in Abb. 107 gezeigten Konstruktion vermieden. In diesem Fall tritt der Dampf in waagrechter Richtung in die Flüssigkeit auf den Boden ein, und das Hochspritzen der Flüssigkeit auf den höheren Boden wird verringert.

In einigen Fällen wird der Flüssigkeitsstrom auf dem Boden durch Stauplatten gelenkt, um eine gleichmäßige Verteilung und gute Mischung mit dem aufsteigenden Dampf zu sichern. Zu dieser Art von Böden gehört die von Egrot (Abb. 112) erfundene Form. Die Tabellen 106 und 107 geben die unter verschiedenen Arbeitsbedingungen nötige Zahl der Böden an.

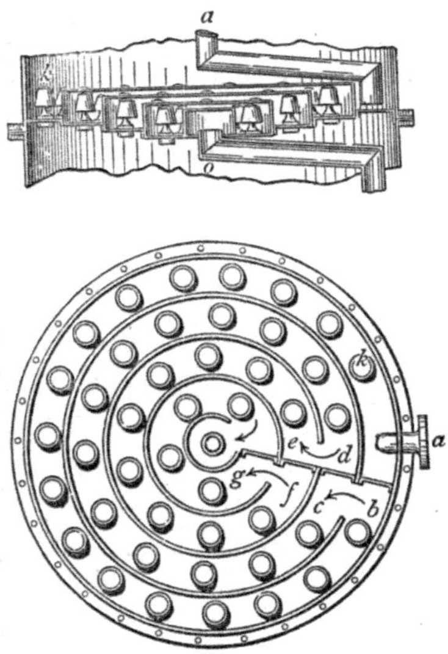

Abb. 112.

2. Schrägkolonnen. Die schon beschriebene Schrägkolonne kann auch als Rektifizierkolonne benutzt werden.

3. Kolonnen mit Füllkörpern. Ilges hat mit Glaskugeln gefüllte Türme als Rektifizierkolonnen verwendet. Wie von Tungay[1] nachgewiesen wurde, ist die Art und die Anordnung des zur Füllung solcher Kolonnen verwendeten Materials von Einfluß auf ihre Wirkung. Das Füllmaterial soll aus Einzelkörpern von regelmäßiger Form bestehen. Es soll ein, im Verhältnis zum ganzen Kolonneninhalt großer Raum freibleiben. Das Füllmaterial darf nicht durch die Einwirkung der damit in Berührung kommenden Dämpfe angegriffen werden und darf nicht mürbe sein. Es soll dem Dampf keinen direkten freien Durchgang gestatten. Es soll dauernde Geschwindigkeitsänderungen des Dampfes hervorrufen, um eine vollständige Mischung zu erzielen.

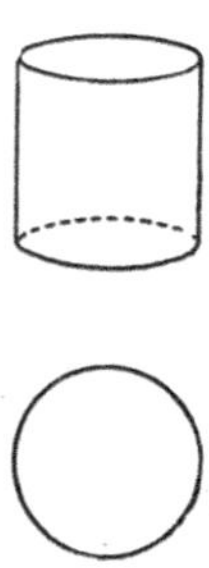

Abb. 113.

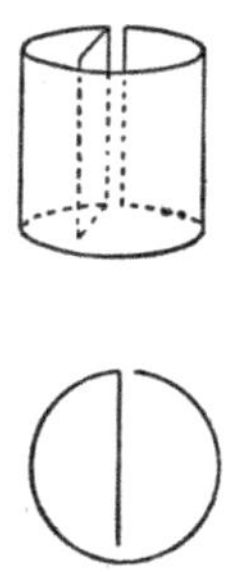

Abb. 113a.

Diesen Anforderungen entsprechen die Raschig-Ringe (siehe Abb. 113) gut. Sie stellen Ringe aus dünnem Eisenblech von 1 Zoll Durchmesser und 1 Zoll Länge dar. Sie werden unregelmäßig angeordnet und bieten im Kubikmeter damit ausgefüllten Raumes eine Oberfläche von 200 qm dar. Der freie Raum ist gleichfalls sehr groß, er beträgt ungefähr 90% des ganzen gefüllten Raumes. Lessings Ringe (Abb. 113a) ergeben eine noch größere Waschfläche.

4. Sprühkolonnen. Eine als Sprühkolonne wirkende Kolonne wurde von Egrot erfunden, sie ist im engl. Patent 3561, 1903 beschrieben und in Abb. 114 gezeigt.

---

[1] Chemical Age 21. 6. 1919, 11.

Ein anderes Beispiel einer Sprühkolonne ist die von Dr. K. Kubierschky erfundene. Engl. Patent 15300, 1913 (s. Abb. 115).

Die Kolonne ist durch Siebböden 30, 31 in einzelne Kammern abgeteilt. Die Siebböden lassen die herunterrieselnde Flüssigkeit nach unten durchfließen, lassen aber die Dämpfe nicht nach oben durchtreten. Die Siebböden 30, 31 sind abwechselnd angeordnet. Die Siebböden 30 tragen in der Achse angeordnete Rohre 32, die von dem unteren Sieb 31, also dem Boden der darunter liegenden Kammer, zum oberen Teil der darüberliegenden Kammer, also zum nächsten Sieb 31 führen.

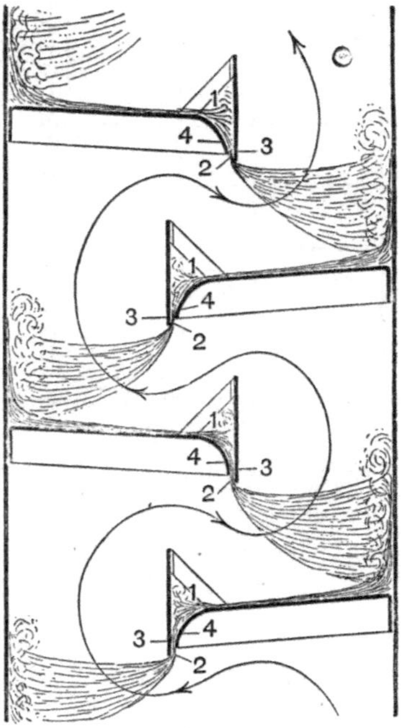

Abb. 114.

Die Siebe 31 sind in ringförmigen Zylinderabschnitten 33 angebracht, die einen Ringraum 36 zwischen sich und dem Mantel der Kolonne freilassen. Diese Ringräume führen also von einem Sieb 30, also vom Boden einer Kammer zum nächsten Sieb 30 und damit zum oberen Teil der nächsten Abteilung. Der Heizdampf und die alkoholhaltigen Dämpfe treten durch das Rohr 32 ein und strömen, gelenkt durch das Mittelrohr 32 und die Zylinderabschnitte 33, in der durch die Pfeile gekennzeichneten Richtung. Man erkennt, daß in den verschiedenen Abteilungen die Dämpfe mit der heruntertropfenden Flüssigkeit abwärts fließen und durch die nachströmenden Dämpfe vom Boden jeder Kammer, am Mantel der Kolonne aufwärts, hochgedrückt werden. Die Dämpfe steigen also durch den Ringraum in den oberen Teil der nächsten Kammer, strömen dann wieder in der gleichen Richtung wie die herabtropfende Flüssigkeit bis zum Boden dieser Kammer und von da durch das in der Mitte angeordnete Rohr 32 in den oberen Teil der nächsten Kammer.

S. J. Tungay[1] hat angegeben, daß diese Kolonnenart bei Merck, Darmstadt, zur Destillation von Alkohol benutzt wurde, und daß gute Ergebnisse erzielt wurden.

Der Dampf wird von einem nicht sehr tiefen Punkt einer jeden Kammer aus in die darüber liegende Kammer geleitet. Man nimmt an, daß

[1] Chemical Age 21. 6. 1919, 11.

sich Dämpfe von höherem spezifischem Gewicht als der Heizdampf und reich an Alkohol in den tiefer gelegenen Teilen einer jeden Kammer ansammeln. Es soll sich daher eine schnellere Konzentration der Alkoholdämpfe in der Kolonne erzielen lassen, wenn man den Dampf vom tiefstmöglichen Punkt einer jeden Kammer abströmen läßt. Bei der heftigen Bewegung in jeder Abteilung dürften aber Dichteunterschiede nur einen sehr geringen Einfluß haben.

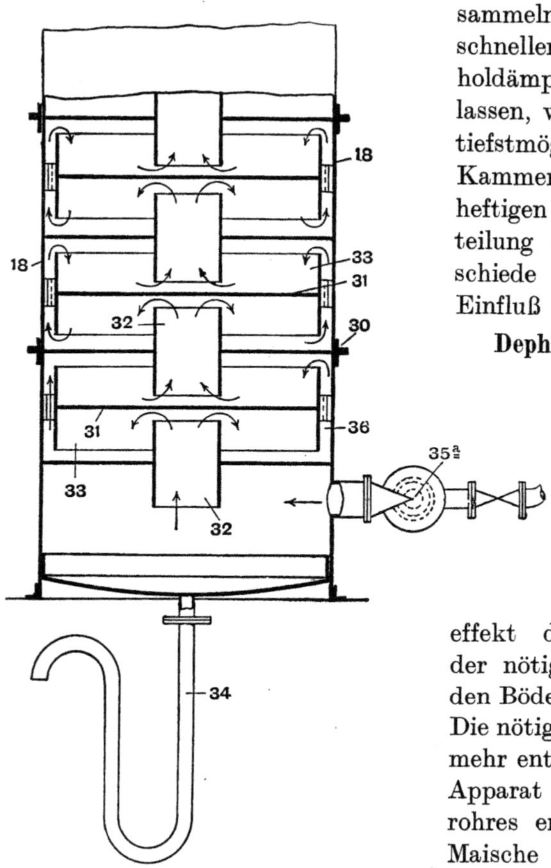

Abb. 115.

Dephlegmation oder teilweise Verdichtung des Dampfes. Die zur Reinigung des Alkohols im Großen benutzten Fraktionierkolonnen sind so groß, daß sie nicht wie manche Laboratoriumskolonnen auf den Kühleffekt der Luft zur Erzeugung der nötigen Flüssigkeitsmenge auf den Böden angewiesen sein können. Die nötige Rückflußmenge wird vielmehr entweder — wie in Coffeys Apparat — mittels des Maischerohres erzeugt, in dem die kalte Maische über jeden Boden der Rektifizierkolonne hin und her fließt, oder, wie bei den meisten französischen und deutschen Apparaten mittels eines Dephlegmators, der so angebracht ist, daß die kondensierte Flüssigkeit auf die Spitze der Kolonne zurückfließt. Theoretisch ist diese Anordnung vom Standpunkt einer guten Fraktionierung aus die wirksamste und wirtschaftlichste, s. S. 299.

Die Ausführung des Dephlegmators und der damit erzielte Erfolg ist schon S. 298 abgehandelt worden.

Wenn die Fraktionierkolonne wirksam ist, stellt der Dephlegmator in der am häufigsten angewandten Form einen einfachen Röhrenkühler dar. Die Kühlflüssigkeit strömt in den Rohren, der Dampf zwischen ihnen. Das Kondensat fließt auf den obersten Boden der Kolonne zurück, die nichtkondensierten Dämpfe treten hindurch und strömen zum Kühler.

Wenn die Höhe der Kolonne niedrig gehalten werden soll, so wird eine Dephlegmatorform angewandt, die auf den aus der Kolonne eintretenden Dampf eine gewisse Rektifizierwirkung ausübt. Abb. 116 stellt Verchows Dephlegmator dar. Die zu destillierende Maische tritt bei *A* ein und fließt in dem ringförmigen Zwischenraum *H* spiralförmig nach unten, und fließt bei *B* in die Maischekolonne ab.

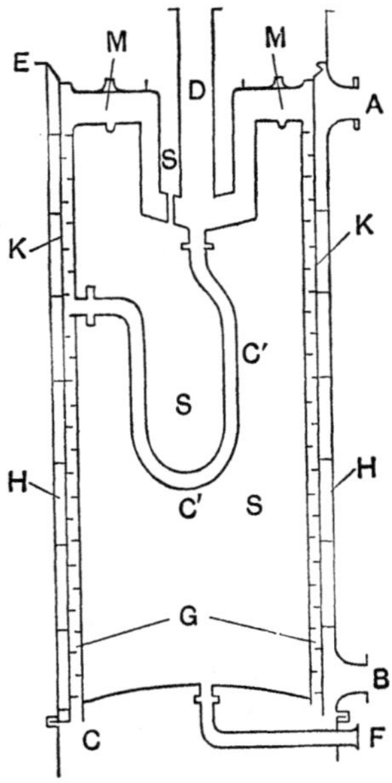

Abb. 116.

Der Dampf aus der Kolonne tritt bei *C* ein und strömt in den Ringraum *G* aufwärts. Infolge der Kühlwirkung der kalten Maische auf der anderen Seite der Platte *K* verdichtet er sich zum Teil.

Der nichtkondensierte Dampf tritt in das ganz von Wasser umgebene Gefäß *M* ein. Auch die Räume *S*, *S*, *S* sind vollständig mit Wasser gefüllt. Ein Teil des in *M* eintretenden Dampfes kondensiert sich und fließt durch das Rohr *C*, nach *G* zurück. Der unkondensierte Dampf tritt bei *D* aus dem Dephlegmator aus und wird mittels eines Rohres zum Kühler geleitet.

Regulierung kontinuierlicher Apparate.

Um Endprodukte von konstanter Zusammensetzung aus kontinuierlichen Destillationsanlagen zu erhalten, muß der Zufluß von Dampf und Maische zum Apparat und ebenso der Abfluß der Fertigprodukte aus der Rektifizierkolonne sehr gleichmäßig gehalten werden.

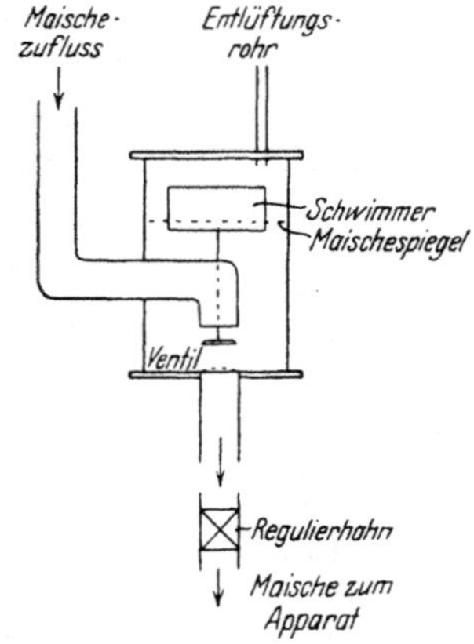

Abb. 117.

Regelung des Maischezulaufs zum Apparat. Die Maische fließt aus einem Vorratsbehälter zu dem in Abb. 117 abgebildeten Regler. Dieser arbeitet mittels eines Schwimmers *A*, der mit dem Maischespiegel im Regler steigt und automatisch das Ventil *V* schließt, wenn im Regler ein gewisser Flüssigkeitszustand erreicht ist. Wenn der Flüssigkeitsspiegel sinkt, öffnet sich das Ventil wieder durch sein eigenes Gewicht.

Regulierung der Dampfzufuhr zum Apparat. Die Dampfzufuhr zum Apparat wird durch das Steigen oder Fallen des Druckes am unteren Ende der Rektifizierkolonne selbstätig reguliert. Dies wird durch den in Abb. 118 abgebildeten Apparat bewirkt. Das Gehäuse *A* ist bis zur Höhe des Ablaßhahnes *D* mit Wasser gefüllt. Das Rohr *R* steht mit dem unteren Ende der Rektifizierkolonne in Verbindung, so daß der darin herrschende Druck auf das Gefäß *A* übertragen wird. Wenn der Druck steigt, drückt er das in *A* befindliche Wasser im Rohr *P* in die Höhe in das Gehäuse *B* hinein, bringt den kupfernen Schwimmer *C* zum Steigen und schließt langsam das Dampfventil *V*, das den Dampfzufluß zur Maischekolonne regelt. Bei abnehmendem Druck fließt das Wasser wieder ins Gehäuse *A* zurück, der Schwimmer fällt und öffnet das Dampfventil. Das Gewicht *W* sorgt für sicheres Absinken des Schwimmers bei sinkendem Wasserstand. Der Hahn *D* wird so eingestellt, daß er die in *A* vorhandene Flüssigkeitsmenge auf der richtigen Höhe hält. Das überschüssige Wasser, das noch etwas Alkohol enthält, der aus den bei *R* eintretenden Dämpfen stammt, fließt durch *E* zur Maischekolonne zurück. Der Arbeitsdruck kann durch Öffnen von *X* oder *Y* geregelt werden.

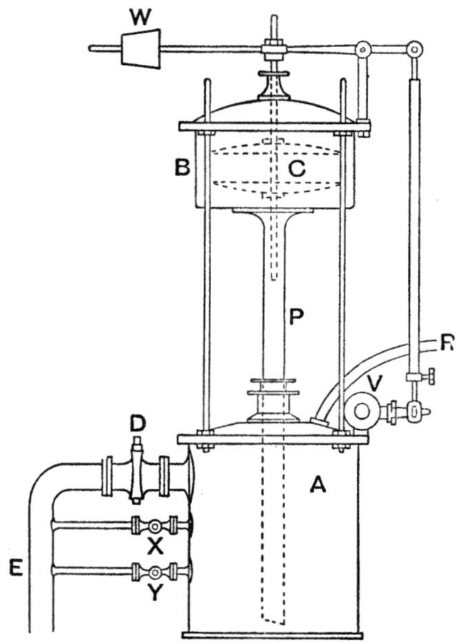

Abb. 118.

Regulierung der Abflußgeschwindigkeit der Fertigprodukte aus der Rektifizierkolonne. Abb. 119 stellt ein Schauglas dar, mit dem die Abflußgeschwindigkeit des Fertigproduktes gemessen und der Abfluß auf die gewünschte Geschwindigkeit einreguliert werden kann.

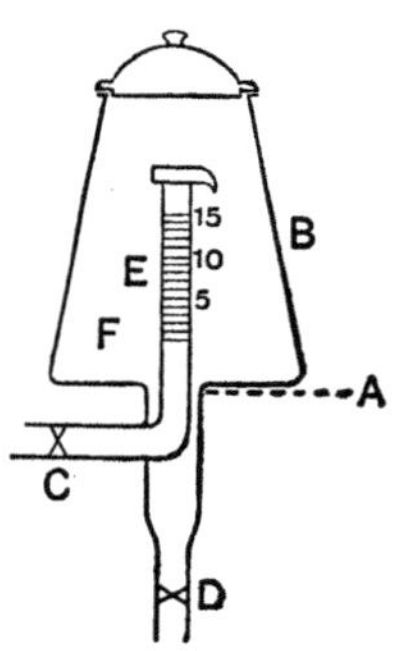

Abb. 119.

Das Gefäß *F* enthält, gemessen vom Punkt *A* bis zum Punkt *B*, eine bestimmte Flüssigkeitsmenge. Um die Abflußgeschwindigkeit zu bestimmen, wird das Gefäß durch Öffnen des Hahnes *D* bis *A* entleert. Hahn *D* wird dann geschlossen, und die zum Aufsteigen der Flüssigkeit bis *B* nötige Zeit festgestellt. Das Verfahren wird wiederholt, und die Strömung wird durch den Hahn *C* reguliert, bis die gewünschte Geschwindigkeit erreicht ist. Der Hahn *D* wird dann teilweise geöffnet. Wenn der Flüssigkeitsspiegel in *F* konstant geworden ist, wird er auf der Skala *E* abgelesen und konstant gehalten.

Abb. 120 zeigt eine von Barbet erfundene und an französischen Destillationsapparaten oft angewandte Anordnung. Das gleichmäßige Fließen des Apparates wird durch die oben angegebenen Mittel einreguliert. Der an der Spitze der Kolonne *A* austretende Dampf strömt in den Dephlegmator *E* und verdichtet sich hier zum Teil. Das Kondensat fließt bei *B* auf den obersten Boden der Kolonne zurück.

Der unkondensierte Dampf strömt weiter nach *F*, wo er sich vollständig niederschlägt.

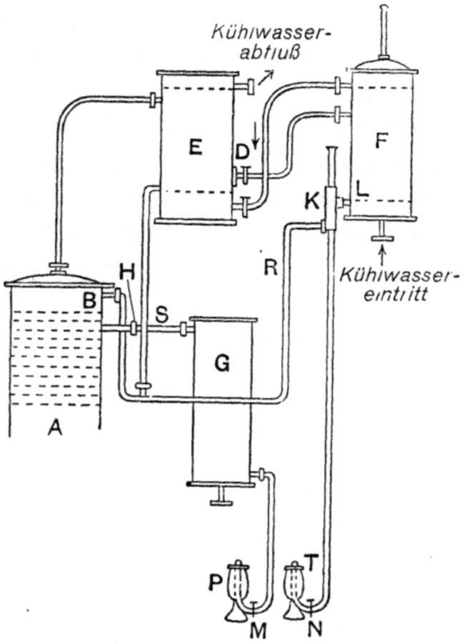

Abb. 120.

Der fertige Alkohol fließt von ungefähr dem drittobersten Boden der Kolonne ab und wird in *G* gekühlt. Die Abflußgeschwindigkeit wird am Schauglas *P* eingestellt.

Die in *F* niedergeschlagene Flüssigkeit fließt zum Schauglas *T*. Die Strömungsgeschwindigkeit bei *T* steht in einem bestimmten festen Verhältnis zu der bei *P*. In der Praxis wird der Abfluß aus *P* oft auf 95%, der Abfluß bei *T* auf 5% des Gesamtabflusses beider Punkte festgelegt. Falls der Dephlegmator *E* von dem hindurchströmenden Dampf infolge unregelmäßigen Zuflusses von Kühlwasser nicht genug niederschlägt, wird der Überschuß des nicht niedergeschlagenen Dampfes im Kühler *F*, der stets mit einem Überschuß an Kühlwasser gespeist wird, niedergeschlagen und fließt zusammen mit dem Kondensat aus *E* auf den obersten Boden der Kolonne zurück.

Die bei *T* abgezogene Flüssigkeit ist reich an Vorlaufprodukten. Man hat gefunden, daß der von dem drittobersten Boden der Kolonne abgezogene Alkohol einen viel geringeren Gehalt an Vorlaufprodukten hat als der an der Spitze der Kolonne abgefangene Alkohol. Das ist nicht überraschend, denn die Kühler *E* und *F* liefern zusammen den ganzen Rücklauf für den Apparat. Diese Flüssigkeitsmenge, die oft der 6- bis 7fachen Menge des durch *P* abfließenden Feinsprits entspricht, fließt auf den obersten Boden der Kolonne, wo ein sehr heftiges Aufsieden eintritt. Dadurch werden die Vorlaufprodukte von dem Punkt, an dem der Feinsprit abgezogen wird, weg zum höchsten Punkt des Apparates getrieben. Diesen Vorgang bezeichnet man als „Pasteurisation".

Infolge der Verwendung zweier hintereinander geschalteter Dephlegmatoren läßt sich die Temperatur der Hauptmenge des auf den obersten Kolonnenboden laufenden Rückflusses leichter konstant halten. Man braucht nur eine gleichmäßige Temperatur im Dephlegmator *E* aufrecht zu erhalten. Der zweite Kühler *F* sorgt mit Sicherheit für vollständige Verdichtung des eintretenden Dampfes, aber die niedere Temperatur dieses kleinen Teiles von der Gesamtmenge des Rückflusses beeinflußt die mittlere Temperatur des in die Kolonne zurückkehrenden Rücklaufes nicht erheblich. Bei der Verwendung nur eines Kühlers müßte die ganze Kondensatmenge zur Erzielung einer vollständigen Verdichtung auf niedrigere Temperatur gekühlt werden. Eine jede Unregelmäßigkeit im Kühlwasserzulauf würde infolge der Störung des glatten Arbeitens des Apparates einen viel schädlicheren Einfluß haben.

Das spezifische Gewicht des Destillates und die am Boden und an der Spitze der Rektifizierkolonne abgelesenen Temperaturen sind gleichfalls geeignet, das richtige Arbeiten der Anlage zu kontrollieren.

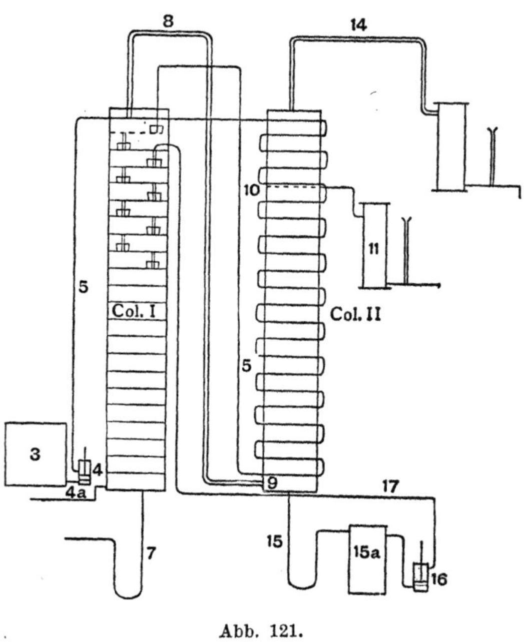

Abb. 121.

Coffeys Apparat.

Beschreibung und Arbeitsweise[1]. Aus dem Reservoir 3 in Abb. 121 wird die Maische in Rohr 5 aufwärts gepumpt und fließt durch das Zickzackrohr 5 (Kolonne II), wo sie durch den aufsteigenden Dampf erwärmt wird (Abb. 121). Sie fließt dann in Rohr 5 aufwärts in die höchste Abteilung der Abtriebsäule (Kolonne I), dort strömt sie durch die Tropfrohre von einer Abteilung zur nächsten hinab und fließt schließlich durch ein Syphonrohr 7 mit ungefähr 102⁰ ab.

[1] Nettleton, J. A.: Manufacture of Spirit 1893, 133—145.

Durch das Rohr 4 a tritt Dampf in die Abtriebsäule und bringt die Maische zum Sieden, so daß sie von Alkohol frei ist, wenn sie am Boden der Abtriebsäule ankommt. Die aufsteigenden Dämpfe strömen durch die Löcher in den Böden, sprudeln durch die darauf befindliche Flüssigkeit, wobei sich ein Teil des Wasserdampfes kondensiert und die herabfließende Maische heizt.

Der angereicherte Alkoholdampf strömt, nachdem er das obere Ende der Abtriebsäule erreicht hat, durch das Rohr 8 unten in die Rektifiziersäule bei 9 ein und steigt durch Siebböden, ähnlich denen in der Abtriebsäule, aufwärts. Der aufsteigende Dampf kommt aber in der Rektifiziersäule nicht mit Maische in Berührung, sondern mit dem durch teilweise Kondensation des Dampfes gebildeten Sprit. Beim Aufsteigen des Dampfes in der Rektifiziersäule reichert er sich an Äthylalkohol an. In einer bestimmten Höhe ist in der Rektifiziersäule eine undurchbohrte Kupferplatte (Dumb plate) 10 angebracht. In dieser Platte (der „Spritplatte"), Abb. 122, sind ein oder mehrere weite Rohre Z angebracht, die

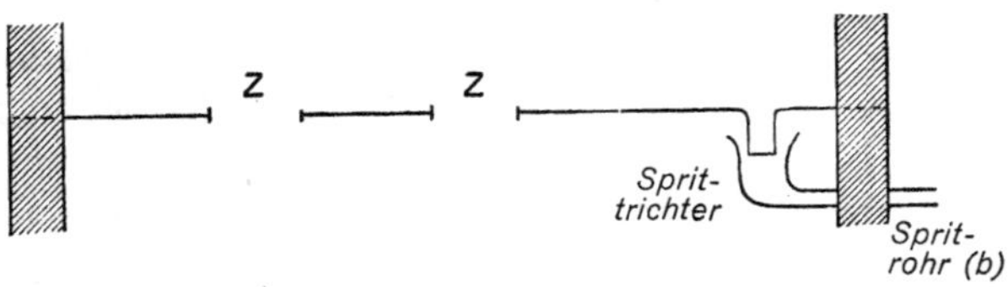

Abb. 122.

ungefähr 1 Zoll über die Platte hinausragen. Durch diese Rohre strömt der Dampf. Alle Flüssigkeit, die durch Kondensation des Dampfes in dem über diesem Querschnitt gelegenen Teil der Kolonne gebildet wird, fließt von dem Spritboden (Dumb plate) in den Sprittrichter, an den das Spritablaufrohr angeschlossen ist. Durch dieses fließt der Sprit in einen Kühler 11 (Abb. 121). Wenn der Flüssigkeitsspiegel im Sprittrichter steigt, so fließt der Sprit auf die unteren durchbohrten Platten über. Der Abfluß des fertigen Sprits wird durch einen Hahn im Spritrohr *b*, Abb.122, reguliert. Der so hergestellte Sprit kann ungefähr 94 Gewichtsprozent Alkohol enthalten. Er kann außerdem die Hauptmenge des ursprünglich in der vergorenen Maische vorhandenen Aldehyds, der Ester und Spuren der höheren Alkohole enthalten. Die flüchtigeren Verunreinigungen kann man aber auch zusammen mit Kohlendioxyd durch das Rohr 14, Abb. 121, abströmen lassen. Sie können dann mittels eines Kühlers und Gaswäschers gewonnen werden. Wenn aber reiner Alkohol hergestellt werden soll, so darf das Kondensat vom oberen Teil der Rektifiziersäule nicht in die Abtriebsäule zurücklaufen, sondern muß getrennt aufgefangen und weiter verarbeitet werden. Ebenso sollten die höheren Alkohole von dem Punkt der Rektifizierkolonne abgezogen werden, an dem sie sich anzureichern streben. Dies wird aber in England selten ausgeführt. Das Kondensat vom unteren Teil der Rektifizierkolonne fließt durch das Rohr 15 in die Vorlage 15a, aus dem es mit der Pumpe 16 durch das Rohr 17 auf einen Punkt nahe am oberen Ende der Abtriebsäule zurückgepumpt wird. Der gebräuchliche Weg zur Entfernung des Fuselöls ist folgender: Wenn die Blase stillgesetzt wird, tropft das Fuselöl mit dem übrigen Inhalt von den Böden der Rektifiziersäulen ab in Vorlage 15a. Deren Inhalt wird dann mit Wasser verdünnt, worauf sich beim Abkühlen das Fuselöl abscheidet.

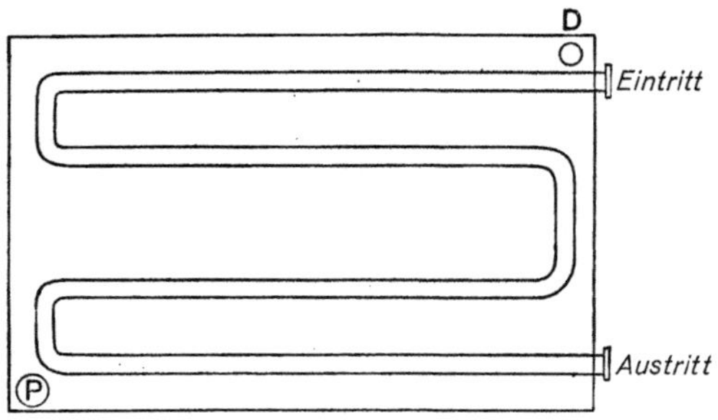

Abb. 123.

Bödenform. Die Böden sind sowohl in der Abtrieb- wie in der Rektifiziersäule, wie schon beschrieben, durchbohrt. Die Anordnung der Maischerohre über den Böden der Rektifiziersäule ist in Abb. 123 zu erkennen.

Inbetriebsetzung und Kontrolle von Coffeys Apparat. Um den Apparat in Betrieb zu setzen, wird Dampf eingeleitet, um langsam zuerst die Abtrieb- und dann die Rektifiziersäule zu erwärmen. Wenn die letztere warm genug ist, was an der Temperatur in der Höhe des Spritbodens zu erkennen ist, wird die Maischepumpe angestellt. Nach einiger Zeit hat sich genügend Alkohol in der Rektifizierkolonne angesammelt, um ihn abziehen zu können. Wenn der Abfluß gleichmäßig geworden ist, wird der Dampfdruck unten in der Kolonne und oben am Dämpfeableitungsrohr möglichst gleichmäßig gehalten. Die angewendeten Drucke sind je nach der Größe und Form der Anlage verschieden. Es werden dauernd Proben entnommen:

1. vom Dampf im unteren Teil der Abtriebsäule, um die Erschöpfung der Maische zu kontrollieren,
2. aus der Dampfleitung von der Abtrieb- zur Rektifiziersäule,
3. von der Spritplatte.

Das gleichmäßige Arbeiten des Apparates wird durch Einhalten der richtigen Temperatur auf dem Spritboden, durch die schon erwähnten Druckmessungen und durch den Alkoholgehalt der Proben kontrolliert.

Französische Apparate.

In Frankreich ist die Rektifikation des Alkohols zu einer sehr hohen Stufe der Vollkommenheit gebracht worden. Unzählige Abänderungen in der Ausführung der Destillieranlagen sind erdacht worden mit dem Ziel, Feinprodukte hoher Reinheit zu gewinnen.

Zwei Arten von Destillierapparaten sollen beschrieben werden. Viele der in Gebrauch befindlichen Anlagen beruhen auf den gleichen Grundsätzen wie die zu beschreibenden, obwohl in Einzelheiten recht viele Unterschiede zu bemerken sind. Betreffs weiterer Einzelheiten siehe Mariller[1] und den Handelskatalog von Egrot und Grangé.

Anlage zur kontinuierlichen Destillation in Verbindung mit direkter Rektifikation.

Abb. 124 zeigt die Skizze einer derartigen Destillationsanlage. Die zu destillierende Maische fließt aus *A* zum Vorwärmer *B*, wo sich ihre Temperatur durch Wärmeaustausch mit der ausgekochten Maische erhöht. Die vorgewärmte Maische tritt bei *H* in die Abtriebskolonne *C* ein. Von der Rektifizierkolonne *D* wird nahe der Spitze der „pasteurisierte" (s. S. 323) Alkohol abgezogen und nach *F* geleitet. Die Vorlaufprodukte gehen nach *M* weiter. Der Amylalkohol wird bei *G* abgezogen.

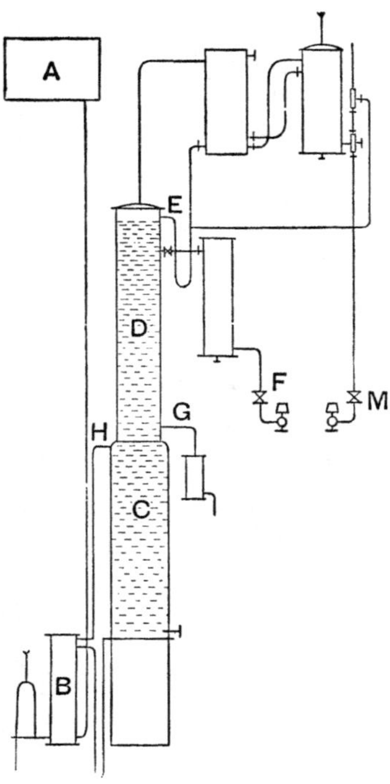

Abb. 124.

Manchmal wird die Abtriebkolonne neben die Rektifizierkolonne gestellt. Die Arbeitsweise und das Ergebnis sind denen bei der Coffeyschen Anlage sehr ähnlich.

In einigen Fällen sind kleine Hilfskolonnen vorgesehen, um den Amylalkohol und die Vorlaufprodukte von Äthylalkohol zu befreien. Letzterer wird in diesem Fall in die Hauptkolonne zurückgeführt.

Wie schon festgestellt, ist die Entfernung der Vorlaufprodukte aus konzentriertem Alkohol schwieriger zu bewerkstelligen als aus verdünntem wäßrigem Alkohol. Wenn eine vollständigere Entfernung dieser Verunreinigungen erforderlich ist, muß eine Reinigung des Alkohols vor seiner Verstärkung in der Rektifizierkolonne durchgeführt werden. Die jetzt zu beschreibende Destillationsanlage ist mit Rücksicht auf diesen Zweck konstruiert.

[1] La Distillation fractionnée. 1917.

Anlage zur kontinuierlichen Destillation in Verbindung mit indirekter Rektifikation.

Die Maische wird zuerst in dem in Abb. 125 abgebildeten Apparat destilliert.

Sie fließt aus dem Vorratsbehälter *A* durch den Wärmeaustauscher *B*, in dem ihre Temperatur durch Wärmeaustausch mit der ausgekochten Maische erhöht wird, tritt dann bei *G* in die Kolonne ein und fließt abwärts in dauernder Berührung mit dem bei *H* eingeblasenen Dampf. Die oberhalb von *G* liegenden Böden wirken schwach rektifizierend.

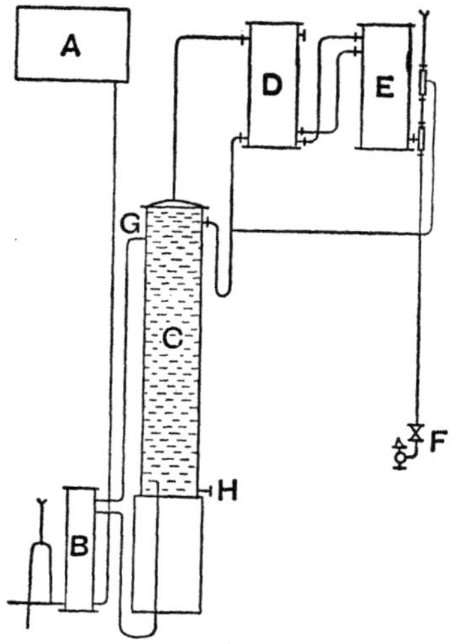

Abb. 125.

Der Dampf strömt von der Spitze der Kolonne zu den Kühlern *D* und *E*, die der Kolonne den nötigen Rücklauf zuführen. Das Destillat fließt bei *F* ab.

Mit diesem Apparat wird Spiritus von etwa 40% erhalten, der dann in einer zweiten Anlage (Abb. 126) kontinuierlich rektifiziert wird.

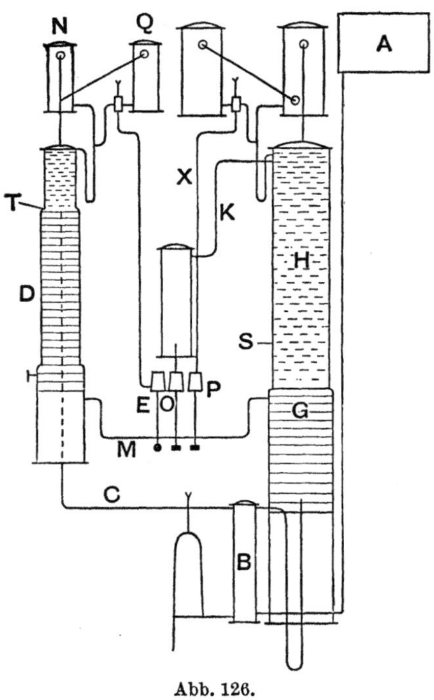

Abb. 126.

Der in dem vorhergehenden Arbeitsgang hergestellte Spiritus fließt von *A* nach dem Vorwärmer *B*, in dem seine Temperatur durch Wärmeaustausch mit dem am Boden von *G* Abfließenden erhöht wird. Er strömt dann durch das Rohr *C* zu einem, im oberen Teil der Kolonne *D* liegenden Punkt *T*. Hier wird er auf einen Boden der Kolonne geführt, fließt in dieser abwärts und wird dabei in gelindem Sieden gehalten. Dadurch wird er allmählich von Vorlaufprodukten befreit, denn diese sammeln sich, zusammen mit etwas Alkohol, an der Spitze der Kolonne. Die oberhalb von *T* befindlichen Böden üben eine gewisse Fraktionierwirkung aus, auf Grund der die Vorlaufprodukte in erheblichem Maße von Alkohol befreit werden. Sie fließen nach teilweiser Verdichtung in *N* und *Q* zum Schauglas *E*.

Der Spiritus, der von Vorlaufprodukten teilweise befreit ist, aber von den Verunreinigungen in der Art des Amylalkohols noch die Hauptmenge enthält, verläßt die Kolonne unten mit etwas verringertem Alkoholgehalt. Der unvermeidliche Verlust tritt dadurch ein, daß Alkohol zusammen mit den Vorlaufprodukten bei *E* abfließt. Der aus der Kolonne abfließende Alkohol strömt durch das Rohr *M* zur Destillierkolonne *G*. Der in *G* entwickelte Dampf wird in der schon beschriebenen Art in *H* rektifiziert. Der fertige Alkohol fließt bei *K*, und die Öle von einem nahe am unteren Ende der Kolonne gelegenen Punkt *S* ab. Ein weiterer Teil der Vorlaufprodukte fließt durch *X* bei dem Schauglas *P* ab. Manchmal wird dieser Teil des Destillates nach dem entsprechenden Punkt in der Kolonne *D* zurückgeführt, um ein Auffangen der Vorlaufprodukte in zwei Posten zu vermeiden.

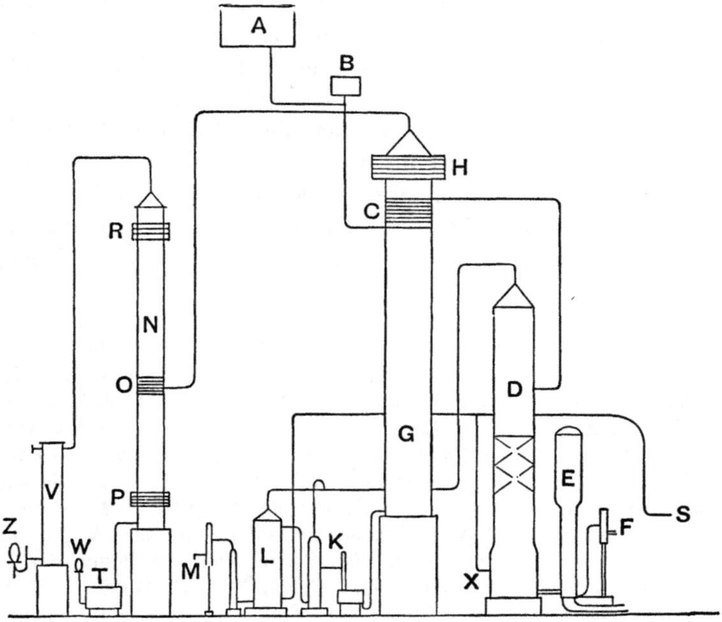

Abb. 127.

Deutsche Anlage.

Abb. 127 stellt die kontinuierliche Destillier- und Rektifizieranlage von Ilges dar.

Die zu destillierende Maische fließt aus dem Reservoir *A* durch den Regulator *B* und den Röhrendephlegmator *C* zur Maischekolonne *D*.

Die Maische fließt in Berührung mit dem bei *X* eingeführten Dampf in *D* abwärts, ihre Ausflußgeschwindigkeit wird durch *E* reguliert und ihr Freisein von Alkohol bei *F* geprüft. Der aus *D* austretende Dampf tritt unten in die Kolonne *G* ein, die zusätzlich mit einem wassergekühlten Dephlegmator *H* versehen ist. Die Kolonne *G* ist mit Porzellankugeln gefüllt. Die verdichtete Flüssigkeit fließt vom unteren Ende von *G* durch den Ölabscheider *K* zu der kleinen Kolonne *L*, in der sie herabfließt, und die sie unten frei von Alkohol verläßt. Der in der Kolonne *L* entwickelte Dampf wird wieder in *G* eingeleitet.

Bei *M* werden Proben der unten aus *L* abfließenden Flüssigkeit entnommen, um festzustellen, ob sie frei von Alkohol sind. Der aus der Spitze von *G* abströmende Dampf besteht aus sehr starkem, von den Ölen befreiten, aber noch Aldehyde und andere Vorlaufprodukte enthaltendem Alkohol. Diese Beimengungen werden in der mit Porzellankugeln gefüllten Kolonne *N* entfernt. Der in die Kolonne *N* eintretende Dampf wird durch die Dampfschlange *O* geheizt. Die Vorlaufprodukte sammeln sich im oberen Teil der Kolonne. Hier ist auch ein wassergekühlter Dephlegmator angebracht, der den zum richtigen Arbeiten der Kolonne erforderlichen Rücklauf erzeugt. Die Vorlaufprodukte strömen zum Kühler *V* und Schauglas *Z* weiter, nachdem sie so weit wie möglich von Alkohol befreit worden sind. Der Rücklauf fließt in der Kolonne abwärts und wird durch die Dampfschlange *P* wieder einer teilweisen Verdampfung unterworfen. Die unten aus der Kolonne abfließende Flüssigkeit besteht aus gereinigtem Alkohol, er wird im Kühler *T* abgekühlt, seine Abflußgeschwindigkeit wird durch das Schauglas *W* reguliert[1].

---

[1] Robinson, G. L.: Neuzeitliche Gedanken über fraktionierte Destillation, Journ. Soc. Chem. Ind. **47**, 405—408 (1928). Luehder und Kilp: Neuere Untersuchungen über die Wirkungsweise hochprozentiger Destillierapparate, Chem. Fabrik **1928**, 713—715, 726/27. Luehder, F.: Über die Wirkungsweise der Destillierapparate für hochprozentigen Spiritus, Apparate-Bau **39**, 265 (1927). Mariller: Der Mechanismus des Austausches in den Destillier- und Rektifizier-Apparaten, Chimie et Industrie **19**, 134 (1928). Mc Cabe und Thiele: Berechnung von Fraktionierkolonnen auf graphischem Wege, Journ. Ind. and Engin. Chem. **17**, 605 (1925). Mc Cabe: Zahl der Böden der Fraktionierkolonnen, Journ. Ind. and Engin. Chem. **20**, 873 (1928). Keyes, Loncup und Nichols: Berechnung von Fraktionierkolonnen, Journ. Ind. and Engin. Chem. **20**, 464 (1928). Shirk und Montanna: Kritische Analyse der Gleichungen für die Berechnung der Fraktionierkolonnen, Journ. Ind. and Engin. Chem. **19**, 907 (1927). Thormann, K.: Die Theorie der Trennsäuren mit Füllkörpern, Chem. Apparatur **14**, 61 und 110 (1927). Kirschbaum: Die Theorie der Rektifikation in Füllkörpersäulen, Chem. Fabrik **1931**, 38.

Fraktionierung von Fuselöldestillaten.

Bei der Fraktionierung eines technischen Fuselöldestillates in einem Birnenaufsatz mit 12 Abteilungen nach Young wurden Beobachtungen gemacht, aus denen geschlossen werden konnte, daß es sich in nahezu reine Fraktionen der einzelnen Bestandteile würde zerlegen lassen. Es wurde daher 1 l dieses Destillates aus einem Glaskolben destilliert, der mit einem als Aufsatz dienenden, glatten Glasrohr von 4 cm Durchmesser und 140 cm Höhe verbunden war. Das Rohr war vollständig mit kupfernen Lessingringen gefüllt. Es wurden annähernd 4000 $^1/_4$ Zollringe verwendet.

Tabelle 113. Fraktionierung von Fuselöldestillat in einem Aufsatz mit Lessingringen.

Fraktion Nr.	Temperatur °C korrigiert	Volumprozentgehalt insgesamt	Volumprozentgehalt Fraktion	spezifisches Gewicht	Brechungsindex $\eta\frac{20}{D}$
I.	78,0— 87,4	9,5	9,5	0,858	1,3714
II.	87,4— 88,6	19,5	10,0	0,870	1,3745
III.	88,6— 89,0	24,6	5,1	0,872	1,3750
IV.	89,0— 89,5	46,9	ob. Schicht 20,1 Wasser 2,2	0,861	1,3800
V.	89,5—107,2	50,6	3,7	0,814	1,3900
VI.	107,2—117,0	58,2	7,6	0,808	1,3921
VII.	117,0—130,0	62,3	4,1	0,814	1,4005
VIII.	130,0—131,0	69,8	7,5	0,815	1,4029
IX.	131,0—131,4	92,4	22,6	0,814	1,4034
X.	Dampfdestillat	95,5	3,1	0,832	
XI.	Rückstand im Kolben	98,6	3,1	0,822	
	Verlust	(100,0)	1,4		

Bei einer Destillationsgeschwindigkeit von 5 ccm in der Minute wurden die in Tabelle 113 aufgeführten Ergebnisse von Dr. Lessing erhalten, der liebenswürdigerweise die Kurven zur Verfügung stellte. Es wurde nach einer Temperatursteigerung von je 0,2° die destillierte Menge festgestellt. Die aufgefangenen Fraktionen wurden auf ihr spezifisches Gewicht und den Brechungsindex geprüft, deren Werte gleichfalls angegeben sind.

Das auffallendste Merkmal der Kurve ist der an dem Punkt, an dem 46,9% überdestilliert sind, auftretende rechte Winkel.

Sehr bemerkenswert ist auch, daß die Trennung des azeotropen Isobutylalkohol-Wassergemisches vom wasserfreien Isobutylalkohol viel schärfer als die des Isobutylalkohols vom Amylalkohol ist. Auf chemischem Wege wurde nachgewiesen, daß der im Kolben und Aufsatz bleibende Rückstand zu dieser Zeit absolut wasserfrei war.

Die ersten drei Fraktionen sind offenbar Mischungen aus Wasser und Propyl- und Isobutylalkohol, möglicherweise vermischt mit Spuren Äthylalkohol im Vorlauf. Das Auftreten ungelösten Wassers im Destillat wurde mehrere Male mit beträchtlicher Schärfe bei 89,0° beobachtet (Abb. 128). Die dann übergehende Fraktion besteht aus wassergesättigtem Isobutylalkohol, der eine auf dem mitübergehenden Wasser schwimmende Schicht bildet. Sobald der letzte Tropfen Wasser entfernt ist, destilliert der Rest des Isobutylalkohols in wasserfreiem Zustand und geht rasch in die Isoamylalkoholfraktion über.

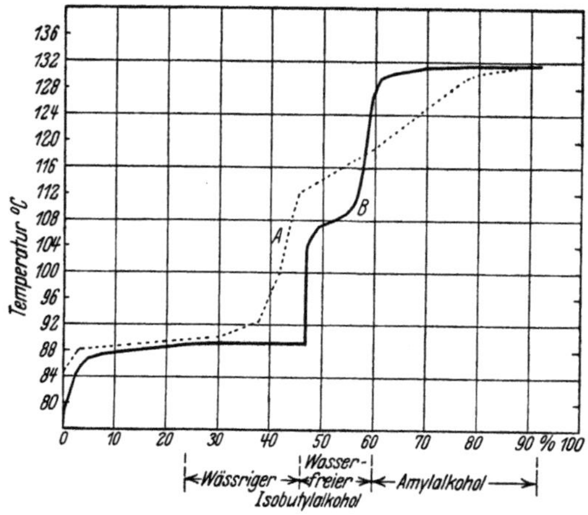

Abb. 128.

Der im Kolben gebliebene Rückstand betrug nach Beendigung der Destillation 3,1% und eine ähnliche Menge wurde durch Dampfdestillation des Aufsatzes wieder gewonnen.

Es möge noch erwähnt werden, daß die mit dem 12teiligen Birnenaufsatz erhaltenen Ergebnisse nicht direkt mit denen des ringgefüllten Aufsatzes vergleichbar sind, da ersterer bei einem größten Durchmesser der Erweiterungen von 3,5 cm nur 45 cm hoch war.

Sachverzeichnis.

Technologie der Holzverkohlung unter besonderer Berücksichtigung der Herstellung von sämtlichen Halb- und Ganzfabrikaten aus den Erstlingsdestillaten. Von **M. Klar,** Holzminden. Zweite, vermehrte und verbesserte Auflage. Mit 49 Textfiguren. XXIII, 429 Seiten. 1910. Unveränderter Neudruck 1923. Gebunden RM 20.—

Das Buch behandelt außer der Holzverkohlung auch die Herstellung von Essigsäuren, Aceton, Methylalkohol und Formaldehyd und die hierzu erforderliche Apparatur; die beschriebenen Verfahren sind auf Grund eigener Erfahrungen des Verfassers dargestellt.

Moornutzung und Torfverwertung mit besonderer Berücksichtigung der Trockendestillation. Von Prof. Dr. **Paul Hoering,** Berlin. XX, 638 Seiten. 1915. Unveränderter Neudruck 1921. Gebunden RM 20.—

Die Wärmewirtschaft in der Zellstoff- und Papierindustrie. Von Dr.-Ing. **Joseph Freiherr von Lassberg.** Zweite, völlig neubearbeitete Auflage. Mit 68 Textabbildungen. VI, 282 Seiten. 1926. Gebunden RM 24.—

Die chemische Betriebskontrolle in der Zellstoff- und Papierindustrie und anderen Zellstoff verarbeitenden Industrien. Von Dr. phil. **Carl G. Schwalbe,** Professor der Chemie und Vorsteher des Holzforschungs-Instituts der Forstl. Hochschule Eberswalde und Dr.-Ing. **Rudolf Sieber,** Direktor der Holzzellstoffabrik Gröditz bei Riesa a. Elbe der Firma Kübler & Niethammer. Dritte, vollständig umgearbeitete Auflage. Mit 17 Textabbildungen. XIV, 547 Seiten. 1931. Geb. RM 33.—

Berl - Lunge, Chemisch-technische Untersuchungsmethoden. Unter Mitwirkung von zahlreichen Fachgelehrten herausgegeben von Ing.-Chem. Dr. phil. **Ernst Berl,** Professor der Techn. Chemie und Elektrochemie an der Techn. Hochschule zu Darmstadt.
Erster Band. Achte, vollständig umgearbeitete und vermehrte Auflage. Mit 583 in den Text gedruckten Abbildungen und 2 Tafeln. L, 1260 Seiten. 1931. Gebunden RM 98.—

Berl-Lunge, Taschenbuch für die anorganisch-chemische Großindustrie. Herausgegeben von Ing.-Chem. Dr. phil. **E. Berl,** Professor der Techn. Chemie und Elektrochemie an der Techn. Hochschule zu Darmstadt. Siebente, umgearbeitete Auflage. 1930.
Erster Teil: Text. Mit 19 Textabbildungen. XIX, 402 Seiten. Gebunden.
Zweiter Teil: Nomogramme. Mit einem Lineal. (4 Seiten Text und 31 Tafeln.) In Mappe. Text und Nomogramme zusammen RM 37.50

Waeser-Dierbach, Der Betriebs-Chemiker. Ein Hilfsbuch für die Praxis des chemischen Fabrikbetriebes. Von Chemiker Dr.-Ing. **Bruno Waeser.** Vierte, ergänzte Auflage. Mit 119 Textabbildungen und zahlreichen Tabellen. XI, 340 Seiten. 1929. Gebunden RM 19.50
Ein Ratgeber für die vielen Fragen und Aufgaben, die sich dem jungen Chemiker aufdrängen, sobald er in die Praxis des Fabrikbetriebes übertritt.

GPSR Compliance

The European Union's (EU) General Product Safety Regulation (GPSR) is a set of rules that requires consumer products to be safe and our obligations to ensure this.

If you have any concerns about our products, you can contact us on ProductSafety@springernature.com

In case Publisher is established outside the EU, the EU authorized representative is:

Springer Nature Customer Service Center GmbH
Europaplatz 3
69115 Heidelberg, Germany

Batch number: 10682323

Printed by Printforce, the Netherlands